MATHEMATIK NEUE WEGE 9
ARBEITSBUCH FÜR GYMNASIEN
Niedersachsen

Herausgegeben von:
Henning Körner, Arno Lergenmüller, Prof. Günter Schmidt, Martin Zacharias

erarbeitet von:
Armin Baeger, Lehmen
Miriam Dolić, Ingelheim
Aloisius Görg, Frechen
Prof. Dr. Johanna Heitzer, Aachen
Charlotte Jahn, Mainz
Henning Körner, Oldenburg
Arno Lergenmüller, Roxheim
Kerstin Peuser, Roetgen

Michael Rüsing, Essen
Jan Schaper, Oldenburg
Olga Scheid, Oldenburg
Prof. Günter Schmidt, Stromberg
Thomas Vogt, Hargesheim
Laura Witowski, Dörrebach
Martin Zacharias, Molfsee

Für Niedersachsen bearbeitet von:
Henning Körner, Jan Schaper, Olga Scheid

© 2016 Bildungshaus Schulbuchverlage
Westermann Schroedel Diesterweg Schöningh Winklers GmbH, Braunschweig
www.schroedel.de

Das Werk und seine Teile sind urheberrechtlich geschützt. Jede Nutzung in anderen als den gesetzlich zugelassenen Fällen bedarf der vorherigen schriftlichen Einwilligung des Verlages.
Hinweis zu § 52a UrhG: Weder das Werk noch seine Teile dürfen ohne Einwilligung gescannt und in ein Netzwerk eingestellt werden. Dies gilt auch für Intranets von Schulen und sonstigen Bildungseinrichtungen. Für Verweise (Links) auf Internet-Adressen gilt folgender Haftungshinweis: Trotz sorgfältiger inhaltlicher Kontrolle wird die Haftung für die Inhalte der externen Seiten ausgeschlossen. Für den Inhalt dieser externen Seiten sind ausschließlich deren Betreiber verantwortlich. Sollten Sie daher auf kostenpflichtige, illegale oder anstößige Inhalte treffen, so bedauern wir dies ausdrücklich und bitten Sie, uns umgehend per E-Mail davon in Kenntnis zu setzen, damit beim Nachdruck der Verweis gelöscht wird.

Druck A [1] / Jahr 2016
Alle Drucke der Serie A sind im Unterricht parallel verwendbar.

Redaktion: Björn Deling
Illustrationen: Margit Pawle, München
techn. Zeichnungen: Mario Valentinelli, Rostock
Umschlagentwurf: Janssen Kahlert Design & Kommunikation GmbH, Hannover
Druck und Bindung: westermann druck GmbH, Braunschweig

ISBN 978-3-507-**88658**-2

Inhalt

1 Ähnlichkeit — 8
1.1 Ähnlichkeit erkennen und erzeugen — 10
1.2 Verkleinern und Vergrößern – Flächen und Volumina — 21
1.3 Bestimmung von unzugänglichen Streckenlängen – Strahlensätze — 27
1.4 Fraktale- selbstähnliche Muster durch Iterationen — 38
Check-up — 43
Vermischte Aufgaben — 44

Anwendungen
Bildbearbeitung 10
Papierformate 13, 15
Bildschirmdiagonale 18
Zentralperspektive 19, 20
Maßstab 23
Biologie 26
Höhenmessung 27, 37
Optik 29, 34
Vermessen 34

Werkzeuge
Algebraisches Lösen von Gleichungen mit dem CAS 33

Exkurse
Pantograph 17
Zentralperspektive 19
Riesen 25
Strahlensätze sind mathematische Sätze 35
Alte Messgeräte 36
Fraktale Geometrie 42

Projekte
Messen im Gelände 42
Sierpinski-Pyramide 40
Zentralperspektive mit DGS 19

2 Reelle Zahlen — 46
2.1 Von den rationalen zu den irrationalen Zahlen — 48
2.2 Rechnen mit Wurzeln — 57
Check-up — 64
Vermischte Aufgaben — 66

Anwendungen
Kreiszahl π 53
Sichtweite am Meer 55
Altersrätsel 56
Goldenes Verhältnis 63
Tsunamis 67

Werkzeuge
Termumformungen mit dem CAS 62

Exkurse
Mehr über irrationale Zahlen 52

3 Satzgruppe des Pythagoras — 68

- 3.1 Definieren, Argumentieren und Beweisen 70
- 3.2 Satz des Pythagoras... 79
- 3.3 Begründen und Variieren des Satzes des Pythagoras 88
- 3.4 Kathetensatz und Höhensatz 94
- 3.5 Probleme lösen mit dem Satz des Pythagoras 101
- Check-up... 110
- Vermischte Aufgaben 112

Anwendungen
Insekten 77
Archäologie 80, 115
Abstand im Koordinatensystem 83, 84, 108
Dach 98, 103
Echolot 105
Rampen 105
Straßensteigung 105
Erdkrümmung 106
Spitzbogen 109

Werkzeuge
Gleichungen mit CAS 82
Funktionen als Makros 84

Exkurse
Definitionen 70
Beweisen 71
Seilspanner 87
Pythagoreer 87
Variationen zu Beweisen rund um Pythagoras 88
Großer Fermat'scher Satz 93
EUKLID VON ALEXANDRIA 100
Maßwerk von Kirchenfenstern 109

4 Vierfeldertafeln und Baumdiagramme — 116

- 4.1 Rückschlüsse aus Vierfeldertafeln und Baumdiagramme 118
- 4.2 Klassische Probleme der Wahrscheinlichkeitsrechnung 130
- Check-up... 135

Anwendungen
Geldfälscher am Werk 120
Neuwagen 122
Vegetarier 122
Bevölkerungsstatistik 123
Unfalljahresbericht 124

Diagnose einer Krankheit 128
Roulette 133

Exkurse
Die Anfänge der Wahrscheinlichkeitsrechnung 132

Projekte
Das Geburtstagsproblem 134

5 Quadratische Funktionen und Gleichungen — 136

- 5.1 Einführung in quadratische Funktionen..................................... 138
- 5.2 Entdecken am Graphen quadratischer Funktionen..................... 146
- 5.3 Quadratische Gleichungen 159
- 5.4 Modellieren mit Daten 172
- 5.5 Problemlösen mit quadratischen Funktionen 178
- 5.6 Geometrie der Parabeln und Wurzelfunktionen........................ 183
- Check-up... 191
- Vermischte Aufgaben 194

Anwendungen
Bremsweg 139, 187
Kaninchengehege 143, 181
Gewinnmaximierung 143, 182, 197
Flugbahn 158, 173, 197
Eine Wasserkanone 174
Parabeln im Sport 174, 175, 196
Regression 178
Brückenbogen 180, 196
Tsunami 188
Parabolspiegel 190

Brennpunkt 190
Kegelschnitte 190
Fahrradhelm 197

Werkzeuge
Graphenlaboratorium mit GTR und CAS 149
Termumformung mit CAS 153
Funktionen als Makros 156
Gleichungen lösen mit CAS 173

Exkurse
Schwerelosigkeit und Parabeln 147
AL-CHWARIZMI 169
FRANÇOIS VIETA 170
Der goldene Schnitt 171
Wasserstrahlen 174
Was ist die Umkehrung einer Funktion? 189

6 Kreisberechnungen — 198
6.1 Umfang und Flächeninhalt des Kreises — 200
6.2 Anwendungen — 209
Check-up — 219
Vermischte Aufgaben — 220

Anwendungen
Durchmesser von Bällen 203
Kreisförmiges Wohnen 209
Wassersprenger 212
Tachometer 213
Geostationärer Satellit 215

Exkurse
Die Kreiszahl π 204
Wie genau braucht man π? 207
Eine Anekdote 207
Das Reich der Dido 208
Das Reuleaux-Dreieck 210
Dendrochronologie 212
Kreise auf der Erdkugel 214
Eratosthenes von Kyrene 216
Die Quadratur des Kreises 217
Mathematik – nur ein Teil der Wirklichkeit 218

Projekte
Laufbahn-Mathematik 218

7 Trigonometrie — 222
7.1 Winkelfunktionen am rechtwinkligen Dreieck — 224
7.2 Trigonometrie am beliebigen Dreieck — 234
Check-up — 242
Vermischte Aufgaben — 243

Anwendungen
Steigung und Gefälle 224, 229
Dachkonstruktion 225
Gleitwinkel 230, 245
Höhenlinien 230
Pyramiden 233
Näherungsverfahren für π 233
Vermessung 234, 238, 245
Wurfweiten 240

Exkurse
Steigungen 229
Messungen mit Höhen- und Tiefenwinkel 231
Laser-Triangulation 240

Projekte
Vermessen im Gelände 241

Zum Erinnern und Wiederholen — 246
Lösungen zu den Check-ups — 275
Stichwortverzeichnis — 280

Kapitel und Lernabschnitte

Je zwei Auftaktseiten mit Bildern und kurzen Texten informieren dich über die Inhalte jedes Kapitels.
Ein Kapitel besteht aus mehreren Lernabschnitten.
Jeder Lernabschnitt ist in drei Ebenen unterteilt: Grün – Weiß – Grün.

94 3 Winkel und besondere Linien in Figuren

3.2 Winkel an Vielecken

In eckigen Figuren und Körpern treten Winkel auf. Hast du dir schon einmal Gedanken über ihre Größe gemacht? In Rechtecken sind alle Winkel 90° groß, in gleichseitigen Dreiecken sind alle Winkel gleich. Aber wie sieht es bei „gewöhnlichen" Dreiecken und Vierecken oder bei anderen Vielecken aus? Gibt es auch hier Gesetzmäßigkeiten? Warum eignen sich nur bestimmte Vielecke für Pflasterungen? Und warum gibt es eigentlich nur fünf platonische Körper? Viele Antworten findest du mithilfe der Winkel.

Aufgaben

1 Ecken abreißen
Folge den Anweisungen und du wirst eine interessante Entdeckung machen. Schreibe deine „Entdeckung" auf.

Zeichne ein Dreieck mit einem Lineal und schneide es aus. Reiße die Ecken ab. Lege die Ecken so aneinander, dass sie mit den Spitzen zusammenstoßen.

2 Entdeckungen an Dreieckspflasterungen
- Übertrage die Dreieckspflasterung in dein Heft. Färbe alle gleich großen Winkel in der gleichen Farbe. Dabei hilft dir dein Wissen über Neben-, Scheitel-, Stufen- und Wechselwinkel.
- Welche Winkel ergeben zusammen einen gestreckten Winkel?
- Wie groß ist die Summe der Winkel eines ein-

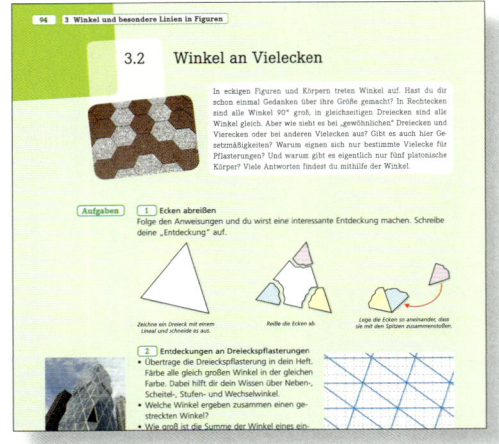

Die erste grüne Ebene

„Das Ziel vor Augen"

In wenigen Sätzen, Bildern und Fragen erfährst du, worum es in diesem Lernabschnitt geht.

Einführende Aufgaben

In vertrauten Alltagsproblemen ist bereits viel Mathematik versteckt. Mit diesen Aufgaben kannst du interessante Zusammenhänge des Themas selbst entdecken und verstehen. Das gelingt besonders gut in der Zusammenarbeit mit einem oder mehreren Partnern.
In dem vielfältigen Angebot könnt ihr nach euren Erfahrungen und Interessen auswählen.

192 6 Geometrische Konstruktionen an Dreiecken

Basiswissen

In der Mathematik erfolgen die Bezeichnungen entgegen dem Uhrzeigersinn.

Figuren, die nach Größe und Form vollständig übereinstimmen, lassen sich durch Verschieben, Drehen und Spiegeln genau zur Deckung bringen. Man nennt sie deckungsgleich oder kongruent. In der Praxis stellt man kongruente Figuren z. B. mithilfe von Gussformen oder Schablonen her. In der Geometrie kann man sie mithilfe einiger gegebener Größen eindeutig konstruieren. Bei Dreiecken genügt dabei die Angabe von drei geeigneten Größen.

Kongruente Dreiecke – Kongruenzsätze

Ein Dreieck ist eindeutig konstruierbar, wenn

SSS die drei Seitenlängen gegeben sind.

Beispiele

A Drei Seitenlängen
Gegeben: a = 2 cm, b = 3 cm, c = 4 cm

Seite c | Kreis um A mit Radius b | Kreis um B mit Radius a | Dreieck vervollständigen

Übungen

5 Konstruktionen eines Dreiecks
Führe die Konstruktionen in den Beispielen A, B und C selbst aus.

6 Konstruktionsbeschreibung
Mareike hat das Problem der Konstruktion eines Dreiecks mit a = 7 cm, b = 5 cm und α = 30° gelöst und auf Karten notiert. Ordne die Karten und führe die Konstruktion selbst aus.

Verbinde B und C | Kennzeichne die Eckpunkte A und C | Seite b = 5 cm zeichnen | Kennzeichne den Schnittpunkt B | Kreis um C mit dem Radius a = 7 cm zeichnen | In A den Winkel α = 30° abtragen

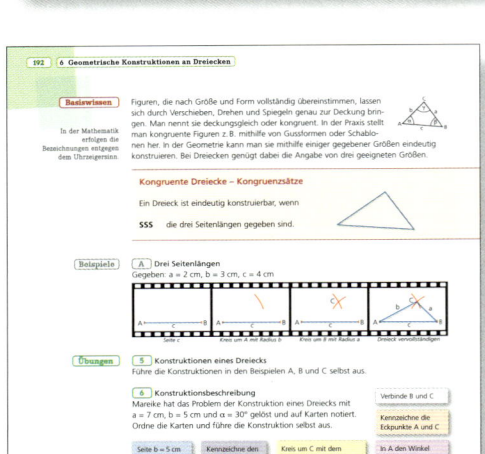

Die weiße Ebene

Basiswissen

Hier findest du das Kernwissen und die grundlegenden Strategien kurz und bündig zusammengefasst.

Beispiele

Die durchgerechneten Musteraufgaben helfen dir beim eigenständigen Lösen der Übungen.

Übungen

„Mathematik lernt man weniger durch Zuschauen als durch eigenes Tun."
Die Übungen bieten reichlich Gelegenheit zu eigenen Aktivitäten zum Verstehen und Anwenden. Zusätzliche „Trainingsangebote" führen zur Sicherheit.

Tipp
Eine Zahl ist durch 3 teilbar, wenn sie siche als Produkt mit dem Faktor 3 schreiben lässt.

8 Lösungen:
3 a + 9 b;
x + 8; x + 2 y;
2 a + b; 5 b – 5 a

Bei vielen Übungen findest du Tipps als Hilfe und Lösungen als Möglichkeit zur Selbstkontrolle.

Strategie zum Konstruieren von Dreiecken

Zeichne zunächst eine Planfigur und markiere die gegebenen Größen farbig. Beginne die Konstruktion mit einer Größe. Wenn du nicht weiterkommst, dann kann der Beginn mit einer anderen Größe helfen.

Planfigur

Merkkarten

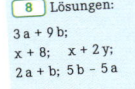

Auf Merkkarten sind wichtige Sachverhalte zusammengefasst, die das Basiswissen ergänzen.

Werkzeug

Tabellen und Grafiken mit dem Grafikrechner (GTR)
Mit wenigen Tastendrücken kannst du Gleichungen tabellarisch und grafisch mit einem GTR lösen. Wie musst du vorgehen, wenn du z. B die Gleichung 2 x + 2 = 8 – x lösen willst?

1. Terme eingeben
$y_1(x) = 2x + 2$
$y_2(x) = 8 - x$

```
Plot1  Plot2  Plot3
\Y1=2X+2
\Y2=8-X
\Y3=
\Y4=
\Y5=
```

Werkzeuge

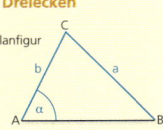

Die Nutzung von elektronischen Werkzeugen, wie Grafischer Taschenrechner (GTR), Computer-Algebra-System (CAS), Tabellenkalkulation (TK) und Dynamische Geometriesoftware (DGS), wird in Werkzeugkästen dargestellt.

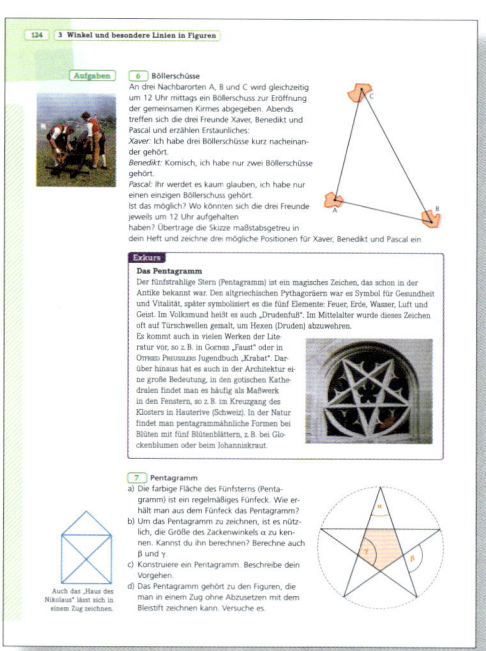

Die zweite grüne Ebene

„Mathematik ist überall."

Hier findest du Anregungen zum Entdecken überraschender Zusammenhänge der Mathematik mit vielen Bereichen deiner Lebenswelt und anderer Fächer.
Dabei ist oft Teamarbeit angesagt.
In Projekten gibt es Anregungen zu mathematischen Exkursionen. Dies führt oft zum Erstellen eigener Produkte zur Präsentationen der Ergebnisse in größerem Rahmen.

Exkurse

Es gibt einiges zu erzählen über Menschen, Probleme und Anwendungen oder auch Seltsames und Lustiges.

Pflicht und Kür

Die Inhalte der zweiten grünen Ebene wie auch die Exkurse und Projekte sind eine zusätzliche „Kür" zu den Pflichtteilen.

Sichere dein Wissen und Können gegen das Vergessen

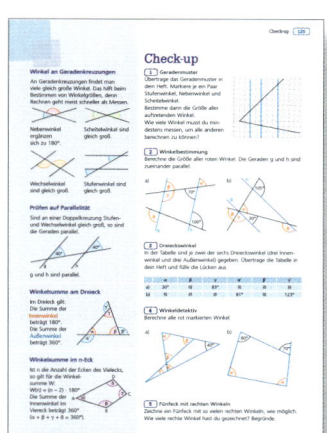
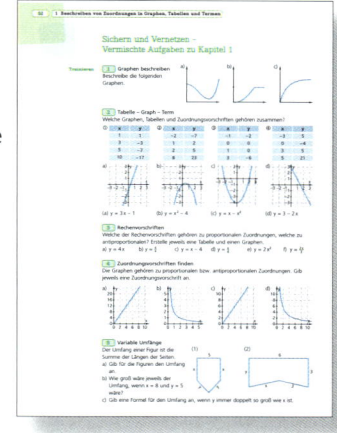

Check-up

„Alles klar?"

Nach jedem Kapitel findest du nochmal das Wichtigste übersichtlich zusammengefasst und typische Aufgaben, mit denen du dein Wissen festigen kannst. Hier kannst du dich gut auf Klassenarbeiten vorbereiten. Die Lösungen dieser Aufgaben findest du am Ende des Buches.

Sichern und Vernetzen – Vermischte Aufgaben

Hier findest du übergreifende Übungen zum Trainieren, Verstehen und Anwenden.
Die Lösungen kannst du im Internet unter

www.schroedel.de/NW-88658 einsehen.

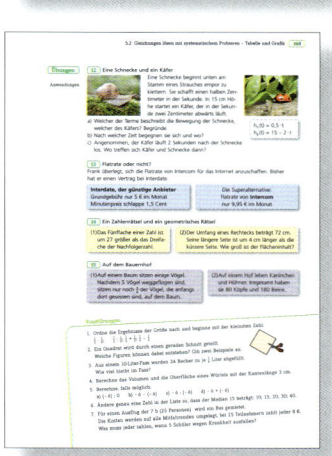

Kopfübungen

„Vergessen ist menschlich."

Deshalb kannst du in den Kopfübungen am Ende jeder weißen Ebene früher erworbene Kenntnisse wiederholen und auffrischen.

Zum Erinnern und Wiederholen

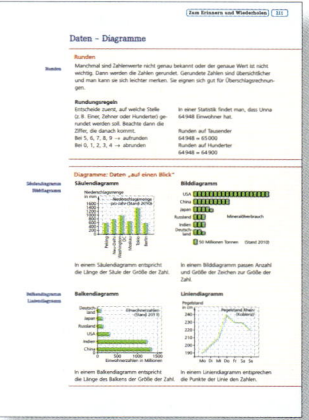

Hier wird Grundlegendes aus den vorhergehenden Bänden knapp und übersichtlich zusammengestellt.

Ähnlichkeit

Zeigt das Foto eine Stadtansicht von Florenz, oder handelt es sich um die Aufnahme aus einer Modellanlage?
Wenn die Abmessungen aller Modelle und Objekte passend, das heißt im richtigen Maßstab verkleinert wurden, so kann der Betrachter diese Frage kaum entscheiden.
Körper oder Figuren, die sich nur in ihrer „Größe", jedoch nicht in ihren Proportionen und Winkeln unterscheiden, bezeichnen Mathematiker als „ähnlich". Mithilfe der Streckenverhältnisse und Winkel können vielfältige Eigenschaften und Beziehungen ähnlicher Figuren untersucht werden.

1.1 Ähnlichkeit erkennen und erzeugen

Mithilfe von Streckenverhältnissen und Winkeln kann man erkennen, ob zwei Figuren zueinander ähnlich sind. Damit lassen sich maßstabsgetreue Vergrößerungen und Verkleinerungen herstellen.

Sind alle Dreiecke zueinander ähnlich?

1.2 Verkleinern und Vergrößern – Flächen und Volumina

Wie verändern sich beim Verkleinern und Vergrößern die Volumina von geometrischen Objekten?

In welchem Maßstab ist der Eimer vergrößert?
Was lässt sich wohl über die Volumina aussagen?

1.3 Bestimmung von unzugänglichen Streckenlängen – Strahlensätze

Die Breite einer Schlucht lässt sich oft nicht direkt messen. Mithilfe der so genannten Strahlensätze stehen Methoden zur Bestimmung von Streckenlängen zur Verfügung.

Die Breite des Sees konnte nicht direkt gemessen werden. Mit den angegebenen Messwerten kann man sie berechnen. Wie breit ist der See?

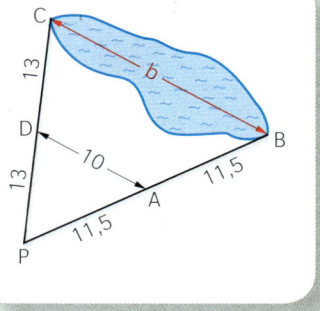

1.4 Fraktale – Selbstähnliche Muster durch Iterationen

Wenn man von einem Farn einen Ast abreißt, so ist dieser Teil selbst ähnlich zum Ausgangsfarn.

An der Gemüsetheke und auf dem Markt gibt es weitere Beispiele selbstähnlicher Muster in der Natur. Welche Gemüsesorten sind wohl gemeint?

1 Ähnlichkeit

1.1 Ähnlichkeit erkennen und erzeugen

Im täglichen Leben wird der Begriff „ähnlich" in vielerlei Bedeutung verwendet: Geschwister sehen einander ähnlich, verschiedene Landschaften können ähnlich sein, das Modell eines Bauwerks oder die Reproduktion eines Gemäldes sind dem Original ähnlich. Dabei kann man sich oft trefflich über den Grad der Ähnlichkeit streiten. In der Mathematik wird der Begriff der Ähnlichkeit enger und präziser gefasst. Es kommt auf Streckenverhältnisse und Winkel an. Mit ihrer Hilfe können exakte Definitionen gegeben und vielfältige Eigenschaften und Beziehungen ähnlicher Figuren untersucht und begründet werden.

Aufgaben

1 Bildbearbeitung

In vielen Computerprogrammen lassen sich Bilder in ihrer Größe verändern, indem man den rechteckigen Grafikrahmen aktiviert und an einem der markierten Punkte zieht. Bild A zeigt das Original. Die Bilder B, C und D sind durch Ziehen an einem Eckpunkt oder an einer Seitenmitte entstanden.

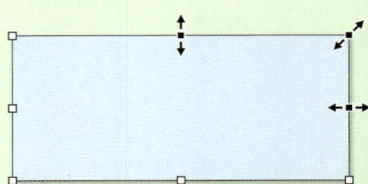

Orginalbild

Bild (1)

Bild (2)

Bild (3)

Probiere mit einem eigenen Bild am Computer aus.

a) An welchem Punkt wurde bei den Bildern jeweils „gezogen"?
b) Welches Bild erkennst du als „echte Vergrößerung" an? Welche Eigenschaften muss die echte Vergrößerung im Vergleich zum Original aufweisen?

1.1 Ähnlichkeit erkennen und erzeugen | 11

Aufgaben

2 Einstellungstest
In Einstellungstests taucht häufig die Frage auf „Welches Bild passt nicht dazu?"

a)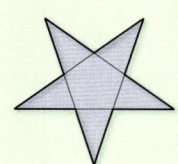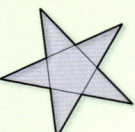

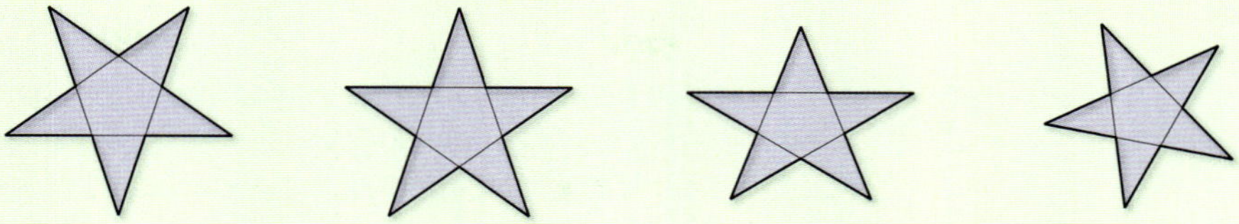

b)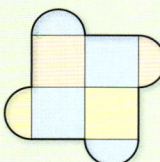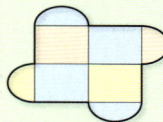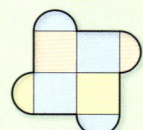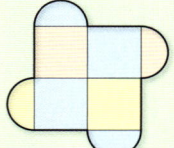

c)

3 „Formgleiche" Dreiecke
a) Jeweils drei der unten angegebenen Dreiecke haben die „gleiche Form". Stelle die passenden Dreiecke in drei Gruppen zusammen. Beschreibe, wie du zu deiner Entscheidung gekommen bist.

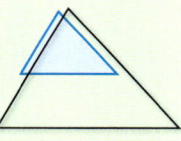 

„formgleich"   „nicht formgleich"

b) Übertrage die Dreiecke auf Papier und schneide sie aus. Durch geschicktes Zusammenlegen der Dreiecke kannst du deine Ergebnisse überprüfen und begründen.
c) Du kannst deine Ergebnisse auch überprüfen, indem du für jedes Dreieck den Quotienten zweier entsprechender Seitenlängen (das so genannte Seitenverhältnis) berechnest. Was fällt auf?

Maßstab 1:2

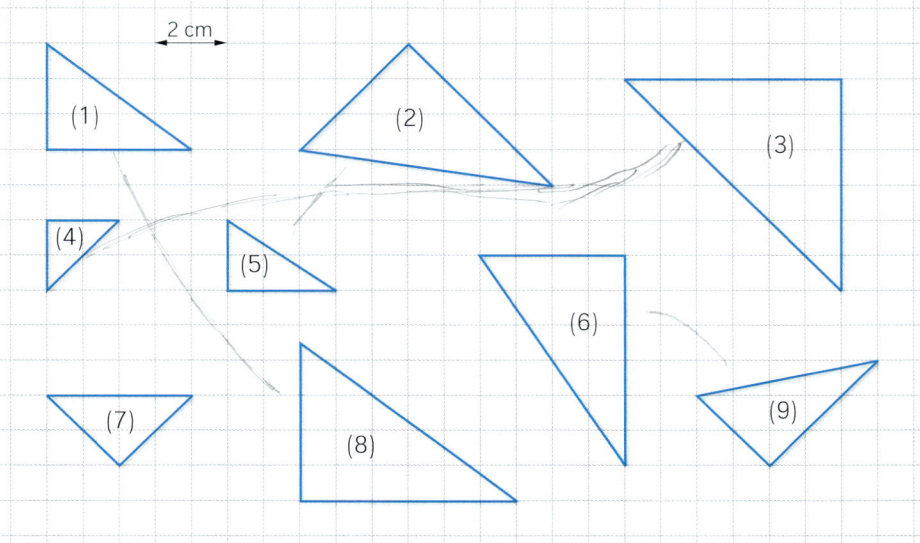

Basiswissen

Manche Figuren erscheinen uns „formgleich". In der Mathematik bezeichnet man sie als ähnlich.

Ähnlichkeit

Zwei Figuren heißen ähnlich, wenn die eine die maßstabsgetreue Verkleinerung oder Vergrößerung der anderen ist. Dies ist der Fall, wenn einander entsprechende Winkel und Verhältnisse einander entsprechender Strecken gleich groß sind, d. h. alle Strecken proportional verändert wurden.

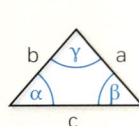 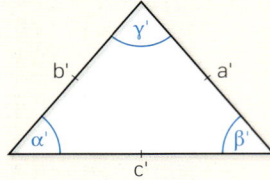 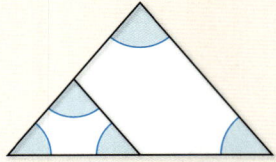

Die beiden Dreiecke sind ähnlich, da
- entsprechende Winkel gleich groß sind: $\alpha = \alpha'$; $\beta = \beta'$; $\gamma = \gamma'$
- entsprechende Streckenverhältnisse gleich groß sind: $\frac{a}{b} = \frac{a'}{b'}$; $\frac{a}{c} = \frac{a'}{c'}$; $\frac{b}{c} = \frac{b'}{c'}$

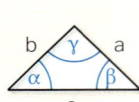 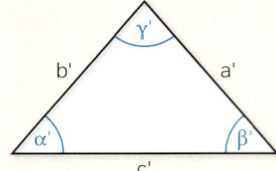 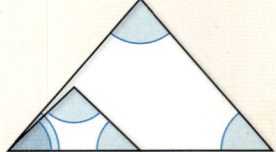

Die beiden Dreiecke sind nicht ähnlich, da
- nicht alle entsprechenden Winkel gleich groß sind: z. B. $\alpha = 45°$; $\alpha' = 50°$
- nicht alle entsprechenden Streckenverhältnisse gleich groß sind: z. B. $\frac{a}{c} = 0{,}8$; $\frac{a'}{c'} = 0{,}82$

Beispiele

A Veränderte Rechtecke

Aus Rechtecken mit den Seitenlängen $a = 3\,\text{cm}$ und $b = 2\,\text{cm}$ entstehen auf unterschiedliche Weise neue Figuren. Welche der neuen Figuren sind ähnlich zur Originalfigur?

a) Jede Seite wird um 1 cm verlängert.

b) Die Seite a wird auf 4,5 cm und die Seite b auf 3 cm verlängert.

c) Das Rechteck wird zu einem Parallelogramm mit gleichen Seitenlängen und $\alpha = 45°$ verformt.

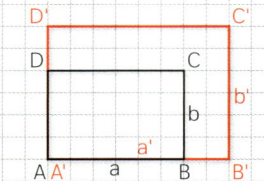 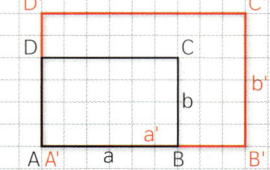 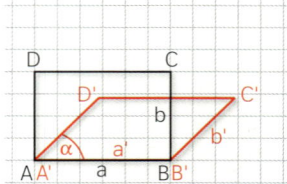

Lösung: Nur im Fall b) entsteht eine ähnliche Figur.
Begründung:

a) Die entsprechenden Winkel sind gleich groß, aber die Seitenverhältnisse $\frac{a}{b} = \frac{3}{2}$ und $\frac{a'}{b'} = \frac{4}{3}$ stimmen nicht überein.

b) Die entsprechenden Winkel sind gleich groß und die Seitenverhältnisse $\frac{a}{b} = \frac{3}{2}$ und $\frac{a'}{b'} = \frac{4{,}5}{3}$ stimmen überein.

c) Die Seitenverhältnisse bleiben gleich, aber die Winkelgrößen stimmen nicht überein.

Beispiele

B Rechteckiges Grundstück

Zeichne zu einem rechteckigen Grundstück mit den Seitenlängen a = 15 m und b = 24 m ein ähnliches Grundstück, bei dem eine Seitenlänge 20 m ist.

Lösung:

Das neue Grundstück muss auf jeden Fall wieder rechteckig sein, da entsprechende Winkel gleich groß sind. Dazu muss das Seitenverhältnis $\frac{b'}{a'} = \frac{b}{a} = \frac{24}{15}$ sein. Somit $b' = \frac{24 \cdot a'}{15}$.

Es gibt zwei Möglichkeiten: Wenn a' auf 20 m verlängert wird, muss wegen $\frac{b'}{20} = \frac{24}{15}$ die Seite b' auf 32 m verlängert werden. Wenn b' auf 20 m verkürzt wird, muss wegen $\frac{a'}{20} = \frac{15}{24}$ die Seite a' auf 12,5 m verkürzt werden.

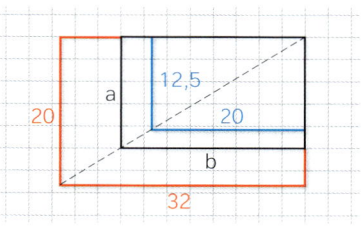

Übungen

4 Was heißt entsprechende Winkel und Seitenlängen?

Vermute zuerst, welche der Figuren zueinander ähnlich sind. Übertrage die Figuren in dein Heft und kennzeichne dann jeweils die einander entsprechenden Winkel und Seiten in gleicher Farbe. Überprüfe damit deine Vermutung.

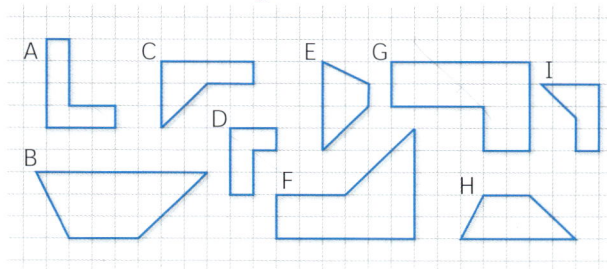

5 Ähnliche Rechtecke

Welche der Rechtecke sind ähnlich zueinander? Begründe deine Entscheidung.

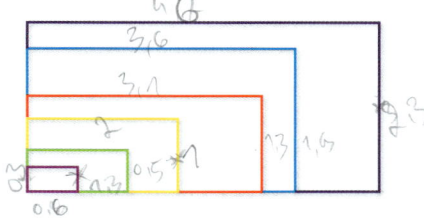

6 Rechteck aus vorgegebenen Seitenlängen

Zeichne ein Rechteck mit den Seitenlängen 5 cm und 4 cm. Zeichne ein ähnliches Rechteck, das eine Seite mit 10 cm Länge hat. Gibt es mehrere Möglichkeiten? Vergleiche mit deinen Nachbarn.

7 Übliche DIN-Papierformate

In der Tabelle sind einige der üblichen genormten Papierformate angegeben.

a) Rechne nach, dass diese DIN-Formate ähnlich zueinander sind.

b) Ermittle den Vergrößerungsfaktor und vervollständige die Tabelle durch Formatmaße von DIN A0 bis DIN A8. Findest du Beispiele in deiner Umgebung?

Tipp

$\frac{a}{b} = \frac{b}{0,5a}$

c) Zwei benachbarte DIN-Formate gehen durch „Halbieren" oder „Verdoppeln" auseinander hervor. Zeige, dass das exakte Verhältnis der längeren Seite eines DIN-Rechtecks zur kürzeren Seite $\sqrt{2} : 1$ ist.

Format	Maße in mm	Beispiel
DIN A3	297 × 420	Poster
DIN A4	210 × 297	Druckerpapier
DIN A5	148 × 210	Karteikarte
DIN A6	105 × 148	Postkarte

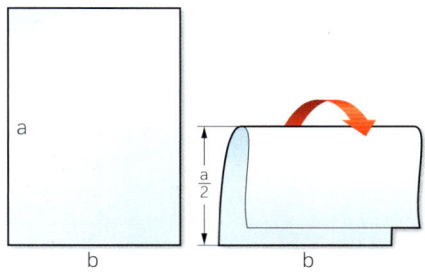

14 1 Ähnlichkeit

Übungen

8 **Die Hosengummi-Streckung**
Mithilfe eines elastischen Bandes könnt ihr an der Tafel vergrößerte Kopien von Figuren anfertigen. Und so geht es:
Schritt 1: Bringt eine Markierung (z. B. Klebepunkt) in der Mitte des Gummibandes an. Befestigt an einem Ende ein Stück Kreide durch Umwickeln.

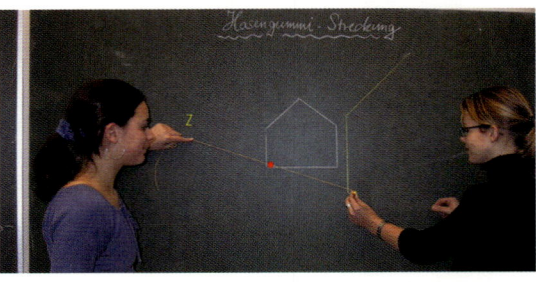

Schritt 2: Geht vor wie auf dem Bild: Führt die befestigte Kreide so, dass die Markierung auf dem Gummiband der ursprünglichen folgt (etwas knifflig).
a) Probiert die Hosengummi-Streckung auch mit eigenen Figuren aus.
b) Formuliert eine Konstruktionsbeschreibung und vergleicht Ausgangs- und Bildfigur miteinander. Legt dazu eine Tabelle an.
c) Was geschieht, wenn die Markierung auf dem Gummiband nicht in der Mitte angebracht wird? Vergleicht dafür ebenfalls Ausgangs- und Bildfigur.

> **Maßstäbliches Ändern der Größe von Figuren**
>
> **1. Methode: Streckenmessung und Berechnung der winkeltreuen Bildstrecken**
> (1) Miss die Streckenlängen der Ausgangsfigur und multipliziere sie mit dem gewünschten Streckenverhältnis k („Änderungsfaktor").
> (2) Trage die „neuen" Streckenlängen von einem Ausgangspunkt aus ab. Hierzu eignet sich besonders ein Eckpunkt der Ausgangsfigur. Achte darauf, dass entsprechende Ausgangs- und Bildstrecken parallel zueinander sind.
> Beispiel:

Die Veränderung einer Figur heißt winkeltreu, wenn einander entsprechende Winkel gleich bleiben.

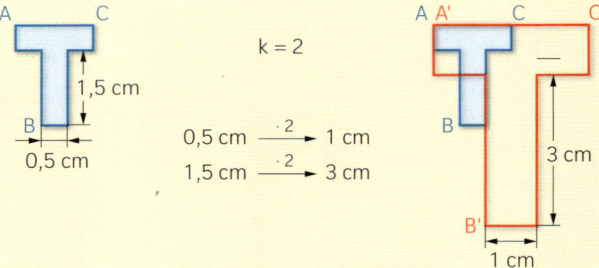

> **2. Methode: Zentrische Streckung**
> (1) Zeichne Strahlen von einem beliebigen Punkt Z, dem Streckzentrum, aus durch die Eckpunkte der Ausgangsfigur.
> (2) Trage auf den Strahlen zu jedem Punkt der Ausgangsfigur einen Bildpunkt im k-fachen Abstand zu Z ein. k bezeichnet man als Streckfaktor.
> (3) Verbinde die Bildpunkte.
> Beispiel:

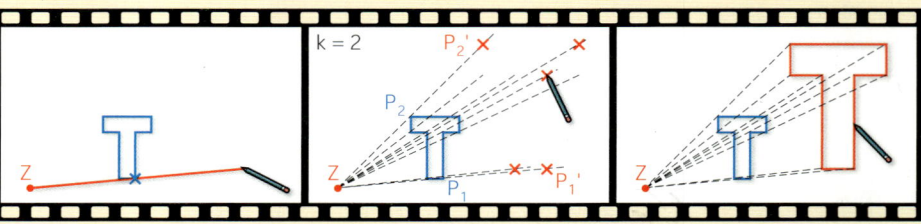

Strahlen von Z aus — Bildpunkte mit k ermitteln — Bildfigur

Übungen

9 Buchstaben vergrößern

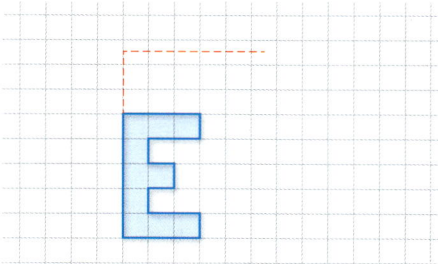
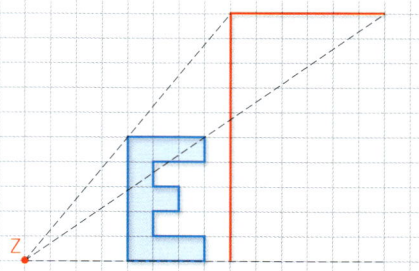

Erzeugen ähnlicher Figuren

a) Übertrage die begonnene Vergrößerung in dein Heft und vervollständige sie. Welchen Änderungsfaktor / Streckfaktor k hast du jeweils benutzt?

b) Führe auch für deine eigenen Initialen Vergrößerungen mit verschiedenen Faktoren durch. Wenn du dich sicher fühlst, verwende unliniertes Papier.

10 Figuren vergrößern und verkleinern

a) Übertrage die Figuren in dein Heft und ändere die Größe mit dem angegebenen Faktor k. Verwende hierfür die zentrische Streckung, wenn ein Streckzentrum Z angegeben ist. Ansonsten entscheide dich für ein Verfahren deiner Wahl.

b) Manche Faktoren k bewirken eine Vergrößerung, manche eine Verkleinerung. Formuliere eine Regel.

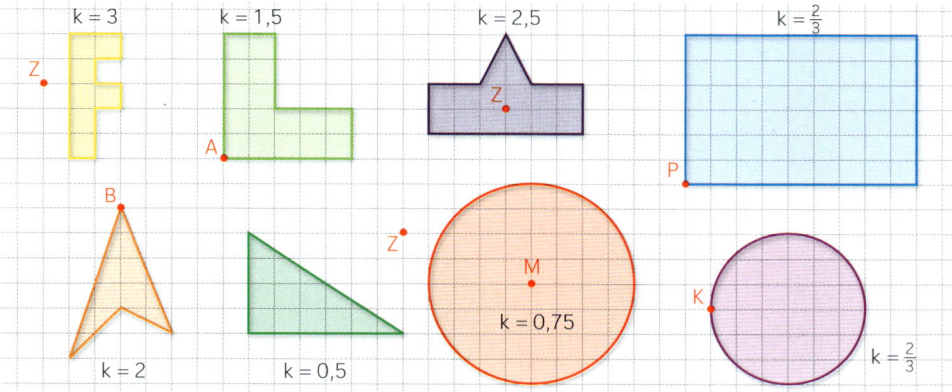

11 Streckzentren gesucht

Die roten Figuren sind durch zentrische Streckung aus den blauen Figuren entstanden. Übertrage Ausgangsfigur und gestreckte Figur in dein Heft. Finde jeweils das passende Streckzentrum und den Streckfaktor, mit dem du die rote Figur erzeugen kannst.

Die Summe der Streckfaktoren ist 9.

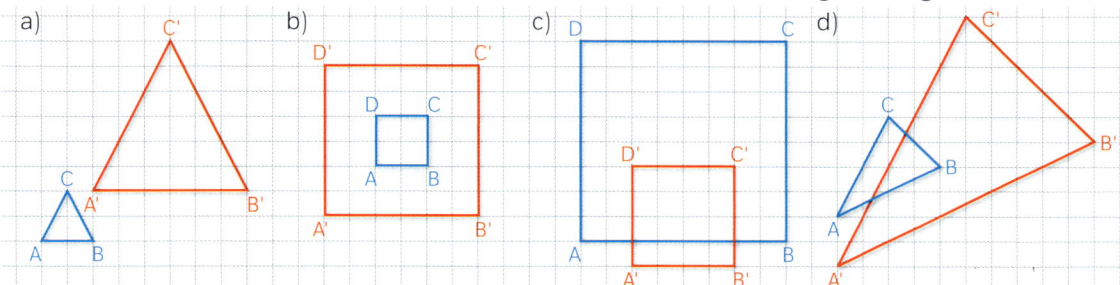

12 Papierformate

Tipp: siehe auch Aufgabe 7

Paul hat eine Figur auf einem DIN-A5-Blatt erstellt und ausgeschnitten. Er möchte seine Figur so vergrößern, dass sie nun auf ein DIN-A3-Blatt passt. Bestimme den Vergrößerungsfaktor. Überprüfe deine Berechnung an Kopierern in deiner Schule.

1 Ähnlichkeit

Übungen

13 Verschiedene Figuren

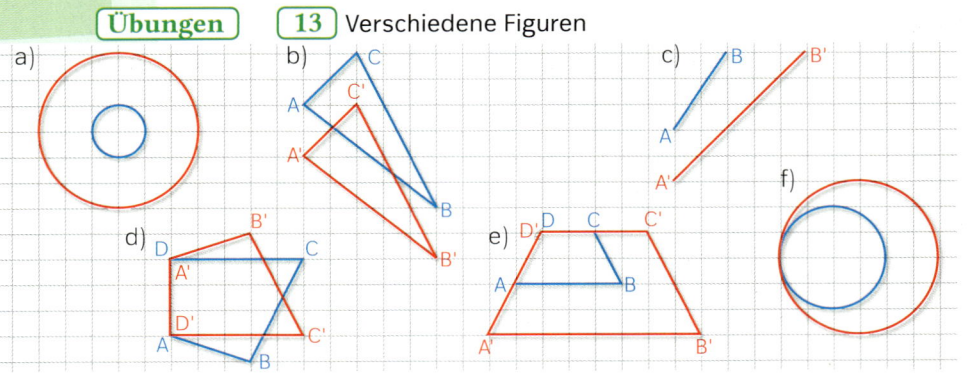

(1) Begründe, dass die Figuren jeweils ähnlich zueinander sind und bestimme den Änderungsfaktor.
(2) Welche Figuren können nicht durch zentrische Streckung erzeugt worden sein?

14 Mittendreieck

Zeichne in ein beliebiges Dreieck ABC das Mittendreieck $M_a M_b M_c$.
Zeige, dass dieses Dreieck ähnlich ist zum Dreieck ABC. Sind auch die vier Innendreiecke ähnlich zueinander?

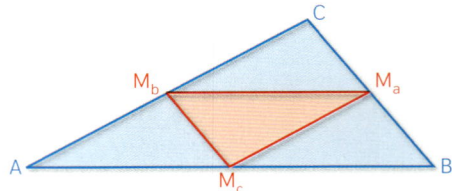

15 Wer hat Recht?

Alle Quadrate sind ähnlich zueinander.

Alle Rauten sind ähnlich zueinander.

Rauten sind nur ähnlich zueinander, wenn sie einen Winkel haben, der gleich groß ist.

16 Zentrische Streckung eines Dreiecks mit DGS

Mithilfe eines DGS kannst du auch ähnliche Figuren durch zentrische Streckungen erzeugen. Mit einem Schieberegler für den Vergrößerungs- bzw. Verkleinerungsfaktor k kannst du dann verschiedene Werte für k einstellen, Dynamik kommt ins Spiel.

- Schieberegler für k
- Dreieck ABC
- Festlegen eines Streckzentrums Z
- Strahlen von Z ausgehend durch die Eckpunkte des Dreiecks
- Kreis mit Mittelpunkt Z und Radius $r = k \cdot$ Abstand[Z,A]
- Schnitt von Kreis und Strahl

a) Was wird mit dem Term $r = k \cdot$ Abstand[Z,A] berechnet?
   Konstruiere auch die beiden anderen Bildpunkte und damit die vollständige Bildfigur.
b) Jetzt wird es dynamisch.
   (1) Verändere den Streckfaktor k. Was stellst du fest? Beschreibe deine Beobachtungen.
   (2) Ziehe an den Eckpunkten deiner Ausgangsfigur. Welche Auswirkungen hat das auf die Bildfigur?
c) Im DGS ist bereits die zentrische Streckung „eingebaut". Damit kannst du auch komplizierte Figuren oder sogar Fotos verkleinern oder vergrößern. Probiere diese Funktion selbst aus.

1.1 Ähnlichkeit erkennen und erzeugen

Pantograph (griech.):
Allesschreiber

Exkurs

Der Pantograph (Storchschnabel)

In Kunst und Technik (z. B. Kartografie) wurden immer schon Vergrößerungen und Verkleinerungen benötigt. Ein häufig verwendetes Gerät dafür war der Pantograph, auch Storchschnabel genannt, der Anfang des 17. Jahrhunderts von dem Jesuitenpater CHRISTOPH SCHEINER entwickelt wurde. Er besteht aus vier gelenkartig miteinander verbundenen Leisten. Ein Punkt (Befestigungsstift) muss festgehalten werden. Indem mit dem Führungsstift die Zeichnung nachgezeichnet wird, entsteht auf dem Zeichenblatt mit dem eingespannten Bleistift die maßstäbliche Vergrößerung oder Verkleinerung. Heute erledigt man das Vergrößern und Verkleinern durch Kopien, Digitalfotografie oder entsprechende Zeichenprogramme.

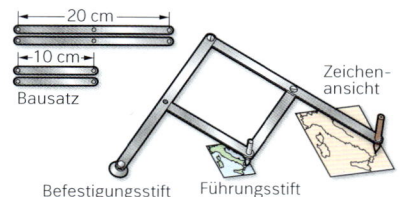

Materialien:
Holzschraube als Fahrstift; Nagel als Befestigungsstift; Pinnwand zum Befestigen des Pantographen und als Zeichenunterlage

17 Der Pantograph – selbst gebaut
a) Baue einen Pantographen.
b) Erzeuge mit dem Pantographen unterschiedliche Figuren.
c) Wie lautet der Streckfaktor der Einstellung im Bild?
Wie können andere Streckfaktoren erzeugt werden?
Wie kann man mit dem Gerät verkleinern?

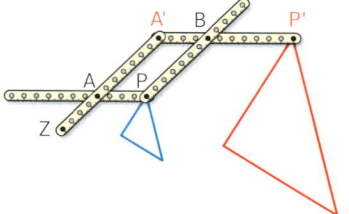

18 Der Pantograph – mit DGS konstruiert

Konstruktionsanleitung

k muss größer als der halbe Abstand von A und F sein.

Nr.	Name	...	Definition
1	Punkt A	•A	
2	Punkt F	•A	
3	Zahl k	A=2	
4	Kreis c	⊙	Kreis mit Mittelpunkt F und Radius k
5	Kreis d	⊙	Kreis mit Mittelpunkt A und Radius k
6	Punkt B	✕	Schnittpunkt von d, c
6	Punkt C	✕	Schnittpunkt von d, c
7	Strecke a	✎	Strecke [A, B]
8	Strecke b	✎	Strecke [B, F]
9	Strahl e	✎	Strahl durch A, F
10	Strahl f	✎	Strahl durch A, B
11	Kreis g	⊙	Kreis mit Mittelpunkt A und Radius 10
12	Punkt D	✕	Schnittpunkt von g, f
13	Gerade h	✎	Gerade durch D parallel zu b
14	Punkt Z	✕	Schnittpunkt von e, h
15	Strecke i	✎	Strecke [B, D]
16	Strecke j	✎	Strecke [D, Z]
17	Gerade l	✎	Gerade durch F parallel zu a
18	Punkt E	✕	Schnittpunkt von j, l
19	Strecke m	✎	Strecke [F, E]

Im DGS können Bilder im Hintergrund eingefügt werden.

Zum Zeichnen einer neuen Linie (z. B. Augen) muss zunächst die Spur ausgeschaltet werden.

F → Punkt [Kreis]

- Zeichne mit F das Bild nach und aktiviere die Spur von Z.
- Die Strecken $\overline{AD}$ und $\overline{DZ}$ sind 10 cm lang (siehe Konstruktionsschritt 11).
  k ist nicht der Streckfaktor.
  Wie ist der Vergrößerungsfaktor beim abgebildeten Gesicht?
- Wenn du F an einen Kreis bindest, kannst du verschieden große Kreise zeichnen.

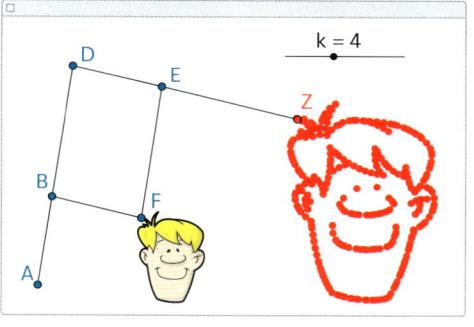

Übungen

19 Fernseher

In früheren Zeiten, als Fernsehsendungen analog übertragen und empfangen wurden, war bei den Bildschirmen das Verhältnis von Breite und Höhe genormt. Es betrug immer 4 : 3. In heutigen Zeiten des digitalen Fernsehens beträgt das Bildseitenverhältnis in der Regel 16 : 9.

Ein Zoll (Zeichen: 1") entspricht 2,54 cm.

a) Welcher Norm entspricht der Bildschirm bei dir zu Hause? Miss nach.
b) Die Größe von Fernsehbildschirmen und Computermonitoren wird üblicherweise durch die Länge der Bildschirmdiagonalen angegeben. Bestimme mit einer Zeichnung die Breite und Höhe eines 17"-Monitors früher und heute.
c) Das Format einer Kinoleinwand ist nicht zu dem eines Fernsehbildes ähnlich. Bei Kinofilmbildern beträgt das Verhältnis Breite : Höhe heutzutage 1,66 : 1 bis 1,85 : 1 oder 2,35 : 1. Welche Probleme ergeben sich, wenn solche Filme im Fernsehen ausgestrahlt werden?

20 Denkmal

Im US Bundesstaat South Dakota wird seit 1948 an einem Denkmal für die nordamerikanischen Ureinwohner gearbeitet. Seine Abmessungen sind gigantisch und es soll eines Tages die größte von Menschen aus Stein gehauene Skulptur der Welt werden. Die aus dem Fels gehauene Skulptur zeigt den berühmten Häuptling „Crazy Horse". Im Vordergrund siehst du ein maßstabsgetreues Modell des fertigen Denkmals im Maßstab 1 : 34. Der Kopf des Häuptlings ist bereits aus dem Fels gehauen und

misst vom Kinn bis zur Stirn ganze 26,67 m (87,5 ft). Wie lang werden wohl der Arm des Indianers oder der Pferdekopf der fertigen Skulptur sein?
Benutze das Foto und erkläre, wie du zu deinen Lösungen gekommen bist.

Kopfübungen

1. Gib drei ungleiche Brüche so an, dass deren Summe 1 (bzw. $\frac{1}{2}$) ergibt.
2. Wahr oder falsch: „Alle Diagonalen eines regelmäßigen Fünfecks schneiden sich in einem Punkt (Symmetriezentrum)."
3. Gib ein Beispiel für a, b und h (a, b, h verschieden) so an, dass der Flächeninhalt der Figur 7 cm² beträgt.
4. Gib eine natürliche Zahl an, die genau 3 verschiedene Teiler besitzt.
5. Bestimme die Innenwinkel α, β, γ und δ des gleichschenkligen Trapezes ABCD.
6. Zwei Personen lernen sich kennen. Wie groß ist die Wahrscheinlichkeit, dass sie beide im gleichen Monat Geburtstag haben?
7. Gib drei Wertepaare an, die zur Funktion $y = -1{,}5 \cdot x + 0{,}5$ gehören. Beschreibe den Graphen mit Worten.

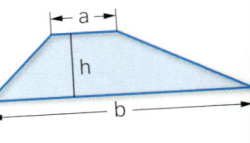

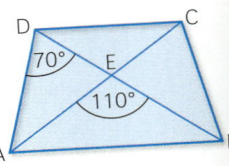

1.1 Ähnlichkeit erkennen und erzeugen | 19

Exkurs

Zentralperspektive

In der Entwicklung der Kunst strebten Maler über Jahrhunderte danach, die Tiefe des Raumes so realistisch wie möglich auf die Leinwand zu bannen. Bei der sogenannten Zentralperspektive werden nach hinten verlaufende parallele Kanten im Bild nicht mehr parallel dargestellt, sondern sie treffen sich in einem Punkt, dem so genannten Fluchtpunkt. Diese Darstellungsform wurde von Fillipo Brunelleschi (1377–1446), einem italienischen Baumeister, entwickelt, der auch „Schöpfer der Renaissance" genannt wurde. Das hier gezeigte Gemälde stammt von Piero Della Francesca, einem Zeitgenossen Brunelleschis.

Projekt Zentralperspektive mit DGS – mathematisches Handwerk in der Kunst

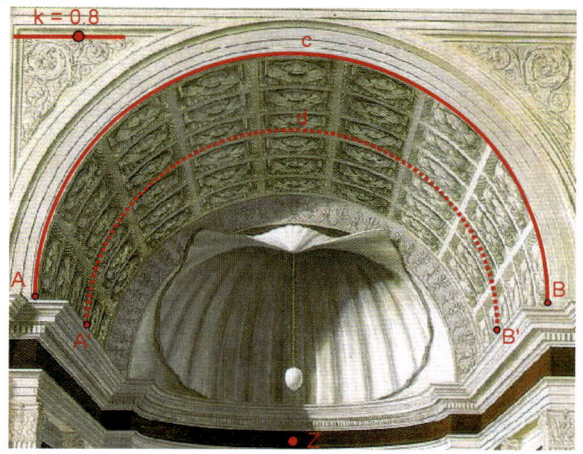

In DGS lassen sich Bilder und Fotos im Hintergrund einbinden und dann geometrisch untersuchen. Erkennst du den Ausschnitt des Deckengewölbes aus dem obigen Gemälde? Hier wurde das Streckzentrum so gewählt, dass der Kreisbogen zentrisch gestreckt wird.

Sucht im Internet oder in Architektur- oder Kunstbüchern nach Fotos und Gemälden, auf denen die Zentralperspektive gut zu erkennen ist. Sind die Bilder im DGS eingebunden, könnt ihr überprüfen, ob die Künstler „alles richtig" gemacht haben.

Schreibt eine Anleitung: So findet man den Fluchtpunkt mithilfe einer zentrischen Streckung.

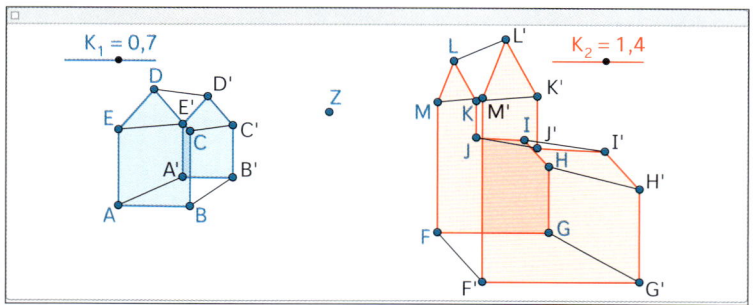

Erzeugt mithilfe der zentrischen Streckung selbst Bilder mit räumlicher Tiefe in Zentralperspektive.
Tipps:
Ein passendes Fünfeck führt rasch zu einem Haus in Zentralperspektive.
Es lohnt sich, verschiedene Streckfaktoren zu benutzen, um die Länge von Gebäuden zu variieren.

Forschungsaufträge Was passiert, wenn du die Lage des Streckzentrums Z veränderst?
Wie liegt Z, wenn du wie ein Vogel über Haus und Kirche fliegst, wie wird ein Fußgänger die Szene sehen und wie ein Frosch? Lass Z auch nach links oder rechts wandern. Welche Eindrücke erhältst du dann?
Seitenwechsel erwünscht. Verschiebe die Streckfiguren auf dem Zeichenblatt von links nach rechts. Was geschieht mit der Perspektive?

1 Ähnlichkeit

Aufgaben

21 Zentralperspektive II – so machen es die Künstler

Mit der folgenden Anleitung kann auch ein nicht so geschickter Künstler eine Reihe von Telefonmasten entlang einer Landstraße im richtigen Abstand konstruieren.

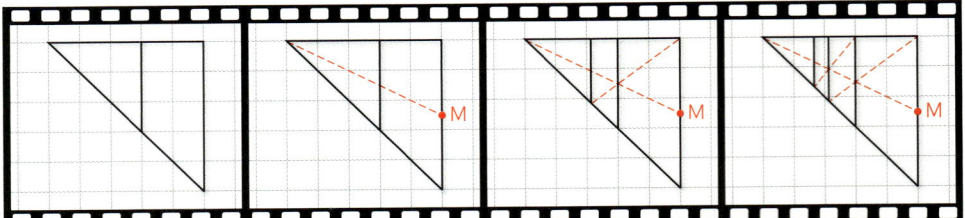

a) Übertrage das Bild (1) aus dem Filmstreifen in dein Heft und verfahre dann wie in der Bilderfolge.
b) Beschreibe die Konstruktion und konstruiere noch weitere Telefonmasten – die Konstruktion funktioniert in beiden Richtungen.
c) Untersuche die Konstruktion: Wo findest du ähnliche Figuren? Suche gleiche Streckenverhältnisse. Erkennst du in der Konstruktion die zentrische Streckung?

22 Produktionsfehler?

Die Firma Quality Scale Models hat ein und dasselbe Automodell in unterschiedlichen Maßstäben hergestellt: als Puppenauto und als Sammlermodell.
a) Betrachte das Foto der Modelle. Sind sie im mathematischen Sinne ähnlich?
b) Ein vermuteter Produktionsfehler soll durch Messen und Rechnen nachgewiesen werden. Dazu wurden beim Hersteller des Fahrzeugs die genauen Abmessungen ermittelt und mit den Modellen gegenüber gestellt (siehe Tabelle).

Ermittle den Maßstab der Modelle und schreibe einen Prüfbericht, in dem du die Maßstabstreue der beiden Modelle beurteilst.

	Original-Auto	Modell „groß"	Modell „klein"
Länge	4129 mm	429 mm	230 mm
Breite ohne Außenspiegel	1724 mm	198 mm	96 mm
Höhe	1502 mm	185 mm	84 mm
Radstand	2516 mm	265 mm	140 mm

c) Bringt selbst unterschiedliche maßstäbliche Modelle mit (Flugzeuge, Schiffe, Tierfiguren). Recherchiert dann im Internet die Originalgrößen der mitgebrachten Objekte und untersucht die Ähnlichkeit.

1.2 Verkleinern und Vergrößern – Flächen und Volumina

Ein Künstler belegt die Oberfläche einer Skulptur mit Blattgold. Wenn er das Gleiche mit einer im Maßstab 2:1 vergrößerten Figur tut, wie viel mehr Goldauflage braucht er dann?
Ein erwachsener Mensch ist ungefähr doppelt so groß wie ein Kind von drei Jahren. Ist er gleich proportioniert wie das Kind und damit ähnlich im geometrischen Sinn?
5000 Mäuse wiegen so viel wie ein Mensch, ihr täglicher Nahrungsverbrauch ist aber etwa 17-mal so groß wie der eines Menschen.
All dies hat etwas mit den Verhältnissen von Längen, Flächen und Volumina bei ähnlichen Figuren zu tun.

Aufgaben

1 Stute und Fohlen
Auf dem Foto ist eine Stute mit ihrem zwei Wochen alten Fohlen zu sehen. Kann man sagen, dass die Stute ein maßstäblich vergrößertes („ähnliches") Fohlen ist?
Bestimme dazu ungefähr einige Größenverhältnisse, z. B. der Beinlängen, der Widerristhöhen, der Kopfgrößen u. Ä.
Auf dem Bild kannst du grobe Messwerte bestimmen. Warum brauchst du keine Angabe über den Maßstab?

2 Poster-Angebote
Was hältst du von diesen Angeboten?
Sind die Preise für die großen Bilder gegenüber den kleineren gerechtfertigt?
Schreibe deine Argumente auf.

Poster: Angebot der Woche	
20 cm × 30 cm	3,99 €
40 cm × 60 cm	11,99 €
80 cm × 120 cm	27,99 €

3 Schulhof
Eine Schule wächst von 203 auf 295 Schülerinnen und Schüler. Der Elternbeirat fordert, dass der bisher gerade passende Schulhof von 25 m × 30 m auf 37,5 m × 45 m vergrößert wird. Was sagst du dazu? Reicht der Platz?

4 Modellauto
Das Modell eines Posttransporters ist im Maßstab 1:87 gebaut.
a) Bestimme Länge, Breite und Höhe eines Ladecontainers im Original.
b) Schätze, wievielmal größer das Volumen des Originals gegenüber dem Volumen des Modells ist. Rechne nach.
c) Wie groß schätzt du das Verhältnis der Oberfläche eines Containers im Original zu der im Modell?

Der Container der Zugmaschine hat im Modell die Maße:
Länge: 5,4 cm
Breite: 2,9 cm
Höhe: 2,8 cm

Basiswissen Bei der maßstäblichen Vergrößerung von Körpern ändern sich Längen, Flächen und Volumina mit unterschiedlichen Faktoren.

Maßstäbliche Vergrößerung

Längenvergrößerung mit dem Faktor k

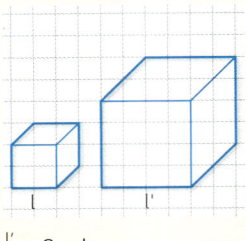

$\frac{l'}{l} = 2 = k$

Flächenvergrößerung mit dem Faktor k^2

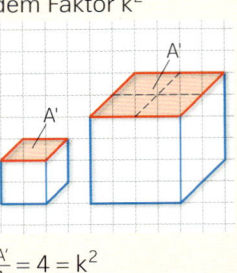

$\frac{A'}{A} = 4 = k^2$

Volumenvergrößerung mit dem Faktor k^3

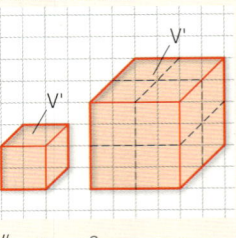

$\frac{V'}{V} = 8 = k^3$

Beispiele

A Zylindervergrößerung
Ein Zylinder hat ein Volumen von 300 ml. Wie groß ist das Volumen eines Zylinders, der ihm gegenüber maßstäblich mit dem Faktor $k = 4$ vergrößert ist?
Lösung:
Das Volumen vergrößert sich mit dem Faktor $k^3 = 4^3 = 64$.
Der vergrößerte Zylinder fasst also $64 \cdot 300\,\text{ml} = 19\,200\,\text{ml}$.
Das sind 19,2 l.

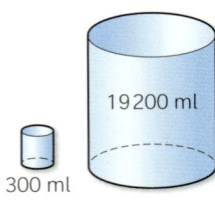

B Quadervergrößerung
Der Quader soll maßstäblich vergrößert werden, so dass er den 9-fachen Oberflächeninhalt hat. Berechne die Länge, die Breite, die Höhe und das Volumen des vergrößerten Quaders.
Lösung: Da sich die Oberfläche um den Faktor k^2 vergrößert, muss $k = 3$ sein, denn $3^2 = 9$. Der vergrößerte Quader hat also die Maße $30\,\text{cm} \times 18\,\text{cm} \times 6\,\text{cm}$. Das Volumen vergrößert sich auf das 3^3-fache (27-fache), also $3240\,\text{cm}^3$.

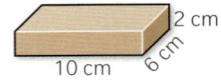

C Stahlkugeln
Eine Stahlkugel mit dem Durchmesser $d = 1\,\text{cm}$ wiegt etwa 5 g. Wie viele kleine Stahlkugeln mit $d = 0,2\,\text{cm}$ halten die Waage im Gleichgewicht?
Lösung:
Die kleine Stahlkugel ist eine ähnliche Verkleinerung der großen Kugel mit dem Faktor $k = \frac{0,2}{1} = \frac{1}{5}$. Das Volumen der kleinen Kugel wird um den Faktor $\left(\frac{1}{5}\right)^3 = \frac{1}{125}$ kleiner, entsprechend auch das Gewicht. Man braucht also 125 kleine Kugeln.

Übungen

5 Vergrößertes Rechteck und Dreieck
Zeichne ein Rechteck und ein Dreieck. Vergrößere die Figuren mit dem angegebenen Faktor und berechne den Flächeninhalt und den Umfang der ursprünglichen Figuren und der Vergrößerungen.   a) $k = 3$ b) $k = 1,5$

6 Ähnliche Parallelogramme
Zeichne zwei ähnliche Parallelogramme. Das Verhältnis von Seiten, die sich entsprechen, soll $3:4$ betragen. In welchem Verhältnis stehen die Höhen zueinander? In welchem Verhältnis stehen die Umfänge zueinander und in welchem die Flächeninhalte?

1.2 Verkleinern und Vergrößern – Flächen und Volumina

Übungen

7 Vergrößerte Figuren
Die Figuren mit den angegebenen Maßen werden mit dem Faktor k vergrößert. Berechne jeweils den Flächeninhalt der ursprünglichen und der vergrößerten Figur.
a) Dreieck: $a = 3\,cm$, $h_a = 2{,}5\,cm$, $k = 2{,}5$
b) Trapez: $a = 4\,cm$, $c = 6\,cm$, $h = 3\,cm$, $k = 2$
c) Parallelogramm: $a = 8\,cm$, $h_a = 6{,}4\,cm$, $k = \frac{3}{4}$
d) Drachen: $e = 6\,cm$, $f = 4\,cm$, $k = 2$

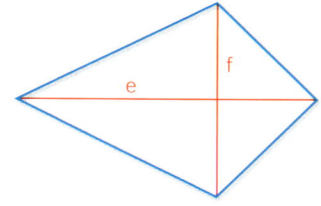

8 Pizzapreise
Eine Salamipizza mit 20 cm Durchmesser kostet 5,50 €. Was ist deiner Meinung nach ein fairer Preis für eine Salamipizza mit 30 cm Durchmesser? Begründe deine Meinung.

9 Modell
Du siehst das Modell eines Segelschiffs, das im Maßstab 1 : 100 gebaut ist. Das Modell hat eine Mastenhöhe von 15 cm, eine Segelfläche von ca. 120 cm² und einen Innenraum von ca. 150 cm³. Bestimme die entsprechenden Größen für das Originalschiff.

10 Taschenlampe
Die große Taschenlampe wiegt 192 g. Wie schwer ist die kleine, wenn sie aus dem gleichen Material hergestellt ist? Begründe deine Schätzung.

11 Packvolumen
a) Wie viele der kleinen Kartons braucht man, wenn man das gleiche Packvolumen wie bei dem großen Karton erreichen will?
b) Vergleiche jeweils die benötigte Menge an Pappmaterial.

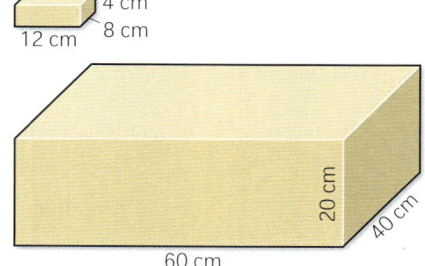

12 Prismen
Die Grundflächen zweier Prismen sind ähnliche Dreiecke, deren Flächeninhalte im Verhältnis 9 : 4 stehen. Das größere Prisma hat eine Höhe von 18 cm, das kleinere von 12 cm.
Sind die beiden Prismen ähnlich? In welchem Verhältnis stehen die Volumina?

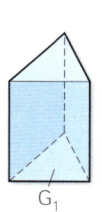
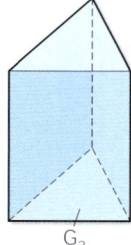

1 Ähnlichkeit

Übungen

13 Eisblock
Was schmilzt schneller in der Sonne: ein würfelförmiger Eisblock von 1 kg oder 40 kleine Eiswürfel von jeweils 25 g? Begründe deine Antwort. Hat diese Aufgabe etwas mit dem Thema dieses Lernabschnitts zu tun?

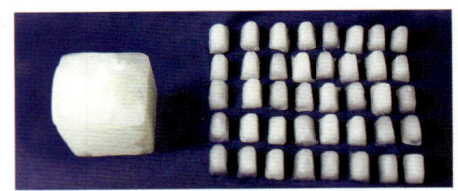

14 Piktogramme – genau hingeschaut
Statistische Daten werden oft in Grafiken veranschaulicht. Vermitteln die folgenden grafischen Darstellungen den richtigen Eindruck der jeweiligen Statistik? Begründe.

a) Der Anteil der Ärzte mit einer Praxis für Allgemeinmedizin ist von 1964 bis 1990 von 27 % auf 12 % zurückgegangen.

b) La Spezia hat im letzten Jahr doppelt so viel Eis wie Italia und dreimal so viel wie Adria verkauft.

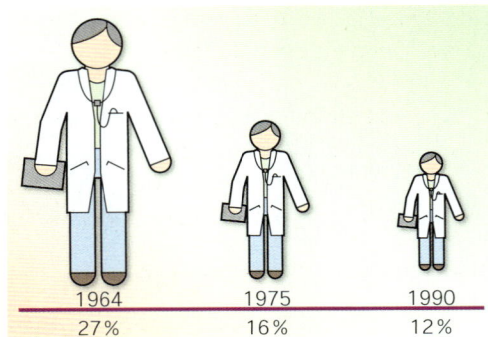

15 Ähnliche Figuren legen
Zeichne neun Kopien der abgebildeten Figur auf Pappe und schneide sie aus.
a) Kannst du vier der Figuren zu einer größeren (ähnlichen) Figur zusammenfügen?
b) Kannst du auch alle neun Figuren so zusammenfügen, dass eine ähnliche größere Figur entsteht?

Kopfübungen

1. Ergänze: $\frac{2}{3} \cdot \blacksquare = 5$
2. Wie ändert sich der Flächeninhalt des Dreiecks, wenn man den Eckpunkt B nach B′ verschiebt?
3. Ergänze: $(x - \blacksquare)^2 = x^2 - 8xy + \blacksquare \cdot y^2$
4. Bestimme die Innenwinkel der Dreiecke ABC und CDE.

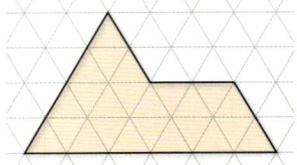
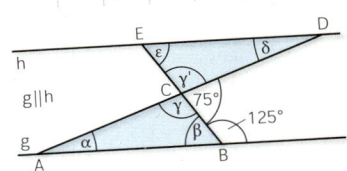

5. Gib drei Brüche an, die im Intervall [5; 6] liegen.
6. In einer Klasse (10 Mädchen, 15 Jungen) werden zwei Jugendliche ausgelost, die den Aufräumdienst zu übernehmen haben. Bestimme die Wahrscheinlichkeit, dass es zwei Jungen sind.
7. Gib drei Wertepaare an, die zur Funktion $y = \frac{6}{x}$ gehören. Beschreibe den Graphen mit Worten.

1.2 Verkleinern und Vergrößern – Flächen und Volumina

Aufgaben

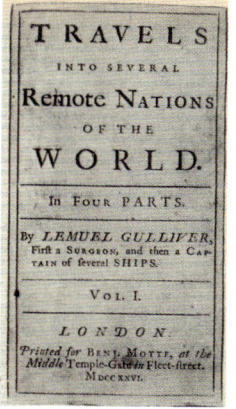

Titelseite der 1. Ausgabe von Gullivers Reisen

c) Lies den Exkurs.

16 Gullivers Reisen

Gulliver trifft in Jonathan Swifts Satire *Gullivers Reisen* im Königreich Lilliput auf Lebewesen, die dem Menschen an Gestalt und Aussehen völlig ähnlich sind, die aber nur ein Zwölftel der Länge eines normalen Menschen erreichen.

a) Berechne die mittlere Länge und das Durchschnittsgewicht eines Lilliputaners.

b) Dreihundert Schneider wurden beauftragt, passende Kleider für Gulliver zu nähen. Wenn sie mit ihren eigenen Kleidern vergleichen, wievielmal mehr Stoff benötigen sie dann? Ist es sinnvoll, den gleichen Stoff zu verwenden?

c) Die Lilliputaner überlegen sich, wie sie Gulliver ernähren können: „Seiner Majestät Mathematiker hatten die Höhe meines Körpers aufgenommen, und da sie fanden, dass er die ihrigen im Verhältnis 12 : 1 überträfe, so hätten sie … geschlossen, dass mein Körper das 1728-fache ihrer eigenen Nahrungsmengen verlangen würde." Wie kommen sie auf die Zahl 1728? Ist ihre Überlegung zutreffend?

Exkurs

Sind Riesen lebensfähig?

Schon die bloße Beobachtung zeigt, dass die Lebewesen verschiedener Größen von ganz unterschiedlicher Gestalt sind. Ein Fohlen weist ganz andere Proportionen auf als ein ausgewachsenes Pferd. Wenn man einen Hund auf Elefantengröße „zoomt", so gleicht er keinesfalls in der Gestalt einem Dickhäuter. Solche maßstäblichen Vergrößerungen kommen nur in Märchen und Science-Fiction-Filmen vor. In Wirklichkeit wären Riesen und Zwerge oder Monsteraffen wie King-Kong nicht lebensfähig.

Die Knochenfestigkeit

Die Knochen tragen die Masse eines Lebewesens. Die Tragfähigkeit des Knochens hängt wesentlich von seiner Querschnittsfläche ab. Bei der Verdreifachung der Größe verneunfacht sich diese Querschnittsfläche, die Masse wird auf das 27-fache vergrößert. Riesen würden unter dieser Last zusammenbrechen.

Atmen

Der zum Leben notwendige Sauerstoff wird an der Lungenoberfläche von dem durchgepumpten Blut aufgenommen. Bei Verdopplung der Größe wird das Blutvolumen verachtfacht, die Lungenoberfläche aber nur vervierfacht. Auch hier sind die Probleme bei zunehmender Vergrößerung nicht mehr ohne Weiteres zu bewältigen.

Energiehaushalt

Vögel und Säugetiere erzeugen ihre Körpertemperatur selbst im Innern des Körpers, wozu sie einen Großteil ihrer Nahrung benötigen. Die Körperoberfläche ist das „Fenster", über das der Energieaustausch mit der Umgebung erfolgt, in der Regel eine Energieabgabe. Die Nahrungsmenge, die ein Tier zur Aufrechterhaltung seiner Körpertemperatur benötigt, ist abhängig von dem Verhältnis aus Körpervolumen und Körperoberfläche. Bei einer maßstäblichen Vergrößerung eines Tieres mit dem Faktor 10 wächst die Oberfläche um das 100-fache, das Volumen aber um das 1000-fache. Das bedeutet, der Energieverlust bei größeren Tieren wird im Verhältnis zur Energieproduktion geringer. Bei einem Lilliputaner ist das Verhältnis der Hautoberfläche zum Volumen viel größer als beim Menschen, er würde deshalb mehr Energie verlieren und müsste pausenlos Nahrung aufnehmen. Bei Gulliver wäre es umgekehrt, er müsste verhältnismäßig weniger essen.

Aufgaben

17 Wenn der Mensch ein vergrößerter Floh wäre …
a) Ein Floh von 1 mm Größe kann 30 cm hoch springen, das entspricht dem 300-fachen seiner Rumpfhöhe. Vergrößerte man ihn maßstäblich auf die Länge eines Menschen, könnte er dann den Eiffelturm überspringen?
b) Fülle die Tabelle vollständig aus.

	Größe	Relative Sprunghöhe
Floh	1 mm	300-fache Rumpfhöhe
Heuschrecke	30 mm	15-fache Rumpfhöhe
Frosch	70 mm	7-fache Rumpfhöhe
Pferd	■	■
Mensch	■	■

Was stellst du fest? Findest du eine Erklärung?

18 Massenverhältnisse
Bilde mit den Daten der Tabelle jeweils das Verhältnis von Körpermasse zu Skelettmasse. Kannst du dies erklären?

Tier	Körpermasse	Skelettmasse
Maus	0,03 kg	0,0013 kg
Katze	0,85 kg	0,044 kg
Elefant	6600 kg	1782 kg

19 Tiere in kalten und warmen Regionen
Im Biologiebuch findest du die Allen'sche und die Bergmann'sche Regel. Versuche sie mithilfe der Aussagen im Exkurs auf Seite 25 zu erklären.
a) Allen'sche Regel: „Bei Tieren in kalten Klimaten bleiben Körperteile, die leicht auskühlen (z. B. Ohren), klein, während sie bei Verwandten in warmen Gegenden wesentlich größere Ausmaße erlangen."

Polarfuchs (arktische Zone)    Rotfuchs (gemäßigte Zone)   Wüstenfuchs (Fenek) (subtropische Zone)

b) Bergmann'sche Regel:
„In kalten Regionen sind die Individuen einer Art oder nah verwandter Arten größer als in warmen Gebieten."
Finde die Klimazonen heraus, in denen die verschiedenen Pinguine leben.

Kaiserpinguin Antarktis	Königspinguin Subantarktis	Magellanpinguin Feuerland Falkland-Inseln	Humboldtpinguin Peruanische Küste	Galapagospinguin Galapagosinseln
125 cm	100 cm	70 cm	60 cm	50 cm

1.3 Bestimmung von unzugänglichen Streckenlängen – Strahlensätze

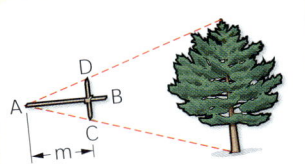

Nicht alle Strecken im Gelände lassen sich ohne Probleme messen: Bäume sind zu hoch, Schluchten zu breit, Brücken und Gebäude sind oft schwer zugänglich. Unter Anwendung der Kongruenzsätze kann man aber solche unzugänglichen Streckenlängen mithilfe messbarer Strecken und Winkel konstruieren. Mit der zentrischen Streckung und den daraus abgeleiteten Strahlensätzen steht uns eine weitere Methode zur Bestimmung von Streckenlängen zur Verfügung.

Aufgaben

1 Auf zwei unterschiedlichen Wegen zur Turmhöhe

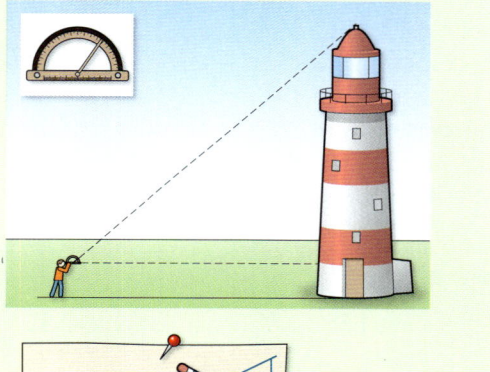
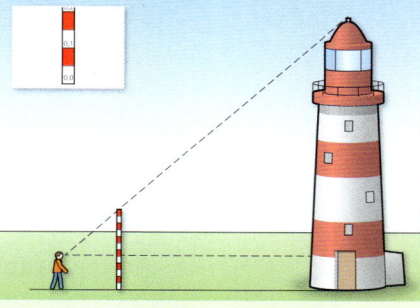
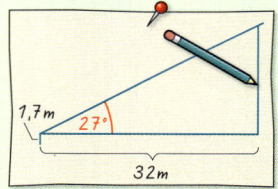
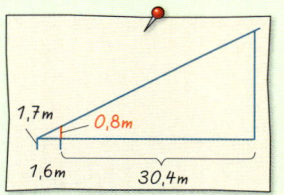

a) In den Planskizzen stecken genügend Informationen, um die Höhe des Turms herauszufinden. Einmal musst du konstruieren, einmal kannst du rechnen.
b) Vergleiche deine Ergebnisse bei beiden Methoden.

2 Aufgabe aus dem chinesischen Rechenbuch „Jiuzhang suanshu" (100 v. Chr.)

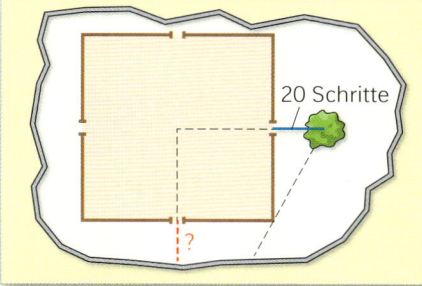

„Jetzt hat man eine Stadt (mit quadratischem Grundriss), die Quadratseite 200 Schritte. In der Mitte jeder Seite ein offenes Tor. Geht man aus dem Osttor 20 Schritte heraus, hat man einen Baum. Wie viel Schritte aus dem Südtor musst du herausschreiten, um den Baum zu sehen?"

a) Übertrage die Informationen aus dem Text in eine maßstabsgerechte Skizze.
b) Vervollständige die Skizze so, dass du die gesuchte Länge x ablesen kannst.
c) In der Zeichnung kannst du verschiedene Streckfiguren erkennen. In welcher steckt das Verhältnis $\frac{120}{100} = \frac{(x+100)}{x}$? Berechne x und vergleiche mit deiner Lösung aus b).

28   1 Ähnlichkeit

Aufgaben

3 Wie breit ist der See?

Beim Vermessen lassen sich mithilfe der zentrischen Streckung auch Streckenlängen bestimmen, die mit dem Maßband nicht direkt zugänglich sind.

a) Beschreibe: Wo verbergen sich bei der Landschaftsmessung Streckfiguren? Wo steckt der Streckfaktor k?

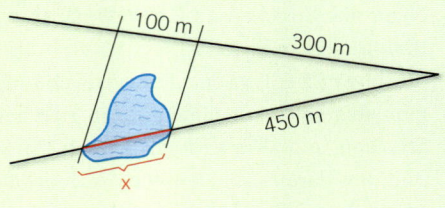
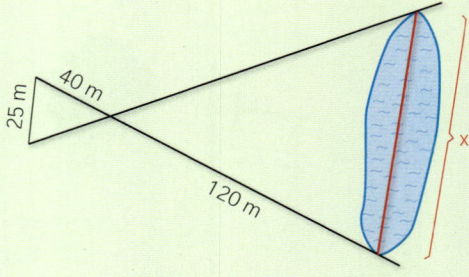

b) Der Vermesser notiert zwei Verhältnisgleichungen. Ordne zu und berechne die Seebreiten.

$$\frac{25}{40} = \frac{x}{120} \qquad \frac{400}{300} = \frac{x+450}{450}$$

Basiswissen

Bei der zentrischen Streckung wird eine Strecke stets auf eine dazu parallele Strecke abgebildet, die k-mal so lang ist. In der Streckfigur findest du den Streckfaktor k dann in verschiedenen Streckenverhältnissen. Die sogenannten Strahlensätze fassen diese unterschiedlichen Möglichkeiten zusammen.

Erster Strahlensatz

Entsprechende Streckenverhältnisse auf den „Strahlen" durch Z sind gleich.

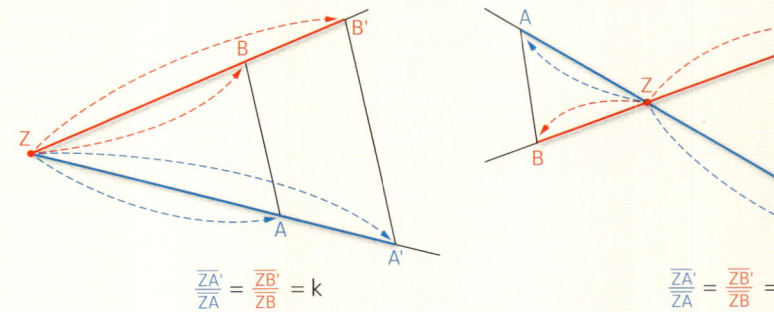

$$\frac{ZA'}{ZA} = \frac{ZB'}{ZB} = k \qquad\qquad \frac{ZA'}{ZA} = \frac{ZB'}{ZB} = k$$

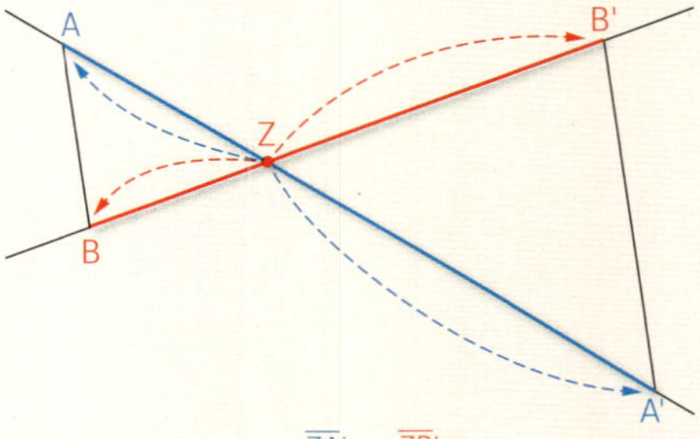

Zweiter Strahlensatz

Das Verhältnis zwischen Bild- und Ausgangsstrecke ist gleich dem Streckenverhältnis auf den Strahlen durch Z.

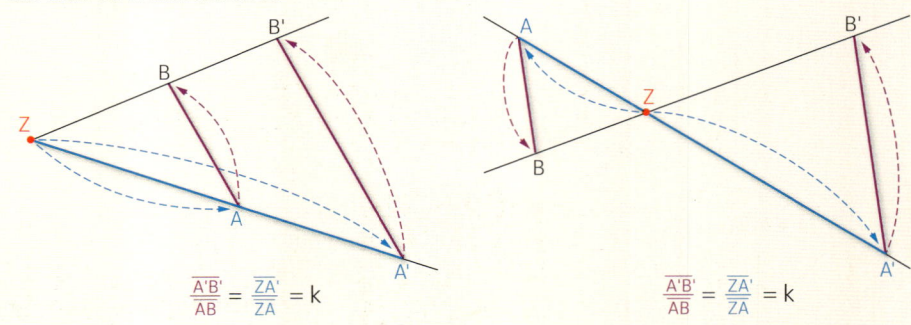

$$\frac{A'B'}{AB} = \frac{ZA'}{ZA} = k \qquad\qquad \frac{A'B'}{AB} = \frac{ZA'}{ZA} = k$$

1.3 Bestimmung von unzugänglichen Streckenlängen – Strahlensätze

Beispiele

A Die Schattenlänge verrät die Höhe eines Baums

Die Höhe eines großen Baumes lässt sich über seine Schattenlänge bestimmen. Erstelle eine Skizze und erkläre die Vorgehensweise.

Lösung:

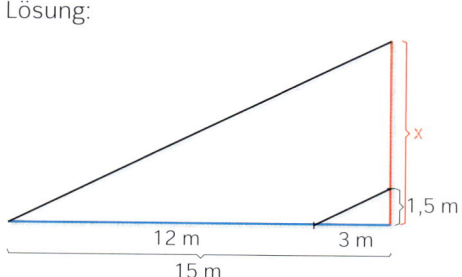

Der Schatten des Stamms ist doppelt so lang wie der Stamm selbst. Also ist auch der Schatten des Baumes doppelt so lang wie der Baum selbst.

Mit dem ersten Strahlensatz erhält man:
$\frac{x}{1{,}5\,m} = \frac{15\,m}{3\,m}$. Also $x = \frac{15\,m}{3\,m} \cdot 1{,}5\,m = 7{,}5\,m$.

B Richtige Verhältnisse?

Überprüfe in der Streckfigur, ob die Verhältnisgleichungen A bis E richtig sind. Gib, falls möglich, den passenden Strahlensatz an.

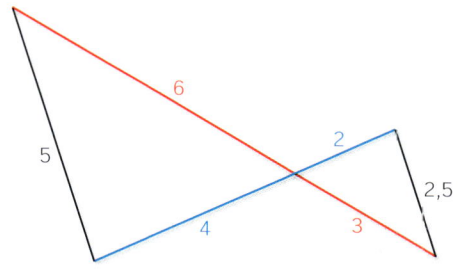

Lösung:

A	$\frac{2}{4} = \frac{3}{6}$	Richtig; 1. Strahlensatz
B	$\frac{2{,}5}{5} = \frac{6}{3}$	Falsch
C	$\frac{2{,}5}{5} = \frac{2}{4}$	Richtig; 2. Strahlensatz
D	$\frac{4}{6} = \frac{8}{9}$	Falsch
E	$\frac{2{,}5}{5} = \frac{3}{6}$	Richtig; 2. Strahlensatz

Übungen

4 Fehler gesucht

Welche der Verhältnisgleichungen sind richtig, welche falsch? Begründe mithilfe der Strahlensätze.

a)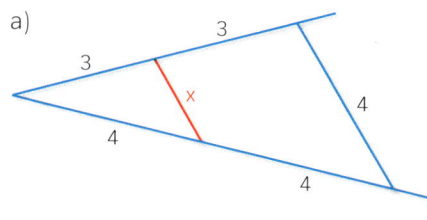

(A) $\frac{8}{4} = \frac{4}{x}$ (B) $\frac{4}{x} = \frac{3}{3}$ (C) $\frac{6}{3} = \frac{4}{x}$

b)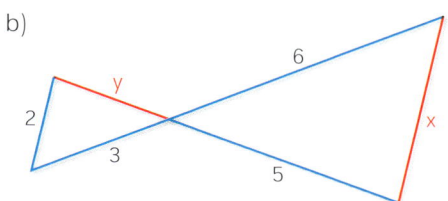

(A) $\frac{x}{2} = \frac{6}{3}$ (B) $\frac{y}{5} = \frac{6}{3}$ (C) $\frac{2}{3} = \frac{x}{5}$

5 Lochkamera und Schattenwurf

Bestimme die gesuchte Streckenlänge x mithilfe eines geeigneten Strahlensatzes.

a)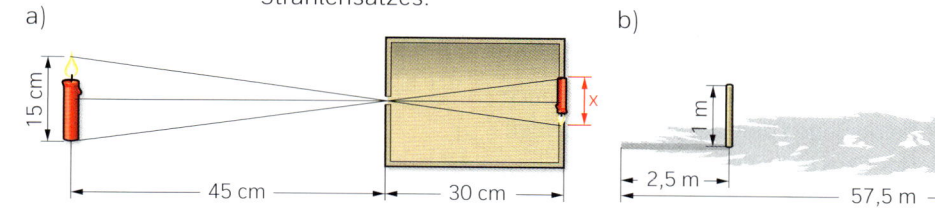

b)

Übungen

10 Wie weit ist es bis zum Nachbarhaus?
Durch Anpeilen und Messen lässt sich die Entfernung des Hauses aus dem Klassenraum heraus bestimmen. Die Schülerinnen und Schüler der 9c lassen sich zwei verschiedene Peilmöglichkeiten einfallen:

Maßstab: 3 mm ≙ 1 m

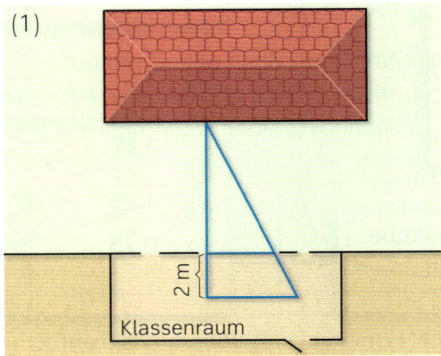 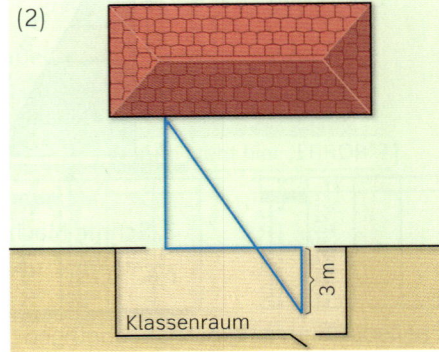

a) Welche Längen müssen sie noch messen, um die Entfernung des gegenüberliegenden Hauses bestimmen zu können?
b) Bestimme selbst die benötigten Längen durch Ausmessen und berechne die Entfernung des Hauses vom Klassenraum. Überprüfe dein Ergebnis durch Nachmessen.
c) Versucht selbst, aus eurem Klassenraum heraus die Entfernung zu einem Objekt (Haus, Baum, ...) auf diese Weise zu bestimmen.

11 Optimale Raumausnutzung
In der Nische einer Dachschräge soll ein Regal angebracht werden. Die einzelnen Regalbretter bekommen jeweils einen Abstand von 30 cm. Lassen sich die vier Regalbretter aus den zwei noch vorhandenen Brettern zuschneiden?

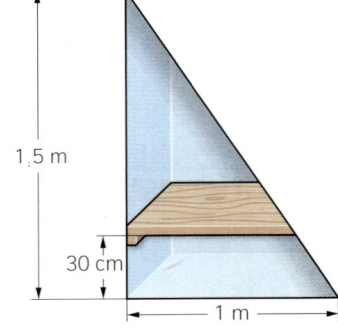

12 Summen und Differenzen in Verhältnisgleichungen und Strahlensatzfiguren
Löse mit Äquivalenzumformungen. Überprüfe durch Einsetzen oder mit GTR.

Eine **Skizze** gibt nur die Lage der Strecken zueinander wieder. Die Längen stimmen zumeist höchstens ungefähr.

a) $\dfrac{15}{6} = \dfrac{9}{x+3}$ b) $\dfrac{9}{9-x} = \dfrac{4}{3}$ c) $\dfrac{9}{x+9} = \dfrac{4{,}2}{7}$

d) Übertrage die Skizze in dein Heft und ergänze die restlichen Längen so, dass sie zu einer der Verhältnisgleichungen a) bis c) passt.
e) Fertige auch Skizzen für die beiden anderen Verhältnisgleichungen an.

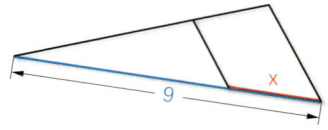

13 Ein Pyramidenstumpf
Der Hancock-Tower in Chicago, ein berühmter Wolkenkratzer, hat die Form einer Pyramide ohne Spitze (Pyramidenstumpf), und ist ohne Antenne 344 m hoch. Am Boden hat der Turm eine Breite von 80,8 m und verjüngt sich bis zum Dach auf 32,0 m.
Bestimme die Höhe, die das Gebäude hätte, wenn es eine vollständige Pyramide wäre.

1.3 Bestimmung von unzugänglichen Streckenlängen – Strahlensätze

Übungen

14) Ein häufiger Fehler
Im Beispiel D hat sich in der ersten Rechnung bei der Äquivalenzumformung
$$\frac{2{,}5}{2} = \frac{2}{x} \quad |:2$$
ein Fehler eingeschlichen. Setze die Rechnung an dieser Stelle richtig fort und versuche, auch auf diesem Weg zur Lösung zu kommen.

15) Kehrbrüche helfen
Alina: „Die Strategie aus dem Basiswissen brauche ich nicht. Wenn bei einer Bruchgleichung die gesuchte Größe nur im Nenner steht, dann bilde ich einfach auf beiden Seiten den Kehrbruch der Verhältnisse. Danach steht die gesuchte Größe im Zähler und die Gleichung ist leicht lösbar."
a) Zeige an Beispielen, dass Alinas Rechenweg zu richtigen Ergebnissen führt.
b) Begründe durch Äquivalenzumformungen.

16) Training mit und ohne GTR
Löse folgende Bruchgleichungen schriftlich mit Äquivalenzumformungen. Löse danach zur Kontrolle mit dem GTR. Korrigiere die schriftliche Rechnung gegebenenfalls.

a) $\dfrac{4{,}8 - x}{4{,}8} = \dfrac{1{,}5}{3{,}6}$
b) $\dfrac{2{,}4}{3x - 1} = \dfrac{1{,}8}{3}$
c) $\dfrac{\frac{1}{4}}{\frac{4}{3}} = \dfrac{\frac{3}{8}}{x}$
d) $\dfrac{x - 1}{4} = \dfrac{x}{2}$
e) $\dfrac{x + 1}{x - 1} = \dfrac{4}{5}$
f) $\dfrac{x - 1}{x + 1} = \dfrac{5}{4}$

17) Auch Taschenrechner lösen Gleichungen
a) Löse die Verhältnisgleichung $\dfrac{2{,}8}{0{,}4} = \dfrac{3}{x - 2}$ grafisch mit dem GTR.
b) Löse schriftlich mithilfe von Äquivalenzumformungen.
c) Welches der Lösungsverfahren a) oder b) ist schneller, welches liefert das genauere Ergebnis und welches ist fehleranfälliger?

Mit einem sogenannten CAS lassen sich die Vorteile beider Lösungsverfahren vereinen.

> **Werkzeug**
>
> **Algebraisches Lösen von Gleichungen mit dem Computer-Algebra-System (CAS)**
> Ein CAS kann Gleichungen algebraisch, also mithilfe von Äquivalenzumformungen, lösen. Die Lösungen werden dabei (wenn möglich) genau angegeben, die Umformungen allerdings nicht angezeigt. Der Befehl zum algebraischen Lösen lautet „solve" und wird so verwendet:
>
> *solve(zu lösende Gleichung, gesuchte Größe)*
>
> $\text{solve}\left(\dfrac{2.8}{0.4} = \dfrac{3}{x-2}, x\right) \qquad x = \dfrac{17}{7}$

Die Menge der Lösungen wird von manchen CAS in Mengenklammern angezeigt.

18) Training mit und ohne CAS
Löse die folgenden Aufgaben mithilfe von Äquivalenzumformungen. Kontrolliere deine Lösungen danach mit dem CAS. Korrigiere die schriftlichen Lösungen gegebenenfalls.

a) $\dfrac{x + 1}{x - 1} = \dfrac{16}{5}$
b) $\dfrac{2x}{3} = \dfrac{2 - x}{2} - 2$
c) $\dfrac{x + 1}{2} = \dfrac{-0{,}5}{x - 1}$
d) $\dfrac{x + 6}{x} = \dfrac{2 - x}{2}$

1 Ähnlichkeit

Übungen

mehrere Variablen

19 Optik: Wie man mit Linsen ein gutes Bild erhält

Mit einer Linse kann man von einem Gegenstand, etwa einer Kerze, auf einem Schirm ein scharfes Bild erzeugen. Dazu muss die „Linsengleichung" $\frac{1}{b} = \frac{1}{f} - \frac{1}{g}$ erfüllt sein.

a) Die Linse hat eine sogenannte „Brennweite" von $f = 5\,cm$. Die Kerze steht $g = 10\,cm$ von der Linse entfernt. In welcher Entfernung b sollte der Schirm aufgestellt werden?

Tipp

Erweitern der Brüche, z. B.:
$\frac{1}{f} = \frac{1 \cdot g}{f \cdot g}$

b) Kathrin findet in einem Hausaufgabenforum im Internet $b = \frac{f \cdot g}{g - f}$.
Überprüfe die Richtigkeit dieser Gleichung, indem du ...
- deine Werte aus a) einsetzt;
- Äquivalenzumformungen auf die Linsengleichung anwendest.

Bewerte die beiden Überprüfungsmöglichkeiten.

c) Ein CAS beherrscht auch die Umformung von Gleichungen mit mehreren Variablen. Überprüfe die Gleichung aus b), indem du die Linsengleichung mit dem CAS nach b auflöst.

d) Löse die Linsengleichung mithilfe des CAS jeweils nach f und nach g auf. Schaffst du es, die Lösungen auch durch Äquivalenzumformungen zu erhalten?

b: Bildweite
g: Gegenstandsweite
f: Brennweite („Fokus")

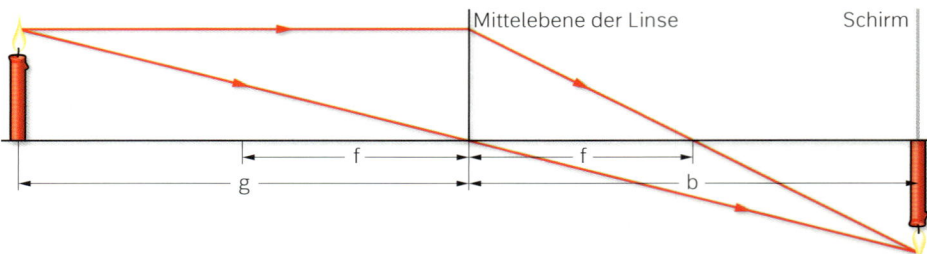

20 Ein dritter Strahlensatz?

Jannis hat in einem Schulbuch den ihm unbekannten Strahlensatz $\frac{\overline{ZA}}{\overline{AB}} = \frac{\overline{ZA'}}{\overline{A'B'}}$ gefunden.

Als er Jule davon berichtet, winkt diese ab: „Das ist kein dritter Strahlensatz, sondern ein alter Bekannter."

a) Was meint Jule? Zeichne die passende Strahlensatzfigur.
b) Gibt es noch weitere „unbekannte" Strahlensätze?

Mathematische Sätze und Umkehrsätze

21 Vermessungspraktikum

Drei Messtrupps erhalten die Aufgabe, die Breite eines Sees zu bestimmen. Beschreibe anhand ihrer Skizzen, wie sie vorgegangen sind. Können alle Trupps die Aufgabe lösen? (Längenangaben in Metern).

Achtung: Skizzen nicht maßstabsgerecht

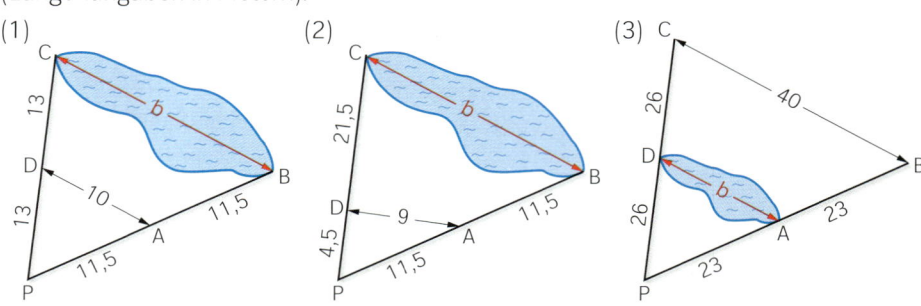

1.3 Bestimmung von unzugänglichen Streckenlängen – Strahlensätze

Exkurs

Strahlensätze sind mathematische Sätze

Mathematische Sätze haben stets die Form „Wenn A, dann B". Hierbei nennt man A die Voraussetzung, B die Behauptung. Auf Seite 28 stehen im Basiswissen-Kasten nur die Behauptungen. Die Voraussetzungen bestehen darin, dass die Strahlensätze nur in Konstruktionsfiguren gelten, die wie die dargestellten „Strahlensatzfiguren" beschaffen sind. Vollständig lautet deshalb der erste Strahlensatz für die abgebildete Strahlensatzfigur:

„Wenn gilt: Zwei Halbgeraden mit einem gemeinsamen Anfangspunkt Z werden von zwei parallelen Geraden in den Punkten A, B und A′, B′ geschnitten, dann folgt daraus, dass $\frac{ZA'}{ZA} = \frac{ZB'}{ZB}$ ist."

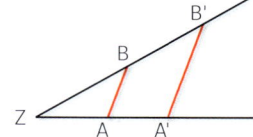

Übungen

Den Satz des Thales findest du mit seiner Umkehrung in „Zum Erinnern und Wiederholen".

22 Umkehrung der Strahlensätze

Von vielen Sätzen in der Geometrie gilt die Umkehrung, z. B. vom Satz des Thales. Gilt dies auch für die Strahlensätze?

a) Gib die Strahlensätze mit Voraussetzung und Behauptung an. Formuliere dann jeweils die Umkehrung der Sätze.

b) Entscheide jeweils, ob die Umkehrsätze der Strahlensätze wahr sind. Begründe.

Tipp zu b)

Zur Begründung, dass ein Satz falsch ist, genügt ein Gegenbeispiel.

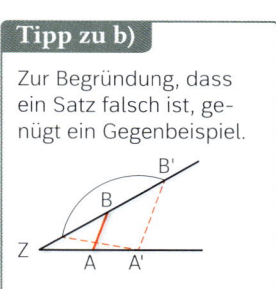

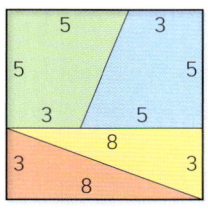

Seitenlängen in cm

23 Die verschwundene Fläche

Ein Quadrat ist in vier Teilflächen zerlegt worden. Aus diesen Teilflächen setzt sich offensichtlich das nebenstehende Rechteck zusammen. Berechne jeweils die Flächeninhalte der Gesamtfigur und vergleiche. Erkläre das Ergebnis.

Kopfübungen

1. Durch die Verlängerung einer Seite um x soll sich der Umfang des Rechtecks verdoppeln. Bestimme x.

2. Ergänze: $0{,}025 \cdot \blacksquare = 5$

3. Gib ein Beispiel für die Grundseiten eines Trapezes so an, dass die Mittellinie 3 cm lang ist. Wie liegen die drei Strecken zueinander?

4. Bestimme im regelmäßigen Fünfeck den Winkel α sowie die Innenwinkel.

5. Wahr oder falsch? Der Graph einer linearen Funktion kann in genau (1) einem (2) zwei (3) drei (4) vier Quadranten verlaufen.

6. Nina sammelt in ihrer Klasse die Anmeldungen zu den Wahlpflichtkursen (WPK). Bestimme die relative Häufigkeit (als Bruch und in %):

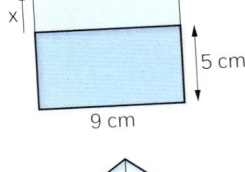

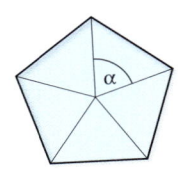

7. Bestimme die Seitenlänge s und den Umfang des Quadrates.

Skizze zum Selbstbau des Zirkels

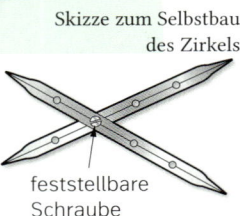

feststellbare Schraube

Exkurs
Alte Messgeräte auf der Grundlage der Strahlensätze

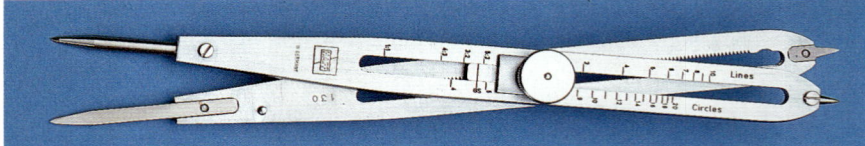

Mit dem **Proportionalzirkel** kann man Strecken in einem fest vorgegebenen Verhältnis vergrößern oder verkleinern. Durch Verschieben des Drehpunktes lassen sich verschiedene Verhältnisse einstellen.

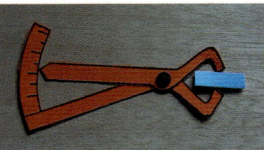 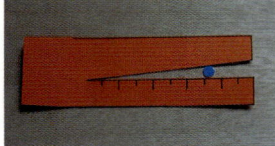 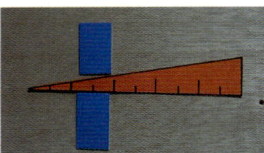

Mit der **Messzange** kann man kleine Dicken messen.

Mit der **Messlehre** kann man den Durchmesser dünner Drähte oder kleiner Kugeln messen.

Mit dem **Messkeil** kann man die Weite kleiner Öffnungen messen.

Aufgaben

Hier lohnt sich Gruppenarbeit.

24 Pappmodelle
a) Erkläre die Wirkungsweisen der Geräte, die im Exkurs beschrieben werden, und nenne die Strahlensätze, welche ihnen zugrunde liegen.
b) Fertige Pappmodelle der Instrumente an. Bei der Beschriftung der Skalen sind die Strahlensätze hilfreich. Führe mit deinen Pappmodellen einige Messungen aus.

„Unterhaltungsmathematik" – Freude am Denken
In alten Rechenbüchern findet man viele Anwendungsaufgaben zur Mathematik. Dazu gesellt sich oft die einfache Freude am Denken und Problemlösen, die auch heute noch in der sogenannten „Unterhaltungsmathematik" zum Ausdruck kommt.

25 Aus einer anonymen Aufgabensammlung des 15. Jahrhunderts:

„Wenn du die Höhe eines Turmes finden willst, wie groß sie ist, so stecke ein Holz senkrecht und betrachte den von der Sonne geworfenen Schatten und miss ihn. Sprich nun: Das senkrechte Holz ist 6 Ellen, sein Schatten 9 Ellen; betrachte auch den Schatten des Turmes: 75 Ellen. Dann verfahre nach der Regeldetri und sprich: Wenn die 9 Ellen des Schattens mir eine Holzhöhe von 6 Ellen geben, welche Turmhöhe werden uns dann die 75 Ellen Turmschatten geben?"

a) Kannst du die Aufgabe nach der gegebenen Anleitung lösen?
b) Fertige eine Skizze an und löse die Aufgabe mithilfe eines Strahlensatzes. Vergleiche mit dem vorgeschlagenen Lösungsweg.

26 Aus dem chinesischen Rechenbuch „Jiuzhang suanshu":

„Der Durchmesser eines Brunnens ist 5 Fuß; seine Tiefe kennt man nicht. Auf dem oberen Rand des Brunnens steht eine Stange von 5 Fuß. Der Blick von der Spitze der Stange zu dem Rand des Wassers reicht in den Durchmesser 4 Zoll hinein. Frage: Wie viel Fuß sind es bis zur Wasseroberfläche?"

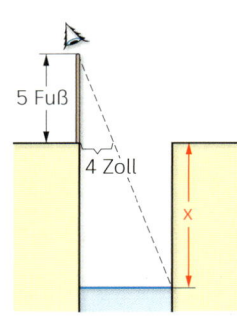

1.3 Bestimmung von unzugänglichen Streckenlängen – Strahlensätze

Projekt — Mit Maßband & Co. auf einer mathematischen Exkursion im Gelände

Ziel und Planung

- Mögliche Projektthemen

Wie hoch ist der größte Baum auf dem Schulhof?
Welche Höhe hat der Kirchturm oder der Flutlichtmast im Stadion?
Welche Länge hat die Brücke über den Fluss?
Solche oder ähnliche Fragen könnt ihr mit dem Messprojekt beantworten.

Durchführung

- Erste praktische Schritte

Jeder hat mal klein angefangen. – Wenn die Sonne scheint, genügt für viele Höhenmessungen ein Maßband (noch besser: ein Laser-Entfernungsmesser) und ein Stab. Danach geht es gleich an die Auswertung mithilfe der Strahlensätze!

- Für Fortgeschrittene

Ohne Sonne braucht man weitere Hilfsmittel. Hier eine kleine Auswahl nützlicher und einfacher Möglichkeiten:

Hilfsmittel

Daumenbreite und Daumensprung

Unser eigener Daumen kann auch helfen. Man peilt einen Gegenstand bei ausgestrecktem Arm über den Daumen an. In der Entfernung e wird damit eine bestimmte Breite b abgedeckt. Das Verhältnis d : a lässt sich individuell bestimmen. Wenn man eine der Größen e oder b kennt, lässt sich die andere Größe mit dem Strahlensatz berechnen.

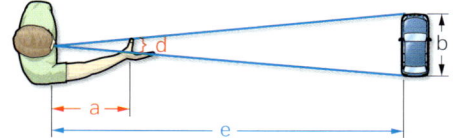

Försterdreieck und Jakobsstab

Das sind historische Messgeräte.
Das Försterdreieck diente dem Förster zum Abschätzen von Baumhöhen.
Der Jakobsstab wurde u. a. bis zum Anfang des 18. Jahrhunderts in der Seefahrt als Winkelmessgerät eingesetzt.
Im Internet findest du viele weitere Informationen dazu, u. a. auch Anleitungen zum Selbstbau der Geräte und präzise Angaben zu den Messmethoden.

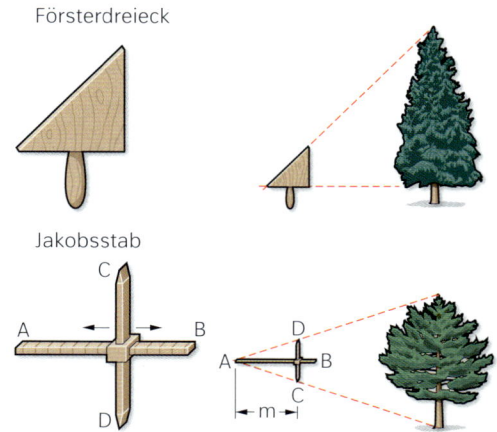

Praxistipps

- Arbeitsteilung und Spezialisierung

In den Teams werden Verantwortliche für die Aufgaben gewählt: Organisation, Messtrupps, Dokumentation (Protokoll und Foto), Sicherheitsberater usw. Zum späteren Vergleich ist es sinnvoll, wenn bestimmte Objekte von mehreren Teams bearbeitet werden.

Ideen für die Präsentation

- Präsentation

Egal, ob auf der Schulhomepage, in der Schulzeitung oder in Schaukästen – der Projektbericht kann ganz unterschiedlich aussehen. Doch auf keinen Fall sollten neben den Ergebnissen lebendige Fotos eurer Arbeit und eine genaue Beschreibung der angewandten Messverfahren und Geräte (Bauanleitungen) fehlen.

1.4 Fraktale – Selbstähnliche Muster durch Iterationen

Die Natur ist voller Gestalten und Muster, die sich nicht durch einfache geometrische Figuren wie Vielecke oder Kreise beschreiben lassen. Schau dir einmal die Wolken am Himmel, die Krone eines Baumes oder eine Schneeflocke an.

Bei vielen dieser Figuren wiederholen sich bestimmte Teile mit einer gewissen Ähnlichkeit in immer kleineren Maßstäben, z. B. bei einem Blumenkohlkopf oder bei einem Farnblatt.

In den letzten 40 Jahren hat sich ein neuer Zweig der Geometrie – die „Fraktale Geometrie" – entwickelt, die sich mit der Erzeugung solcher „selbstähnlicher" Muster beschäftigt. In diesem Lernabschnitt wirst du selbst interessante Muster mit geometrischen Iterationen erzeugen und dabei einige überraschende Eigenschaften von mathematischen „Fraktalen" entdecken.

Aufgaben

1 Die Koch-Schneeflocke

Bereits 1904 „erfand" der schwedische Mathematiker HELGE VON KOCH eine seltsame Kurve, die er durch wiederholtes Anwenden einer einfachen Konstruktion erzeugte:
Starte mit einem gleichseitigen Dreieck (Stufe 0).

> Konstruktion:
> - Teile jede Seite in drei gleiche Strecken.
> - Zeichne auf der mittleren Strecke ein gleichseitiges Dreieck.
> - Entferne die Grundseite des kleineren Dreiecks.
>
>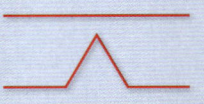

Es entsteht eine „Flocke" mit 12 gleich langen Seiten (Stufe 1). Auf jede Seite der Stufe 1 wird nun wieder die Konstruktion angewendet, es entsteht eine Schneeflocke der Stufe 2 usw.

a) Zeichne auf isometrischem Papier (siehe Buchinnendeckel) eine Schneeflocke der Stufe 3 und 4. Beginne im Schritt 0 mit einer Seitenlänge von 27 Einheiten.

b) In Gedanken kannst du dir viele weitere Stufen vorstellen. Beschreibe die Entwicklung der Schneeflocke mit eigenen Worten.

c) Wie entwickeln sich nach deiner Schätzung Umfang und Flächeninhalt der Schneeflocke?

Stufe 0

Stufe 1

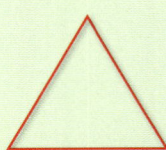

Stufe 2

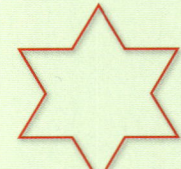

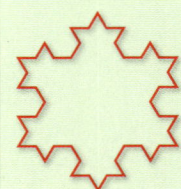

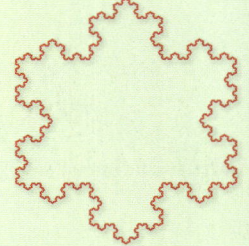

Stufe 5 (vergrößert)

1.4 Fraktale – Selbstähnliche Muster durch Iterationen

Aufgaben

2 Was versteht man unter „Selbstähnlichkeit"?
Ein stark verzweigter Baum eignet sich zu einer ersten Erklärung: Wenn man einen Ast abbricht und in die Erde steckt, so sieht er wiederum aus wie der Baum (Stamm mit Abzweigungen), nur kleiner. Auch ein kleinerer Teil des Astes ähnelt wiederum dem ganzen Baum. Das Gleiche gilt z. B. auch beim Brokkoli.

a) Auf isometrischem Papier kannst du einen mathematischen Baum wachsen lassen.
   Konstruktion: Zeichne an das Ende jeden Astes (jeder Strecke) unter Winkeln von 120° zwei neue halb so lange Äste.
   Wiederhole diese Konstruktion in mehreren Schritten.

b) In Wirklichkeit sind die Bäume sicher nicht so symmetrisch. Ändere die Konstruktionsvorschrift so ab, dass ein realistischeres Bild eines Baumes entsteht. Vergleiche mit den Versuchen deiner Nachbarn.

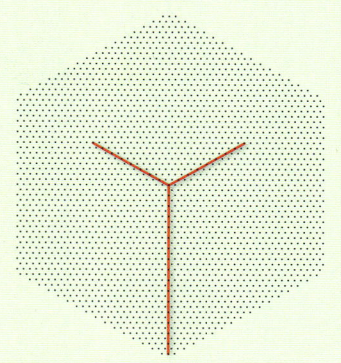

Ein im Computer erzeugter Baum

3 Das Sierpinski-Dreieck

a) Zeichne ein gleichseitiges Dreieck (Stufe 0). Konstruktion: Verbinde die Mittelpunkte der Dreiecksseiten; es entstehen vier kleine gleichseitige Dreiecke.
„Entferne" das mittlere kleine Dreieck; es bleiben drei kleinere ähnliche Dreiecke.
Wiederhole die Konstruktion für jedes der verbleibenden kleinen Dreiecke.

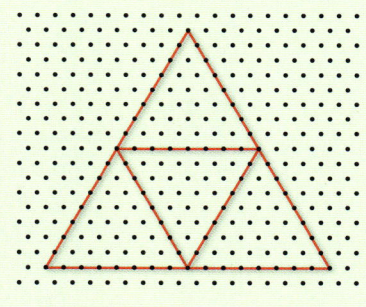

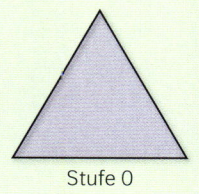

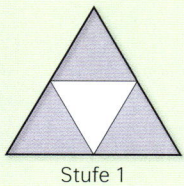

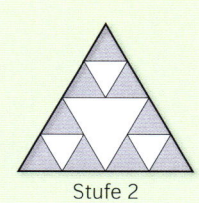

Stufe 0   Stufe 1   Stufe 2

b) Wie verändert sich die Anzahl der Dreiecke von Stufe zu Stufe?

Stufe	0	1	2	3	4	5	6	n
Anzahl	1	3			81			

Kannst du zu der Tabelle eine Iterationsvorschrift angeben?

c) Wie entwickelt sich der Flächeninhalt des Sierpinski-Dreieckes von Stufe zu Stufe?

Sabrina hat dieses Sierpinski-Dreieck auf DIN-A3-Karton in vier Stunden gezeichnet und bunt eingefärbt. Welche Stufe hat sie erreicht?

1 Ähnlichkeit

Basiswissen

An Fraktalen lassen sich viele interessante Beobachtungen machen, z. B. über die Entwicklung der Längen der fraktalen Figuren oder der Inhalte der von ihnen umschlossenen Flächen.

Fraktale

Fraktale haben drei wichtige Eigenschaften:

Geometrische Iteration
Du kannst sie durch fortgesetzte Wiederholung der gleichen Konstruktion erzeugen.

Selbstähnlichkeit
In jeder Stufe ist ein Teil der Figur eine verkleinerte Kopie der ganzen Figur der vorhergehenden Stufe.

„Unendliche" Anzahl von Iterationen
Du kannst die Iterationsschritte so lange wiederholen, bis sie zu klein werden zum Zeichnen. Dann kannst du den Prozess aber in Gedanken beliebig fortsetzen.

Beispiele

A Fraktaler Staub

Konstruktion: Zerlege ein Quadrat (Stufe 0) in neun kongruente Teilquadrate und entferne die mittleren fünf Quadrate (sie bilden ein Kreuz). Wiederhole diese Konstruktion jeweils mit allen verbleibenden Quadraten. 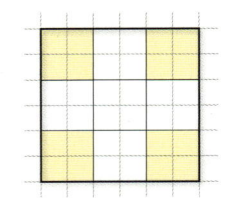
Wie viele Staubteilchen (kleine Quadrate) liegen in der Stufe 5 vor und welchen Flächeninhalt haben diese zusammen?

Lösung:

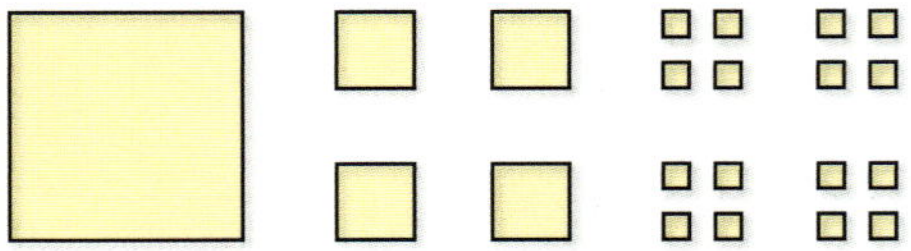

Iterationsformel   Stufe 0   Stufe 1   Stufe 2

Die Anzahl Z der Quadrate wächst von Stufe zu Stufe auf das 4-fache:
$Z_{n+1} = 4 \cdot Z_n$

Der Flächeninhalt A der einzelnen Quadrate verringert sich mit dem Faktor $\frac{1}{9}$ von Stufe zu Stufe: $A_{n+1} = \frac{1}{9} \cdot A_n$

In der Tabelle halten wir die Entwicklung fest:

Stufe	Anzahl Z der Quadrate	Flächeninhalt A eines einzelnen Quadrates	Flächeninhalt G aller Quadrate
0	1	1	1
1	4	$\frac{1}{9}$	$4 \cdot \frac{1}{9} \approx 0{,}4444$
2	16	$\frac{1}{81}$	$16 \cdot \frac{1}{81} \approx 0{,}1975$
3	64	$\frac{1}{729}$	$64 \cdot \frac{1}{729} \approx 0{,}0878$
4	256	$\frac{1}{6561}$	$256 \cdot \frac{1}{6561} \approx 0{,}0390$
5	1024	$\frac{1}{59049}$	$1024 \cdot \frac{1}{59049} \approx 0{,}0173$

1.4 Fraktale – Selbstähnliche Muster durch Iterationen

Übungen

4 Iterationsformel für Flächeninhalt des Fraktalstaubs
Gib für Beispiel A die Iterationsformel $G_{n+1} = \blacksquare \cdot G_n$ an. Wie entwickelt sich deiner Meinung nach der Flächeninhalt des Fraktalstaubs für sehr große n?

5 Schneeflocke

Im Internet findest du zu diesen und anderen Konstruktionsvorschriften entsprechende …

a) Gib die Konstruktionsvorschrift für das folgende Fraktal an.

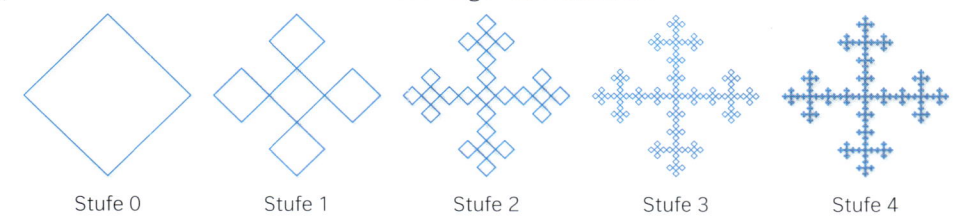

Stufe 0   Stufe 1   Stufe 2   Stufe 3   Stufe 4

b) Welchen Gesamtflächeninhalt haben die Quadrate der Stufe 4? Lege dazu eine Tabelle wie in Beispiel A an.

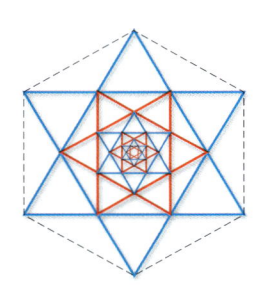

6 Fünfeck-Fraktal
Das „Fünfeck-Fraktal" entsteht aus einem Pentagramm. Diese Figur wurde schon im griechischen Altertum eingehend untersucht.
a) Zeichne auf einem DIN-A4-Blatt nacheinander die ersten vier Stufen.
b) Formuliere eine Konstruktionsvorschrift. Vergleiche mit denen deiner Nachbarn.
c) Begründe, dass die im Basiswissen auf Seite 40 aufgeführten Eigenschaften eines Fraktals erfüllt sind.
d) Gestalte mit Farben eine „künstlerische Ausgabe" des Fraktals.
e) Führe die Schritte a) bis d) für das Sechseck-Fraktal aus. Erfinde selbst ein Fraktal mit einer eigenen Konstruktion.

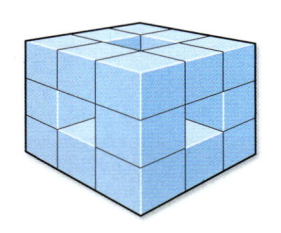

7 Ein fraktaler Schwamm
Aus einem Würfel entsteht ein dreidimensionales Fraktal. Die obere Fläche des Würfels wird in neun Quadrate unterteilt, dann wird auf dem mittleren Quadrat ein „quadratischer Bohrer" angesetzt und der Würfel bis unten durchbohrt. Das Gleiche geschieht mit der Vorder- und der Seitenfläche.
a) Berechne das Volumen und die Oberfläche des Lochwürfels der Stufe 1.
b) Das Verfahren wird mit jedem der verbleibenden Würfel wiederholt. Welche Stufe zeigt das Bild rechts? Berechne dafür das Volumen. Wie entwickelt sich die Oberfläche?
c) Was hältst du von der folgenden Behauptung: „Bei fortgesetzter Iteration wird das Volumen beliebig klein und die Oberfläche beliebig groß"?

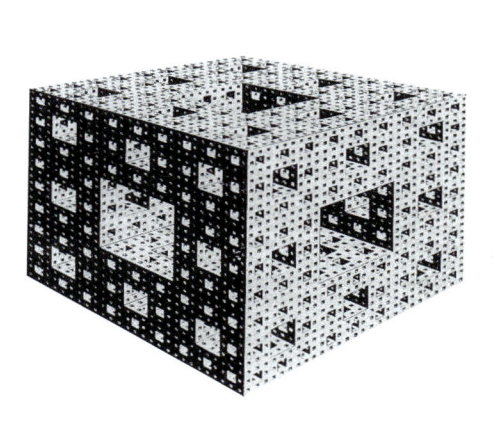

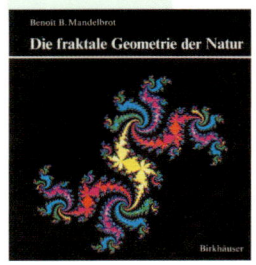

1977 erschien das berühmte Buch von Benoît B. Mandelbrot.

Exkurs

Fraktale Geometrie

Die fraktale Geometrie ist ein sehr junges Teilgebiet der Mathematik. So stellte der polnische Mathematiker Waclaw Sierpinski (1882–1969) sein „gelöchertes Dreieck" im Jahre 1916 vor, der schwedische Mathematiker Helge von Koch „erfand" die nach ihm benannte Kurve bereits im Jahre 1904.

Die rasante Entwicklung der Fraktale begann jedoch erst Ende der 70er Jahre des letzten Jahrhunderts mit der Nutzung leistungsfähiger Computer, mit denen die fortgesetzten Iterationen auch grafisch schnell ausgeführt und untersucht werden konnten. Viele Phänomene der lebendigen Natur lassen sich so besser beschreiben als mit den Elementen der klassischen Geometrie.

In der Öffentlichkeit wurde dies vor allem unter dem Schlagwort „Chaos" bekannt, die Fraktale stellen in gewissem Sinne die Geometrie des Chaos dar. Inzwischen gibt es viele Apps für Computer und Smartphones, mit denen du Fraktale selbst erkunden kannst.

Projekt

Eigenbau einer Sierpinski-Pyramide

Planung Die Sierpinski-Pyramide ist die „räumliche Verwandte" des Sierpinski-Dreiecks. Sie wird aus kleinen Tetraedern zusammengebaut, das Muster ist aus den Bildern erkennbar.

Stufe 0    Stufe 1 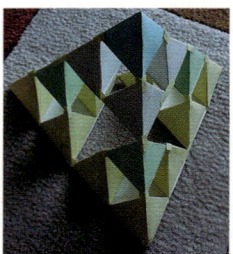   Stufe 2

Ziel Das Ziel ist ein Modell der Sierpinski-Pyramide der Stufe 4.

Bauphase Zunächst ist zu klären: Wie viele Tetraeder müssen wir bauen? Hier ist Teamarbeit angeraten. Jede Gruppe baut zunächst ein Modell der Stufe 2, diese werden dann zu Modellen der Stufe 3 zusammengefügt und diese schließlich zum Modell der Stufe 4.

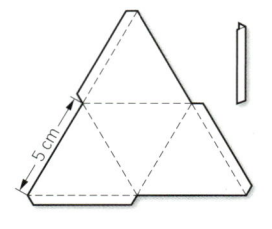

Damit die Pyramide stabil genug ist, wird das Netz des Tetraeders auf Fotokarton kopiert, ausgeschnitten und zum Tetraeder zusammengeklebt. Mit schmalen gefalzten Streifen werden die einzelnen Tetraeder miteinander verbunden.

Ausstellung
- Wo soll die Sierpinski-Pyramide ausgestellt werden?
- Wie viel Platz braucht man dafür?
- Welche Informationen werden dazu gegeben?
- Wird ein Fragebogen/Arbeitsbogen erstellt?

Ein Computerbild aus dem Internet

Check-up

Ähnliche Figuren
Zwei Figuren heißen ähnlich, wenn sie in entsprechenden Winkeln und Seitenverhältnissen übereinstimmen.

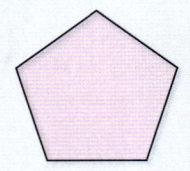

Volumen- und Flächeninhalte bei ähnlichen Figuren und Körpern
- Längenveränderung auf das k-fache
- Flächenveränderungen auf das k^2-fache
- Volumenveränderungen auf das k^3-fache

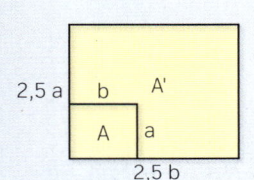

$A = a \cdot b$
$k = 2,5$
$A' = (2,5)^2 \cdot A$
$ = 6,25 \, ab$

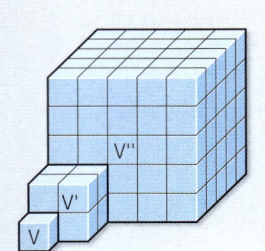

$k = 2$
$V' = 2^3 \cdot V = 8 \cdot V$

$k = 5$
$V'' = 5^3 \cdot V = 125 \cdot V$

Strahlensätze
1. Strahlensatz: $\frac{ZA'}{ZA} = \frac{ZB'}{ZB} = k$

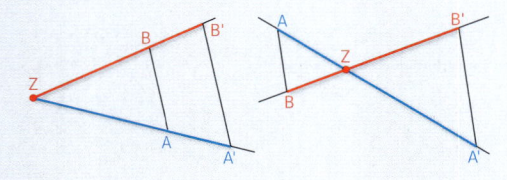

2. Strahlensatz: $\frac{ZA'}{ZA} = \frac{A'B'}{AB} = k$

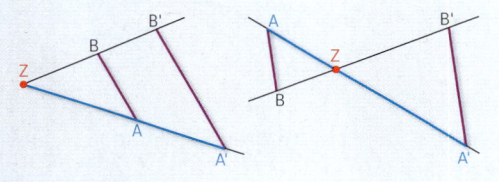

---

1 Ähnliche Vierecke

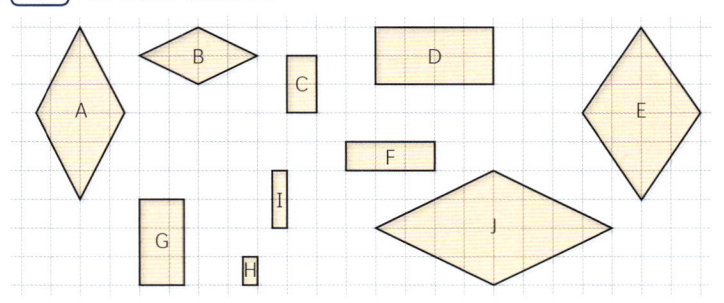

2 Muldenwagen
Der Muldenwagen der Gartenbahn im Maßstab 1:25 fasst 120 g Sand.
a) Wie viel Gramm Sand passen in das Original? Wie viel Tonnen sind das?
b) Die Originallänge beträgt 8 m. Wie lang ist das Modell?

3 Wahr oder falsch?
Begründe oder gib ein Gegenbeispiel an.
a) Gleichschenklige Dreiecke sind immer ähnlich.
b) Ausgangs- und Bildfigur bei der zentrischen Streckung sind ähnlich.
c) Stimmen zwei Vierecke in den Verhältnissen entsprechender Seiten überein, so sind sie ähnlich.
d) Wird ein Körper mit k = 3 gestreckt, so verneunfacht sich sein Volumen.

4 Streckenlängen
Berechne die rot gekennzeichneten Streckenlängen.

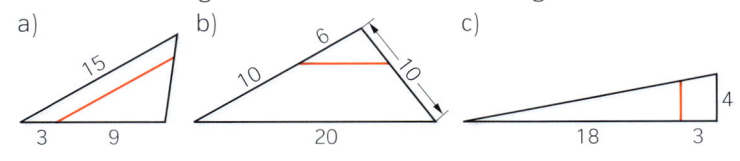

5 Messen im Gelände
Berechne die rot gekennzeichneten Streckenlängen.

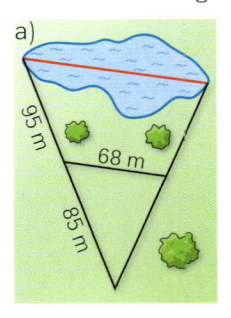

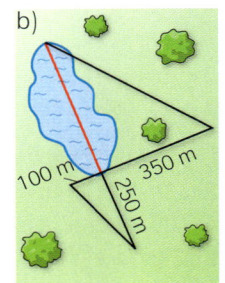

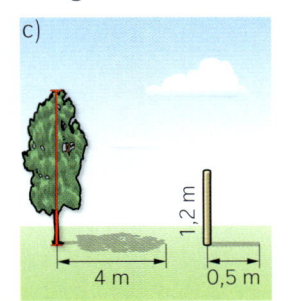

Sichern und Vernetzen – Vermischte Aufgaben zu Kapitel 1

Trainieren

1 Ähnliche Vierecke
Welche Vierecke sind zueinander ähnlich?

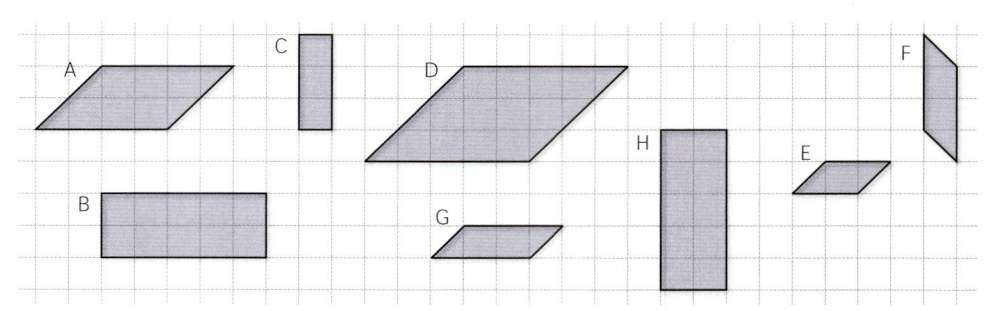

2 Ähnliche Dreiecke
a) Zeichne zwei nicht kongruente Dreiecke mit den Winkeln $\alpha = 30°$ und $\beta = 60°$. Wie groß ist jeweils der Winkel γ? Sind diese beiden Dreiecke ähnlich zueinander?
b) Gibt es Dreiecke, die in allen drei Winkeln übereinstimmen, aber nicht ähnlich zueinander sind? Kannst du deine Antwort begründen?

3 Würfelvolumina
Zeichne die Schrägbilder dreier Würfel mit den Kantenlängen 2 cm, 4 cm und 6 cm. Berechne jeweils das Volumen. Kannst du auf verschiedenen Wegen rechnen?

4 Messprobleme
Durch geeignete Messungen lassen sich die unzugänglichen Streckenlängen berechnen. Bestimme jeweils die gesuchte Streckenlänge x.

5 Ansatz finden
Bestimme x.

Verstehen

6 Ähnliche Dreiecke und Vierecke
Ein Rechteck hat die Seitenlängen 45 cm und 36 cm.
a) Gib für drei verschiedene ähnliche Rechtecke die möglichen Seitenlängen an.
b) Gibt es ein Quadrat, das zu dem Rechteck ähnlich ist?
c) Gibt es ein Parallelogramm, das zu dem Rechteck ähnlich ist?

Sichern und Vernetzen – Vermischte Aufgaben 45

Verstehen

7 Ähnliche Dreiecke?
Begründe jeweils mit den angegebenen Größen, ob die Dreiecke ABC und A'B'C' ähnlich zueinander sind:
a) $a = 5\,\text{cm}, b = 3\,\text{cm}, c = 6\,\text{cm}$; $a' = 3\,\text{cm}, b' = 1{,}8\,\text{cm}, c' = 3{,}6\,\text{cm}$
b) $\beta = 37°, \gamma = 55°, a = 3\,\text{cm}$; $\alpha' = 80°, \gamma' = 55°, a' = 5\,\text{cm}$
c) $\alpha = 45°, \beta = 55°, c = 5\,\text{cm}$; $\alpha' = 45°, \gamma' = 80°, c' = 6\,\text{cm}$

8 Wahr oder falsch?
Welche Verhältnisgleichungen sind richtig, welche sind falsch?

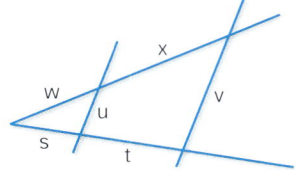

a)
(1) $\frac{s+t}{s} = \frac{u}{v}$ (2) $\frac{s+t}{s} = \frac{x+w}{w}$
(3) $\frac{w+x}{x} = \frac{s+t}{t}$ (4) $\frac{v}{x+w} = \frac{u}{w}$
(5) $\frac{s}{u} = \frac{t}{v}$ (6) $\frac{s}{s+t} = \frac{w}{w+x}$

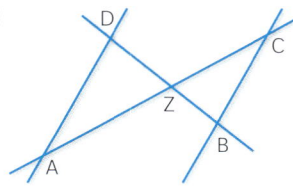

b)
(1) $\frac{\overline{AZ}}{\overline{CZ}} = \frac{\overline{DZ}}{\overline{BZ}}$ (2) $\frac{\overline{AD}}{\overline{BC}} = \frac{\overline{AZ}}{\overline{CZ}}$
(3) $\frac{\overline{DZ}}{\overline{AD}} = \frac{\overline{BZ}}{\overline{BC}}$ (4) $\frac{\overline{AD}}{\overline{DZ}} = \frac{\overline{BC}}{\overline{CZ}}$

Anwenden

9 Vergrößerte Fotos
Elin fotografiert gern. Sie möchte für ihre Freundinnen als Weihnachtsgeschenk Poster von ihren schönsten Fotos anfertigen lassen.
a) Eines ihrer Fotos ist verkleinert abgebildet. Welche der folgenden Formate könnten Elins Fotos haben?
9 × 13; 10 × 15; 13 × 18; 15 × 21
b) Welche der angebotenen Posterformate sind für Elins Fotos geeignet?
Mini: 21 × 30; Groß: 30 × 45; Maxi: 40 × 60; Giga: 50 × 75

10 Trapezförmiges Grundstück
Auf dem trapezförmigen Grundstück soll eine möglichst große quadratische Rasenfläche angelegt werden. Gib die Seitenlänge des Quadrates an und berechne den Flächeninhalt.

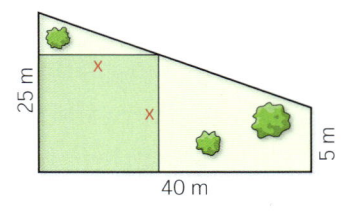

11 Quadratfigur
Die Figur ist aus einem Quadrat mit der Kantenlänge $a = 27\,\text{cm}$ entstanden. In jeder Stufe wird an jeder Seitenmitte ein Quadrat aufgesetzt, dessen Seitenlänge auf ein Drittel verkleinert wurde. Bestimme den Flächeninhalt der Figuren der 1., 2. und 3. Stufe.

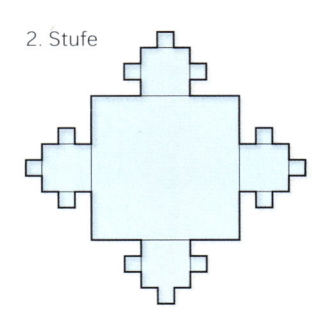

2. Stufe

Reelle Zahlen

Stell dir vor, du würdest die Zahlengerade mit einem Supermikroskop oder einer Lupe untersuchen. Was würdest du wohl sehen, wenn du an einer bestimmten Stelle mit einer unvorstellbar großen Vergrößerung hineinzoomen könntest? Würde die Zahlengerade immer noch so aussehen, wie du sie kennst oder würdest du ab einer bestimmten Vergrößerung eine Reihe von Punkten erkennen, zwischen denen freie Plätze zu finden sind?

Anders formuliert: Gibt es auf der Zahlengerade außer (oder zwischen) den rationalen Zahlen wie z. B. -1000, $\frac{3}{4}$, $-\frac{1}{2}$, 7 oder $\frac{2}{3}$ noch weitere Zahlen, die wir bisher nicht wahrgenommen haben?

Du merkst schon, deine Vorstellungskraft wird hier auf eine Probe gestellt.

2.1 Von den rationalen zu den irrationalen Zahlen

Im Streitgespräch von Paula und Paul geht es um neue Zahlen. Paula: „Kannst du mir eine Zahl nennen, die mit sich selbst multipliziert 9 ergibt?" Paul: „Das ist z. B. die Zahl 3." Paula: „Prima! Dann kannst du sicher auch eine Zahl angeben, die mit sich selbst multipliziert 10 ergibt. Um es dir leicht zu machen, schlage ich dir die Zahl 3,162277 vor."

Paul: „Da muss ich nicht lange rechnen. Dein Vorschlag ist falsch. Eine Dezimalzahl mit 6 Stellen hinter dem Komma mit sich selbst multipliziert, ergibt nie genau 10."

Wieso hat Paul Recht? Wie lauten die nächsten beiden Nachkommastellen für die gesuchte Zahl?

2.2 Rechnen mit Wurzeln

Mathematiker denken sich tolle Tricks aus:
$2 = \frac{288}{144}$ also ist $2 \approx \frac{289}{144}$ damit lässt sich aber ein recht guter Näherungswert für $\sqrt{2}$ berechnen, denn $\sqrt{2} \approx \sqrt{\frac{289}{144}} = \frac{17}{12}$. Dass man so rechnen darf, liegt an den Regeln für das Rechnen mit Wurzeltermen, die du in diesem Lernabschnitt kennen lernst.

$$\sqrt{2} \approx \sqrt{\frac{289}{144}} = \frac{17}{12}$$
$$\sqrt{2} \approx \sqrt{\frac{100}{49}} = \frac{10}{7}$$
$$\sqrt{3} \approx \sqrt{\frac{49}{16}} = \frac{7}{4}$$

Finde mit Zahlenbeispielen heraus, welche der Regeln $\sqrt{a} + \sqrt{b} = \sqrt{a + b}$ oder $\sqrt{a} \cdot \sqrt{b} = \sqrt{a \cdot b}$ falsch ist.

2 Reelle Zahlen

2.1 Von den rationalen zu den irrationalen Zahlen

$\sqrt{2} = 1{,}41421\ldots$
Wie irrational ist das denn?

Ratio ist ein komplizierter Begriff, der sich aus dem Lateinischen nicht nur mit einer Bedeutung übersetzen lässt. Einerseits benutzt man ihn, um den menschlichen Verstand zu beschreiben. Wenn dir also jemand vorwirft, du würdest irrational auf eine bestimmte Situation reagieren, meint er damit, dass deine Reaktion vom Verstand her nur schwer zu erklären sei. Andererseits heißt „Ratio" einfach nur „Verhältnis". Daran schließt die mathematische Bezeichnung der rationalen Zahlen direkt an, denn man kann sie immer als Verhältnis (wir sagen lieber Quotient) von zwei ganzen Zahlen darstellen. $\frac{1}{2}$ oder $-\frac{3}{5}$ sind demnach solche rationalen Zahlen. Doch was verbirgt sich hinter irrationalen Zahlen? Zahlen, die man nicht als Verhältnis von ganzen Zahlen darstellen kann. Die berühmte Zahl $\pi \approx 3{,}14159\ldots$ ist eine solche Zahl, die dir bei der Kreisberechnung noch begegnen wird. In diesem Kapitel lernst du noch mehr solche Zahlen kennen, die sich nicht als Brüche darstellen lassen.

Aufgaben

1 Das kannst du noch – Aktivitäten rund um rationale Zahlen

Ordne die Brüche der Größe nach und stelle sie dann auf der Zahlengeraden dar.
$\frac{1}{2}, \frac{4}{3}, \frac{3}{4}, \frac{17}{6}, \frac{24}{12}$

Welche Zahl liegt in der Mitte zwischen
a) 12 und 16,5   b) 3,456 und 3,457
c) $\frac{5}{9}$ und $\frac{3}{4}$ d) $\frac{a}{b}$ und $\frac{c}{d}$

Seltsame Eigenschaften von Brüchen.
a) Gib fünf Zahlen an, die zwischen $\frac{1}{6}$ und $\frac{1}{5}$ liegen.
b) Finde zehn Zahlen, die diese Eigenschaft besitzen.
c) Was vermutest du, wie viele Zahlen liegen zwischen $\frac{1}{6}$ und $\frac{1}{5}$?

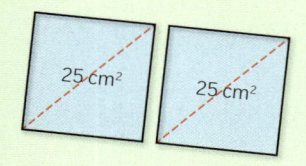

2 Aus Zwei mach Eins – Quadrate führen zu einer seltsamen Entdeckung
Zeichne zwei Quadrate mit jeweils 25 cm² Flächeninhalt.
a) Verwandle durch Auseinanderschneiden und Zusammenlegen die beiden Quadrate in ein neues Quadrat, so dass kein Teil übrigbleibt.
b) Ermittle den Flächeninhalt des neuen Quadrats. Miss die Seitenlänge und überprüfe rechnerisch, ob du richtig gemessen hast.
c) Bestimme die Seitenlänge möglichst genau.
Robert sagt: „Ich habe irgendwo gelesen, dass die gesuchte Seitenlänge des neuen Quadrats genau $\frac{283}{40}$ cm beträgt." Kann das sein?
d) Begründe, warum keine Dezimalzahl mit genau fünf Nachkommastellen quadriert genau 50 ergeben kann? Wie ist das mit einer Dezimalzahl mit zehn Nachkommastellen?

Tipp
Die Gleichung $x^2 = a$ lösen bedeutet: Gesucht werden die Zahlen x, die mit sich selbst multipliziert die Zahl a ergeben.

3 Gleichungen lösen
a) Finde die Lösungen der Gleichungen (1) bis (6). In einigen Fällen kannst du die Lösungen nur näherungsweise bestimmen.
b) Begründe, warum einige der Gleichungen zwei Lösungen haben und je eine der Gleichungen nur eine bzw. keine Lösung hat.

(1) $x^2 = 81$
(2) $x^2 = 0$
(3) $x^2 = 0{,}04$
(4) $x^2 = 5$
(5) $x^2 = -9$
(6) $x^2 = 10$

2.1 Von den rationalen zu den irrationalen Zahlen | 49

Aufgaben

4 Mathematik ohne Worte

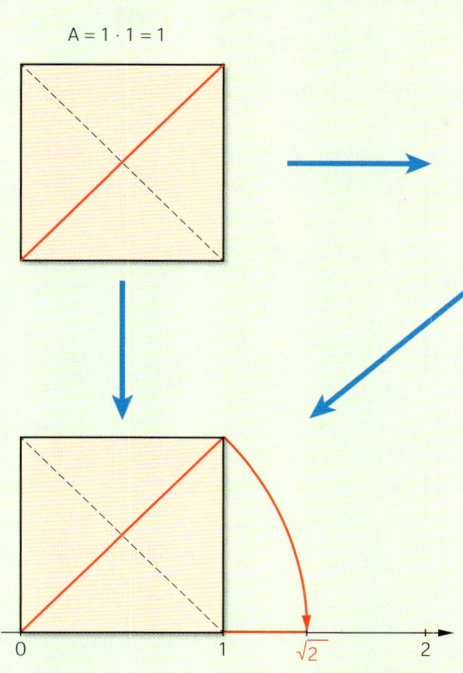

$A = 1 \cdot 1 = 1$

$A = \blacksquare$

a) Beschreibe die drei Bilder und wie man damit die Konstruktion von einer positiven Zahl auf der Zahlengeraden begründen kann, die mit sich selbst multipliziert 2 ergibt. Diese Zahl wird $\sqrt{2}$ genannt. Versuche diese Zahl als abbrechende Dezimalzahl anzugeben. Mache die Probe. Was stellst du fest?

b) Finde mit der gleichen Konstruktion die Lage von $\sqrt{8}$ und $\sqrt{18}$ auf der Zahlengeraden.

5 Stellenjäger

Suchst du die Seitenlänge a eines Quadrates mit dem Flächeninhalt $A = 16\,cm^2$, so findest du leicht die Lösung: die Seitenlänge beträgt $a = 4\,cm$, denn $4 \cdot 4 = 16$.
Bei einem Quadrat mit dem Flächeninhalt $17\,cm^2$ kann man die Seitenlänge nur näherungsweise, z. B. durch systematisches Ausprobieren, ermitteln:

Schritt	Einschachtelung	Probe	Zahlengerade
1	$4 < a < 5$	$4^2 = 16$ $5^2 = 25$ $16 < 17 < 25$	
2	$4{,}1 < a < 4{,}2$	$4{,}1^2 = 16{,}81$ $4{,}2^2 = 17{,}64$ $16{,}81 < 17 < 17{,}64$	

a) Setze die näherungsweise Berechnung von a für die beiden nächsten Stellen hinter dem Komma fort. Erkläre, warum weder eine Dezimalzahl mit drei noch mit vier noch mit einer größeren Zahl von Nachkommstellen die gesuchte Zahl sein kann.

b) Ermittle auf gleiche Weise einen Näherungswert für die Seitenlänge a eines Quadrates mit dem Flächeninhalt $90\,m^2$. Gib den Näherungswert auf drei Stellen nach dem Komma an.

c) Das Würfelproblem
Ein ähnliches Problem wie bei dem Quadrat tritt bei einem Würfel auf. Sucht man die Seitenlänge a eines Würfels mit dem Volumen von $V = 1000\,cm^3$ so findet man leicht, $a = 10\,cm$. Versuche mit einem ähnlichen Verfahren wie aus Aufgabe a), die Kantenlänge a eines Würfels mit dem Volumen $V = 10\,cm^3$ schrittweise immer genauer zu bestimmen.

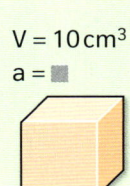

$V = 10\,cm^3$
$a = \blacksquare$

2 Reelle Zahlen

Basiswissen

In uns vertrauten Situationen in der Geometrie und bei Gleichungen begegnen uns Zahlen, die unendlich viele Stellen nach dem Komma haben.

Neue Zahlen – neue Möglichkeiten

Neue Zahlen begegnen uns bei geometrischen Aufgaben.
Beispiel: Kantenlängen von Quadraten mit bekanntem Flächeninhalt
Gesucht ist eine positive Zahl ($x \geq 0$), die mit sich selbst multipliziert A ergibt.
Mathematiker schreiben für diese Zahl $\sqrt{A}$ und sagen Wurzel aus A.

$\sqrt{A}$
Die Zahl A unter dem Wurzelzeichen nennt man **Radikand**.

Das ist dir bekannt:

$A = 16$
$a = \blacksquare$

$a = \sqrt{16} = 4$

Das ist neu:

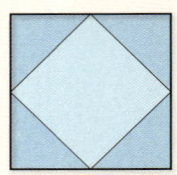

$A = 32$
$a = \blacksquare$

$a = \sqrt{32}$

Ist der Flächeninhalt eine Quadratzahl, so ist die Kantenlänge **rational**.

Die Kantenlänge ist $\sqrt{32}$, eine Zahl, die mit sich selbst multipliziert 32 ergibt. Diese Zahl liegt zwischen 5 und 6.

Näherungsweise Bestimmung von $\sqrt{32}$:

$5 \quad\quad < \sqrt{32} < 6$
$5{,}6 \quad\quad < \sqrt{32} < 5{,}7$
$5{,}65 \quad\quad < \sqrt{32} < 5{,}66$
$5{,}656 \quad\quad < \sqrt{32} < 5{,}657$
...

Man erhält eine immer genauere Lösung, aber keine exakte Lösung.

Auf jedem Taschenrechner findet man eine Taste, mit der man eine Wurzel näherungsweise berechnen kann:
$\sqrt{}$

Neue Zahlen begegnen uns auch als Lösungen von Gleichungen.
Beispiel: Gleichungen lösen
Gesucht sind Zahlen, die quadriert eine bestimmte Zahl ergeben.

Das kannst du schon:
$x^2 = 1{,}44$
$x_1 = 1{,}2 = \frac{6}{5} \quad x_2 = -1{,}2 = -\frac{6}{5}$
rationale Lösungen

Das ist neu:
$x^2 = 2$
$x_1 = \sqrt{2} \quad x_2 = -\sqrt{2}$
nur mit neuen Zahlen lösbar

Diese neuen Zahlen nennt man irrationale Zahlen.
Sie lassen sich durch rationale Zahlen von links und rechts in einem Intervall eingrenzen. So kann man sie **näherungsweise ermitteln** und damit auf der Zahlengeraden immer genauer verorten. Das Verfahren heißt Intervallschachtelung.

Irrationale Zahlen lassen sich nicht als Bruch darstellen. $\sqrt{32}$ ist so eine Zahl. Wie man das beweist, wird im nächsten Jahrgang untersucht.

2.1 Von den rationalen zu den irrationalen Zahlen

Beispiele

A Seitenlänge des Quadrats mit bekanntem Flächeninhalt berechnen

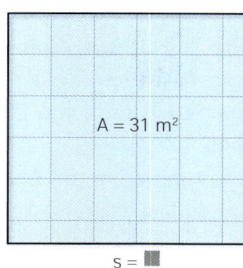

Den Flächeninhalt A eines Quadrates mit der Seitenlänge s kann man nach der Formel $A(s) = s^2$ berechnen.
Durch Einsetzen erhält man die Gleichung $31 = s^2$.
Positive Lösung: $s = \sqrt{31}$. Die Kantenlänge ist irrational.
Aus der Zeichnung kann man durch eine grobe Abschätzung eine rationale Zahl ablesen: $s \approx 5{,}6\,\text{m}$. Eine bessere Schätzung erhält man mithilfe des Taschenrechners: $\sqrt{31} \approx 5{,}567764363$.
Auf drei Stellen nach dem Komma gerundet: $s \approx 5{,}568\,\text{m}$.

$A = 31\,\text{m}^2$

$s = \blacksquare$

B Gleichungslösen

Löse die folgenden Gleichungen. Wo begegnen dir vermutlich irrationale Lösungen?

a) $x^2 - 9 = 40$ b) $4x^2 = 40$ c) $x^2 = -1$

Lösung:

a) $x^2 - 9 = 40 \quad |+9$ b) $4x^2 = 40 \quad :4$ c) $x^2 = -1$
     $x^2 = 49$ $x^2 = 10$ Es gibt keine Zahl, die mit
     $x_1 = 7 \quad x_2 = -7$ $x_1 = \sqrt{10} \quad x_2 = -\sqrt{10}$ selbst multipliziert -1 ergibt.

Die Lösungen von Aufgabe a) sind rational, die von b) irrational; c) ist nicht lösbar.

C Negative Radikanden – und weiter?

Paul überlegt, was $\sqrt{-4}$ bedeuten könnte. Als Lösungen kommen nach seiner Meinung 2 oder -2 in Frage. Was meinst du?

Lösung: $\sqrt{a}$ ist diejenige positive Zahl, die mit sich selbst multipliziert a ergibt. $2 \cdot 2 = 4$ und $(-2) \cdot (-2) = 4$. Es gibt keine rationale oder irrationale Zahl, deren Quadrat -4 ergibt.

Für alle rationale und irrationale Zahlen r gilt: $r^2 \geq 0$.

Übungen

6 Wurzeln – rational oder irrational?

Einige der Wurzeln sind rationale, andere irrationale Zahlen. Schreibe Wurzeln, die rationale Zahlen sind, in der üblichen Schreibweise (z. B. $\sqrt{4}$ als 2), gib in den anderen Fällen einen rationalen Näherungswert an.

a) $\sqrt{144}$ b) $\sqrt{500}$ c) $\sqrt{1{,}96}$ d) $\sqrt{\frac{16}{25}}$ e) $\sqrt{0{,}1}$

f) $\sqrt{30}$ g) $\sqrt{20{,}25}$ h) $\sqrt{\frac{1}{8}}$ i) $\sqrt{1{,}21}$ j) $\sqrt{\frac{25}{625}}$

7 Gleichungen

Löse die Gleichungen. Welche Lösungen sind irrational? Gib die Lösungen auf drei Nachkommastellen gerundet an.

a) $x^2 + 7 = 88$ b) $5x^2 + 9 = 54$ c) $9x^2 - 9 = 40$ d) $x^2 + 1 = 55$

e) $2x^2 - 16 = 0$ f) $x^2 + 1{,}2 = 3$ g) $7x^2 - 24 = 46$ h) $-x^2 + 10 = 5$

8 Ganzzahlige Näherungswerte

Zwischen welchen aufeinanderfolgenden natürlichen Zahlen liegen

a) $\sqrt{60}$ b) $\sqrt{28}$ c) $\sqrt{105}$ d) $\sqrt{200}$ e) $\sqrt{405}$?

9 Der Größe nach ordnen

Ordne ohne den Taschenrechner $5{,}9$; 6; $\sqrt{35}$ der Größe nach. Wie bist du vorgegangen?

10 Zum Nachdenken und Probieren

a) Jan behauptet: „Jede Wurzel ist eine irrationale Zahl!" Daniella widerspricht. Was meinst du?

b) Daniella sagt: „Alle Wurzeln aus Dezimalzahlen zwischen 0 und 1 mit einer Stelle hinter dem Komma sind irrational." Hat sie Recht?

2 Reelle Zahlen

Exkurs

Mehr über irrationale Zahlen

Rationale Zahlen sind Bruchzahlen. Daher haben diese Zahlen auch ihren Namen. Man kann sie als Verhältnis (**Ratio**) von zwei ganzen Zahlen schreiben. Irrationale Zahlen kann man nicht als Bruch, also nicht als Ratio von zwei ganzen Zahlen darstellen. Daher kommt der Name **irrational**.

Die rationalen und irrationalen Zahlen zusammen nennt man **reelle Zahlen**.
Die uns bekannten Zahlen können in einem Diagramm dargestellt werden.

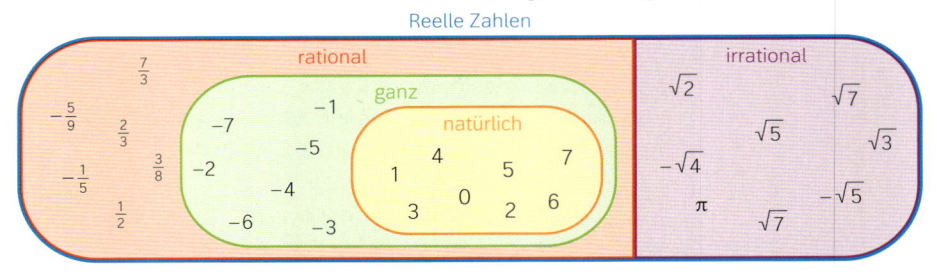

Reelle Zahlen

rational: $\frac{7}{3}$, $-\frac{5}{9}$, $\frac{2}{3}$, $\frac{3}{8}$, $-\frac{1}{5}$, $\frac{1}{2}$

ganz: -1, -7, -5, -2, -4, -6, -3

natürlich: 1, 4, 5, 7, 0, 3, 2, 6

irrational: $\sqrt{2}$, $\sqrt{7}$, $\sqrt{5}$, $\sqrt{3}$, $-\sqrt{4}$, $-\sqrt{5}$, π, $\sqrt{7}$

Bezeichnungen:
$\mathbb{N}$: Natürliche Zahlen $\mathbb{Z}$: Ganze Zahlen
$\mathbb{Q}$: Rationale Zahlen $\mathbb{R}$: Reelle Zahlen

Übungen

$\frac{5}{11} = \blacksquare$

5 : 11 = 0,454545...
  50
  44
  60
  55
  50

11 Genauer hingeschaut: Dezimaldarstellungen von rationalen Zahlen
Wie sehen die Dezimaldarstellungen von irrationalen Zahlen aus? Um dem auf die Spur zu kommen, schauen wir uns die Dezimaldarstellungen von Bruchzahlen an.
Schreibe als Dezimalzahl und beschreibe die unterschiedlichen Dezimalentwicklungen.

a) $\frac{3}{4}$ b) $\frac{1}{3}$ c) $\frac{3}{8}$ d) $\frac{1}{7}$ e) $\frac{5}{16}$ f) $\frac{5}{12}$

Basiswissen

Irrationale Zahlen haben eine erstaunliche Dezimaldarstellung

Dezimaldarstellung rationaler und irrationaler Zahlen

Jede rationale Zahl lässt sich entweder als abrechende, endliche Dezimalzahl oder als periodisch, unendliche Dezimalzahl schreiben.
Da irrationale Zahlen sich nicht als Bruch darstellen lassen, hat jede irrationale Zahl eine unendlich nicht periodische Dezimaldarstellung.

$\frac{1}{8} = 0{,}125$

$\frac{5}{9} = 0{,}555\ldots = 0{,}\overline{5}$; $\frac{7}{24} = 0{,}291\overline{6}$

$\sqrt{5} = 2{,}2360679\ldots$

$\sqrt{108} = 10{,}39230\ldots$

Übungen

12 Natürlich, rational, irrational, oder was?
Übertrage die Tabelle in dein Heft. Kreuze an, welche Eigenschaft die Zahl besitzt.

	natürlich	ganz	rational	irrational	reell
$\frac{7}{3}$	—	—	×	—	×
2	▪	▪	▪	▪	▪
$\sqrt{2}$	▪	▪	▪	▪	▪
$0{,}\overline{3} = 0{,}333\ldots$	▪	▪	▪	▪	▪
-8	▪	▪	▪	▪	▪
$\sqrt{\frac{36}{25}}$	▪	▪	▪	▪	▪
$-\sqrt{16}$	▪	▪	▪	▪	▪
π	▪	▪	▪	▪	▪
$0{,}3252252225\ldots$	▪	▪	▪	▪	▪

2.1 Von den rationalen zu den irrationalen Zahlen

Übungen

13 Rund um natürliche, ganze, rationale und irrationale Zahlen
Begründe jeweils deine Antwort zu den folgenden Aussagen.
a) Gibt es Zahlen, die sowohl irrational als auch rational sind?
b) Ist $\sqrt{144}$ irrational?
c) Ist die Zahl 1,343443444... eine rationale Zahl?
d) Stimmt es, dass $\frac{14}{9}$ = 1,55555... und damit eine irrationale Zahl ist?
e) Gibt es reelle Zahlen, die weder rational noch irrational sind?

14 Ein Beweisversuch
Versuche selbst zu beweisen, dass sich jeder Bruch entweder als abbrechende oder als periodische Dezimalzahl schreiben lässt. Die Ergebnisse von Übung 11 können dir dabei helfen. Ein möglicher Anfang ist:

Ein Bruch ist eine Divisionsaufgabe, bei der durch den Nenner dividiert wird. Bei der Division können Reste auftreten ...

15 Dicht und doch mit Löchern
Neele und Mirko bauen Zahlen:
a) Wie lauten die nächsten Ziffern? Begründe, dass diese Zahlen keine Bruchzahlen sein können.
b) Baue selber solche Zahlen. Was glaubst du, wie viele solcher Zahlen es gibt?

Neele: 0,123456789101112...

Mirko: 0,010010001000010...

16 Die berühmte Zahl π
a) Beschreibe die Bildergeschichte. Was lässt sich an der rotmarkierten Stelle auf der Zahlengeraden in der dritten Abbildung ablesen – die Fläche, der Umfang oder der Durchmesser des Kreises? Welchen Radius hat der Kreis?
b) Die rotmarkierte Zahl auf der Zahlengerade in der dritten Abbildung nennen die Mathematiker π. Die ersten 100 Stellen sind hier verraten.

π ≈ 3,14159 26535 89793 23846 26433 83279 50288 41971 69399 37510 58209 74944 59230 78164 06286 20899 86280 34825 34211 70679

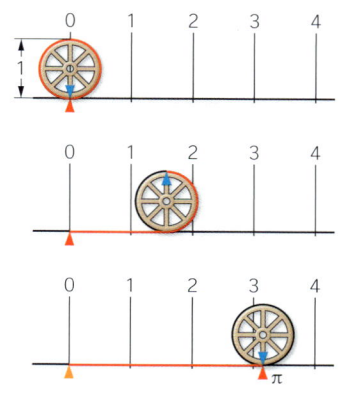

Die alten Ägypter rechneten mit $\frac{22}{7}$ als Näherung für π. War das eine gute Näherung?
c) Im Jahre 1761 wurde von dem Mathematiker JOHANN HEINRICH LAMBERT nachgewiesen, dass die Zahl π irrational ist. Welche Eigenschaften besitzt also die Zahl π?

17 Fallzeit
Galilei hat im 16. Jahrhundert untersucht, wie bei fallenden Körpern der Zusammenhang zwischen Fallzeit und Fallstrecke ist. Auf der Grundlage seiner Forschungen gibt es eine Faustregel, mit der man Berechnungen durchführen kann: $s = 5t^2$.
a) Fülle die Tabelle aus.

Zeit t in Sekunden	0	1	2	3	4	5
Fallstrecke s in Meter	0	5	▩	▩	▩	▩

b) Schätze mithilfe der Tabelle die Fallzeit für die Strecke 16,20 m. Überprüfe deine Schätzung und ermittle die Fallzeit auf zwei Stellen nach dem Komma genau.
c) Begründe, dass ein Körper $\sqrt{6}$ Sekunden benötigt, um 30 m zu fallen. Wie lange benötigt er für einen Fall aus 100 m Höhe?

Galileo Galilei
1564–1642

2 Reelle Zahlen

Basiswissen

Zu jeder Rechenoperationen gibt es eine Umkehroperation, die die diese wieder „rückgängig" macht.

Radizieren: die Umkehrung des Potenzierens

Zum Multiplizieren gehört als Umkehroperation das Dividieren.

Auch zum Potenzieren gibt es eine Umkehroperation: das Wurzelziehen oder auch Radizieren.

Radix (lat.): die Wurzel

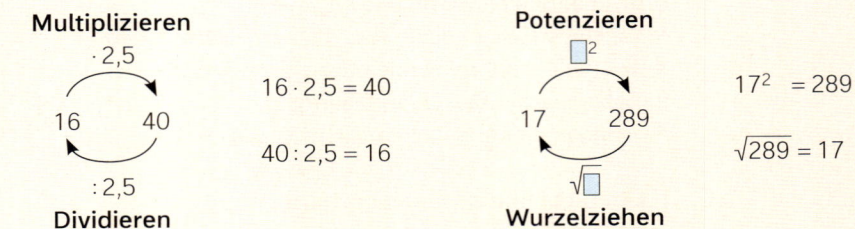

Multiplizieren

$16 \cdot 2{,}5 = 40$

$40 : 2{,}5 = 16$

Dividieren

Potenzieren

$17^2 = 289$

$\sqrt{289} = 17$

Wurzelziehen

Beispiele zum Wurzelziehen
$11^2 = 121 \Rightarrow \sqrt{121} = 11$
$4^3 = 4 \cdot 4 \cdot 4 = 64 \Rightarrow \sqrt[3]{64} = 4$

Sprechweise:
Die Wurzel (Quadratwurzel) von 121 ist 11.
Die dritte Wurzel (Kubikwurzel) von 64 ist 4.

Rechenoperationen und ihre Umkehroperation

Addition/Subtraktion	Multiplikation/Division	Potenzieren/Radizieren
für alle a, b:	für alle a und b ≠ 0:	für a ≥ 0:
$a + b - b = a$	$a \cdot b : b = a$	$\sqrt[n]{a^n} = a$
$a - b + b = a$	$a : b \cdot b = a$	$\left(\sqrt[n]{a}\right)^n = a$

18 Probe durch Potenzieren

Man kann auch die 3. Wurzel ziehen

Überprüfe die Berechnungen durch Potenzieren ohne GTR

a) $\sqrt[3]{125} = 5$ b) $\sqrt{12\,100} = 110$ c) $\sqrt[4]{10\,000} = 10$ d) $\sqrt[10]{1024} = 2$ e) $\sqrt[6]{1\,000\,000} = 10$

19 Was bedeutet ...?

4. Wurzel: $\sqrt[4]{20}$ ist eine Zahl, die mit 4 potenziert, d.h. viermal mit sich selbst multipliziert, 20 ergibt. $\sqrt[4]{20} \approx 2{,}115$, denn $2{,}115 \cdot 2{,}115 \cdot 2{,}115 \cdot 2{,}115 = 20{,}009741900625$
Beschreibe in gleicher Weise, was die Zahlen bedeuten und gib einen Schätzwert mit einer Dezimalstelle an. Gib mit dem GTR einen Näherungswert auf drei Nachkommastellen an.

a) $\sqrt[5]{30}$ b) $\sqrt[6]{100}$ c) $\sqrt[20]{20}$ d) $\sqrt[2]{65}$ e) $\sqrt[3]{0{,}001}$

20 Überschlagsrechnung

Schätze die Seitenlänge der vier Quadrate mit den angegebenen Flächeninhalten.

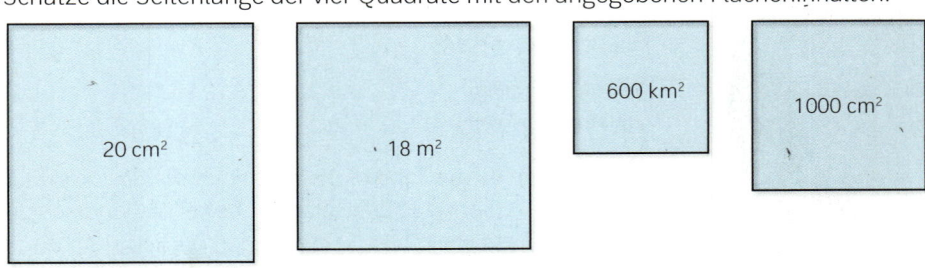

- 20 cm²
- · 18 m²
- 600 km²
- 1000 cm²

Überprüfe deine Schätzung mit dem GTR.

2.1 Von den rationalen zu den irrationalen Zahlen

Übungen

21 An einem klaren Tag am Meer 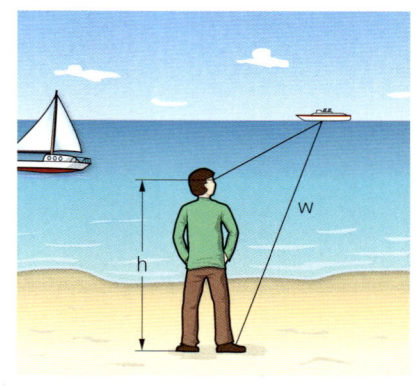
Vielleicht hast du am Meer beobachtet, dass man durch die Krümmung der Erde selbst an einem klaren Tag nur eine bestimmte Entfernung weit sehen kann.
Mit der Faustregel $w^2 = 13 \cdot h$ kann man die Sichtweite w in Kilometer in Abhängigkeit von der Höhe h der Augen über dem Boden gut schätzen. Dabei muss man h in Meter angeben.
a) Wie weit kannst du sehen, wenn du auf dem Boden stehst und sich deine Augen etwa 1,60 m über dem Boden befinden?
b) Erstelle eine Tabelle für die Sichtweite w mit h = 5 m (10 m; 20 m; 40 m; 80 m). Wie verändert sich die Sichtweite w, wenn sich die Höhe h vervierfacht?

22 Oberfläche 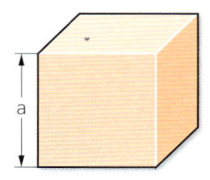
Der Oberflächeninhalt eines Würfels ist die Summe aller Seitenflächeninhalte. Wie groß ist die Länge der Kanten, wenn der Oberflächeninhalt O
a) 216 cm² b) 480 cm² c) 600 cm² d) 840 cm² beträgt?

23 Die Kantenlänge eines Würfels

1 Liter = 1000 cm³

a) Berechne die Kantenlänge der Würfel. Bei einigen Würfeln kannst du die Kantenlänge nur näherungsweise bestimmen.

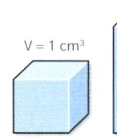

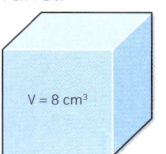

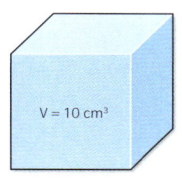

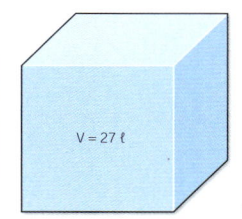

V = 1 cm³ V = 8 cm³ V = 10 cm³ V = 27 ℓ

b) Gib weitere Würfel mit ihrem Volumen so an, dass die Kantenlänge exakt zu bestimmen ist.
c) Gib aufeinanderfolgende natürliche Zahlen an, zwischen denen die Länge der Kante eines Würfels mit dem Volumen von 20 cm³ (80 cm³; 200 cm³) liegt.

Kopfübungen

1. Schreibe 0,35 als Prozentangabe, als Bruch und als gekürzten Bruch.
2. Wie viele Winkel siehst du im Bild? Wie groß ist jeder? 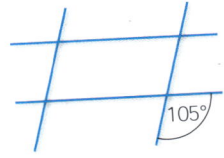
3. Ergänze: a) ■ · 8 = 3   b) ■ : $\frac{2}{7}$ = 7
4. Welche Einheiten geben Flächeninhalte an?   1 dm², 1 ℓ, 1 m², 1 a, 1 m³, 1 m, 1 ha
5. Berechne den Wert des Terms $1 - 3 \cdot x$ für
   a) x = −2   b) x = −1   c) x = 1   d) x = 2
6. Kevin trainiert 4-mal in der Woche. Er notiert: Mo. 55 min, Mi. 50 min, Fr. 45 min. Wie lange muss er am Sonntag trainieren, damit er auf den Durchschnitt von 1 Stunde pro Training kommt?
7. Welche Rechenvorschrift gehört zu einer proportionalen Zuordnung:
   (A) $y = \frac{x}{2}$ (B) $y = x + 2$ (C) $y = 2 \cdot x$ (D) $y = \frac{2}{x}$

2 Reelle Zahlen

Aufgaben

24 Zum Knobeln und Ausprobieren
Der englische Mathematiker AUGUSTUS DE MORGAN – er lebte im 19. Jahrhundert – sagte einst:

> „Ich war x Jahre alt im Jahre x^2."

a) Wann wurde DE MORGAN geboren?
b) Welche jetzt lebenden Personen können DE MORGANS Ausspruch „bald" machen? Wann wurden diese Personen geboren?

Periodische Dezimalzahlen

25 Periodische Dezimalzahlen bauen
Betrachte den Screenshot des GTR. Dort wird verraten, wie du periodische Dezimalzahlen mit Quotienten ganzer Zahlen erzeugen kannst.

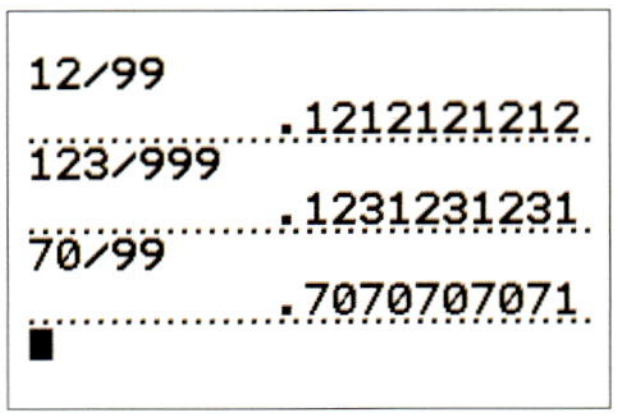

- Erzeuge die folgenden periodischen Dezimalzahlen durch Eingabe des passenden Bruchs in deinen GTR:
  (1) 0,789789789...   (2) 0,123412341234...
  (3) 0,05050505...   (4) 0,130130130...

```
12/99
            .1212121212.
123/999
            .1231231231.
70/99
            .7070707071.
```

- Die Mathelehrerin Frau Krämer hat am 18.06.1979 Geburtstag. Sie wünscht sich eine periodische Dezimalzahl mit ihrem Geburtstag: 0,1806197918061979...
Finde den passenden Bruch.
- Denke dir selbst knifflige periodische Dezimalzahlen aus und gib die passenden Brüche dafür an.

Einiges zum Staunen und Wundern

26 „Dicht und dichter"
Zwischen zwei Bruchzahlen gibt es auf der Zahlengeraden keine Lücken, sie liegen „dicht". Das gilt dann natürlich auch für die Dezimalzahlen.
a) Zwischen 0,5 und 0,6 liegt 0,55.
    Zwischen 0,5 und 0,55 liegt 0,525
        Zwischen 0,5 und 0,525 liegt ... 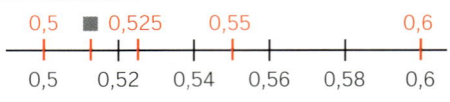
Setze die Reihe fort und beschreibe dein Vorgehen. Konstruiere auf die gleiche Weise Zahlen zwischen 0 und 0,1. Begründe damit, dass es schon bei den Dezimalzahlen mit einer endlichen Dezimaldarstellung keine Lücken auf der Zahlengeraden gibt! Wo passen da noch die periodischen Dezimalzahlen hin?
b) Clara konstruiert jeweils zwei Zahlen, deren Abstand immer kleiner wird. Übertrage die Tabelle ins Heft und fülle sie weiter aus. Wenn die Tabelle unendlich lang wäre, welche Zahl passt am Ende nur noch zwischen die beiden Zahlen? Gelingt dir eine ähnliche Konstruktion für $\frac{1}{9}$?

	Abstand
[0,3;0,4]	0,1
[0,33;0,34]	0,01
[0,333;0,334]	0,001
■	0,0001

27 Dezimaldarstellung von $\sqrt{2}$
Dass $\sqrt{2}$ irrational ist, wurde bisher erwähnt, aber nicht begründet. Tim, Lena und Lasse denken darüber nach:

> Tim:
> „Ich habe mit dem Taschenrechner $\sqrt{2}$ bestimmt:
> $\sqrt{2}$ = 1,21421356237"

> Lena:
> „Das Ergebnis ist nicht exakt."

> Lasse:
> „$\sqrt{2}$ kann keine endliche Dezimaldarstellung haben"

Überprüfe Lenas Aussage durch eine Probe. Hat Lasse Recht? Begründe.
Welche Frage bleibt noch offen?

2.2 Rechnen mit Wurzeln

Die „alten" Griechen haben irrationale Zahlen zwar entdeckt, diese aber nicht als Zahlen anerkannt, und daher nicht mit ihnen gerechnet. Man kann jedoch mit irrationalen Zahlen rechnen, so wie man es von anderen Zahlen kennt. Da uns das Radizieren, d. h. das Wurzelziehen, sehr häufig begegnet, lohnt es sich, für das Rechnen mit Wurzeln Rechenregeln zu haben. Rechnen mit Wurzeln will gelernt sein. Wir wollen Ordnung in das Rechnen mit Wurzeln bringen. Aus negativen Zahlen kann man keine Wurzeln ziehen. Treten in Wurzeln Variablen auf, dann muss man klären, welche Zahlen man für die Variable einsetzen darf, so dass der Radikand nicht negativ wird.

Aufgaben

1 Rechenregeln beim Quadrieren
Die Zahl $\sqrt{a}$ ist diejenige positve Zahl, die quadriert a ergibt. Wurzelziehen ist daher die Umkehrung des Quadrierens von positiven Zahlen. Für das Rechnen mit Wurzeln ist die Kenntnis von Regeln für das Quadrieren hilfreich.

a) Überprüfe durch Einsetzen von Zahlen, welche der Rechenregeln richtig sein könnten.
b) Beweise die von dir als vermutlich richtig erkannten Regeln. Du findest zu allen richtigen Regeln unvollständige Beweise und Hinweise. Vervollständige die Beweise. Welche Rechengesetze wurden bei welchem Rechenschritt angewendet?

(1) $a^2 + a^2 = 2a^2$ (2) $a^2 + a^2 = a^4$
(3) $(a+b)^2 = a^2 + b^2$ (4) $a^2 b^2 = (ab)^2$
(5) $\dfrac{a^2}{b^2} = \left(\dfrac{a}{b}\right)^2$ (6) $a^2 a^2 = a^4$
(7) $a^2 a^2 = 2a^2$ (8) $(-a)^2 = a^2$

$(a+b)^2 = \ldots$
Binomische Formel

$\dfrac{a^2}{b^2} = \ldots$
Rechne wie bei $a^2 b^2$

$m \cdot a^2 + n \cdot a^2 = \ldots$
Ausklammern
Auf welche der Aufgaben (1) bis (3) lässt sich dies anwenden?

$a^2 b^2 = a \cdot a \cdot b \cdot b$
$= a \cdot b \cdot a \cdot b$
$= (a \cdot b)(a \cdot b) = \ldots$

$a^2 \cdot a^2 = (a \cdot a) \cdot (a \cdot a)$
$= \ldots$

2 Was ist da falsch?
Christoph erzählt ganz aufgeregt seinem Freund Chem:
Was meinst du? Erkennst du einen Fehler?

„Ich kann beweisen, dass $2 = 4$ ist. Und das geht so:
Du wirst doch sicher zugeben, dass $4 = 1 + 1 + 1 + 1$ ist?
Dann gilt:
$\sqrt{4} = \sqrt{1+1+1+1} = \sqrt{1} + \sqrt{1} + \sqrt{1} + \sqrt{1} = 1 + 1 + 1 + 1 = 4$
Aber $\sqrt{4} = 2$. Also ist $2 = 4$."

3 Rechne mit Wurzeln
a) Berechne auf zwei verschiedene Weisen: $\sqrt{9 \cdot 16} = \sqrt{144} = \ldots$; $\sqrt{9 \cdot 16} = \sqrt{9} \cdot \sqrt{16} = \ldots$
Gib drei weitere Beispiele an, die bestätigen, dass gilt: $\sqrt{a \cdot b} = \sqrt{a} \cdot \sqrt{b}$.
b) Untersuche mithilfe der Beispiele $\sqrt{\dfrac{25}{9}}, \dfrac{\sqrt{8}}{\sqrt{2}}, \dfrac{\sqrt{9}}{\sqrt{0{,}25}}$, ob auch gilt: $\sqrt{\dfrac{a}{b}} = \dfrac{\sqrt{a}}{\sqrt{b}}$.
Benutze auch den GTR.
c) Formuliere mithilfe der Berechnungen mit einem CAS eine Regel für das Addieren von Wurzeln.

$\sqrt{2} + \sqrt{7}$	$\sqrt{7} + \sqrt{2}$
$3 \cdot \sqrt{2} + 3 \cdot \sqrt{7}$	$3 \cdot \sqrt{7} + 3 \cdot \sqrt{2}$
$2 \cdot \sqrt{7} + 3 \cdot \sqrt{2} - \sqrt{2} + 4 \cdot \sqrt{7}$	$6 \cdot \sqrt{7} + 2 \cdot \sqrt{2}$

Basiswissen Wie vereinfacht man Wurzeln und Terme mit Wurzeln?

Rechnen mit Wurzeln

Addieren von Wurzeln bei gleichem Radikanden
Summen und Differenzen von Wurzeltermen kannst du nur zusammenfassen, wenn die Radikanden gleich sind.

Beispiel
$2 \cdot \sqrt{7} + 8 \cdot \sqrt{7} = (2 + 8) \cdot \sqrt{7} = 10 \cdot \sqrt{7}$

Anwendung des **Distributivgesetzes**

$$a\sqrt{x} + b\sqrt{x} = (a + b)\sqrt{x}$$

Gegenbeispiel
$\sqrt{3} + \sqrt{6}$ kann man nicht vereinfachen, weil die Radikanden ungleich sind.

Radikand: diejenige Zahl, aus der die Wurzel gezogen wird
$\sqrt{a}$: Radikand a

Wurzeln miteinander multiplizieren
Produkte von Wurzeltermen vereinfachst du, indem du die Radikanden miteinander multiplizierst und die Wurzel aus dem Produkt ziehst.

Beispiel
$\sqrt{3} \cdot \sqrt{5} = \sqrt{3 \cdot 5} = \sqrt{15}$

$$\sqrt{x} \cdot \sqrt{y} = \sqrt{x \cdot y}$$

Wurzelterm vereinfachen – Teilweises Wurzelziehen
Strategie: Schreibe, falls möglich, den Radikanden als Produkt mit einer möglichst großen Quadratzahl. $\sqrt{72} = \sqrt{36 \cdot 2} = \sqrt{36} \cdot \sqrt{2} = 6 \cdot \sqrt{2}$

Wurzeln dividieren
$\dfrac{\sqrt{10}}{\sqrt{5}} = \sqrt{\dfrac{10}{5}} = \sqrt{2}$ $\dfrac{\sqrt{x}}{\sqrt{y}} = \sqrt{\dfrac{x}{y}} \quad y \neq 0$

Beispiele

A Fasse so weit wie möglich zusammen
a) $9\sqrt{7} - 6 + 3\sqrt{7} + 3 - \sqrt{7}$
   $= 9\sqrt{7} + 3\sqrt{7} - \sqrt{7} - 6 + 3$ *Ordne die Terme.*
   $= 11\sqrt{7} - 3$ *Fasse zusammen.*

b) $3\sqrt{2} - 4\sqrt{3} + 5\sqrt{2} - 8\sqrt{3}$
   $= 3\sqrt{2} + 5\sqrt{2} - 4\sqrt{3} - 8\sqrt{3}$
   $= 8\sqrt{2} - 12\sqrt{3}$

Tipp
$\sqrt{7} = 1 \cdot \sqrt{7}$

B Zusammenfassen kann Quadratzahlen ergeben
Bei einigen Produkten erhält man durch Zusammenfassen eine Wurzel, deren Radikand eine Quadratzahl ist.
a) $\sqrt{6} \cdot \sqrt{24} = \sqrt{6 \cdot 24} = \sqrt{144} = 12$
b) $\sqrt{\dfrac{3}{5}} \cdot \sqrt{\dfrac{12}{5}} = \sqrt{\dfrac{3 \cdot 12}{5 \cdot 5}} = \sqrt{\dfrac{36}{25}} = \dfrac{6}{5}$

C Vereinfache durch teilweises Wurzelziehen
a) $6\sqrt{12}$
   Steckt in 12 eine Quadratzahl? Ja, die 4.
   $6\sqrt{12} = 6\sqrt{4} \cdot \sqrt{3} = 6 \cdot 2\sqrt{3} = 12\sqrt{3}$

b) $\dfrac{\sqrt{125}}{\sqrt{36}} = \sqrt{\dfrac{25 \cdot 5}{6}} = \dfrac{5 \cdot \sqrt{5}}{6}$
   36 ist eine Quadratzahl, in 125 steckt der Faktor 25.

Übungen

4 Vereinfache
a) $5\sqrt{11} - 3\sqrt{11}$ b) $6\sqrt{21} + 4\sqrt{21}$ c) $6\sqrt{5} - 5\sqrt{5}$ d) $3\sqrt{7} - 2\sqrt{5}$
e) $6\sqrt{5} + \sqrt{5}$ f) $4\sqrt{a} + 6\sqrt{a}$ g) $\sqrt{b} - 4\sqrt{b}$ h) $2\sqrt{c} + 5\sqrt{d}$

Tipp zu 4: Zwei der Terme kann man nicht vereinfachen.

5 Vereinfache durch geschicktes Ordnen und Zusammenfassen
a) $8 - 5\sqrt{2} - 3 + 9\sqrt{2}$ b) $5\sqrt{6} + \sqrt{10} - 7\sqrt{6} + \sqrt{10}$ c) $8\sqrt{y} - 6\sqrt{x} + 8\sqrt{x} - 5\sqrt{y}$
d) $14 - \sqrt{a} + 5\sqrt{a} - 20$ e) $4\sqrt{7} - 5\sqrt{11} - 4\sqrt{7} + 6\sqrt{11}$ f) $5\sqrt{3} + 4\sqrt{10} - 5\sqrt{6} + 4\sqrt{11}$

2.2 Rechnen mit Wurzeln

Übungen

Training ohne GTR/CAS

6 Wurzelterme vereinfachen

a) $\sqrt{3} \cdot \sqrt{10}$ b) $5\sqrt{2} \cdot \sqrt{7}$ c) $\sqrt{11} \cdot 3\sqrt{3}$ d) $(\sqrt{13})^2$

e) $(3\sqrt{2})^2$ f) $(-5\sqrt{10})^2$ g) $\sqrt{2}(2+\sqrt{3})$ h) $\sqrt{3}(\sqrt{3}-5)$

7 Distributivgesetz nutzen

Vereinfache die nachfolgenden Wurzelterme mithilfe des Distributivgesetzes.

a) $\sqrt{2}(\sqrt{3}+5)$ b) $(\sqrt{14}+\sqrt{11})\sqrt{3}$ c) $(\sqrt{7}+6)(\sqrt{2}-1)$ d) $(\sqrt{11}-3)(\sqrt{11}+3)$

e) $(\sqrt{3}+\sqrt{10})(\sqrt{3}-10)$ f) $\sqrt{a}(\sqrt{b}+\sqrt{c})$ g) $\dfrac{\sqrt{5}+\sqrt{10}}{\sqrt{5}}$ h) $\dfrac{\sqrt{6}}{\sqrt{3}+\sqrt{12}}$

8 Kannst du den Term ohne Wurzel schreiben?

a) $\sqrt{20} \cdot \sqrt{5}$ b) $\sqrt{\dfrac{3}{20}} \cdot \sqrt{15}$ c) $\sqrt{0{,}2} \cdot \sqrt{0{,}8}$ d) $\dfrac{\sqrt{800}}{\sqrt{200}}$ e) $\sqrt{0{,}1} \cdot \sqrt{1000}$ f) $\dfrac{\sqrt{32}}{\sqrt{72}}$

9 Teilweises Wurzelziehen

Vereinfache die Terme durch teilweises Wurzelziehen.

a) $\sqrt{27}$ b) $\sqrt{200}$ c) $\sqrt{45\,000}$ d) $\sqrt{\dfrac{32}{125}}$ e) $\sqrt{\dfrac{400}{27}}$ f) $\sqrt{0{,}18}$

Tipp zu 10:
$3\sqrt{2} = \sqrt{9 \cdot 3} = \sqrt{27}$

10 Teilweises Wurzelziehen rückgängig machen

In Aufgabe 9 haben wir teilweise die Wurzel gezogen. Jetzt machen wir das Umgekehrte: Wir bringen einen Faktor vor der Wurzel „rein in die Wurzel".

a) $3\sqrt{7}$ b) $2\sqrt{2}$ c) $6\sqrt{\dfrac{1}{6}}$ d) $0{,}5\sqrt{2}$

11 Vereinfache so weit wie möglich

a) $11\sqrt{\dfrac{8}{11}}$ b) $3\sqrt{\dfrac{50}{7}}$

d) $8\sqrt{\dfrac{16}{3}}$ e) $5\sqrt{\dfrac{200}{5}}$

g) $\dfrac{12}{5}\sqrt{\dfrac{75}{32}}$ h) $4\sqrt{\dfrac{7}{2}}$

c) $4\sqrt{\dfrac{30}{12}}$ i) $\dfrac{1}{5}\sqrt{\dfrac{325}{8}}$

Tipp

Mehr vereinfachen geht nicht:
1. Kein Faktor des Radikanden ist eine Quadratzahl.
2. Der Radikand enthält keinen Bruch.

$5\sqrt{\dfrac{12}{5}} = 5\sqrt{\dfrac{4 \cdot 3}{5}} = 10\sqrt{\dfrac{3}{5}} = 10\sqrt{\dfrac{3 \cdot 5}{5 \cdot 5}} = \dfrac{10}{5}\sqrt{15} = 2\sqrt{15}$

Quadratzahl   Bruch mit Radikand: Erweitern

12 Teste dein Wissen

In einigen der folgenden Rechnungen sind Fehler versteckt. Spüre sie auf. Arbeite mit deinem Nachbarn oder deiner Nachbarin zusammen nach dem Motto „Vier Augen sehen mehr als zwei".
Erkläre, wieso die Rechnung falsch ist, und finde die richtige Antwort.

a) $\sqrt{32} = \sqrt{16+16} = \sqrt{16} + \sqrt{16} = 4 + 4 = 8$ b) $(3\sqrt{3})^2 = 3 \cdot 3 = 9$

c) $(\sqrt{5}+\sqrt{7})^2 = (\sqrt{5})^2 + (\sqrt{7})^2 = 5 + 7 = 12$ d) $(3\sqrt{2})^3 = 27 \cdot 2 \cdot \sqrt{2} = 54\sqrt{2}$

e) $2\sqrt{5} + 2\sqrt{10} = 4\sqrt{15}$ f) $(\sqrt{5}+\sqrt{3})(\sqrt{5}-\sqrt{3}) = 5 - 3 = 2$

13 Abschlusstraining zum Rechnen mit Wurzeln

a) $10 + 2\sqrt{5} - \sqrt{5} - 12$ b) $4 + 2\sqrt{3} - \sqrt{18} - 4$ c) $\sqrt{\dfrac{1}{2}} - \sqrt{\dfrac{49}{2}}$ d) $\sqrt{\dfrac{34}{136}}$

e) $\sqrt{2} \cdot \sqrt{8} - \sqrt{32}$ f) $(1+\sqrt{7})(1-\sqrt{7})$ g) $\sqrt{12} + 2\sqrt{75}$ h) $\sqrt{0{,}01 \cdot 144}$

2 Reelle Zahlen

Übungen

CAS
Bei einigen CAS benötigt man noch simlifly, um die dargestellte Ergebnisse zu erzielen.

14 Dem CAS auf der Spur I
Ein CAS fasst auch Wurzelausdrücke zusammen.
a) Erläutere jeweils, was das CAS gemacht hat. Erzeuge die Ergebnisse „zu Fuß".
b) Löse Aufgabe 13 mit dem CAS.

$\sqrt{50}$	$5 \cdot \sqrt{2}$
$\sqrt{500}$	$10 \cdot \sqrt{5}$
$\sqrt{\dfrac{72}{6}}$	$2 \cdot \sqrt{3}$
$(\sqrt{12}+\sqrt{8}) \cdot \sqrt{18}$	$6 \cdot \sqrt{6} + 12$
$\dfrac{4}{\sqrt{2}}$	$2 \cdot \sqrt{2}$
$\dfrac{2}{\sqrt{3}-1}$	$\sqrt{3}+1$

c) Manchmal macht das CAS seltsame Umformungen. Hier ein Beispiel und ein Tipp, um den Umformungen auf die Spur zu kommen:
- $\dfrac{12}{\sqrt{3}} = \dfrac{12 \cdot \sqrt{3}}{\sqrt{3} \cdot \sqrt{3}} = \dfrac{12 \cdot \sqrt{3}}{3} = 4\sqrt{3}$
- Erweitere den Bruchterm mit $\sqrt{3}+1$.

Das Verfahren nennt man „Nenner rational machen"

3. binomische Formel

d) Fasse wie in c) zusammen und überprüfe mit dem CAS:
(1) $\dfrac{4}{\sqrt{8}}$ (2) $\dfrac{1}{\sqrt{2}} + \dfrac{6}{\sqrt{8}}$ (3) $\dfrac{6}{1+\sqrt{2}}$ (4) $\dfrac{1-\sqrt{2}}{1+\sqrt{2}}$

15 Komplizierter Term – schönes Ergebnis, erstaunlich, oder?
Man kann auf verschiedene Weise rechnen:
1. Anwenden der binomischen Formeln
2. $(\sqrt{8}+\sqrt{2})^2 = (\sqrt{4 \cdot 2}+\sqrt{2})^2 = (2\sqrt{2}+\sqrt{2})^2$

$(\sqrt{8}+\sqrt{2})^2$	18
$(\sqrt{8}-\sqrt{2})^2$	2
$(\sqrt{8}+\sqrt{2}) \cdot (\sqrt{8}-\sqrt{2})$	6

a) Bestätige die Rechnungen des CAS „zu Fuß".
b) Rechne jeweils auf zwei verschiedene Arten.
(1) $(\sqrt{12}+\sqrt{3})^2$ (2) $(\sqrt{20}+\sqrt{45})^2$ (3) $(\sqrt{75}+\sqrt{12})(\sqrt{75}-\sqrt{12})$
c) Kannst du erkennen, nach welchem Prinzip die Aufgaben gemacht wurden? Erfinde weitere ähnliche Terme mit Wurzeln, die beim Ausrechnen eine natürliche Zahl ergeben.

expand$((\sqrt{a}+\sqrt{b})^2)$	$a+2 \cdot \sqrt{a} \cdot \sqrt{b} + b$

16 Zur Erinnerung
Welche der folgenden Wurzeln sind keine reellen Zahlen?
a) $\sqrt{4}$ b) $\sqrt{5}$ c) $\sqrt{-10}$ d) $\sqrt{0}$ e) $\sqrt{0{,}3}$ f) $\sqrt{-0{,}3}$ g) $\sqrt{1}$ h) $\sqrt{-1}$
i) Für welche Radikanden a ist $\sqrt{a}$ keine reelle Zahl?

Basiswissen

Wurzelterme

Wurzeln mit Variablen im Radikanden nennt man **Wurzelterme**.
Doch Vorsicht: Der Radikand darf nicht negativ sein!
Deshalb darfst du für die Variable nur solche Zahlen einsetzen, für die der Radikand nicht negativ wird. Dann ergibt der Wurzelterm eine reelle Zahl. Die Menge dieser erlaubten Zahlen nennt man die **Definitionsmenge** des Wurzelterms.
Lösung mit Ungleichung: $2 - x \geq 0$, also $2 \geq x$.
Definitionsmenge $D = \{x \mid x \leq 2\}$
Lies: „Die Menge aller x mit der Eigenschaft x kleiner gleich 2."

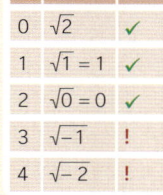

$\sqrt{2-x}$

x	$\sqrt{2-x}$	
0	$\sqrt{2}$	✓
1	$\sqrt{1}=1$	✓
2	$\sqrt{0}=0$	✓
3	$\sqrt{-1}$	!
4	$\sqrt{-2}$	!

17 Definitionsmenge oder: „Welche Werte sind zugelassen?"
Bestimme die Definitionsmenge des Wurzelterms. Überprüfe die jeweilige Definitionsmenge durch Einsetzen einiger Werte.
a) $\sqrt{a-3}$ b) $\sqrt{x+5}$ c) $\sqrt{y^2+1}$ d) $\sqrt{y^2-1}$ e) $\sqrt{s^2}$ f) $\sqrt{(s-10)^2}$

2.2 Rechnen mit Wurzeln

Übungen — Training ohne GTR/CAS

18) Terme zusammenfassen
Vereinfache durch geschicktes Ordnen und Zusammenfassen.
a) $3\sqrt{a} - 5\sqrt{b} + 7\sqrt{a} + 5\sqrt{b} - \sqrt{a}$
b) $\sqrt{x} - 3\sqrt{y} + 4\sqrt{x} + 3\sqrt{y} - \sqrt{z}$
c) $2a\sqrt{x} - b\sqrt{y} + b\sqrt{x} + a\sqrt{y}$

19) Wurzeln beseitigen
Welche der folgenden Terme kann man ohne Wurzel schreiben?
Gib jeweils die Definitionsmenge an.
a) $\sqrt{a} \cdot \sqrt{a}$
b) $\sqrt{b^3} \cdot \sqrt{b}$
c) $\sqrt{x^3} \cdot \sqrt{\frac{16}{x}}$
d) $\sqrt{25a}$
e) $\frac{\sqrt{5a^3}}{\sqrt{5a}}$

20) Training
Vereinfache so weit wie möglich. Wende alle „Tricks" an, die du kennst. Alle Variablen sind positiv.
a) $\sqrt{a^3 b^2}$
b) $\sqrt{12x^2 y^4}$
c) $\sqrt{8xy} \cdot \sqrt{12y^2}$
d) $\sqrt{abc} \cdot \frac{\sqrt{ab}}{ab}$
e) $\sqrt{\frac{x^2}{2y}} \cdot \sqrt{\frac{8y}{x}}$
f) $\sqrt{75a^3 b} \cdot \sqrt{\frac{b}{a}}$
g) $\sqrt{\frac{a^2}{b}}$
h) $\sqrt{\frac{6}{a}} \cdot \sqrt{\frac{a^2}{24}}$
i) $\sqrt{\frac{3x^2}{y}} : \sqrt{\frac{y^3}{48}}$
j) $\sqrt{\frac{a}{b}} : \sqrt{\frac{b}{c}} \cdot \sqrt{ac}$

CAS 21) Dem CAS auf der Spur II
a) Für $\sqrt{x^2}$ gibt das CAS einen unbekannten Ausdruck an. Gehe der Bedeutung dieses Ausdrucks mithilfe der nächsten drei Berechnungen auf die Spur. Beschreibe damit die Bedeutung von $|x|$.

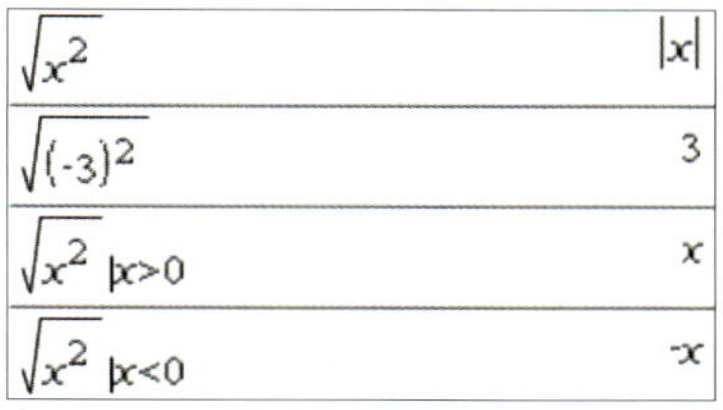

$\sqrt{x^2}$	$\|x\|$
$\sqrt{(-3)^2}$	3
$\sqrt{x^2}$, $x>0$	x
$\sqrt{x^2}$, $x<0$	$-x$

b) Fülle die Tabelle aus und skizziere die zugehörigen Graphen. Vergleiche beide Funktionen mit $y = x$ und $y = -x$.

	-3	-2	-1	0	1	2	3
$y = (\sqrt{x})^2$							
$y = (\sqrt{x^2})$							

Basiswissen

Die Betragsfunktion

Der Betrag einer Zahl ist der Abstand der Zahl von der 0 auf dem Zahlenstrahl. Ordnet man jeder Zahl ihren Betrag zu, so erhält man die Betragsfunktion

$$f(x) = |x| = \begin{cases} x & \text{für } x \geq 0 \\ -x & \text{für } x < 0 \end{cases}$$

Es gilt: $\sqrt{x^2} = |x|$

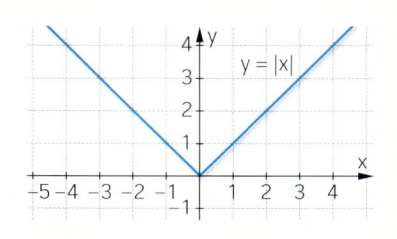

Kopfübungen

1. Größer, kleiner oder gleich? Entscheide möglichst ohne Rechnung.
   a) $\frac{27}{4}$ ▪ $\frac{36}{4}$
   b) $\frac{21}{40}$ ▪ $\frac{23}{50}$
2. Bestimme den Winkel α. 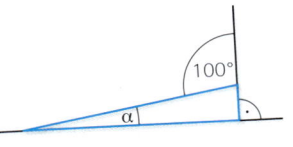
3. Löse die Gleichung: $3 \cdot (2 + s) = s$
4. Wie viele Dezimeter sind in einem Kilometer?
5. Zwischen welchen zwei ganzen Zahlen liegt $(-0{,}5)^7$ auf der Zahlengeraden?
6. Mit welcher Wahrscheinlichkeit schlägst du dieses Buch zufällig auf der Seite 186 auf?
7. Überprüfe, ob der Punkt $(\frac{1}{4} | 3)$ zum Graphen der Funktion $y = 8x - 5$ gehört.

2 Reelle Zahlen

Werkzeug

Für Termumformungen gibt es meist keine eindeutig beste oder einfachste Darstellung. Das CAS liefert auf „Enter" eine Möglichkeit. Wenn man „zu Fuß" andere Ergebnisse erhält, kann mit einem CAS untersucht werden, ob das selbst erzeugte Ergebnis richtig ist.

Beispiel:
Es werden die beiden Ergebnisse $4a^2 b$ und $4\sqrt{a^2 b}$ mit dem CAS-Ergebnis $4a\sqrt{b}$ verglichen.
Achtung: Den Definitionsbereich für die Variablen im CAS eingeben.

Bei einigen CAS:
define cas(a, b) = $4a\sqrt{b}$

$\sqrt{16 \cdot a^3} \cdot \sqrt{\dfrac{b}{a}} \mid a>0 \text{ and } b>0$	$4 \cdot a \cdot \sqrt{b}$
$4 \cdot a \cdot \sqrt{b} \to cas(a,b)$	Fertig
$4 \cdot a^2 \cdot b \to ich(a,b)$	Fertig
$4 \cdot \sqrt{a^2 \cdot b} \to du(a,b)$	Fertig

(1) Die Differenz der beiden Ergebnisterme bilden. Es muss 0 herauskommen, wenn beide Terme äquivalent sind.

$cas(a,b) - ich(a,b) \mid a>0 \text{ and } b>0$	$4 \cdot a \cdot \sqrt{b} - 4 \cdot a^2 \cdot b$
$cas(a,b) - du(a,b) \mid a>0 \text{ and } b>0$	0

(2) Beide Ergebnisterme gleichsetzen und die Gleichung lösen. Das Ergebnis muss eine wahre Aussage sein, wenn beide Terme äquivalent sind.

$solve(cas(a,b) = ich(a,b), a) \mid a>0 \text{ and } b>0$	$a = \dfrac{1}{\sqrt{b}}$
$solve(cas(a,b) = du(a,b), a) \mid a>0 \text{ and } b>0$	true

Aufgaben

Termprofis knobeln auch „zu Fuß".

22 Training mit CAS
Untersuche mit dem CAS, welche der Terme äquivalent sind.

$\sqrt{6}$ $\quad a\sqrt{3-2\sqrt{2}}\quad$ $\dfrac{\sqrt{b}}{\sqrt{a^3}}$ $\quad \sqrt{a}+\sqrt{b}\quad$ $\sqrt{a-2\sqrt{a-1}}\quad$ $\sqrt{a-1}-1$

$\dfrac{10\sqrt{3}}{5\sqrt{2}}\quad$ $|a+b|\quad$ $2\sqrt{\dfrac{3}{2}}\quad$ $\dfrac{\sqrt{ab}}{a^2}\quad$ $\sqrt{a+b+2\sqrt{ab}}$

$\sqrt{a^2+2ab+b^2}\quad$ $\sqrt{2}\cdot a - a\quad$ $\sqrt{a-1}+2\sqrt{a}\quad$ $|a-b|$

23 Genau hingeschaut
Gehe den CAS-Ergebnissen auf die Spur. „Nicht-reelle Berechnung" bezieht sich auf die letzte Zeile. Was verwundert?
Warum vereinfacht das CAS unten nicht?

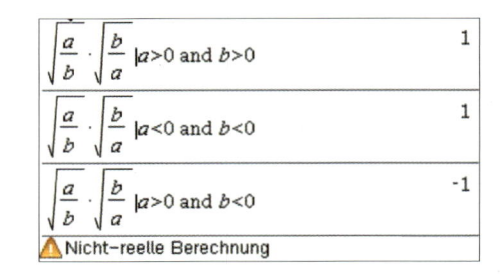

$\sqrt{\dfrac{a}{b}} \cdot \sqrt{\dfrac{b}{a}}$	
$\sqrt{\dfrac{a}{b}} \cdot \sqrt{\dfrac{b}{a}}$	

$\sqrt{\dfrac{a}{b}} \cdot \sqrt{\dfrac{b}{a}} \mid a>0 \text{ and } b>0$	1
$\sqrt{\dfrac{a}{b}} \cdot \sqrt{\dfrac{b}{a}} \mid a<0 \text{ and } b<0$	1
$\sqrt{\dfrac{a}{b}} \cdot \sqrt{\dfrac{b}{a}} \mid a>0 \text{ and } b<0$	-1
⚠ Nicht-reelle Berechnung	

24 Mit Wurzeln Kurven entdecken
a) Erstelle zu $y_1 = \sqrt{4-x^2}$ und $y_2 = \sqrt{4+x^2}$ eine Wertetabelle.

x	–3	–2	–1	–0,5	0	0,5	1	2	3
y_1									
y_2									

b) Zeichne zu beiden Funktionen die zugehörigen Graphen. Es ist eine bekannte Kurve dabei. Überprüfe deine Vermutung durch Messung und Finden weiterer Punkte.
c) Warum findest du bei y_2 zu jedem x-Wert einen y-Wert? Was vermutest du:
Wie sehen die Graphen zu $y_3 = -\sqrt{4-x^2}$ und $y_4 = \sqrt{9-x^2}$ aus?

2.2 Rechnen mit Wurzeln

Aufgaben

Das „goldene Verhältnis"

25 Das goldene Rechteck

Künstler und Architekten haben Bilder, Statuen und Bauwerke entworfen, die auf dem „goldenen Rechteck" beruhen. In einem goldenen Rechteck ist das Längenverhältnis der längeren zur kürzeren Seite ein ganz besonderes Verhältnis:

$$\frac{\text{Längere Seite}}{\text{Kürzere Seite}} = \frac{1+\sqrt{5}}{2}$$

Vergleiche 5.3, Aufgabe 34

Viele Menschen empfinden goldene Rechtecke als besonders harmonisch und schön.

a) Berechne $\frac{1+\sqrt{5}}{2}$ mit dem Taschenrechner auf drei Stellen hinter dem Komma genau.

b) In dem Triumphbogen des römischen Kaisers Konstantin in Rom sollen zwei goldene Rechtecke versteckt sein. Miss nach und rechne.

c) Welche der folgenden Rechtecke sind (in etwa) „goldene" Rechtecke?

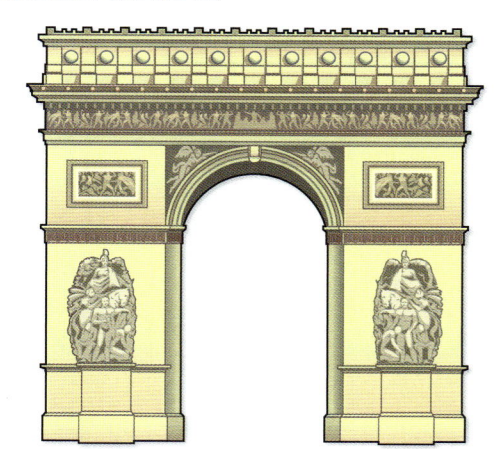

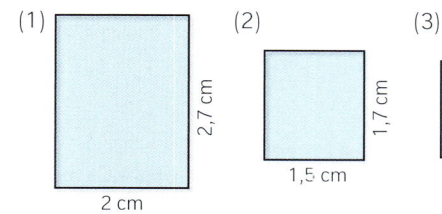

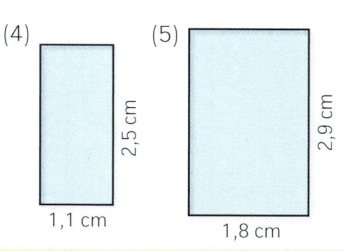

(1) 2 cm × 2,7 cm
(2) 1,5 cm × 1,7 cm
(3) 2,4 cm × 1,5 cm
(4) 1,1 cm × 2,5 cm
(5) 1,8 cm × 2,9 cm

Ein Klassenprojekt

d) Zeichne die Rechtecke aus Aufgabe c) in Originalgröße. Frage möglichst verschiedene Personen (Eltern, Verwandte, Freunde, ...), welches der Rechtecke ihnen von der Form her am besten gefällt. Erstelle in der Klasse ein Häufigkeitsdiagramm aller Antworten. Haben die meisten das „goldene Rechteck" gewählt?

> Psychologen wollen herausgefunden haben, dass Kunden unbewusst Produkte bevorzugen, deren Verpackung an ein goldenes Rechteck erinnert. Findest du solche Verpackungen?

26 Das goldene Verhältnis

Das „goldene Verhältnis" $\frac{1+\sqrt{5}}{2}$ findet man auch angenähert in der Natur.

Ermittle das jeweilige Verhältnis $\frac{a}{b}$ durch Messen und Rechnen.

a) Arm zu Unterarm

b) Kopf – Kinn zu Augenbrauen – Kinn

c) Bauchnabel – Fuß zu Kopf – Bauchnabel

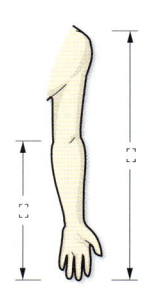

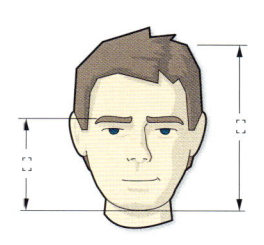

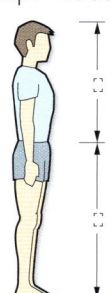

Kannst du diese Verhältnisse an deinen Mitschülerinnen und Mitschülern bestätigen?

2 Reelle Zahlen

Reelle Zahlen

Die Menge der reellen Zahlen $\mathbb{R}$ umfasst
die natürlichen Zahlen $\mathbb{N}$,
die ganzen Zahlen $\mathbb{Z}$,
die rationalen Zahlen $\mathbb{Q}$,
und die irrationalen Zahlen.

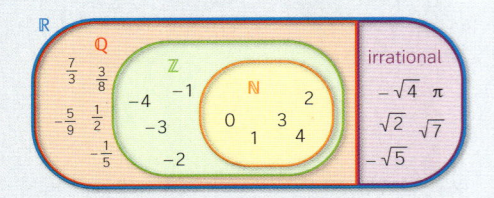

Wissenswertes über irrationale Zahlen

Irrationale Zahlen sind
- **nicht als Bruch** darstellbar,
- nicht abbrechend und nicht periodisch.

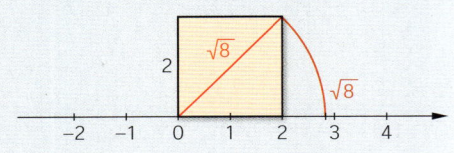

Irrationale Zahlen lassen sich durch eine Intervallschachtelung darstellen.

2	$< \sqrt{8} <$	3
2,8	$< \sqrt{8} <$	2,9
2,82	$< \sqrt{8} <$	2,83
2,828	$< \sqrt{8} <$	2,829

Die Zahl $\sqrt{8}$ liegt in allen Intervallen, die Intervalllänge kann beliebig klein sein.

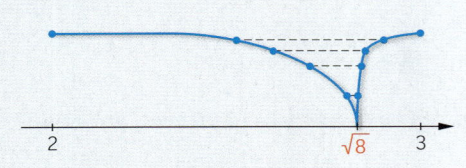

Lösen von Gleichungen

$6x^2 = 48 \quad |:6$
$x^2 = 8$
$x_1 = \sqrt{8} \quad \text{oder} \quad x_2 = -\sqrt{8}$

Die zweite Lösung nicht vergessen.

Check-up

1 Zahlen und ihre Eigenschaften
Übertrage die Tabelle in dein Heft und kreuze an, welche Eigenschaft die jeweilige reelle Zahl besitzt.

	natürlich	ganz	rational	irrational
2015	☐	☐	☐	☐
$\frac{3}{4}$	☐	☐	☐	☐
$-\sqrt{25}$	☐	☐	☐	☐
$\sqrt{8}$	☐	☐	☐	☐
$\sqrt{3 \cdot 12}$	☐	☐	☐	☐
$\sqrt{99}$	☐	☐	☐	☐
0,83333 ...	☐	☐	☐	☐

2 Entscheide
Entscheide, ob die Seitenlänge des farbigen Quadrates eine rationale Zahl ist.

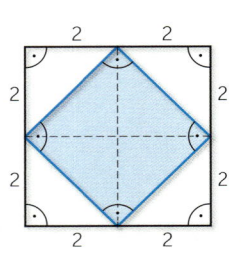

3 Wurzelbestimmungen im Kopf
a) $\sqrt{121}$ b) $\sqrt{1600}$ c) $\sqrt{1{,}96}$ d) $\sqrt{225}$
e) $\sqrt{0{,}09}$ f) $\sqrt{0{,}25}$ g) $\sqrt{\frac{4}{81}}$ h) $\sqrt{\frac{25}{169}}$

4 Ordnung auf der Zahlengeraden
Ordne die Zahlen den Punkten auf der Zahlengeraden zu, ohne den Taschenrechner zu benutzen.

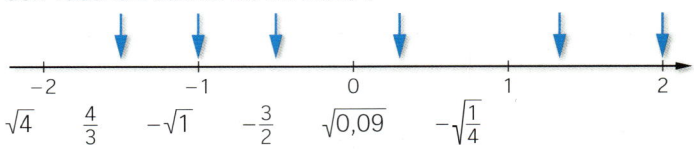

$\sqrt{4} \quad \frac{4}{3} \quad -\sqrt{1} \quad -\frac{3}{2} \quad \sqrt{0{,}09} \quad -\sqrt{\frac{1}{4}}$

5 Ordne nach der Größe
$\sqrt{12} \quad 3{,}45 \quad 3{,}47 \quad \sqrt{10} \quad 3{,}1 \quad \frac{7}{2} \quad 4$

6 Vom Flächeninhalt zur Seitenlänge
Gib die Seitenlängen eines Quadrates mit folgendem Flächeninhalt an.
a) $81\,\text{cm}^2$ b) $144\,\text{m}^2$ c) $20{,}25\,\text{m}^2$ d) $30\,\text{m}^2$
e) $1\,\text{a}$ f) $1{,}21\,\text{km}^2$ g) $20\,\text{ha}$ h) $24\,\text{mm}^2$

7 Gleichungen lösen
Runde die Ergebnisse auf drei Stellen nach dem Komma.
a) $x^2 + 12 = 72$ b) $6x^2 + 5 = 29$ c) $x^2 - 5 = 35$
d) $3x^2 + 2 = 47$ e) $2(x^2 + 10) = 20$ f) $x^2 + 4 = 1$

Check-up

Wissenswertes über Wurzeln

Ist $a \geq 0$, dann ist $\sqrt{a}$ die positive Zahl, die mit sich selbst multipliziert a ergibt.
$(\sqrt{a})^2 = a$; $(\sqrt{3})^2 = 3$

Die Umkehroperation zum Potenzieren ist das **Wurzelziehen** (Radizieren).

Potenzieren	Radizieren
$13^2 = 169$	$\sqrt{169} = 13$
$5^3 = 5 \cdot 5 \cdot 5 = 125$	$\sqrt[3]{125} = 5$

Die Zahl oder der Term unter dem Wurzelzeichen wird Radikand genannt.
Der Radikand darf nie negativ sein.

Rechnen mit Wurzeln

Summen und Wurzeln (Distributivgesetz)
$a\sqrt{x} + b\sqrt{x} = (a+b)\sqrt{x}$, $(x \geq 0)$

Produkte und Wurzeln
$\sqrt{x} \cdot \sqrt{y} = \sqrt{x \cdot y}$, $(x \geq 0, y \geq 0)$

Teilweises Wurzelziehen
$\sqrt{25 \cdot y} = 5 \cdot \sqrt{y}$, $(y \geq 0)$

Quotienten und Wurzeln
$\frac{\sqrt{x}}{\sqrt{y}} = \sqrt{\frac{x}{y}}$, $(x \geq 0, y > 0)$

Quadratwurzelterme und Definitionsmenge
$\sqrt{4-x}$, $D = \{x \mid x \leq 4\}$
Zur Definitionsmenge gehört jede Zahl x, die kleiner oder gleich 4 ist. Diese darf für x in den Radikanden eingesetzt werden. Der Radikand darf nicht negativ sein!

Der Betrag und die Betragsfunktion

Für den Betrag einer Zahl x gilt:

$|x| = \begin{cases} x & \text{für } x \geq 0 \\ -x & \text{für } x < 0 \end{cases}$

8 Begründen mit Gegenbeispielen
Gib Beispiele an, die zeigen, dass die Aussagen falsch sind.
a) „Wurzeln sind immer irrationale Zahlen."
b) „Jede Gleichung der Form $x^2 = a$ hat auch eine Lösung."

9 Wurzeln
Welche Bedeutung haben die Zahlen? Gib zwei natürliche Zahlen an, zwischen denen die Wurzeln liegen oder gegebenenfalls den exakten Wert. Gebe mit GTR die Zahl auf vier Nachkommastellen gerundet an.
a) $\sqrt[3]{1000}$ b) $\sqrt[4]{16}$ c) $\sqrt[5]{500}$ d) $\sqrt[10]{1}$

10 Eigene Beispiele finden
Notiere zu jeder Regel zum Rechnen mit Wurzeln ein eigenes Beispiel mit passender Umformung.

11 Finde die Fehler
a) $3 \cdot \sqrt{8} + 7 \cdot \sqrt{8} = 21 \cdot \sqrt{8}$ b) $\sqrt{9} + \sqrt{16} = \sqrt{25}$
c) $\sqrt{7^2} = 49$ d) $\sqrt{288} = 12 \cdot \sqrt{2}$
e) $\sqrt{289} = 17$ f) $\frac{\sqrt{49}}{\sqrt{4}} = 14$

12 Wurzeln ohne Taschenrechner bestimmen
Nutze die Rechenregeln, um die Wurzeln zu berechnen.
Es hilft dir dabei $\sqrt{10} \approx 3{,}1623$.
a) $\sqrt{1000}$ b) $\sqrt{0{,}1}$ c) $\sqrt{40}$ d) $\sqrt{10\,000\,000}$

13 Wahr oder falsch
Begründe und beachte, dass zum Widerlegen einer Behauptung ein Gegenspiel genügt.
a) Alle natürlichen Zahlen sind rationale Zahlen.
b) Die Wurzel aus einer Zahl ist immer kleiner als die Zahl selbst.
c) Die Wurzel aus einer Zahl ist immer eine rationale Zahl.

14 Definitionsmenge gesucht
Bestimme die Definitionsmenge und überprüfe durch Einsetzen.
a) $\sqrt{2 \cdot w}$ b) $\sqrt{x-5}$ c) $\sqrt{s^2+1}$
d) $\sqrt{x^2}$ e) $\sqrt{2x-4}$ f) $\sqrt{-x}$

15 Wurzelterme vereinfachen
a) $\sqrt{a^3 b^2}$ b) $2\sqrt{x} - \sqrt{y} - 5\sqrt{x} + 3\sqrt{y}$
c) $(\sqrt{a} - \sqrt{b})^2 + \sqrt{4ab}$ d) $\sqrt{ab}\left(\sqrt{\frac{1}{a}} - \sqrt{\frac{1}{b}}\right)$

16 Dem CAS auf der Spur
„Überprüfe" das Ergebnis des CAS.

$$\frac{a}{\sqrt{a}} \quad \sqrt{a}$$

Sichern und Vernetzen – Vermischte Aufgaben zu Kapitel 2

Trainieren

Bearbeite die Aufgaben 1 bis 4 ohne GTR

1 Wo liegt eine Zahl auf der Zahlengeraden?
Welcher der Punkte auf der Zahlengeraden stellt den Bruch $\frac{6}{4}$ dar? Welcher der Punkte könnte $-\sqrt{0{,}1}$ darstellen?

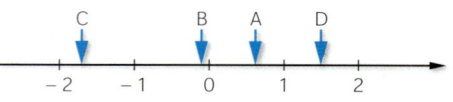

2 Irrational?
Welche der folgenden Zahlen ist irrational?
a) $\frac{4}{9}$ b) $-0{,}01$ c) $\sqrt{24}$ d) $\sqrt{169}$ e) $\sqrt{2{,}5}$ f) $\sqrt{250}$ g) $2{,}55555\ldots$ h) $\sqrt{\frac{1}{9}}$

3 Welche Art von Zahl ist es nun?
Welche der folgenden Zahlen ist gleichzeitig eine ganze, eine natürliche und eine rationale Zahl?
a) -13 b) $-9{,}5$ c) $\frac{5}{7}$ d) $0{,}33\ldots$ e) $\sqrt{36}$ f) $\sqrt{50}$ g) $\sqrt{\frac{9}{4}}$ h) $-\sqrt{100}$

4 Rational oder irrational
Finde die rationalen Zahlen.
a) $\sqrt{18}$ b) $\sqrt{121}$ c) $\sqrt{51}$ d) $\sqrt{11}$ e) $\sqrt{10000}$ f) $\sqrt{1000000}$ g) $\sqrt{0{,}4}$

5 Quadrieren und Wurzelziehen
Das kannst du ohne GTR. Bei Aufgabe e) und f) bitte genau hinschauen.
a) $(\sqrt{3})^2$ b) $\sqrt{5^2}$ c) $\frac{\sqrt{2^2}}{9^2}$ d) $\sqrt{5^2}\cdot\sqrt{5^2}$ e) $\sqrt{(-6)^2}$ f) $\sqrt{-(6)^2}$

6 Rechnen mit Wurzeln
a) $\sqrt{3}\cdot\sqrt{12}$ b) $\sqrt{10}\cdot\sqrt{14{,}4}$ c) $\sqrt{0{,}1}\cdot\sqrt{10}$ d) $\sqrt{\frac{4}{9}}\cdot\sqrt{\frac{36}{4}}$ e) $\sqrt{\frac{3}{7}}\cdot\sqrt{\frac{28}{3}}$

7 Teilweises Wurzelziehen
Überprüfe, ob eine Quadratzahl als Faktor auftritt. Sollte dies der Fall sein, dann ziehe „teilweise" die Wurzel.
a) $\sqrt{12}$ b) $\sqrt{75}$ c) $\sqrt{1000}$ d) $\sqrt{\frac{15}{9}}$ e) $\sqrt{800}$ g) $\sqrt{\frac{4}{10}}$

Tipp
Kann man $\sqrt{20}$ noch anders schreiben?

8 Addition von Wurzeln
Welche Terme lassen sich vereinfachen? Gib den vereinfachten Term an.
a) $3\sqrt{11}-2\sqrt{11}$ b) $3\sqrt{11}-3\sqrt{10}$ c) $5\sqrt{5}-\sqrt{20}$

Verstehen

9 Multiple Choice – mehrfach-Auswahl-Antworten
Zwei Antworten sind richtig. Finde sie. Die rationalen Zahlen sind genau jene,
a) die nicht ganz sind;
b) die nicht irrational sind;
c) die als Brüche aus zwei ganzen Zahlen darstellbar sind;
d) die als Brüche aus zwei Primzahlen darstellbar sind;
e) deren Dezimaldarstellung abbricht;
f) die keine Wurzeln sind.

10 Rechenoperationen und Geometrie
Welche Rechenoperationen sind „geometrisch" dargestellt?
a)
b)

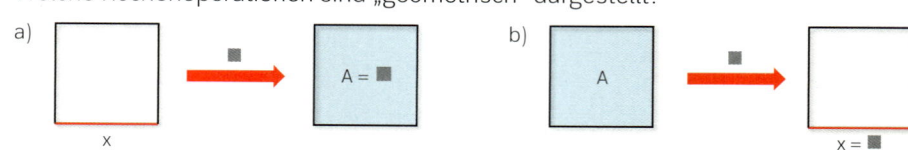

Verstehen

11 Besondere Radikanden
a) Begründe, warum $\sqrt{-100}$ keine reelle Zahl ist.
b) Berechne ohne GTR $\sqrt{0}$ und $\sqrt{1}$.

12 Irrationale Zahlen und GTR
a) Du möchtest $\sqrt{a}$ berechnen. Angenommen, der Radikand hat zwei Stellen nach dem Komma. Mit wie vielen Nachkommastellen rechnest du, wenn du annimmst, dass $\sqrt{a}$ rational ist?
b) Warum kann man mit dem GTR nicht entscheiden, ob eine Zahl irrational ist oder nicht? Verwende zu deiner Antwort die Aussage, dass die Dezimalzahldarstellung von $\frac{58}{59}$ eine periodische Dezimalzahl ist, die sich erst nach 58 Nachkommastellen wiederholt.

13 Verrücktes zu Zahlen
Kann das Produkt zweier irrationaler Zahlen rational sein?
Pascal meint: „Das ist unmöglich, denn die Dezimaldarstellung von irrationalen Zahlen ist weder periodisch und auch nicht abbrechend. Wenn man solche Zahlen miteinander multipliziert, dann können sich doch diese vielen Nachkommastellen nicht einfach auflösen." Eva stellt fest: „Ich sage nur 1,414... mal 1,414...". Pascal sagt: „Aha, da habe ich doch unrecht gehabt." Erkläre, was Pascal meint.

Anwenden

14 Vergrößerungsfaktor
Auf einer Vorlage ist die Fläche eines Bildes 25 cm². Mit Fotokopierer soll das Bild so vergrößert werden, dass dessen Fläche a) 100 cm² b) 50 cm² groß sein soll.
Welchen Vergrößerungsfaktor muss man jeweils einstellen?

15 Flächenvergrößerung
Ein „Pflastermaler" möchte ein geometrisches Muster auf die Straße malen. Welche Längen muss er für die verschiedenen Quadrate wählen, wenn die vier Flächen (rot, gelb, grün und schwarz) alle gleich groß sein sollen? Die Kantenlänge des kleinsten Quadrates soll 1 m sein. Zeichne eine solche Figur im Maßstab 1 : 10 in dein Heft.

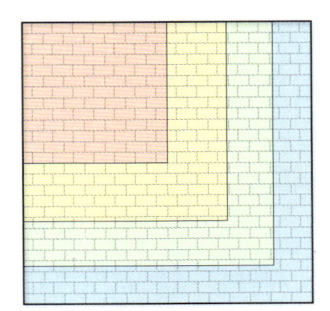

16 Tsunamis
Tsunamis sind ein schreckliches Naturereignis. Es handelt sich dabei um Wellen, die z.B. von Seebeben ausgelöst werden. Treffen sie auf Land können sie verheerende Wirkung entfalten. Der schlimmste Tsunami in den vergangenen Jahrzehnten ereignete sich 2004 im Indischen Ozean und kostete ca. 230 000 Menschenleben.
Tsunamis breiten sich mit großer Geschwindigkeit aus. Diese hängt von der Wassertiefe ab. Mit einer folgenden Regel kann man die Geschwindigkeit v in km/h in Abhängigkeit von der Wassertiefe w in Meter berechnen: $v = \sqrt{127 \cdot w}$. Erstelle eine Tabelle, in der man ablesen kann, wie groß die Geschwindigkeit eines Tsunamis ist bei Wassertiefen von 50 m, 75 m, 100 m, 500 m, 1000 m, 2000 m, 5000 m und 8000 m ist.

Satzgruppe des Pythagoras

Einer der bekannteste Sätze in der Mathematik ist der Satz des Pythagoras. Er beschreibt den Zusammenhang der Längen der Seiten eines rechtwinkligen Dreiecks. Mit dem Satz des Pythagoras kann man viele Anwendungsprobleme lösen. Für diesen Satz, der bereits lange vor Pythagoras den Babyloniern, Chinesen und Hindus bekannt war, gibt es zahlreiche Beweise, von denen einige im Folgenden behandelt werden.

Auf diesem Tontäfelchen aus Babylon sind Zahlen notiert, die zeigen, dass die Babylonier schon lange vor Pythagoras den Zusammenhang der Seitenlängen in einem rechtwinkligen Dreieck kannten. Dieser Zusammenhang wurde später zu Ehren des berühmten griechischen Philosophen und Mathematiker Pythagoras nach diesem benannt.

Übersicht

3.1 Definieren, Argumentieren und Beweisen
Was ist ein Humpelpumpel? Solange wir das nicht genau festlegen, können wir nicht sinnvoll darüber reden, wir müssen dazu Begriffe möglichst genau festlegen. Wenn ich Ski fahre, bin ich glücklich. Wenn ich glücklich bin, bin ich dann auch beim Skifahren?

Kannst du die Frage beantworten?

3.2 Der Satz des Pythagoras
Viele haben schon von diesem Satz gehört, wissen aber nicht mehr genau, was er aussagt. Was kann man damit anfangen? Wozu ist er nützlich?

Entdeckst du einen Zusammenhang zwischen den drei großen Quadraten?

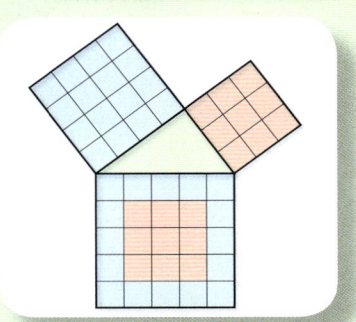

3.3 Begründen und Variieren des Satzes von Pythagoras
Für den Satz des Pythagoras gibt es sehr viele, ganz unterschiedliche Beweise. Man kann ihn auch variieren und macht neue Entdeckungen.

Der Punkt C ist Mittelpunkt des unteren Quadrats. Die beiden Linien in diesem Quadrat sind parallel zu den Seiten des großen Quadrates S. Lege die Figuren 1, 2, 3, 4, 5 so zusammen, dass sie das Quadrat S ergeben.

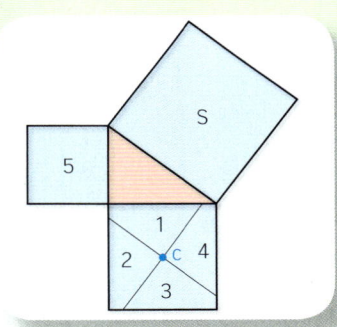

3.4 Kathetensatz und Höhensatz
Der Satz des Pythagoras hat noch nahe Verwandte. Mit der ganzen Familie können dann alle Längen von Dreiecken berechnet werden, wenn das Dreieck konstruierbar ist.

In der Figur verbirgt sich die gesamte „Satzgruppe des Pythagoras".

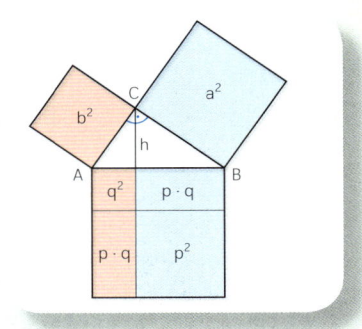

3.5 Probleme lösen mit dem Satz des Pythagoras
Viele Probleme lassen sich mithilfe des Satzes des Pythagoras lösen, wenn man zur Problemlösung ein rechtwinkliges Dreieck heranziehen kann

Wie lang müssen die rot dargestellten Dachlatten sein, wenn sie 50 cm überstehen? Schätze.

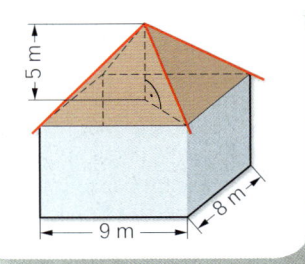

3.1 Definieren, argumentieren, beweisen

Was meinst du: Ist ein Hocker ein Stuhl? Um das entscheiden, müssen wir möglichst genau festlegen, was ein Stuhl ist. Wenn zu einem Stuhl zwingend eine Rücklehne gehört, dann ist ein Hocker kein Stuhl. Das ist auch in der Mathematik so: Wenn es gelingt genau festzulegen, was z.B. ein Trapez ist, dann können wir uns besser darüber verständigen. Sätze wie „Wenn morgen schönes Wetter ist, gehe ich schwimmen." kommen oft im Alltag vor. Wie ist das eigentlich dann mit dem Satz: „Wenn ich morgen schwimmen gehe, ist gutes Wetter."? In der Mathematik gibt es viele solcher Sätze mit „Wenn..., dann..." Das Besondere in der Mathematik ist, dass man die Gültigkeit solcher Sätze nach strengen Regeln beweisen kann.

Aufgaben

1 Was ist eigentlich ein Rechteck?
Welche Beschreibung passt in die letzte Sprechblase, so dass dem Lehrer nichts anderes übrig bleibt, als ein Rechteck zu zeichnen? Vergleicht eure Vorschläge.

Exkurs

Definitionen

„(...) Das ist Klingklanggloria für dich."
„Ich weiß nicht, was Sie mit Klingklanggloria meinen", antwortete Alice.
„Natürlich nicht!" Humpelpumpel lächelte überheblich.
„Aber ich will es dir erklären. Ich meine damit: Da hast du einen hübsch treffenden Beweis."
„Aber Klingklanggloria ist nicht dasselbe wie hübsch treffender Beweis!", widersprach Alice.
„Wenn ich ein Wort benutze", erklärte Humpelpumpel hochmütig, „dann hat es die Bedeutung, die ich ihm zu geben beliebe – nicht mehr und nicht weniger."
(aus: „Alice im Spiegelland" von Lewis Carroll)

Verständigung ist nur möglich, wenn klar ist, was ein Begriff bedeutet. Da Humpelpumpel sich Worte ausdenkt, deren Bedeutung nur er kennt, kann Alice ihn nicht verstehen. Aber auch Begriffe, die jeder kennt, bedeuten nicht für jeden das Gleiche. Frage drei verschiedene Personen, was sie unter Freiheit verstehen, und du wirst drei verschiedene Erklärungen bekommen. Einfacher ist es bei Gegenständen. Sie lassen sich durch bestimmte Eigenschaften beschreiben. Eine Kerze lässt sich z.B. beschreiben als Gegenstand aus Wachs mit einem brennbaren Docht.
Auch in der Geometrie sind Begriffe mit Eigenschaften verknüpft. Ein Quadrat z.B. hat als Eigenschaften gleich lange Seiten, rechte Innenwinkel und viele mehr. In der Mathematik beschreibt man möglichst genau und nennt dabei so wenige Eigenschaften wie nötig. Für das Quadrat reicht die Beschreibung: „Ein Viereck mit vier Symmetrieachsen."
Eine solche möglichst knappe Beschreibung nennen Mathematiker eine Definition.

Aufgaben

2 Wenn-dann-Aussagen

Wenn-dann-Aussagen kommen nicht nur in der Mathematik vor, sondern auch im Alltag. Dabei wird oft zu einer wahren Wenn-dann-Aussage fälschlicherweise auch die Umkehrung für wahr angesehen. Dies ist aber häufig nicht der Fall, wie das Beispiel zeigt:

- Wahr ist: Wenn es Sonntag ist, dann findet kein Unterricht statt.
- Es stimmt aber nicht: Wenn kein Unterricht stattfindet, dann ist es Sonntag.
- ... weil es auch ein Feiertag sein könnte.
- ... weil wir einfach so mal ein Tag frei bekommen könnten.
- ... weil es auch ein Samstag sein könnte.
- ... weil wir auf Klassenfahrt sein könnten.

Gib die Umkehrung der Formulierungen an. Zeige jeweils durch ein oder mehrere Gegenbeispiele, dass die Umkehrung der Wenn-dann-Aussage falsch ist:
(1) Wenn Silvester ist, dann gibt es ein Feuerwerk.
(2) Wenn es regnet, dann fährt Simon mit dem Bus zur Schule.
(3) Wenn Kai am 29. Februar Geburtstag hat, dann ist er in einem Schaltjahr geboren.
(4) Wenn Herr M. der Täter ist, dann befand er sich zur Tatzeit am Tatort.

3 Beweisen in der Algebra
Behauptung: Das Produkt zweier gerader Zahlen ist gerade.

Begründung 1
$2 \cdot 2 = 4$
$2 \cdot 4 = 8$
$2 \cdot 6 = 12$

Begründung 2
Ich habe kein Gegenbeispiel gefunden.

Begründung 3
a gerade $\Rightarrow$ a = 2n
b gerade $\Rightarrow$ b = 2m
$a \cdot b = 2n \cdot 2m = 4mn$
Das Produkt ist durch 2 teilbar, also eine gerade Zahl.

Welcher Begründung vertraust du mehr? Welche Begründung hältst du für einen Beweis und warum?

Exkurs

Beweisen

Lange Zeit nutzten die Völker der Antike die Mathematik nur für praktische Anwendungen wie Handel, Landvermessung, Architektur oder Vorratshaltung. Erst im 5. Jahrhundert vor Christus erkannten die Griechen, dass man in der Mathematik Aussagen findet, die als unumstößliche Wahrheiten für alle Zeiten Geltung besitzen. Davon waren sie fasziniert. So ist z. B. die Aussage „Alle Winkel im Halbkreisbogen sind rechte Winkel" unabhängig von Zeit und Raum immer wahr und als Satz des Thales berühmt geworden. Solche wahren Aussagen nennen die Mathematiker nämlich Sätze. Du hast den Satz des Thales und auch andere geometrischen Zusammenhänge schon selber bewiesen.
Auch heute beweisen Mathematiker immer wieder neue Sätze und erweitern damit das mathematische Wissen der Menschheit. Ob aus diesen Sätzen vielleicht einmal ein Verschlüsselungsverfahren für sicheres Internetbanking entwickelt wird oder man damit ein spritsparenderes Flugzeug bauen kann, zeigt sich oft erst Jahre später. Manche Aussagen sind aber so unglaublich schwierig, dass man bis heute noch keinen Beweis gefunden hat. Ein berühmtes Beispiel hierfür ist folgende Aussage, die Goldbach Vermutung heißt: Jede gerade Zahl größer als 2 kann als Summe zweier Primzahlen geschrieben werden. Doch wie beweist man eine Aussage eigentlich?

3 Satzgruppe des Pythagoras

Basiswissen

Manchmal ist es wichtig, Dinge so genau wie möglich zu beschreiben und dafür dennoch wenige Worte zu benutzen.

Was ist eine gute Definition?

Eine gute Definition ...
- ... legt einen Begriff präzise fest und dient der klaren Verständigung,
- ... enthält nur Worte, die allgemein verständlich oder bereits klar definiert sind,
- ... enthält nicht mehr Informationen als unbedingt notwendig,
- ... erweist sich als nützlich bei der Ordnung und Unterscheidung von Begriffen.

Beispiele

A Gute Definition für eine Kerze

Welche Beschreibung ist eine gute Definition für eine Kerze?
(1) Eine Kerze ist ein Gegenstand aus Wachs.
(2) Eine Kerze ist ein Gegenstand mit einem brennbaren Docht.
(3) Eine Kerze ist ein Gegenstand aus Wachs mit einem brennbaren Docht.
(4) Eine Kerze ist ein roter, runder Gegenstand aus Wachs mit einem brennbaren Docht.

Lösung:
(1) und (2) sind nicht präzise, denn Wachsbilder sind aus Wachs, Petroleumlampen besitzen einen Docht. Beide Gegenstände sollen aber nicht als Kerzen eingeordnet werden.
(4) enthält für die Definition überflüssige Information (Form und Farbe).
(3) ist eine gute Definition, denn alle Gegenstände aus Wachs mit Docht sind Kerzen.

Beispiele

B Gute Definition für eine Raute

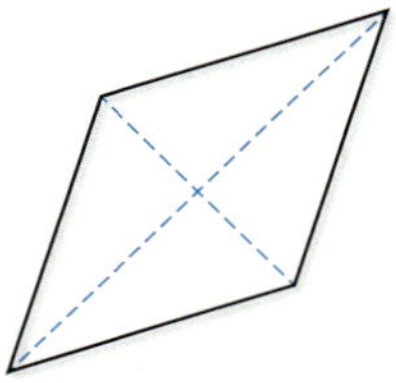

Es gibt verschiedene gute Definitionen für eine Raute.

Lösung:
Eine Raute ist ein ...
(1) Viereck mit vier gleich langen Seiten.
(2) Viereck, bei dem beide Diagonalen Symmetrieachsen sind.

„Ein Viereck, bei dem alle vier Seiten gleich lang sind und die Diagonalen senkrecht aufeinander stehen", ist auch eine zutreffende Beschreibung für die Raute. Es ist aber keine gute Definition, weil mehr Informationen als nötig enthalten sind.

Übungen

4 Gute Definition für eine Primzahl

Welche Beschreibung ist eine gute Definition für eine Primzahl?
(1) Eine Primzahl ist eine ungerade Zahl mit wenigen Teilern.
(2) Eine Primzahl ist nur durch 1 und sich selber teilbar.
(3) Eine Primzahl hat genau zwei Teiler.
(4) Eine Primzahl ist eine ungerade Zahl größer als 1, mit genau zwei Teilern.

5 Was ist ein Messer?

Betrachte die abgebildeten Gegenstände. Welche davon würdest du als „Messer" bezeichnen? Versuche, eine gute Definition für den Begriff „Messer" zu finden. Vergleicht eure Definitionen.

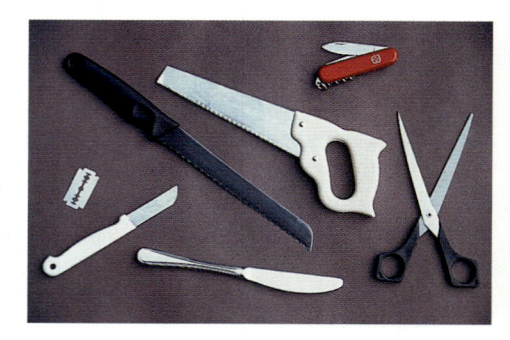

Übungen

6 Definitionen für Vierecke
Alexander hat sich aus einem Mathematiklexikon die Definitionen für die besonderen Vierecke Quadrat, Rechteck, Raute, Parallelogramm, Trapez und Drachen herausgeschrieben. Welche Definition gehört zu welchem Viereck?

Viereck mit vier gleich langen Seiten	Viereck mit mindestens einem Paar paralleler Seiten	Viereck mit vier rechten Winkeln
Viereck mit vier gleich langen Seiten und vier rechten Winkeln	Viereck mit zwei Paaren aneinander stoßender gleich langer Seiten	Viereck mit paarweise parallelen Gegenseiten

7 Entscheidungen
Entscheide, ob es sich bei den Beschreibungen um gute Definitionen handelt.
a) Zirkel: Gegenstand, mit dem man Kreise zeichnen kann.
b) Quadrat: Viereck mit vier gleich langen Seiten.
c) Drachen: Viereck mit senkrechten Diagonalen.
d) Uhr: Gegenstand, der sich zur Zeitmessung eignet.
e) Fahrrad: Fahrzeug mit zwei Rädern.
f) Rechteck: Viereck mit zwei Paaren gleich langer Seiten.

Basiswissen

Mathematische Sätze haben meistens die Form von „Wenn – dann – Sätzen".

Wenn – dann – Aussagen und ihre Umkehrungen

Wenn X ein Deutscher ist, dann ist X ein Europäer.

Wenn die Zahl n ein Vielfaches von 2 ist, dann ist n eine gerade Zahl.

Beide Sätze sind wahr.

Wenn X ein Europäer ist, dann ist X ein Deutscher.

Wenn die Zahl n eine gerade Zahl ist, dann ist n ein Vielfaches von 2.

Die Umkehrung des ersten Satzes ist falsch (auch ein Franzose ist ein Europäer). Die Umkehrung des zweiten Satzes ist wahr.

Sätze haben oft die Form:
Wenn A, dann B.
In **A** wird die Voraussetzung formuliert, in **B** die Behauptung.
Die „Wenn-dann-Aussage" wird auch in der Form $A \Rightarrow B$ geschrieben
(„aus A folgt B"; „wenn A, dann B")

Wenn Voraussetzung A und Behauptung B vertauscht werden, dann erhält man die **Umkehrung des Satzes**:
Wenn B, dann A.
($A \Leftarrow B$; „Aus B folgt A").

Wenn ein Satz wahr ist, so muss nicht auch dessen Umkehrung wahr sein.

Beispiele

C Sätze aus dem Alltag
Formuliere jeweils die Umkehrung und überprüfe, ob sie wahr ist.
(1) Wenn es in der Schule „hitzefrei" gibt, dann fällt die 6. Stunde aus.
(2) Wenn es klingelt, beginnt die Unterrichtszeit.
Lösung:
(1) Wenn die 6. Stunde ausfällt, gibt es „hitzefrei". Die Umkehrung ist falsch, weil die 6. Stunde auch ausfallen kann, weil die Lehrkraft krank ist.
(2) Wenn die Unterrichtszeit beginnt, klingelt es. Die Umkehrung ist wahr.

3 Satzgruppe des Pythagoras

Beispiele

D Ein Satz aus der Mathematik und seine Umkehrung
Satz: „Wenn ein Viereck ein Rechteck ist, dann sind die Diagonalen gleich lang."
a) Ist der Satz wahr?   b) Gilt die Umkehrung des Satzes?
Lösung:
Die Umkehrung des Satzes lautet:
„Wenn in einem Viereck die Diagonalen gleich lang sind, ist es ein Rechteck"
a) Der Satz ist wahr.   b) Die Umkehrung ist falsch.
   Beweis: *Beispiel:* Symmetrisches Trapez

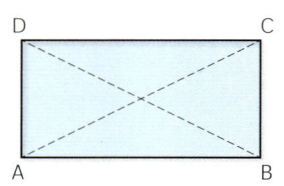

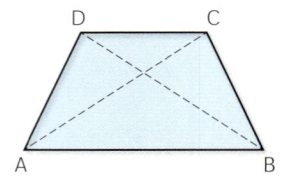

Die Dreiecke ABC und ABD sind kongruent, also $\overline{AC} = \overline{BD}$.

Die Dreiecke ABC und ABD sind kongruent, also $\overline{AC} = \overline{BD}$. Die Figur ist aber kein Rechteck.

Übungen

8 Sätze aus dem Sport
(1) Wenn Klara ein Tor schießt, dann jubeln die Fans.
(2) Wenn es ein Handspiel im Strafraum gab, gibt es einen Elfmeter.
(3) Wenn der Ball außerhalb der Seitenauslinie ist, gibt es Einwurf.
Sind die Ausagen wahr? Und die Umkehrungen?

9 Sätze aus der Geometrie
a) Welche Aussagen sind wahr?
   (1) Wenn ein Viereck senkrechte Diagonalen hat, ist es ein Drachen.
   (2) Wenn ein Viereck zwei parallele Seiten hat, dann ist es ein Trapez.
   (3) Wenn ein Dreieck rechtwinklig ist, ist es nicht gleichschenklig.
b) Formuliere den Satz des Thales und seine Umkehrung.

10 Logiktraining – Mathematische Sätze
In der Formulierung mathematischer Sätze ist nicht immer die Wenn-dann-Form zu erkennen. Für das Begründen und Beweisen ist es hilfreich, Voraussetzung und Behauptung klar getrennt zu formulieren.
Nenne in den folgenden sätzen jeweils die Voraussetzung und die Behauptung und formuliere die Sätze als „Wenn-dann-Satz". Sind die Sätze wahr? Formuliere auch die Umkehrungen. Sind diese wahr?
a) Ein Viereck mit vier gleichlangen Seiten ist ein Quadrat.
b) In gleichseitigen Dreiecken ist jeder Winkel 60° groß.
c) Durch 4 teilbare Zahlen sind gerade.
d) Kongruente Dreiecke sind ähnlich.

11 Wahr oder falsch?
Überprüfe die nachfolgenden Aussagen. Finde für alle Aussagen, die nicht zutreffend sind, ein Gegenbeispiel.
a) Jedes Parallelogramm ist auch ein Trapez.
b) Jeder Drachen ist auch eine Raute.
c) Jedes gleichschenklige Trapez ist auch ein Parallelogramm.
d) Jedes Quadrat ist auch ein Trapez.
e) Jedes Rechteck ist auch ein Drachen.

3.1 Definieren, argumentieren, beweisen

Übungen

12 Wer hat Recht?

Ein Parallelogramm ist ein Viereck, das punktsymmetrisch ist, genau wie ein Rechteck. Also kann ich zu einem Rechteck auch Parallelogramm sagen.

Nein, das geht nicht! Rechtecke sind achsensymmetrisch, Parallelogramme nicht.

Wer hat Recht? Begründe deine Meinung.

Basiswissen

Häufig werden Beweise in der Algebra geführt, indem man geeignete Terme oder Gleichungen aufstellt und dann durch Termumformungen mit bekannten Regeln oder Formeln die Behauptung beweist. Die Terme mit Variablen stellen dabei sicher, dass der Beweis für alle möglichen Zahlen seine Gültigkeit behält.

Der direkte Beweis – ein typisches Beispiel

Behauptung: Das Quadrat einer ungeraden Zahl ist ungerade.
Zahlenbeispiele: $3^2 = 9$ $15^2 = 225$
Beweis: a ist eine ungerade Zahl.

Beweisidee

$a = 2n + 1$ Für jede natürliche Zahl n ist der Term $2n + 1$ immer ungerade.

$a^2 = (2n + 1)^2$ Nutze die binomische Formel für das Quadrieren von $2n + 1$.

Folgerungen

$= 4n^2 + 4n + 1$ Der Term $4n^2 + 4n = 4(n^2 + n)$ ist immer durch 2 teilbar und somit eine gerade Zahl.

Am Schluss heißt es: logisch argumentieren

a^2 ist eine ungerade Zahl.   Da der Term $4n^2 + 4n$ eine gerade Zahl ist, ist $4n^2 + 4n + 1 = a^2$ eine ungerade Zahl.

Beispiele

E Quadrat einer geraden Zahl
Behauptung: Das Quadrat einer geraden Zahl ist gerade.
Beweis: $a = 2n \Rightarrow a^2 = (2n)^2 = 4n^2$.
Da $a^2 = 4n^2$, ist a^2 durch 2 teilbar und somit eine gerade Zahl.

Übungen

13 Beweisen üben

(1) Das Produkt zweier ungeraden Zahlen ist ungerade.

(2) Die Differenz zweier ungerader Zahlen ist gerade.

(3) Das Produkt einer geraden und einer ungeraden Zahl ist gerade.

(4) Die Summe zweier ungerader Zahlen ist gerade.

(5) Wenn man ein ungerade Zahl quadriert und vom Ergebnis 1 abzieht, erhält man eine durch 4 teilbare Zahl.

3 Satzgruppe des Pythagoras

Übungen

Tipp
Der Nachfolger von x ist x+1

14 Sätze über Summen von natürlichen Zahlen
a) Beweise: Die Summe dreier aufeinander folgender Zahlen ist durch 3 teilbar.
b) Gilt auch: Die Summe von vier aufeinander folgenden Zahlen ist durch 4 teilbar?
c) Forschungsaufgabe: Findest du noch eine Anzahl von aufeinander folgender Zahlen, deren Summe durch die Anzahl der Zahlen teilbar ist?

15 Eine Behauptung
Meike behauptet: „Wenn ich vom Quadrat einer ungeraden Zahl 1 abziehe, erhalte ich eine durch 4 teilbare Zahl."
Lars überprüft: „Ich habe das für die drei zufällig ausgewählten ungeraden Zahlen 7, 25 und 41 überprüft, es stimmt."
Kerstin ist anderer Meinung als Lars: „Ich habe 1 als ungerade Zahl gewählt... "
Was meinst du zu Lars und Kerstin? Beweise die Behauptung von Meike.

16 Zauberzahl
Jonas behauptet: „Jede natürliche Zahl teilt 5040 und ich beweise es:
5040 : 1 = 5040, 5040 : 2 = 2520, 5040 : 3 = ..."
Was hältst du von diesem „Beweis"?

17 Ein Kalenderblatt
Die Abbildung zeigt ein Kalenderblatt.
Stimmt die Aussage:
„Wenn neun Zahlen in dem Quadrat sind, dann ist die Zahl rechts unten immer um 16 größer als die Zahl links oben."
Findest du verschiedene Beweise?

n	n+1	...
n+7	...	...
...	...	...

Mo	Di	Mi	Do	Fr	Sa	So
			1	2	3	4
5	6	7	8	9	10	11
12	13	14	15	16	17	18
19	20	21	22	23	24	25
26	27	28	29	30	31	

18 Ein Gewinnspiel
Bei jedem Verzehr erhält der Kunde eines Schnellimbisses ein Los mit einer bestimmten Punktzahl. Sammelt man die Lose, dann gewinnt man den Hauptgewinn, wenn man insgesamt genau 100 Punkte hat. Carmen und ihre Freundinnen haben Karten gesammelt: 6, 3, 3, 12, 15, 54, 42, 60, 72, 84, 15, 3 und 9. Carmens Mutter sagt: „Ihr habt den Hauptgewinn nicht gewonnen."
Beweise, dass die Behauptung von Carmens Mutter richtig ist.

Kopfübungen

1. Notiere das Ergebnis als Dezimalzahl:
   a) 2 geteilt durch 10   b) 3 geteilt durch 20
2. Wahr oder falsch:
   „Wenn zwei Quadrate gleichen Umfang haben, dann sind sie kongruent."?
3. Löse die Gleichung: $0{,}8 \cdot p = 0{,}2$
4. Wie viel fehlt bis zu einem ganzen Liter: $V = 95\,\text{ml}$?
5. Gib eine negative Zahl mit einem Betrag kleiner als 1 an.
6. In einer Tüte gibt es 15 weiße und 25 rote Bonbons, sonst nichts.
   Gib jeweils die relative Häufigkeit an.
7. Gib den Term einer linearen Funktion an, die an der Stelle $x = -5$ die x-Achse schneidet.

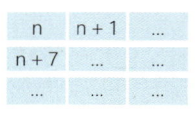

3.1 Definieren, argumentieren, beweisen 77

Aufgaben

Ist der Walfisch ein Fisch? Erkundige dich bei den Biologieexperten nach einer Definition von „Fisch".

19 Insekten

Die Insekten gehören zum Stamm der Gliederfüßler und besitzen neben gegliederten Beinen noch viele weitere gemeinsame Eigenschaften, z. B. einen dreigeteilten Körper, ein chitinhaltiges Außenskelett und Facettenaugen. Um ein Insekt zu erkennen, muss man aber in der Regel nicht nach allen diesen Eigenschaften suchen. Es reicht meistens, zu überprüfen, ob es 6 Beine hat. Fast alle Tiere mit 6 Beinen sind Insekten. Aus diesem Grund gehören die Insekten auch zu den sogenannten „Hexapoda" (= Sechsfüßler). Entscheide mit dieser „Definition", bei welchen Tieren es sich um Insekten handelt.

Ameise, Flusskrebs, Marienkäfer, Seeringelwurm, Schabe, Kreuzspinne, Waldgrille, Menschenfloh

20 Was macht einen Schlunz zu einem Schlunz?

Welche der rechts abgebildeten Figuren sind *Schlunze*? Finde eine Definition für einen *Schlunz*. Überlege dazu: Welche Eigenschaften treffen auf alle *Schlunze* zu, welche fehlen bei den „Nicht-Schlunzen", kurzum: finde die charakteristischen (definierenden) Eigenschaften eines „*Schlunzes*".

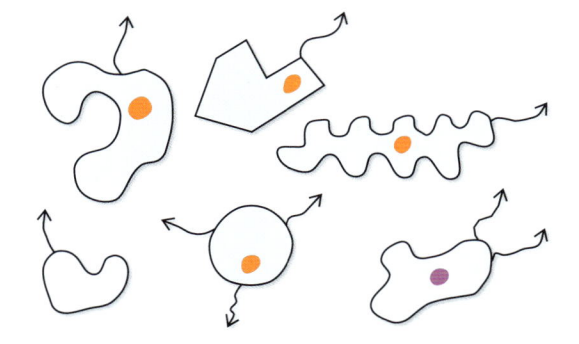

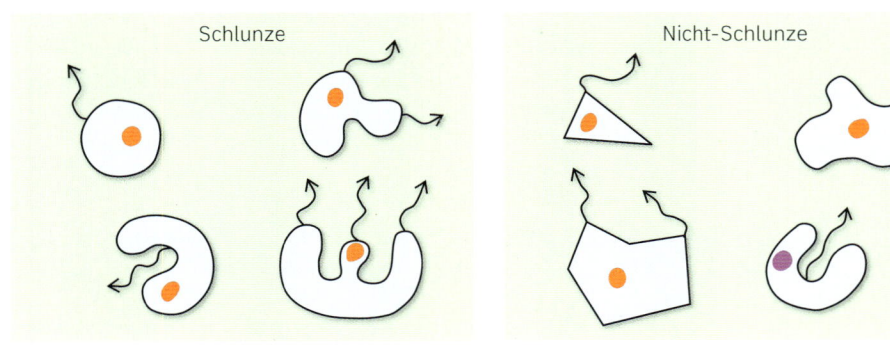

Schlunze | Nicht-Schlunze

Du kannst statt *Spunk* natürlich auch einen eigenen Namen erfinden.

21 Spunk

Sicher kennst du Pippi Langstrumpf aus den Erzählungen der Kinderbuchautorin Astrid Lindgren. Vielleicht kennst du auch die Geschichte, in der Pippi einen *Spunk* sucht. Da sie sich das Wort selbst ausgedacht hat, weiß natürlich keiner, was das sein soll. Schließ-lich definiert sie einen vorbeilaufenden Käfer als Spunk.
Du sollst nun selbst *Spunks* erfinden. Orientiere dich an der vorherigen Aufgabe und stelle *Spunks* und *Nicht-Spunks* zusammen. Lasse dann deine Nachbarin oder deinen Nachbarn eine Definition für deine Spunks finden.

3 Satzgruppe des Pythagoras

Aufgaben

22 Ein bekannter Satz mit vielen Beweisen

Du kennst den Satz:

> „Die Summe der Innenwinkel eines beliebigen Dreiecks ist 180°."

Ameli, Chiara, Lilli, Louis, und Noé haben den Satz auf unterschiedliche Weise bewiesen.

Louis:
Ich habe die Winkel von verschiedenen Dreiecken sorgfältig gemessen und eine Tabelle erstellt. Es ergibt sich immer 180°, wenn man die Winkel addiert.

α	β	γ	Summe
110°	34°	36°	180°
95°	43°	42°	180°
35°	72°	73°	180°
10°	27°	143°	180°

Ameli:
Ich habe ein gleichschenkliges Dreieck gezeichnet, bei dem gilt α = 65°.

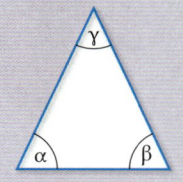

Aussage	Begründung
γ = 180° − 2α	Basiswinkel in gleichschenkligen Dreiecken gleich groß
γ = 50°	
β = 65°	180° − 130°
α = β	180° − (α + γ)
α + β + γ = 180°	Basiswinkel in gleichschenkligen Dreiecken gleich groß

Lilli:
Ich habe eine Parkettierung mit Dreiecken gezeichnet und alle gleich großen Winkel gleich gekennzeichnet.

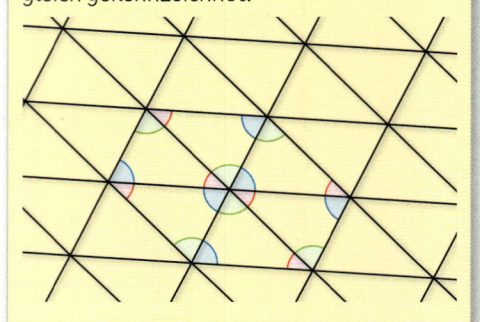

Ich weiß, dass die Winkel um einen Punkt herum zusammen 360° ergeben.

Chiara:
Ich habe die Ecken abgeschnitten und zusammengelegt. Es ergibt sich beim gelben und roten Dreieck eine gerade Strecke, also ein 180°-Winkel.

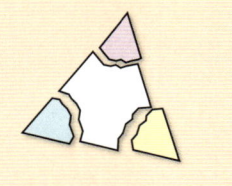

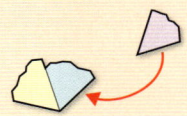

Noé:
Ich habe eine Gerade parallel zu der Grundseite des Dreiecks gezeichnet.

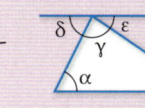

Aussage	Begründung
δ = α	Wechselwinkel
ε = β	Wechselwinkel
δ + ε + γ = 180°	Winkel auf einer geraden Strecke
α + β + γ = 180°.	

Vergleiche die „Beweise". Fülle die Tabelle jeweils mit „ja/nein" aus. Begründe deine Entscheidungen. Vergleiche und diskutiere mit deinem Nachbarn.

	Ameli	Chiara	Lilli	Louis	Noé
(1) Es wird gezeigt, dass die Aussage immer wahr ist.	■	■	■	■	■
(2) Es wird gezeigt, dass die Aussage für einige Beispiele wahr ist.	■	■	■	■	■
(3) Es wird gezeigt, warum die Aussage wahr ist.	■	■	■	■	■

3.2 Satz des Pythagoras

Einer der wichtigsten und bekanntesten Sätze der Mathematik ist mit dem Namen des griechischen Philosophen Pythagoras von Samos (ca. 570–510 v. Chr.) verbunden: der Satz des Pythagoras. Pythagoras gilt traditionell als der Entdecker des Satzes, obgleich dieser schon lange vor Pythagoras den Ägyptern und Babyloniern bekannt war. Ob sie aber einen Beweis für den Satz kannten, ist unklar.

Der Satz des Pythagoras erfüllt alle Ansprüche an einen großen mathematischen Satz: Er ist schön, denn seine Aussage ist erstaunlich und einfach zugleich – sie verbindet Geometrie und Algebra. Er ist ausgesprochen brauchbar, denn mit seiner Hilfe kann man z. B. Entfernungen berechnen und rechte Winkel konstruieren. Und er lässt sich auf viele, zum Teil sehr einfallsreiche Arten beweisen.

Aufgaben

1 Streckenlängen

a) Gib alle Streckenlängen an. Welche Längen kannst du berechnen, bei welchen musst du messen?

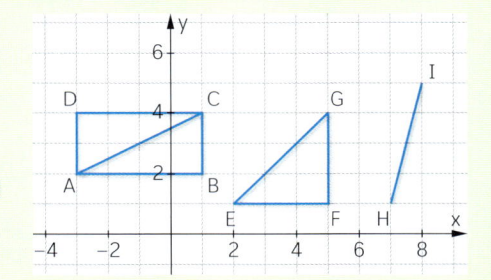

Wie kann man Diagonalen in Rechtecken und Abstände zweier beliebiger Punkte berechnen?

b) **Die Diagonale eines Quadrates**
Das graue Quadrat hat die Seitenlänge a.
- Welchen Flächeninhalt hat das ‚schräge' Quadrat?
- Wie groß ist die Seitenlänge des schrägen Quadrates?
- Wie lang ist die Diagonale eines Quadrates mit der Seitenlänge a?

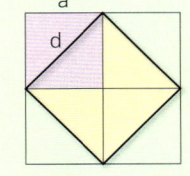

c) **Die Diagonale eines Rechtecks**
Das graue Rechteck hat die Länge a und die Breite b. Es werden Rechtecke wie beim Quadrat in b) angebaut.
- Welchen Flächeninhalt hat das ‚schräge' Quadrat? Gib den Inhalt in Abhängigkeit von a und b an.
- Wie groß ist die Seitenlänge des schrägen Quadrates? Wie lang ist also die Diagonale eines Rechtecks mit den Seitenlängen a und b?

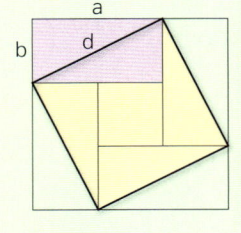

d) Berechne mit der Formel aus c) die Längen der Strecken aus a), die du bisher nur messen konntest.

e) Die Formel aus c) kann auch als Aussage über Flächen bei einem rechtwinkligen Dreieck interpretiert werden. Erläutere mithilfe der nebenstehenden Figur.

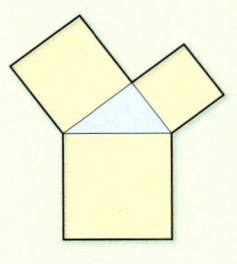

3 Satzgruppe des Pythagoras

Aufgaben

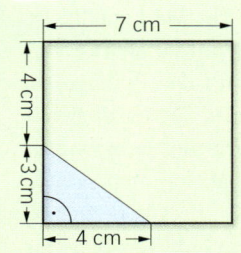

2 Ein geometrisches Puzzle und das Entdecken eines schönen Zusammenhangs

a) Mit vier blauen kongruenten Dreiecke werden die Muster in das Ausgangsquadrat mit der Seitenlänge 7 cm gelegt. Baue das Puzzle nach und lege die Muster. Offensichtlich haben die gelben Restflächen in den Figuren (1) bis (4) jeweils den gleichen Flächeninhalt. Bestimme den Inhalt dieser Flächen.

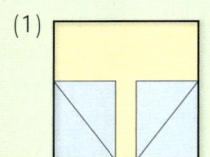

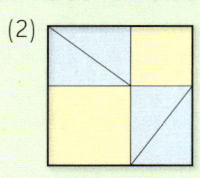

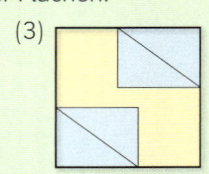

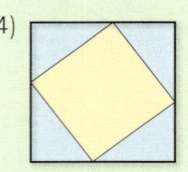

b) Wie lang ist die längste Seite der blauen Dreiecke? Bestimme sie ohne zu messen mithilfe von Figur (4).

c) Seien nun die Seiten des Dreiecks mit a, b und c bezeichnet wie in der Zeichnung links abgebildet. Die folgenden Terme beschreiben die gelben Flächen der Figuren (1) bis (4). Ordne die Terme den gelben Flächen zu und begründe deine Entscheidung.

(I) $a^2 + b^2$ (II) $2ab + (b - a)^2$

(III) $a(a + b) + (b - a)b$ (IV) c^2

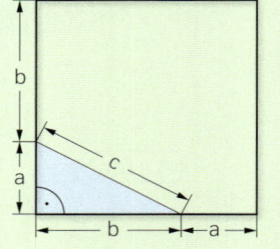

d) Zeige durch Umformen, dass die Terme (I), (II) und (III) gleichwertig (äquivalent) sind.

e) Die gelben Flächen in den Figuren (2) und (4) bestehen nur aus Quadraten. Aus der Flächeninhaltsgleichheit kann man eine Entdeckung über die Seiten rechtwinkliger Dreiecke ablesen. Formuliere in Worten und als Formel mit a, b und c.

3 Archäologie und Mathematik

Anhand von Grabbeigaben hat man herausgefunden, dass manche ägyptische Gelehrte lange Seile bei sich trugen, die durch Knoten in gleich lange Strecken unterteilt waren. Einige Historiker glauben, dass diese Seile wie in der Abbildung zum Erzeugen rechter Winkel benutzt wurden. Schließlich musste nach jedem Nilhochwasser das Land neu verteilt werden. Markiere 12, 30 oder 40 gleich lange Abschnitte auf einer Paketschnur.

a) Probiere aus, ob die ägyptischen Gelehrten in der Abbildung ein rechtwinkliges Dreieck erzeugt haben.

b) Wie kann man die Abschnitte auf der Schnur noch legen, damit ein rechter Winkel entsteht?

3.2 Satz des Pythagoras

Basiswissen

Am rechtwinkligen Dreieck gelten besondere Beziehungen zwischen den Seitenlängen, diese werden im **Satz des Pythagoras und seiner Umkehrung** ausgedrückt. Mit dem Satz des Pythagoras kann man bei rechtwinkligen Dreiecken aus zwei Seitenlängen die dritte berechnen. Mit der Umkehrung des Satzes kann man die Rechtwinkligkeit eines Dreiecks durch Längenmessung feststellen und rechte Winkel konstruieren. Beide Sätze sind in vielen Anwendungen von Bedeutung.

Satz des Pythagoras und seine Umkehrung

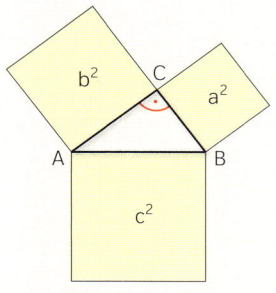

Ist das Dreieck ABC rechtwinklig mit rechtem Winkel bei C, dann gilt:
Die Quadrate über den Katheten haben zusammen denselben Flächeninhalt wie das Quadrat über der Hypotenuse:
$$a^2 + b^2 = c^2$$

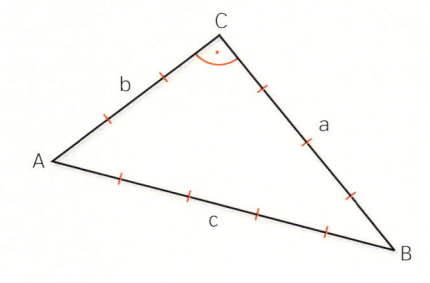

Erfüllen die drei Seitenlängen a, b, c eines Dreiecks die Gleichung $a^2 + b^2 = c^2$, so gilt:
Das Dreieck ABC ist rechtwinklig, mit rechtem Winkel bei C.

Beispiele

A Berechnungen am Dach
Bei dem abgebildeten Haus ist die Länge des Giebelbalkens zu bestimmen.
Lösung: Man kann ein rechtwinkliges Dreieck mit Katheten der Länge 4,2 m und 4,8 m einzeichnen. Der Giebelbalken ist dann die Hypotenuse. Es gilt:
$a^2 + b^2 = (4,2\,m)^2 + (4,8\,m)^2 = 40{,}68\,m^2$
$c^2 = 40{,}68\,m^2 \Rightarrow c \approx 6{,}38\,m$.
Der Balken ist 6,38 m lang.

B Prüfen auf Rechtwinkligkeit
Ist das abgesteckte Grundstück an der markierten Stelle genau rechtwinklig?
Lösung: Flächeninhalt der Kathetenquadrate:
$(28\,m)^2 + (60\,m)^2 = 4384\,m^2$
Flächeninhalt des Hypotenusenquadrats:
$(67\,m)^2 = 4489\,m^2$
Der Winkel ist etwas größer als 90°, weil die Kathetenquadrate zusammen kleiner sind als das Hypotenusenquadrat.

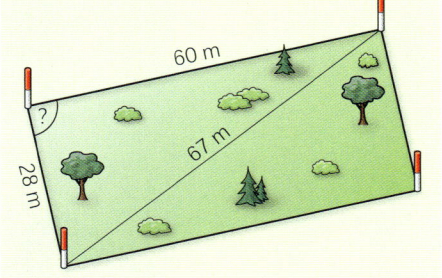

Übungen

4 Formulierung mathematischer Sätze
Im Kasten auf der vorigen Seite sind der Satz des Pythagoras und seine Umkehrung formuliert. Verdeutliche dies, indem du beide Sätze jeweils mit Voraussetzung und Behauptung in der „Wenn-dann"-Form formulierst.

3 Satzgruppe des Pythagoras

Übungen

5 Lösungen sind dabei:
- $\sqrt{5}\,a$
- 12
- $\sqrt{2}\,x$
- $\sqrt{3}\,x$
- 2,5
- $\approx 4{,}5$
- 20
- $\approx 3{,}1$
- $\sqrt{7}\,a$
- $\approx 4{,}2$
- $\approx 2{,}9$

5 Länge gesucht
Berechne die Länge der rot eingezeichneten Strecke:

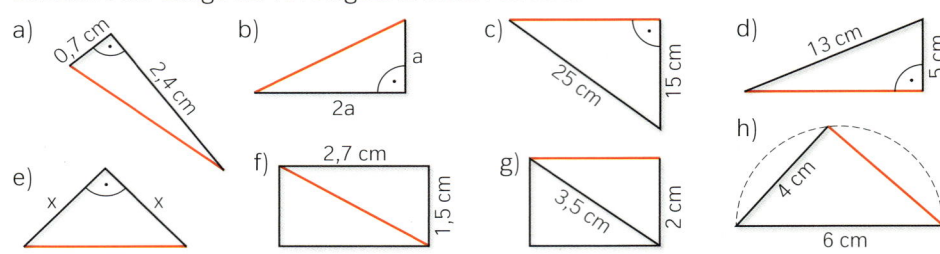

a) 0,7 cm; 2,4 cm
b) a; 2a
c) 25 cm; 15 cm
d) 13 cm; 5 cm
e) x; x
f) 2,7 cm; 1,5 cm
g) 3,5 cm; 2 cm
h) 4 cm; 6 cm

6 Dreiecke aufspannen
Mit welchen Schnüren lässt sich ein rechtwinkliges Dreieck aufspannen?

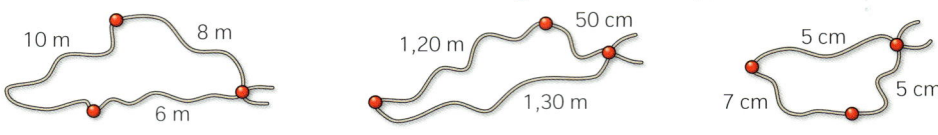

10 m, 8 m, 6 m
1,20 m, 50 cm, 1,30 m
5 cm, 7 cm, 5 cm

7 Kopfrechnen
Bestimme die Längen und Flächen.

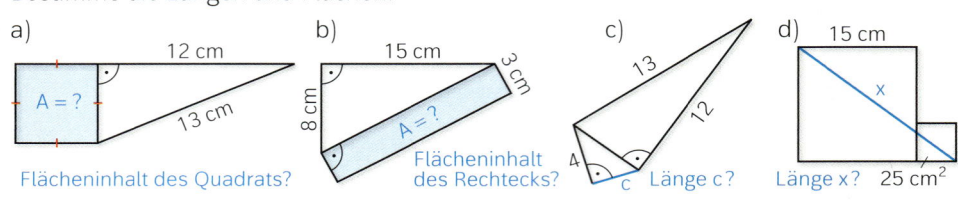

a) 12 cm, 13 cm; A = ? Flächeninhalt des Quadrats?
b) 15 cm, 3 cm, 8 cm; A = ? Flächeninhalt des Rechtecks?
c) 13, 12, 4, c; Länge c?
d) 15 cm, x, 25 cm²; Länge x?

8 Tabelle vervollständigen
Berechne für die rechtwinkligen Dreiecke jeweils die fehlenden Einträge.

Kathete a	5 cm	6 cm	■	15 cm	7 cm	■
Kathete b	12 cm	■	3,6 cm	8 cm	■	12 cm
Hypotenuse c	■	10 cm	3,9 cm	■	■	■
Flächeninhalt A	■	■	■	■	84 cm²	96 cm²

Werkzeug

Gleichungen mit CAS

Ein CAS kann Gleichungen algebraisch lösen. Es zieht dabei meist teilweise die Wurzeln, hier: $\sqrt{96} = \sqrt{16 \cdot 6} = \sqrt{16} \cdot \sqrt{6} = 4 \cdot \sqrt{6}$

solve$(a^2+5^2=11^2, a)$ $a = -4\cdot\sqrt{6}$ or $a = 4\cdot\sqrt{6}$

---

9 Pythagoras im Alltag

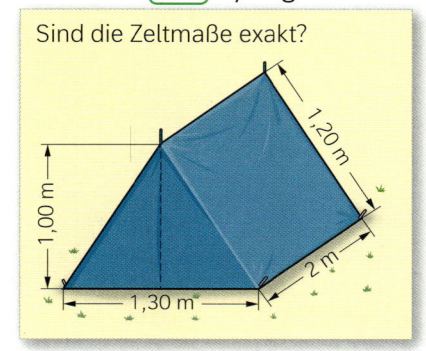

Sind die Zeltmaße exakt?
1,00 m; 1,20 m; 1,30 m; 2 m

Welche Höhe überwindet die Seilbahn?
1050 m; 820 m; h

Wie hoch war die Fichte vor dem Sturm?
16,75 m; 3,20 m

3.2 Satz des Pythagoras

Übungen

10 Rechtwinklige Segel
Für einige Segel des Schoners sind die Maße angegeben. Welche sind rechtwinklig?

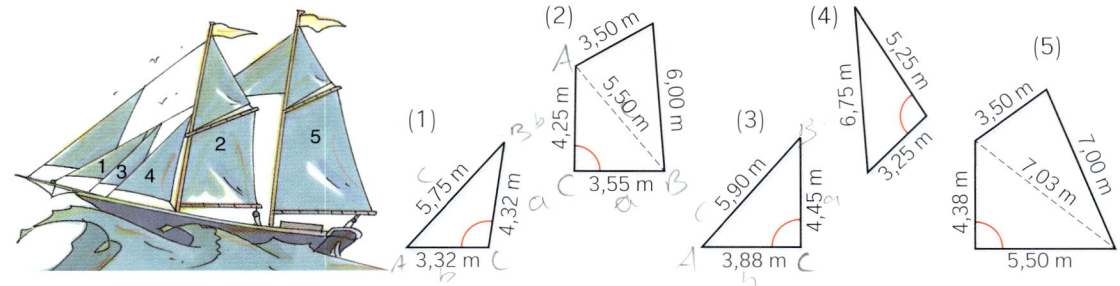

(1) 5,75 m; 4,32 m; 3,32 m
(2) 3,50 m; 4,25 m; 5,50 m; 6,00 m; 3,55 m
(3) 5,90 m; 4,45 m; 3,88 m
(4) 5,25 m; 6,75 m; 3,25 m
(5) 3,50 m; 7,00 m; 7,03 m; 4,38 m; 5,50 m

11 Etwas zum Staunen

Experiment

Markiere zwei Punkte im Abstand von 2 m. Eine Schnur, die länger ist als 2 m, kann in der Mitte angehoben werden, wenn sie in A und B befestigt ist.

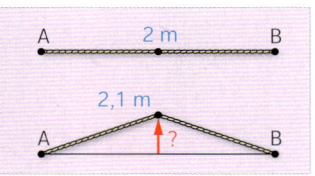

a) Was schätzt du: Wie hoch kann die Schnur angehoben werden, wenn sie 2,1 m lang ist? Probiere aus. Berechne dann. Führe das Experiment für verschiedene Schnurlängen durch.
b) Zeige: Wenn man die Schnur um $2x$ Meter verlängert, erhält man für die Höhe $h(x) = \sqrt{x + x^2}$. In der Abbildung ist der Graph von h skizziert. Beschreibe damit, wie die Höhe von der Verlängerung der Schnur abhängt.

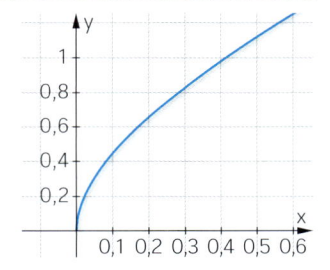

12 Die Abstandsformel

Abstände von Punkten hast du bisher zeichnerisch ermittelt. Mit dem Satz des Pythagoras kannst du Abstände zweier Punkte $P(x_P | y_P)$ und $Q(x_Q | y_Q)$ exakt ausrechnen.

Abstand zweier Punkte im Koordinatensystem

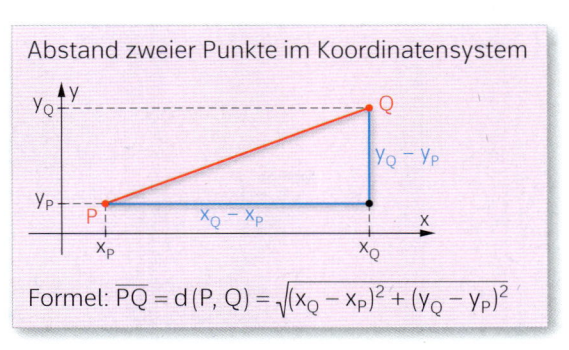

Formel: $\overline{PQ} = d(P, Q) = \sqrt{(x_Q - x_P)^2 + (y_Q - y_P)^2}$

a) Zeichne die Punkte $P(3|2)$ und $Q(7|5)$ in ein Koordinatensystem. Ergänze einen Punkt R so, dass PQR ein rechtwinkliges Dreieck mit Hypotenuse $\overline{PQ}$ wird.
Bestimme dann rechnerisch die Länge der Strecke $\overline{PQ}$. Begründe dein Vorgehen.
b) Gehe vor wie in a) für $P(-2|6)$ und $Q(3|-1)$.
c) Begründe die Abstandsformel in der nebenstehenden Skizze. Vergleiche mit einer Formelsammlung.

13 Abstandsbestimmung
Bestimme den Abstand zwischen den Punkten:
a) $A(10|20)$; $B(13|16)$
b) $C(8|15)$; $D(-7|23)$
c) $E(-5|-8)$; $F(3|7)$

14 Berechnungen am Dreieck
a) Berechne den Umfang des Dreiecks ABC mit $A(2|4)$, $B(8|12)$ und $C(24|0)$.
b) Entscheide ohne zu zeichnen, ob das Dreieck PQR mit $P(2|6)$, $Q(18|2)$ und $R(12|12)$ gleichschenklig, rechtwinklig oder gleichseitig ist.

3 Satzgruppe des Pythagoras

Übungen

15 Pythagoras mit CAS

Der Satz des Pythagoras stellt eine Beziehung zwischen den drei Seiten eines rechtwinkligen Dreiecks her. Wenn man die Lägen zweier Seiten kennt, so kann man die dritte Seitenlänge berechnen. Kurz ausgedrückt: Jede Seite ist eine Funktion der beiden anderen Seiten. Wir erhalten damit allerdings nicht die gewohnten Funktionen, sondern Funktionen von zwei Variablen. Die Funktionsgleichung für die Hypotenuse lautet dann zum Beispiel: $c(a, b) = \sqrt{a^2 + b^2}$.

a) Löse $a^2 + b^2 = c^2$ jeweils nach a und b auf. Gib die passende Funktionsgleichung für die Katheten an.

Werkzeug

Funktionen als Makros

In einem CAS können Formeln als Funktionen selbst definiert werden. Am Namen sollte man möglichst den Inhalt erkennen, in den Klammern stehen die Variable, die eingegeben werden müssen um Berechnungen durchzuführen

$\sqrt{a^2+b^2} \rightarrow hypo(a,b)$ Fertig

$hypo(3,4)$ 5

$\rightarrow$: „speichere als"

b) Speichere die ermittelten Terme unter einem passenden Namen. Nenne das Makro zur Berechnung einer Kathetenlänge *kath(a,c)*. Teste die Makros mit Aufgabe 5.

In den Aufgaben 21/22 gibt es weitere Untersuchungen mit den Makros

c) Untersuche, was passiert, wenn man die Reihenfolge der Eingaben der gegebenen Größen in den Makros *hypo* und *kath* vertauscht. Erkläre, was du beobachtest. Warum benötigt man kein zweites Makro zur Berechnung der zweiten kurzen Seite (Kathete)?

16 Zwei Dreiecke

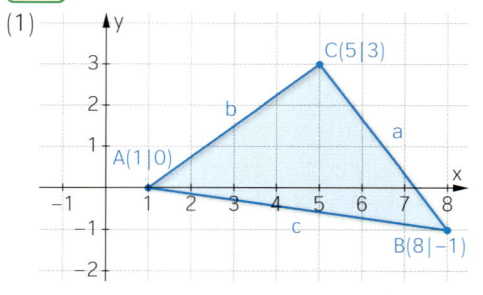

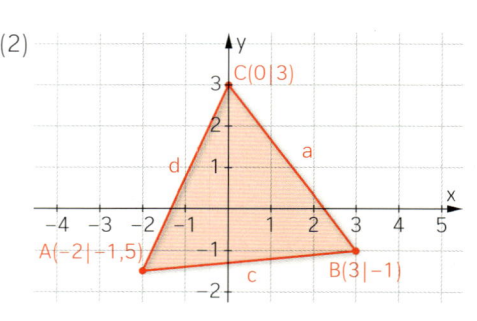

(1) A(1|0), B(8|−1), C(5|3)

(2) A(−2|−1,5), B(3|−1), C(0|3)

a) Schätze: Sind die Dreiecke gleichschenklig, gleichseitig oder rechtwinklig?
b) Überprüfe rechnerisch. Benutze die Makros aus Aufgabe 15.

17 Abstände von Punkten

a) Erstelle ein Makro zur Berechnung des Abstands von zwei Punkten (vgl. Aufgabe 12).
b) • Bestimme den Abstand der Punkte A(1|2) und B(3|4) mit dem Makro.
   • Vertausche jetzt die Koordinaten von A und B in beliebiger Weise. Gib alle Möglichkeiten an, es gibt 12.
Bestimme jeweils die Abstände der beiden so erhaltenen Punkte. Zeichne die 12 Punkte und die zugehörigen Strecken in ein Koordinatensystem. Entdeckst du ein Muster?
Erkläre damit die teilweise gleichen Ergebnisse bei den Streckenlängen.

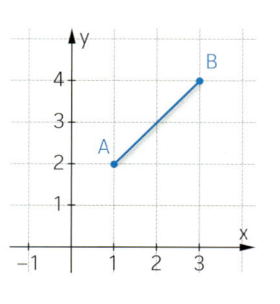

3.2 Satz des Pythagoras

Übungen

18 Kreise im Koordinatensystem
a) Zeichne im Koordinatensystem einen Kreis um M(0|0) durch den Punkt P(3|4). Welchen Radius hat dieser Kreis? Berechne den Radius mithilfe von P.
b) Findest du weitere Gitterpunkte, die auf dem Kreis liegen? Berechne für diese Punkte jeweils die Summe $x^2 + y^2$. Was stellst du fest?
c) Berechne jeweils die fehlende Koordinate für die Kreispunkte R(1|y), S(x|2) und T(−2|y). Überprüfe dein Ergebnis in der Zeichnung.

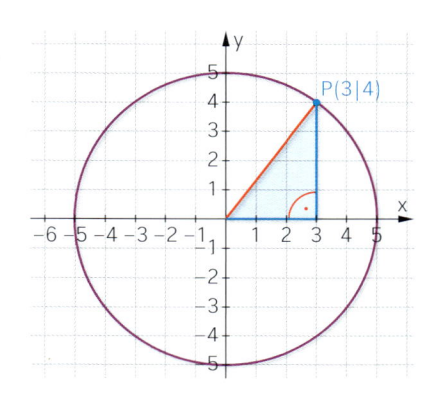

Tipp

Zur Erinnerung:
Der Kreis K(M; r) ist die Ortslinie aller Punkte, die von einem Punkt M den Abstand r haben.

Kreise im Koordinatensystem

Der Satz des Pythagoras macht es möglich, Kreise im Koordinatensystem durch eine Gleichung zu beschreiben.
Für die Koordinaten (x|y) jedes Punktes auf dem Kreis mit dem Mittelpunkt M(0|0) und dem Radius r gilt:
$x^2 + y^2 = r^2$

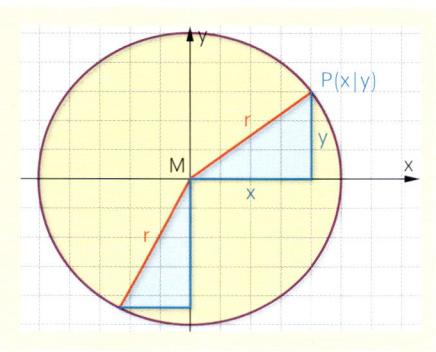

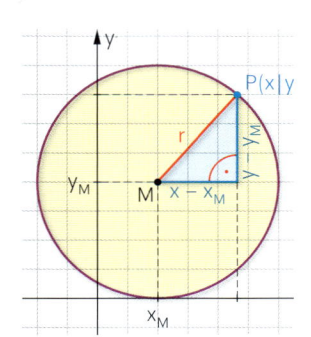

19 Kreise zeichnen im Koordinatensystem
Zeige zunächst, dass $(x - x_M)^2 + (y - y_M)^2 = r^2$ die Gleichung eines Kreises mit Mittelpunkt $M(x_M | y_M)$ ist. Skizzieren dann die Kreise.
a) $x^2 + y^2 = 16$
b) $x^2 + (y - 2)^2 = 3^2$
c) $(x - 1)^2 + y^2 = 9$
d) $(x - 2)^2 + (y - 3)^2 = 3{,}5^2$
e) $(x - 1)^2 + (y + 1{,}5)^2 = 2{,}25$
f) $(x + 2)^2 + (y + 2)^2 = 8$

20 Die olympischen Ringe
In dem Bild sind die fünf olympischen Ringe in ein Koordinatensystem gezeichnet.
a) Gib die Gleichungen der Kreise an.
b) Die Mittelpunkte der drei inneren Kreise bilden ein Dreieck. Berechne die Seitenlängen.

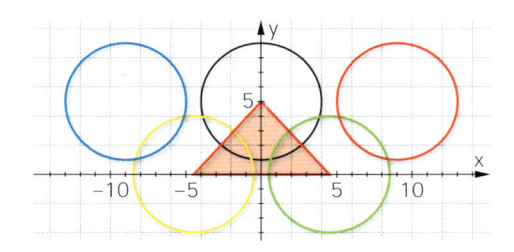

Kopfübungen

1. Gib alle ganzen Zahlen an, die auf der Zahlengeraden zwischen $\frac{29}{7}$ und $\frac{25}{3}$ liegen.
2. Bestimme das Volumen des abgebildeten Wohnraums.
3. Berechne: a) $-2 - 3 \cdot (-7)$ b) $-20 + 52 : (-4)$ c) $(3 - 15) : (-6)$
4. Wandle in die angegebene Einheit um:
   a) 1 km = ▇ m   b) 1 h = ▇ s   c) 1 km/h = ▇ m/s
5. Bei einem Rechteck ist eine Seite zehnmal so lang wie die andere. Bestimme den Term für den Umfang und für den Flächeninhalt dieses Rechtecks.
6. Du wirfst 150-mal einen gewöhnlichen Spielwürfel. Wie viele Quadratzahlen kannst du erwarten?
7. Setze die Beschreibung fort: Der Graph eines proportionalen Zusammenhangs ist immer…

3 Satzgruppe des Pythagoras

Aufgaben

CAS

21 Ein Klasse rechtwinkliger Dreiecke

a) Felix interessiert sich für rechtwinklige Dreiecke mit der Hypotenuse 5 cm. Er weiß schon, dass $a = 4\,\text{cm}$ und $b = 3\,\text{cm}$ Kandidaten sind. Zeichne verschiedene rechtwinklige Dreiecke über derselben Hypotenuse mit $c = 5\,\text{cm}$.

b) Beschreibe, was $f1(x)$ berechnet. Schreibe den Funktionsterm auf. Erstelle eine Tabelle und vergleiche die Einträge mit den Ergebnissen aus a).
Skizziere den Graphen zu $kath(x,5)$. Was entdeckst du?

Tipp

Ein berühmter Satz der Geometrie kann dir das Zeichnen hier erleichtern

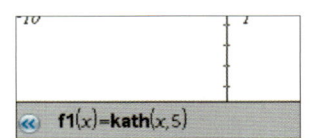

« $f1(x) = \text{kath}(x,5)$

Tipp

$kath(c,a)$ s. Aufg. 15
GTR: zoomsqr

22 Katheten und Hypotenusen dynamisch

a) Wählt man eine Länge in rechtwinkligen Dreiecken fest, kann man untersuchen, wie die beiden anderen Längen zusammenhängen.

(1) Die Kathete $a = 4\,\text{cm}$ wird fest gewählt. Wie ändert sich die Kathete b, wenn sich die Hypotenuse c ändert (Zuordnung: $c \to b$)?

(2) Die Kathete $a = 4\,\text{cm}$ wird fest gewählt. Wie ändert sich die Hypotenuse, wenn sich die Kathete b ändert (Zuordnung: $b \to c$)?

(3) Die Hypotenuse $c = 5\,\text{cm}$ wird fest gewählt. Wie ändert sich die Kathete a, wenn sich die Kathete b ändert (Zuordnung: $b \to a$)?

DGS Die geometrische Untersuchung kann gut mit einem DGS durchgeführt werden.

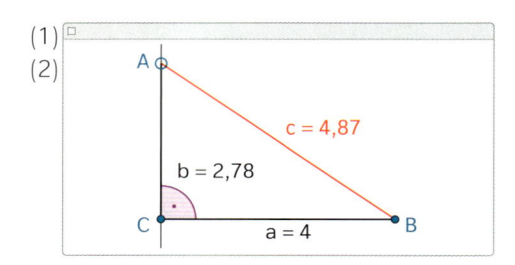

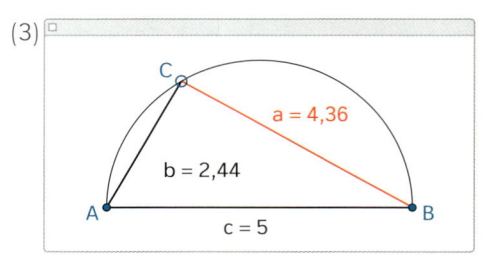

(1) (2) $c = 4{,}87$; $b = 2{,}78$; $a = 4$

(3) $a = 4{,}36$; $b = 2{,}44$; $c = 5$

Die Funktionen sind nur für $x \geq 0$ definiert.

$f3(x) = \text{kath}(x,5) | x > 0$

Beschreibe die drei Fälle (1), (2) und (3). Untersuche auch die Randlagen (Extremfälle).

b) Mit den Makros $hypo(a,b)$ und $kath(a,c)$ können die Beziehungen aus a) auch mit einer Funktion grafisch-tabellarisch untersucht werden, wenn eine Größe fest vorgegeben wird. Für $a = 4$ erhält man: $hypo(4,b) = \sqrt{16 + b^2}$ oder $h(x) = \sqrt{16 + x^2}$.

- Gib zu (1), (2) und (3) aus a) die passenden Funktionen an. Rechts sind die Graphen der Funktionen in verschiedenen Farben dargestellt. Welcher Graph gehört zu welcher Funktion?
- In welcher Beziehung stehen der blaue und der grüne Graph zueinander? Weise nach, dass der blaue Graph ein Viertelkreis ist.
- Für große Werte von x sind bei der grünen und roten Funktion die x-Werte ungefähr gleich den y-Werten. Kannst du das geometrisch erklären?

c) Zeichne auch die drei Graphen für andere feste Werte der Kathete a (z. B. $a = 3\,\text{cm}$) und der Hypotenuse c (z. B. $c = 10\,\text{cm}$). Vergleiche mit den Graphen aus b).

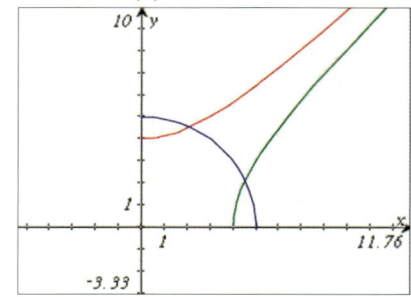

3.2 Satz des Pythagoras

Exkurs

Seilspanner

Die Konstruktion rechter Winkel war für die Menschen in den alten Kulturen sehr wichtig. Dabei wurde offensichtlich schon mit der Umkehrung des Satzes des Pythagoras gearbeitet, ohne dass ein solcher Satz bereits niedergeschrieben gewesen wäre. Der Grieche HERODOT (490–425 v. Chr.) berichtet, dass die ägyptischen Feldmesser (Harpedonapten, Seilspanner) mithilfe von Knotenseilen rechte Winkel konstruierten.

Landvermesser beim Vermessen eines Kornfeldes

Auch aus dem indischen Kulturkreis sind solche Konstruktionen überliefert.
Die altindischen Sulbasūtras (sanskr. *sulba* Schnur und *sūtra* Lehre) lehrten unter anderem die Konstruktion von quadratischen und trapezförmigen Altären mithilfe von Schnüren (Seilen).

Aufgaben

Zahlentripel (a, b, c), für die gilt $a^2 + b^2 = c^2$, nennt man pythagoreische Tripel.

23 Pythagoreische Tripel finden

Pythagoreische Tripel (a, b, c) sind natürliche Zahlen a, b und c, die als Seitenlängen eines rechtwinkligen Dreiecks in Frage kommen, für die also gilt: $a^2 + b^2 = c^2$. Schon ca. 1800 Jahre vor unserer Zeitrechnung schrieben Mathematiker in Babylon pythagoreische Zahlentripel auf Tontäfelchen auf.

a) Bereits die Babylonier wussten vermutlich, dass $(n + 1)^2 - n^2 = 2n + 1$ gilt. Zeige mithilfe der binomischen Formeln dass diese Gleichung stimmt.

Was sind pythagoreische Grundtripel? Schaue im Internet nach.

b) Versuche mithilfe der unteren Tabelle möglichst viele pythagoreische Tripel zu finden.

n	1	2	3	4	...	12	...
$(n + 1)^2$	4	9	16	25	...	169	...
n^2	1	4	9	16	...	144	...
$(n + 1)^2 - n^2$	3	5	7	9	...	■	...

Exkurs

PYTHAGORAS und die Pythagoreer Exkurs

Über PYTHAGORAS gibt es wenig gesichertes Wissen und viele Legenden. Er wurde um 570 v. Chr. auf der griechischen Insel Samos geboren und gründete um 540 v. Chr. in Kroton (heute Süditalien) eine Art Geheimbund. Die Pythagoreer hatten ein Motto („Alles ist Zahl"), ein Wahrzeichen (das regelmäßige Fünfeck) und strenge Verhaltensregeln (Geheimhaltung, Vegetarismus, Verbot Bohnen zu essen). Man glaubt, dass PYTHAGORAS „seinen" Lehrsatz auf Reisen nach Ägypten und Babylonien kennenlernte. Bewiesen wurde der Satz erst 250 Jahre später von Euklid.

Die Pythagoreer entdeckten mathematische Gesetzmäßigkeiten in vielen Naturphänomenen und kamen so zu der Überzeugung, alles ließe sich auf einfache Beziehungen zwischen ganzen Zahlen zurückführen. Damit lagen sie nicht ganz richtig (sogar in ihrem eigenen Wahrzeichen ist das Gegenteil versteckt); dennoch sind die ganzen Zahlen besonders im Digitalzeitalter von großer Wichtigkeit.

Im PYTHAGORAS-Denkmal auf der Insel Samos ist ein rechtwinkliges Dreieck versteckt.

3.3 Begründen und Variieren des Satzes des Pythagoras

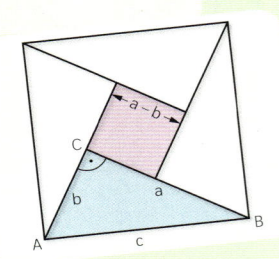

Der Satz des Pythagoras ist für Mathematiker etwas Besonderes. Das liegt vor allem daran, dass sich der Satz auf sehr viele Arten einfach und anschaulich beweisen lässt. Der Satz des Pythagoras eignet sich deshalb gut zum Trainieren des Beweisens. Spannend ist auch die Variation des Satzes: Was passiert zum Beispiel, wenn man die Quadrate der Pythagorasfigur durch Rechtecke oder Dreiecke ersetzt?

Aufgaben

1 Ein Zerlegungsbeweis für den Satz des Pythagoras

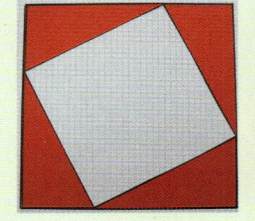

Schneide aus Pappe vier gleiche rechtwinklige Dreiecke mit den Katheten a und b aus. Zeichne in dein Heft ein Quadrat mit der Seiten-länge a + b.

a) Puzzelt man die vier Dreiecke in den quadratischen Rahmen, so entstehen zwei unterschiedliche Restflächen. Erkläre, wie sich daraus der Satz des Pythagoras ergibt.
b) Überlege, an welchen Stellen du die Rechtwinkligkeit der Dreiecke benötigt hast.
c) Führe auch einen algebraischen Beweis, in dem du die Seiten mit a, b und c bezeichnest und bekannte Flächenformeln anwendest.

2 Gelenkpuzzle zum Beweis des Satzes des Pythagoras

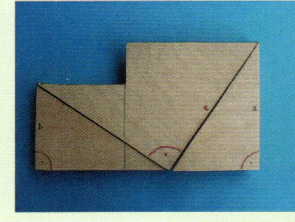

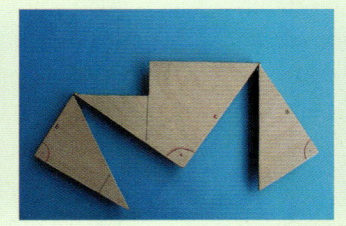

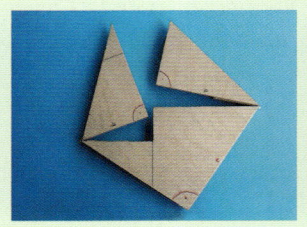

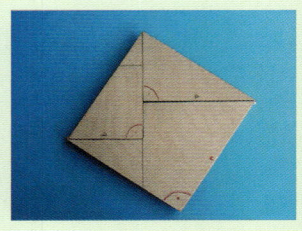

Erstelle aus Pappe ein entsprechendes Puzzle mit drei Teilen und schreibe die passenden Begriffe dazu.

Exkurs

Variationen zu Beweisen rund um Pythagoras

Es gibt neben dem Satz des Pythagoras keinen anderen Satz, zu dem so viele Beweise bekannt sind. Zu Beginn des 20. Jahrhunderts veröffentlichte Professor Elisha Scott Loomis ein Buch mit einer Sammlung von 367 Beweisen zum Lehrsatz des Pythagoras. Bis zum heutigen Tag knobeln viele Hobbymathematiker noch sehr gerne an solchen Beweisen, wobei sich die sogenannten Puzzle-Beweise besonderer Beliebtheit erfreuen.
Unter dem Suchwort „Pythagoras" findest du im Internet hierzu eine reiche Auswahl mit vielen bewegten Bilder („Animationen") und Anregungen zum eigenen Ausprobieren.

3.3 Begründen und Variieren des Satzes des Pythagoras

Basiswissen

Eine Besonderheit der Mathematik liegt darin, dass Sätze streng bewiesen werden können. Solche Beweise verschiedener mathematischer Sätze sind von EUKLID schon im 4. Jh. v. Chr. formuliert worden.

Der Beweis tritt schon bei den Indern auf (Bhaskara, 12. Jhd.), wird dort aber nicht algebraisch bewiesen, sondern durch „Siehe".

Ein Beweis des Satzes des Pythagoras:

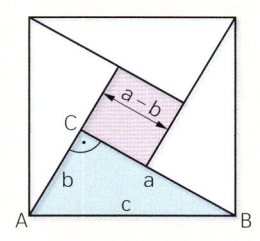

$A_\square = A_\square + 4 \cdot A_\triangle$

$c^2 = (a-b)^2 + 4 \cdot \frac{1}{2} \cdot a \cdot b$
$= a^2 - 2ab + b^2 + 2ab$
$= a^2 + b^2$

Die entscheidende Idee ist das geschickte Ergänzen und Zusammenlegen der Figur.

Übungen

Beweise zum Satz des Pythagoras

3 Falten – Schneiden – Puzzeln

Zeichne ein rechtwinkliges Dreieck mit den drei Seitenquadraten. Schneide die „Pythagorasfigur" aus und schraffiere die Kathetenquadrate von beiden Seiten. Klappe das Hypotenusenquadrat nach hinten und das kleinere Kathetenquadrat nach vorne um. Schneide die drei überstehenden Dreiecke ab. Gelingt dir der Beweis?

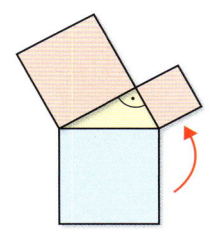

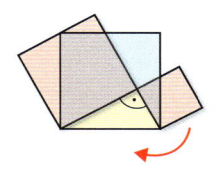

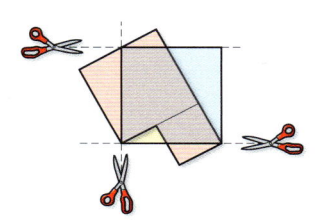

4 Garfield-Beweis

Der spätere amerikanische Präsident JAMES E. GARFIELD (1831–1881) entdeckte als Student einen Beweis mit dieser Figur. Vergleiche den Flächeninhalt des Trapezes mit der Summe der Teilflächen und vereinfache die Gleichung.

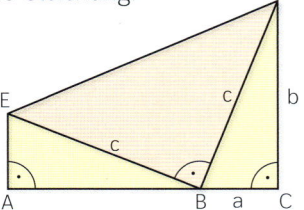

5 Ein Beweis im Parkett

Ohne Worte.

6 Ein etwas anspruchsvollerer algebraischer Beweis mit Dreiecken

Das Dreieck ABC wird um C mit einem Winkel von 90° gedreht (Dreieck EDC). Bestimme den Flächeninhalt des Vierecks AEBD auf zwei Arten:
(1) Mit den Dreiecken EBC und ACD.
(2) Mit den Dreiecken AED und EBD.
Hinweis: Benutze in (2) die gemeinsame Grundseite $\overline{DE}$.

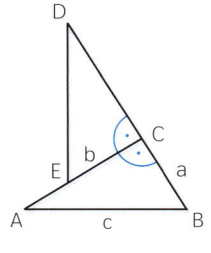

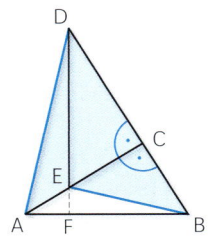

3 Satzgruppe des Pythagoras

Übungen

C wird in Richtung der Höhe nach oben bzw. unten verschoben.

7 Ein Beweis für die Umkehrung des Satzes des Pythagoras

Wir müssen zeigen:
Erfüllen die drei Seiten eines Dreiecks die Beziehung $a^2 + b^2 = c^2$, so ist das Dreieck rechtwinklig.

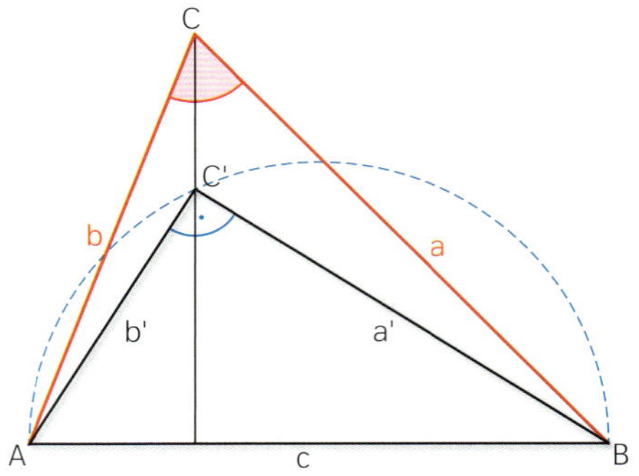

Mithilfe der nebenstehenden Skizzen können wir argumentieren:
Angenommen, der Winkel bei C ist ein spitzer Winkel. Dann können wir über $\overline{AB}$ mithilfe des Thaleskreises ein rechtwinkliges Dreieck ABC' konstruieren, welches in dem gegebenen Dreieck ABC enthalten ist.
Dann gilt: $b' < b$ und $a' < a$.
Daher ist $a^2 + b^2 > (a')^2 + (b')^2 = c^2$.

Hier wird ein anderes Beweisprinzip benutzt.

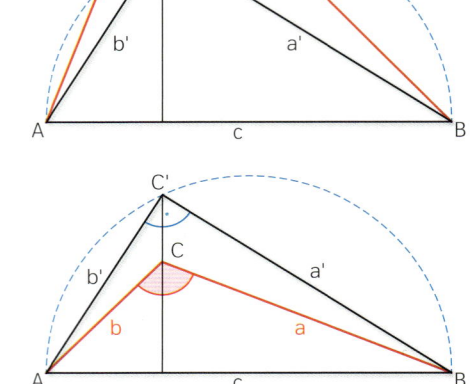

Dies ist ein Widerspruch zur gegebenen Voraussetzung, also kann der Winkel bei C kein spitzer Winkel sein.
Führe eine entsprechende Argumentation für die Annahme, dass der Winkel bei C ein stumpfer Winkel ist.

Wurzeln geometrisch konstruieren.

8 Wurzelspirale

a) Die Wurzelspirale kannst du ganz leicht selbst zeichnen. Den Anfang siehst du in der Abbildung. Übertrage in dein Heft und setze die Spirale fort.

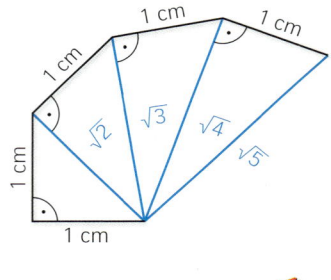

b) Mit der Wurzelspirale lassen sich (theoretisch) die Quadratwurzeln aller natürlichen Zahlen zeichnerisch darstellen. Begründe mit dem Satz des Pythagoras.

c) Wenn du mit der Spirale allerdings $\sqrt{29}$ konstruieren willst, wird das sehr aufwändig. Aber auch hier hilft der Satz des Pythagoras: Man zerlegt den Radikand in die Summe von Quadraten:
$\sqrt{29} = \sqrt{25 + 4} = \sqrt{5^2 - 2^2}$

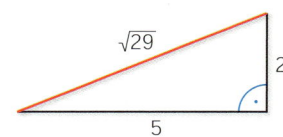

Nicht alle natürlichen Zahlen lassen sich in die Summe zweier Quadrate zerlegen. Aber es ist erstaunlich, Mathematiker haben bewiesen, dass man nie mehr als vier Quadrate benötigt! Konstruiere geschickt:

(1) $\sqrt{13}$ (2) $\sqrt{24}$ (3) $\sqrt{23}$ (4) $\sqrt{42}$

9 Eine andere Spirale

a) Vergleiche die Flächeninhalte der Quadrate miteinander. Wie groß ist D im Vergleich zu A? Begründe.

b) Konstruiere auf die gleiche Weise zu einem Quadrat ein zweites Quadrat, das den fünffachen Flächeninhalt hat.
Hinweis: Mit dem Vorgehen von Aufgabe 8c) geht das auch wieder geschickt

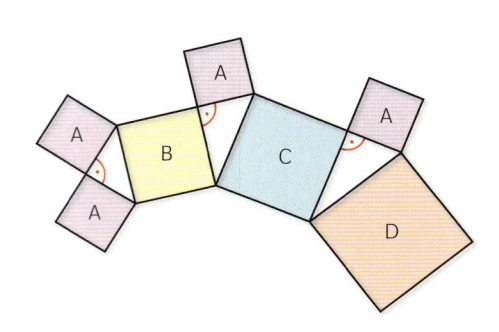

3.3 Begründen und Variieren des Satzes des Pythagoras

↘ Rund um Pythagoras – Variieren und Entdecken

Bei der Beschäftigung mit dem Satz des Pythagoras kannst du deine Problemlösefähigkeiten weiterentwickeln und trainieren. Mit etwas Ausdauer und Phantasie kommst du zu neuen Fragestellungen und zum Erkennen interessanter Zusammenhänge.

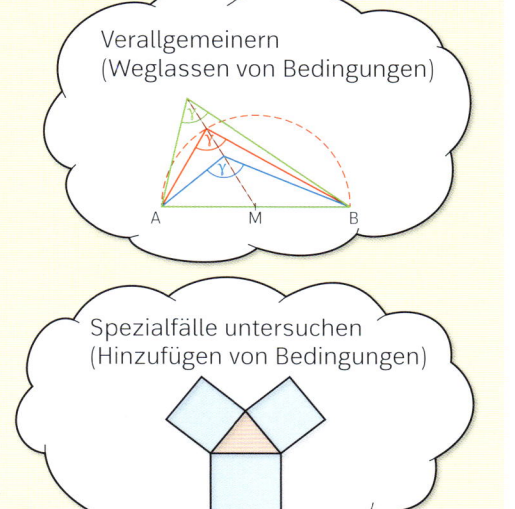

Verallgemeinern (Weglassen von Bedingungen)

Variieren (Rechtecke, Halbkreise)

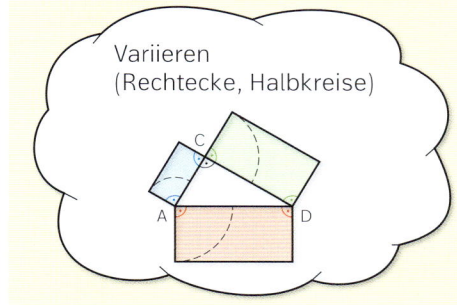

Spezialfälle untersuchen (Hinzufügen von Bedingungen)

Übungen

10 Spezialisieren
Wie vereinfacht sich die Aussage beim Satz des Pythagoras, wenn man ein gleichschenklig rechtwinkliges Dreieck voraussetzt? Formuliere eine passende Aussage und begründe.

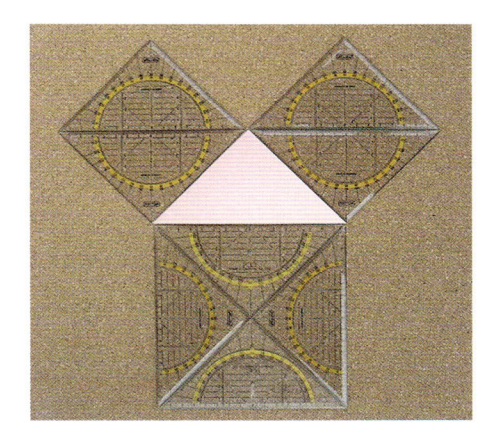

11 Variieren: Pythagoras mit Rechtecken
Was passiert, wenn man über den Seiten eines rechtwinkligen Dreiecks anstelle der Quadrate Rechtecke errichtet? Wie können diese Rechtecke aussehen?
a) Probiere mit verschiedenen Rechtecktypen:
  - eine Seite des Rechtecks ist jeweils doppelt so lang (halb so lang) wie die andere 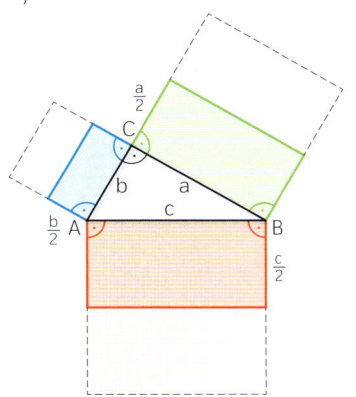
  - eine Seite des Rechtecks ist um jeweils 2 cm länger (kürzer) als die andere Seite

  Berechne jeweils die Flächeninhalte der Rechtecke über den Katheten und über der Hypotenuse. Was beobachtest du? Diskutiert eure Ergebnisse in der Klasse.
b) Pia vermutet: „Der Satz des Pythagoras ist immer dann auf Rechtecke übertragbar, wenn die Rechtecke zueinander ähnlich sind." Hat sie Recht? Überprüfe an deinen Beispielen aus a). Findest du eine Begründung?

3 Satzgruppe des Pythagoras

Übungen

12 Pythagoras mit Dreiecken
Ersetze in der Pythagorasfigur die Quadrate durch gleichseitige Dreiecke. Was stellst du fest? Experimentiere auch mit anderen Dreiecken, z. B. gleichschenkligen, rechtwinkligen o. ä.

13 Verallgemeinern
Was passiert mit dem Satz des Pythagoras, wenn man die Bedingung „rechtwinkliges Dreieck" weglässt?
Experimentiere auch mit einem DGS.

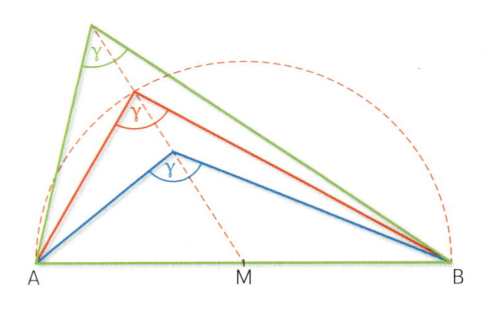

14 Veränderliche Dreiecke
Was passiert, wenn du die Seiten eines rechtwinkligen Dreiecks jeweils um die gleiche Länge vergrößerst? Ist das neue Dreieck dann wieder rechtwinklig?
a) Probiere es mit den Dreiecken (3, 4, 5) und (5, 12, 13) und der Verlängerung der Seiten um jeweils 2 cm aus. 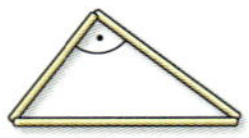 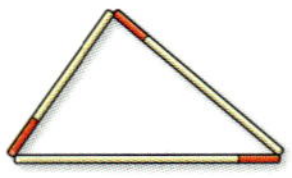
b) Gilt deine Erkenntnis für ein beliebiges rechtwinkliges Dreieck, bei dem jede Seite um die gleiche Länge d vergrößert wird? Probiere für verschiedene pythagoräische Tripel.
In der Abbildung siehst du zwei verschiedene Möglichkeiten, die Erkenntnis für das Dreieck (3,4,5) und eine beliebige Verlängerung zu beweisen. Erläutere die Ansätze und die Beweise.
Führe in gleicher Weise einen Nachweis für ein beliebiges pythagoreisches Dreieck (a,b,c).

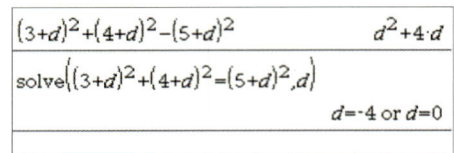

$(3+d)^2+(4+d)^2-(5+d)^2 \qquad d^2+4 \cdot d$

$\text{solve}((3+d)^2+(4+d)^2=(5+d)^2, d)$

$d = -4 \text{ or } d = 0$

c) Was passiert, wenn du die drei Seiten eines rechtwinkligen Dreiecks jeweils verdoppelst (verdreifachst)? Verallgemeinere. Führe einen Nachweis in gleicher Weise wie in b).

Tipp
Benutze $c = \sqrt{a^2 + b^2}$

d) Mit c) kannst du leicht begründen, dass es unendlich viele pythagoreische Tripel gibt. Mit Aufgabe 23 aus 3.2 kannst du auch begründen, dass es auch unendlich viele Grundtripel gibt ((3,4,5) und (5,12,13) sind zwei Grundtripel).

Kopfübungen

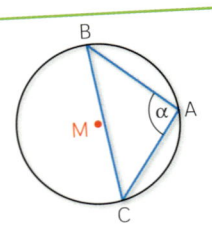

1. Gib den Winkeltyp von α ohne Messung an. Begründe.
2. Größer, kleiner, gleich? Entscheide ohne Taschenrechner.
   a) $\sqrt{8} + \sqrt{2}$ ■ 3   b) $\sqrt{20} + \sqrt{5}$ ■ 5
3. Löse die Gleichung: $-5 + (3 - 2 \cdot x) = 4 \cdot (x - 1)$
4. Gib alle ganzen Zahlen x an, für die gilt: $-\frac{23}{4} < x < -\frac{5}{2}$
5. Unter welcher Voraussetzung wird die Frage „Welche Augenfarbe hat eine Person in meiner Klasse?" ein Laplace-Experiment?
6. Bestimme den Oberflächeninhalt des Partyzelts (ohne Bodenfläche).
7. Entscheide: Bei welchen Funktionen handelt es sich um lineare? Kannst du sie in Form $y = m \cdot x + b$ schreiben? 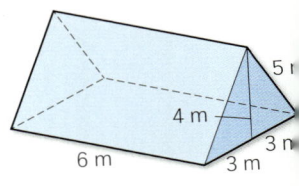
   $a(x) = -x; \quad b(x) = \frac{x}{4}; \quad c(x) = (x + 1)^2; \quad d(x) = -2 \cdot (1 - x)$

3.3 Begründen und Variieren des Satzes des Pythagoras

$x^n + y^n \neq z^n$
für $x, y, z, n \in \mathbb{N}$
und $n > 2$

Exkurs

Großer Fermat'scher Satz

Diese tschechische Briefmarke würdigt das Jahr 2000 als das „Weltjahr der Mathematik". Das Motiv der Marke ist FERMATS letzter Satz. FERMAT beschäftigte sich im 17. Jahrhundert mit dem Satz des Pythagoras und behauptete 1653, dass es für die Gleichung $x^n + y^n = z^n$ (Fermat'sches Tripel) keine ganzzahlige Lösung für n größer als 2 gebe.

„Ich habe hierfür einen wahrhaft wunderbaren Beweis, doch ist der Rand hier zu schmal, um ihn zu fassen.", notierte er dazu. Nach diesem Beweis suchten seitdem viele Generationen von Mathematikern erfolglos. Auch zahllose Laien haben sich an diesem Problem versucht. 1908 wurde eine großzügige Belohnung für den Beweis des Satzes ausgesetzt: Der Industrielle PAUL WOLFSKEHL, selbst studierter Mathematiker, stiftete zum Entsetzen seiner Familie 100 000 Goldmark („Wolfskehl-Preis"); allerdings sollte dieser Preis am 13.9.2007 verfallen. Gerade noch rechtzeitig und 325 Jahre nach FERMAT hat ANDREW WILES 1995 den Satz nach siebenjähriger Arbeit mit großem Aufwand beweisen können. Das war in der mathematischen Welt eine Sensation. Heute wird angenommen, dass FERMAT vielleicht den Spezialfall für n = 3 bewiesen hatte, von dem er glaubte, ihn verallgemeinern zu können. Die von WILES benutzte Theorie war damals noch nicht weit genug entwickelt.

Aufgaben

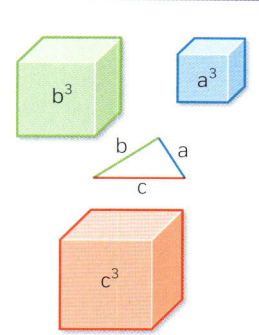

15 Eine einfache Variation – ein schwieriges Problem
Was passiert, wenn man in der Gleichung $a^2 + b^2 = c^2$ anstelle der Quadrate die dritten Potenzen einsetzt: $a^3 + b^3 = c^3$? In der geometrischen Interpretation bedeutet dies, dass man die Volumina von Würfeln mit den Seitenlängen a, b und c miteinander vergleicht.

a) Berechne zu a = 3 cm und b = 4 cm (a = 5 cm und b = 12 cm) die Seitenlänge c, so dass $a^3 + b^3 = c^3$.
b) Kann ein pythagoreisches Zahlentripel (a, b, c) gleichzeitig die Bedingung $a^3 + b^3 = c^3$ erfüllen? Probiere es an verschiedenen Beispielen aus. Begründe.

16 Gibt es überhaupt ganzzahlige Lösungen für die Gleichung $a^3 + b^3 = c^3$?

Bei der Suche nach pythagoreischen Zahlentripeln haben wir eine anschauliche Hilfe benutzt: Wir suchten nach zwei Quadraten, die zusammengelegt ein drittes Quadrat ergeben. Versuche es mit einer ähnlichen Strategie bei Würfeln. Am besten schreibst du dir die ersten 20 Kubikzahlen in einer Tabelle auf und versuchst es mit den Differenzen solcher Zahlen. Im Beispiel ist es fast gelungen, leider fehlt ein einziger Baustein. Findest du ähnlich knappe Ergebnisse?

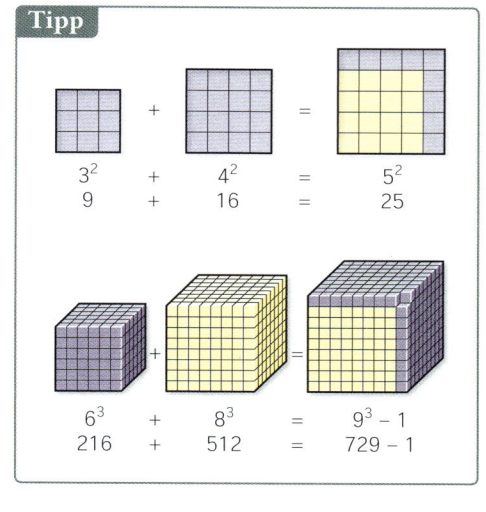

Tipp

3^2 + 4^2 = 5^2
9 + 16 = 25

6^3 + 8^3 = $9^3 - 1$
216 + 512 = 729 − 1

3.4 Kathetensatz und Höhensatz

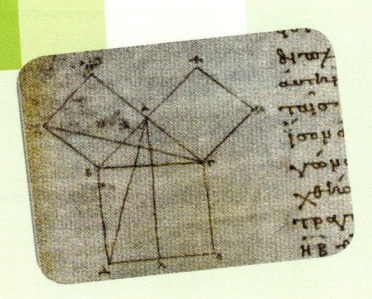

Der Satz des Pythagoras steht nicht alleine. Er gehört zusammen mit dem Höhensatz und den beiden Kathetensätzen zur Familie der „Flächensätze am rechtwinkligen Dreieck". Mit ihnen hat sich bereits vor mehr als 2000 Jahren der bedeutende griechische Mathematiker Euklid befasst. Mithilfe dieser Sätze können alle Seitenlängen in rechtwinkligen Dreiecken berechnet werden, wenn nur solche Seitenlängen gegeben sind, die zur geometrischen Konstruktion notwendig sind.

Aufgaben

1 Der Kathetensatz

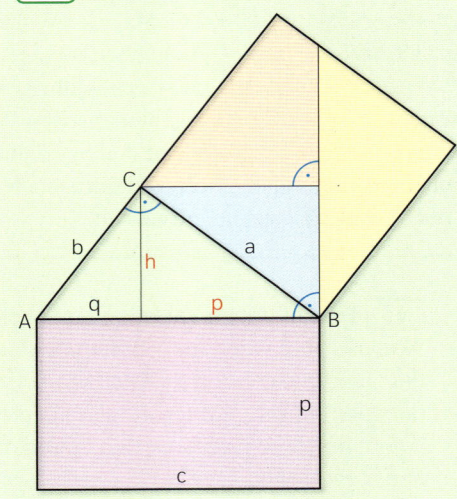

Kathetensatz
Im rechtwinkligen Dreieck ist das Quadrat über einer Kathete flächeninhaltsgleich mit dem Rechteck, dessen Seiten so lang sind wie die Hypotenuse und der anliegende Hypotenusenabschnitt.
$a^2 = p \cdot c$ $\qquad$ $b^2 = q \cdot c$

Zerlegungsbeweis: Zeichne die nebenstehende Figur mit $a = 10\,cm$, $h = 6\,cm$ und $p = 8\,cm$. Zerschneide das Quadrat über der Kathete a in der angegebenen Weise. Kannst du es zu einem Rechteck mit den Seiten p und c zusammenlegen?

2 Einen weiteren Zusammenhang in rechtwinkligen Dreiecken entdecken
Im rechtwinkligen Dreieck teilt die Höhe auf der Hypotenuse diese in zwei Hypotenusenabschnitte p und q.

Der Thaleskreis hilft.

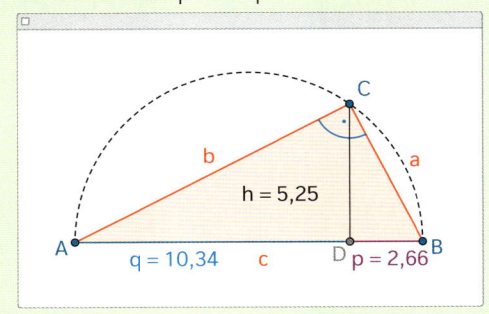

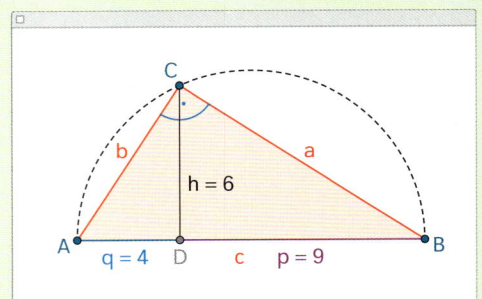

Linke Figur: $h = 5{,}25$; $q = 10{,}34$; $p = 2{,}66$
Rechte Figur: $h = 6$; $q = 4$; $p = 9$

a) Zeichne die Strecke und errichte über ihr ein rechtwinkliges Dreieck mit den angegebenen Werten für q. Miss p und h und fülle die Tabelle aus. Findest du einen Zusammenhang zwischen p, q und h? Mit welcher Formel kann dann h aus p und q berechnet werden?

q	2 cm	4 cm	6 cm	8 cm	10 cm	12 cm
p						
h						

DGS b) Du kannst den Zusammenhang auch gut mit einem DGS untersuchen.

3.4 Kathetensatz und Höhensatz

Basiswissen

Wie der griechische Mathematiker Euklid schon im 4. Jh. v. Chr. gezeigt hat, besitzen rechtwinklige Dreiecke noch weitere Flächenbeziehungen.

Höhensatz
$h^2 = p \cdot q$

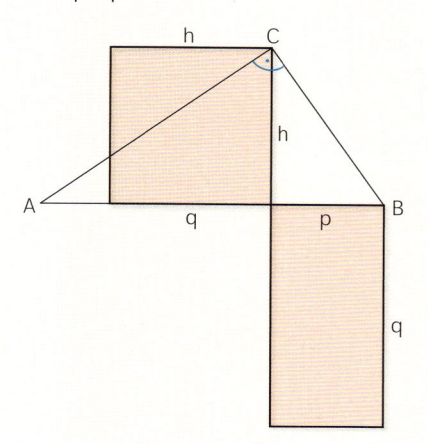

Kathetensatz
$a^2 = p \cdot c \qquad b^2 = q \cdot c$

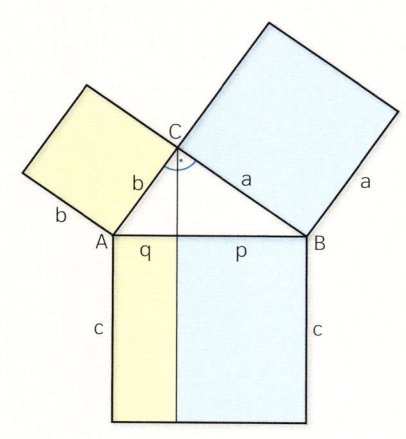

Im rechtwinkligen Dreieck ist das Quadrat über der Höhe flächeninhaltsgleich mit dem Rechteck, dessen Seiten so lang sind wie die beiden Hypotenusenabschnitte.

Im rechtwinkligen Dreieck ist das Quadrat über einer Kathete flächeninhaltsgleich mit dem Rechteck, dessen Seiten so lang sind wie die Hypotenuse und der anliegende Hypotenusenabschnitt.

Beispiele

A Algebraischer Beweis des Höhensatzes

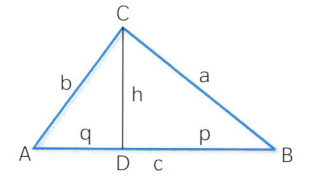

Wir sammeln zunächst alle bekannten Beziehungen zwischen den einzelnen Größen.
Nach dem Satz des Pythagoras und der Konstruktion gilt:
(1) $a^2 + b^2 = c^2$ (Dreieck ABC)
(2) $h^2 + p^2 = a^2$ (Dreieck DBC)
(3) $q^2 + h^2 = b^2$ (Dreieck ADC)
(4) $c = p + q$

Gesucht ist der Zusammenhang zwischen h, p und q (Höhensatz).
In (2), (3) und (4) kommen die gesuchten Größen vor, in (1) nicht.
Idee: Einen Weg von den „unerwünschten" Größen (a,b,c) hin zu den „erwünschten" Größen (h,p,q) finden.
Wir beginnen mit der Aussage (1), in der nur „unerwünschte Größen" vorkommen, und ersetzen dort a^2, b^2 und c^2 durch die entsprechenden Ausdrücke aus (2), (3) und (4).
Wir erhalten also: $a^2 + b^2 = c^2$ wird zu $(h^2 + p^2) + (q^2 + h^2) = (p + q)^2$.
Auflösen der Klammern (rechts: Binomische Formel) und Vereinfachen ergibt: $h^2 = p \cdot q$.

Übungen

3 Ein erster algebraischer Beweis des Kathetensatzes

Benutze die Gleichungen (1), (2), (3) und (4) aus Beispiel A.
a) Beweise den Kathetensatz $a^2 = p \cdot c$.
b) Beweise den Kathetensatz $b^2 = q \cdot c$.
Hinweis zu a):
Beginne mit (3) und benutze für q^2 die Aussage (4)

3 Satzgruppe des Pythagoras

Übungen

Zusammenhänge in der Satzgruppe des Pythagoras

4 Ein zweiter algebraischer Beweis des Kathetensatzes

Die Aufteilung des Hypotenusenquadrates in die dargestellten Flächen ermöglicht einen Beweis des Kathetensatzes.

a) Der Beweis des Kathetensatzes $b^2 = q \cdot c$ ist durcheinander geraten. Bringe die einzelnen Beweisschritte in deinem Heft in die richtige Reihenfolge.

b) Beweise analog den Kathetensatz für die Kathete a.

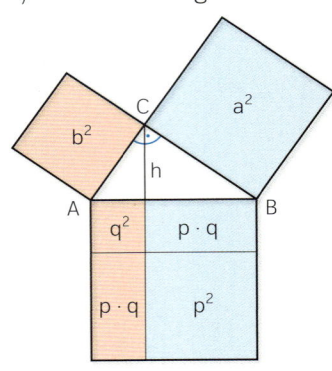

Ersetze $(p + q)$ durch c.	$b^2 = q \cdot (q + p)$
Nach Pythagoras gilt: $b^2 = h^2 + q^2$	$b^2 = (p \cdot q) + q^2$
$b^2 = q \cdot c$	Ersetze h^2 durch $p \cdot q$ (Höhensatz)

c) Was musst du alles wissen, um den Beweis zu führen?

5 Ein Beweis des Höhensatzes

a) Ordne die Beweisschritte. Ein Anfang ist gemacht. Notiere Begründungen für die einzelnen Beweisschritte.

b) Beweise auf die gleiche Weise den Kathetensatz mithilfe des Höhensatzes:
$h^2 = p \cdot q$ $a^2 = p \cdot c$
Hinweis: Benutze $q = c - p$

c) Leite aus den Kathetensätzen den Satz des Pythagoras her.

(1) $a^2 = p \cdot c$
(2) $a^2 = h^2 + p^2$

$p \cdot c = h^2 + p^2$

$h^2 = p \cdot q$

$h^2 = p \cdot c - p^2$

$h^2 = p(p + q) - p^2$

6 Noch ein Beweis des Höhensatzes

a) Begründe die einzelnen Beweisschritte. Welche Vorkenntnisse wurden verwendet?

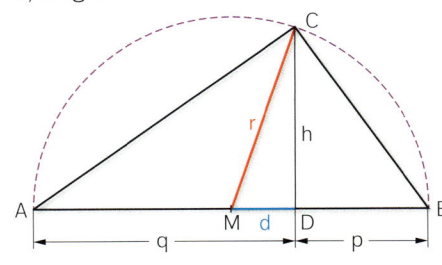

(1) $h^2 = r^2 - d^2$
(2) $r^2 - d^2 = (r + d) \cdot (r - d)$
(3) $(r + d) \cdot (r - d) = p \cdot q$
Also: $h^2 = p \cdot q$

b) Mit der Figur und dem Höhensatz kannst du auch einen weiteren Beweis des Satzes des Pythagoras finden.

Tipp

Betrachte das Dreieck MDC und stelle q und p in Abhängigkeit von r und d dar.

7 Entdecken der Zusammenhänge mit Ähnlichkeit

a) Finde ähnliche Dreiecke im Dreieck ABC und begründe, warum es sich um ähnliche Dreiecke handelt.

b) Bilde Längenverhältnisse der entsprechenden Seiten und forme die entstehenden Verhältnisgleichungen so um, dass du die Kathetensätze und den Höhensatz erhälst.

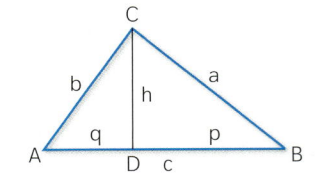

3.4 Kathetensatz und Höhensatz

Übungen

8 Fehlende Stücke bestimmen

Mithilfe der Kathetensätze und des Höhensatzes können alle fehlenden Streckenlängen bei einem rechtwinkligen Dreieck berechnet werden.

a) Bestimme die fehlenden Stücke a, b und h des Dreiecks ABC.
   Hinweis: Benutze zunächst den Höhensatz.

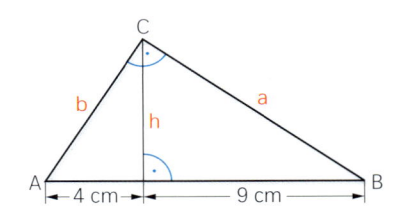

b) Wie kann das rechtwinklige Dreieck aus den gegebenen Stücken p und q geometrisch, also ohne Rechnung, eindeutig konstruiert werden? Überprüfe die Konstruktion mit den Ergebnissen aus a).

Tipp zu b)
Bei der Konstruktion rechter Winkel hilft oft der Satz des Thales.

↘ Strategie zum Bestimmen fehlender Stücke

- Suche einen passenden geometrischen Satz, bei dem nur eine unbekannte Größe auftritt. Löse die Gleichung nach dieser Variablen auf.
- Suche eine nächste Beziehung in der gleichen Weise.

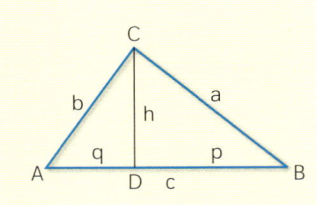

Beispiel: Gegeben: $q = 3$; $b = 6$

(1) Kathetensatz: $b^2 = q \cdot c \Rightarrow c = \frac{b^2}{q} = \frac{36}{3} = 12$ (2) $p = c - q = 12 - 3 = 9$

(3) $h^2 = 9 \cdot 3 = 27 \Rightarrow h = \sqrt{27}$ (4) $a^2 = p \cdot c = 108 \Rightarrow a = \sqrt{108}$

9 Viele unterschiedliche Bezeichnungen

Nicht immer sind die Seiten und Abschnitte im rechtwinkligen Dreieck mit den gleichen Buchstaben benannt. Vor allem in Anwendungen benutzt man oft andere Bezeichnungen.

a) Schreibe jeweils unter Verwendung der angegebenen Benennungen den Höhensatz, die Kathetensätze und den Satz des Pythagoras auf.

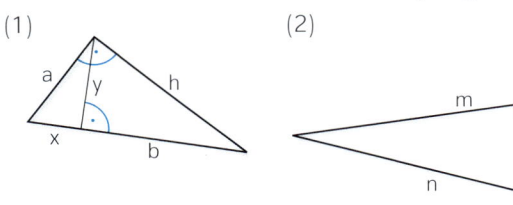

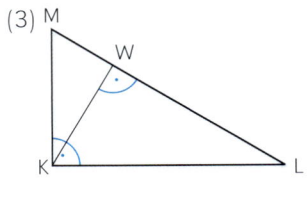

b) Berechne für die Dreiecke die fehlenden Stücke.
   (1) $x = 3\,\text{cm}$; $b = 6\,\text{cm}$ (2) $q = 2{,}5\,\text{cm}$; $n = 7\,\text{cm}$ (3) $\overline{ML} = 13\,\text{cm}$; $\overline{KL} = 12\,\text{cm}$

Partnerarbeit

c) Arbeitet zu zweit: Jeder denkt sich zwei gegebene Streckenlängen aus, der Partner berechnet die fehlenden Streckenlängen. Überprüft die Ergebnisse gegenseitig. Achtung: Es kann passieren, dass es zu den ausgedachten Werten keine rechtwinkligen Dreiecke gibt.

10 Ein Rechteck

Wie lang sind die Seiten des Rechtecks?

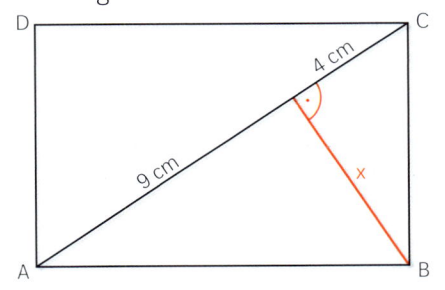

11 Ein Halbkreis

Wie groß ist der Abstand der Kreispunkte A bis D vom Durchmesser?

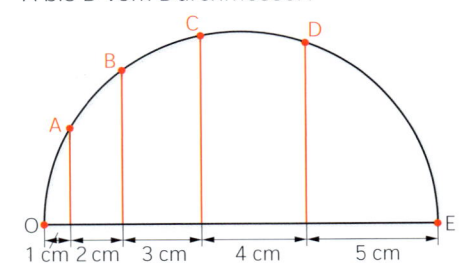

Übungen

12 Ein Dach

Unterhalb des rechtwinkligen Dachgiebels eines Hauses soll eine Trennwand eingezogen werden. Die Decke soll mit Holzpaneelen verkleidet werden, die parallel zu den Dachbalken verlaufen.
Wie hoch wird die Wand? Wie lang müssen die Paneelen in den beiden Räumen sein?

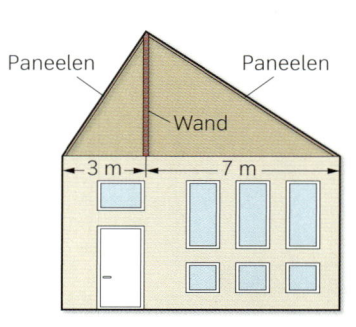

13 Ein Tunnel

Ein halbkreisförmiger Tunnel besitzt auf beiden Seiten einen 1 m breiten, nicht befahrbaren Seitenstreifen und drei 3 m breite Fahrbahnen, von denen die mittlere je nach Bedarf für beide Fahrtrichtungen freigegeben werden kann.

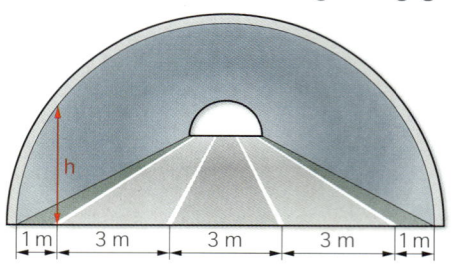

a) Welche maximale Höhe darf ein Lastwagen haben, der auf der rechten Fahrbahn den Tunnel passieren will? (Beachte auch einen notwendigen Sicherheitsabstand zur Tunneldecke).

b) Für einen Sondertransporter wird der mittlere Fahrstreifen freigehalten. Welche Höhe darf er haben?

14 Ein Fenster

Welche Höhe haben die beiden Zwischenstreben eines halbkreisförmigen Fensters? Der Durchmesser beträgt innen 1,50 m, die drei Fenster haben jeweils die gleiche untere Breite von 40 cm.

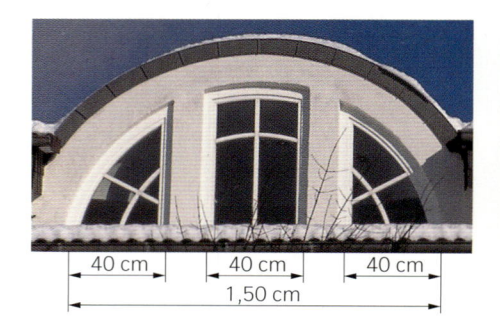

15 Nützliche Formeln

In der Formelsammlung findest du nützliche Formeln. Nicht immer ist klar, wie man auf die Formeln kommt. Viele Formeln lassen sich aber mithilfe des Satzes des Pythagoras herleiten, z.B. die Höhe im gleichseitigen Dreieck (siehe Check-up). Auf Karteikarten kannst du dir eine Formelsammlung einiger wichtiger Formeln anlegen.

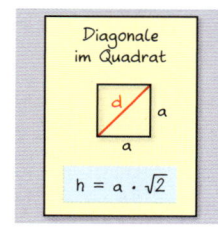

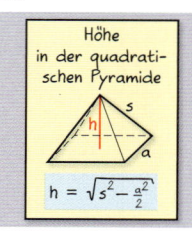

Diagonale im Quadrat
$h = a \cdot \sqrt{2}$

Diagonale im Rechteck

Raumdiagonale im Würfel

Raumdiagonale im Quader

Flächeninhalt beim gleichseitigen Dreieck

Flächeninhalt eines regelmäßigen Sechseck

Höhe in der quadratischen Pyramide
$h = \sqrt{s^2 - \frac{a^2}{2}}$

Erstelle nun selbst solche Karten.
Übertrage dazu die angefangenen Karten und ergänze sie entsprechend. Vielleicht findest du auch noch andere Formeln, für die du gerne Karteikarten anlegen möchtest. Du kannst für Formeln auch Makros mit dem CAS herstellen.

CAS

$\sqrt{s^2 - \frac{a^2}{2}} \rightarrow hquadpyr(a,s)$ Fertig

$hquadpyr(5,7)$ $\frac{\sqrt{146}}{2}$

$hquadpyr(5,7)$ 6.04152

3.4 Kathetensatz und Höhensatz

Übungen

16 Konstruktion von Wurzeln mit Höhen- und Kathetensatz

a) In der Abbildung ist die Konstruktion von $h_c = \sqrt{6}$ dargestellt.
Beschreibe die Konstruktion. Was hat sie mit dem Höhensatz zu tun? Warum hat man einen Halbkreis mit dem Durchmesser 5 gezeichnet?

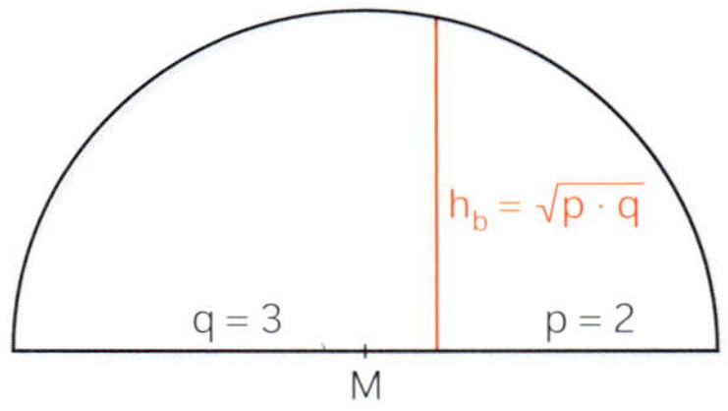

b) Konstruiere auf die gleiche Weise mit geeigneten Halbkreisen $\sqrt{12}$ und $\sqrt{11}$. Findest du verschiedene Möglichkeiten?

c) In der Abbildung sind auch Strecken der Länge $\sqrt{10}$ und $\sqrt{15}$ versteckt. Du findest sie mithilfe der Kathetensätze. Eine Übertragung der Figur in dein Heft kann hilfreich sein.

17 Verwandlung von Rechtecken in Quadrate und umgekehrt

Die Ägypter waren in der Lage, mithilfe von Zirkel und Lineal zu einem gegebenen Quadrat ein Rechteck mit dem gleichen Flächeninhalt zu konstruieren und umgekehrt. Die Abbildungen zeigen dir jeweils ein Beispiel für ihre Vorgehensweise.

(A)

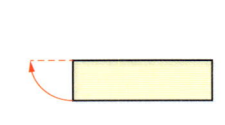

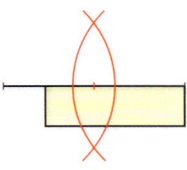

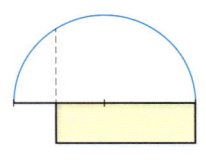

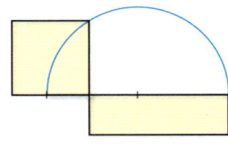

Die alten Griechen haben sich auch ausführlich mit solchen Problemen der Flächenumwandlung beschäftigt.

(B) Das Quadrat und eine Rechteckseite q sind gegeben.

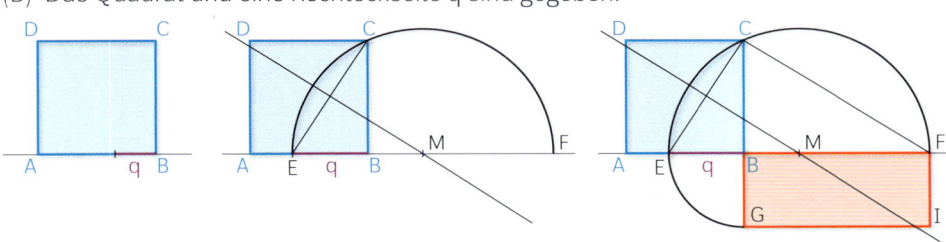

a) Konstruiere jeweils wie in der Bildfolge ein Quadrat bzw. Rechteck mit gleichem Flächeninhalt.

b) Begründe die Gleichheit.

c) Konstruiere ein 18 cm² großes Quadrat aus einem Rechteck. Warum gibt es viele Möglichkeiten?

Kopfübungen

1. Ergänze: Ein Quadrat lässt sich bereits eindeutig konstruieren, wenn man … kennt.
2. Berechne geschickt: $\left(\sqrt[3]{7} \cdot \sqrt[3]{2}\right) \cdot \left(\sqrt[3]{2} \cdot \sqrt[3]{2}\right)$
3. Das Grundstück ABCD soll in ein Grundstück AEFG gleichen Flächeninhalts umgewandelt werden. Bestimme x. 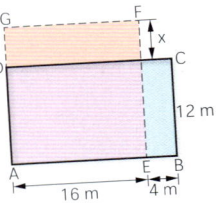
4. Gib die Formel für das Volumen eines Prismas an.
5. Gegeben ist ein Rechteck mit 2 m Breite und 4 m Länge. Bestimme die Seitenlänge s eines flächeninhaltsgleichen Quadrates exakt und auf 1 cm genau.
6. Erstelle eine Liste aus 5 negativen Zahlen so, dass die Spannweite 3 beträgt. Ermittle dazu den Median.
7. Die Bienenwaben sind besonders stabil: Mit nur 40 Gramm Wachs können sie 2 kg Honig halten. Gib den Term der Zuordnung „Wachsmenge x in g → Honigmenge y in kg" an.

Exkurs

Euklid von Alexandria

Euklid von Alexandria (365–300 v.Chr.) war bis ins 19. Jahrhundert die maßgebliche Autorität der Mathematik. Das bekannteste seiner mathematischen Werke ist das dreizehnbändige Werk „Elemente". 18 Jahrhunderte lang lernte fast die ganze Welt Mathematik aus diesem Werk.

Es entstand eine regelrechte Euklid-Tradition, die sich bis in die heutige Schulmathematik hineinzieht. Somit blieb das Werk bis heute vollständig erhalten. Euklid beschäftigte sich viel mit Geometrie. Unter anderem stammen von ihm ein Beweis des Höhen- und des Kathetensatzes. Vom Leben Euklids ist nur wenig bekannt. Er studierte in Athen und wurde später Leiter der Bibliothek von Alexandria. Auf König Ptolemäus' Frage, wie man ohne große Anstrengung Geometrie erlernen könne, soll er geantwortet haben: „Es führt kein Königsweg zur Mathematik."

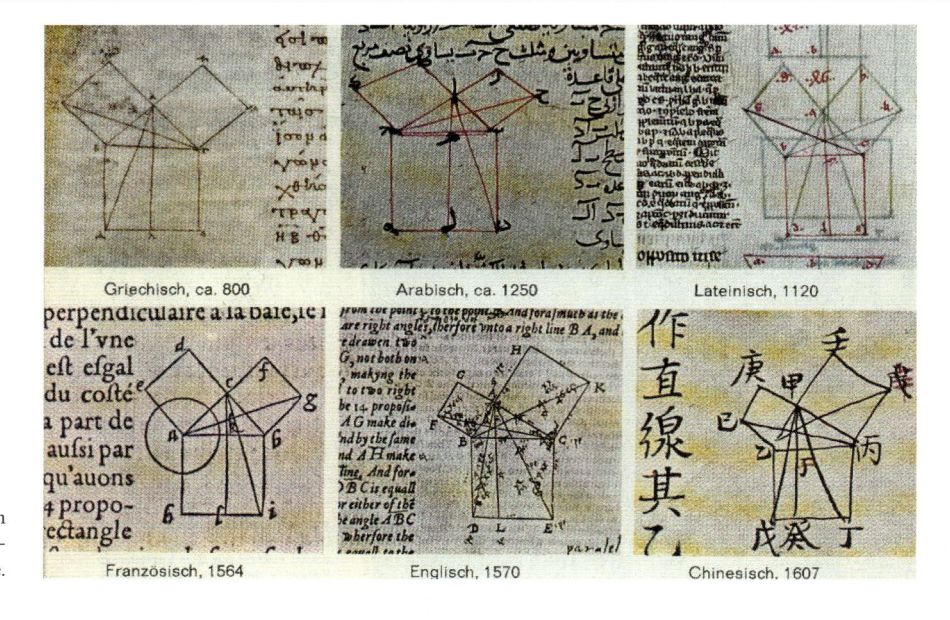

Der Beweis nach Euklid in verschiedenen Übersetzungen über die Jahrhunderte.

Griechisch, ca. 800 — Arabisch, ca. 1250 — Lateinisch, 1120
Französisch, 1564 — Englisch, 1570 — Chinesisch, 1607

Aufgaben

18 Der Beweis des Euklid zum Nachmachen

Die Abbildungen zeigen die Beweisfigur, mit der Euklid den Kathetensatz beweist. Mit ihr hat er gezeigt, dass die halbe Fläche des Kathetenquadrats (hier ACE) den gleichen Flächeninhalt hat wie das halbe Hypotenusenrechteck (hier AFH).

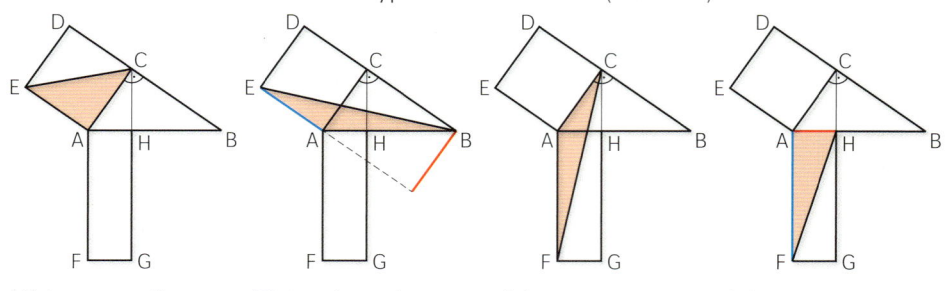

(1) Ausgangsfigur

(2) ABE hat mit ACE die Grundseite $\overline{AE}$ und die Höhe $\overline{AC}$ gemeinsam.

(3) ABE und AFC sind kongruent.

(4) AFH hat mit AFC die Grundseite $\overline{AF}$ und die Höhe $\overline{AH}$ gemeinsam.

Begründe die Beweisschritte (2)–(4). Übertrage dazu die Beweisfigur in dein Heft und zeichne die Höhen der Dreiecke ABE und ACF ein. Wie kommt man von der Gleichheit der Flächeninhalte der Dreiecke EAC in (1) und AFH in (4) zum Kathetensatz?

3.5 Probleme lösen mit dem Satz des Pythagoras

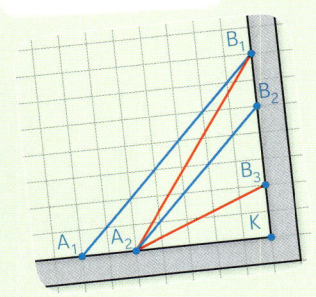

„Die Lösung eines großen Problems stellt eine große Entdeckung dar, doch in der Lösung jeden Problems steckt etwas von einer Entdeckung. Deine Aufgabe mag noch so bescheiden sein; wenn sie jedoch dein Interesse weckt, wenn deine Erfindungsgabe angeregt wird und du die Aufgabe aus dir selbst heraus löst, so wirst du die Spannung und den Triumph des Entdeckers erfahren."

Das Zitat stammt von Georg Polyá (1887–1985), einem ungarischen Mathematiker, der in Zürich und später in den USA tätig war. Bei dieser Arbeit beschäftigte er sich vor allem mit Problemlösestrategien, das heißt wie man möglichst geschickt an mathematische Probleme herangehen kann. Beim Lösen von geometrischen Problemen spielt der Satz des Pythagoras eine besondere Rolle. Aber auch die anderen Flächensätze können manchmal helfen.

Aufgaben

1 Schon wieder zugeparkt?

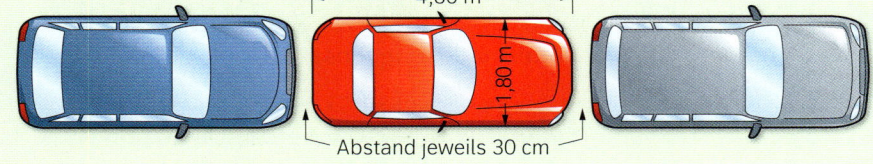

4,80 m — 1,80 m — Abstand jeweils 30 cm

Ist Frau Sauer tatsächlich zugeparkt? Was meinst du?

2 Auf Umwegen zur Lösung

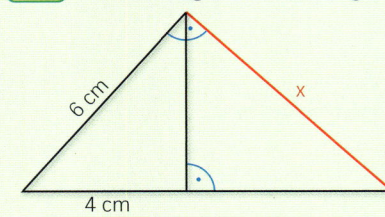

$h^2 + 4^2 = 6^2 \Rightarrow h = \sqrt{20}$
$20 = p \cdot 4 \Rightarrow p = 5$
$5^2 + (\sqrt{20})^2 = x^2 \Rightarrow x = \sqrt{45}$
$x \approx 6{,}7$

a) Marion hat die Länge von x berechnet. Wie ist sie vorgegangen? Welche Hilfsgrößen hat sie verwendet? Welche Sätze haben ihr geholfen?

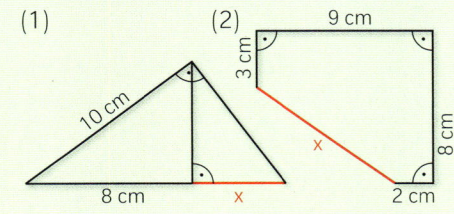

(1) (2)

b) Nun kannst du deine Fähigkeiten überprüfen:
Findest du die Längen der roten Strecken heraus?
Dokumentiere deine Lösungswege.
Vergleiche mit denen deiner Nachbarn.

3 Satzgruppe des Pythagoras

Basiswissen — Viele Probleme lassen sich mithilfe der Sätze am rechtwinkligen Dreieck lösen. Häufig muss man aber – z. B. durch Einzeichnen von Hilfslinien – erst einmal rechtwinklige Dreiecke finden, die helfen können. Außerdem muss man andere geometrische Größen als Zwischenergebnisse berechnen, die dann auf die gesuchte Größe führen.

Lösungsstrategie

Problem: Karla steht in Paris auf dem Platz vor dem Louvre und hört ein Referat über die dort aufgestellten Glaspyramiden. Der Referent gibt eine Höhe von 8,4 m für die kleine Glaspyramide an. Karla erscheint das zu viel. Sie misst. Der quadratische Boden hat eine Seitenlänge von 7,6 m. Die Glasrauten haben 1,8 m lange Seiten.

↓

Planskizze:
Gegebene Größen: a = 7,6 m; s = 4 · 1,8 m = 7,2 m
Gesuchte Größe: h

↓

Lösungsansatz:
Pythagoras: $\left(\frac{d}{2}\right)^2 + h^2 = s^2$

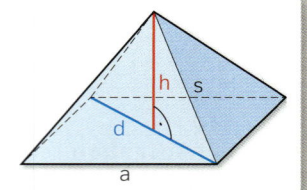

(1) *Finde ich ein rechtwinkliges Dreieck, in dem die gesuchte Größe vorkommt?*

(2) *Sind die beiden anderen Seiten dieses Dreiecks bekannt?*

↓

Erweiterter Lösungsansatz:
Pythagoras: $d^2 = a^2 + a^2$

(3) *Gegebenenfalls muss ich andere rechtwinklige Dreiecke suchen, mit denen ich die fehlende Größe berechnen kann. ⇒ In der Planskizze ergänzen!*

↓

Tipp
$\left(\frac{d}{2}\right)^2 = \frac{1}{4} \cdot d^2$

Lösung:
$d^2 = a^2 + a^2$ ⇒ $d = \sqrt{115{,}52}$ m
$\left(\frac{d}{2}\right)^2 + h^2 = s^2$ ⇒ $h^2 = 7{,}2^2 - 28{,}88$
⇒ $h = \sqrt{22{,}96}$ m

↓

Ergebnis sinnvoll runden:
h ≈ 4,8 m

↓

Probe: Die Höhe h muss deutlich kleiner sein als die Kante s. Das Ergebnis passt also besser als 8,4 m.

Passt die Lösung zum Problem? Nach dem Bild kann es stimmen.

3.5 Probleme lösen mit dem Satz des Pythagoras

Beispiele

A Bestimme die Länge der Seite a.

Bestimme die Länge der Seite a.
Lösung
1. Versuch: Dreieck ADB ist rechtwinklig; Berechnung von Zwischengröße $\overline{AB}$ mit Satz des Pythagoras: $\overline{AB} = \sqrt{42{,}25}$; Weg führt nicht weiter, denn Dreieck ABC ist nicht rechtwinklig; Strecke $\overline{AB}$ ist als Zwischengröße nutzlos.

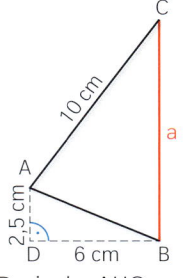

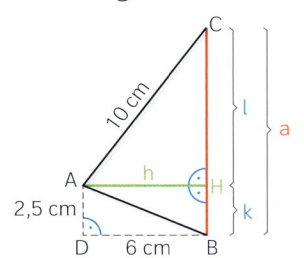

2. Versuch:
Beziehungen: Höhe h könnte hilfreich sein; Dreiecke AHC und ABH rechtwinklig; Teilstrecken l und k könnten hilfreich sein.
Nach Planskizze gilt: k = 2,5 cm; h = 6 cm
Nach Satz des Pythagoras gilt: $l^2 + h^2 = \overline{AC}^2$
h und $\overline{AC}$ einsetzen: $l^2 = 10^2 - 6^2 = 64$
also l = 8; a = k + l = 10,5; a ist 10,5 cm lang

Problemprobe: Das Dreieck ABC sieht ungefähr gleichschenklig aus. Das Ergebnis kann also stimmen.

B Raumdiagonale im Quader

Wie lang ist die Raumdiagonale d im Quader mit den Seitenlängen a, b und c?
Lösung:
(1) d ist die Hypotenuse des rechtwinkligen Dreiecks BHD. Die Kathete $\overline{DH}$ ist bekannt (Kante c), die andere Kathete ist die Flächendiagonale f.
(2) f kann mit dem rechtwinkligen Dreieck ABD berechnet werden, in dem die beiden Katheten bekannt sind (Seitenkanten a und b).
Gleichungen: (1) $d^2 = f^2 + c^2$ und (2) $f^2 = a^2 + b^2$
(2) in (1) einsetzen: $d^2 = a^2 + b^2 + c^2$ und wurzelziehen ergibt $d = \sqrt{a^2 + b^2 + c^2}$

Übungen

Vergiss nicht, deine Lösungswege zu dokumentieren (s. Basiswissen!)

3 Dachbalken

Bei den abgebildeten Gebäuden sollen die Dachbalken jeweils 50 cm überstehen. Berechne für jedes Haus die Länge der Dachsparren und dokumentiere deinen Lösungsweg wie im Basiswissen.

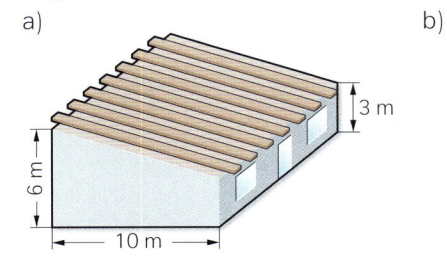

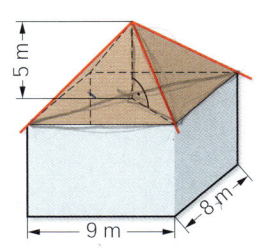

a)
b)

4 Zelterneuerung

Das 2 m hohe Zelt soll einen neuen Reißverschluss bekommen und imprägniert werden.
a) Es gibt Reißverschlüsse folgender Längen zu kaufen: 2,00 m; 2,10 m; 2,20 m; 2,30 m. Welcher ist für das Zelt geeignet?
b) Eine Dose Imprägnierspray reicht für 4 m² Zeltstoff. Wie viele Dosen werden benötigt?

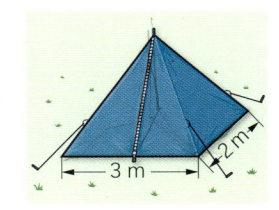

Übungen

5 Gleichschenklige Trapeze
Bei dieser Aufgabe musst du etwas über gleichschenklige Trapeze wissen. Kannst du x berechnen?

a)   b)

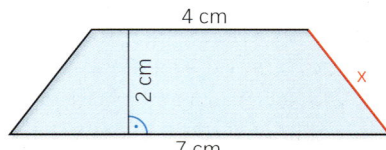

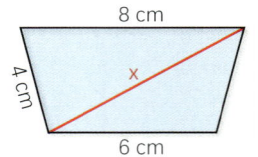

6 Einbeschriebenes Quadrat
Einem Kreis mit dem Radius 6 cm ist ein Quadrat einbeschrieben, dessen Eckpunkte auf dem Kreisrand liegen. Findest du die Seitenlänge des Quadrates heraus?

7 Tangram
Bestimme Seitenlängen und Flächeninhalte aller Tangramteile eines Spiels, bei dem das kleine Quadrat den Flächeninhalt 4 cm² hat.

8 Aus einem amerikanischen Schulbuch I

km/hr – km/h

*Desert prospector Sagebrush Sally hops onto her dirt bike and, with a full tank of gas leaves camp travelling at 60 km/hr east. After 2 hr she stops and does a little prospecting – with no luck. So she hops back onto her bike and heads north for 2 hr at 45 km/hr. She stops again, does a little more prospecting, and this time hits pay dirt. 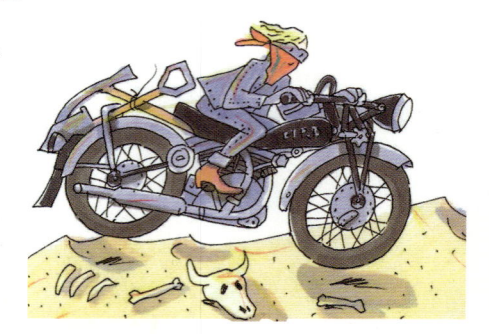
Because the greatest distance Sagebrush Sally has ever travelled on one tank of gas is 350 km, she assumes, that that is the maximum distance she will be able to travel on this trip. Does she have enough fuel to get back to camp? If not, what is the closest she can come to camp? What should she do?*

9 Aus einem amerikanischen Schulbuch II

1 ft ≈ 30,48 cm

The blades of a helicopter meet at right angles and are all the same length. The distance between the tips of two consecutive blades is 36 ft. How long is each blade? Round your answer to the nearest tenth.

3.5 Probleme lösen mit dem Satz des Pythagoras

Übungen

Fledermäuse wenden übrigens ein ähnliches Verfahren an, um ihre Beute zu orten.

10 Wie funktioniert das Echolot?

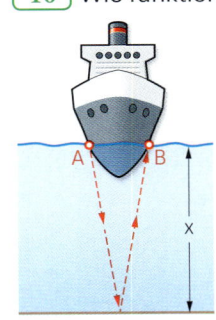

Bei der Schifffahrt benutzt man das Echolot, um die Meerestiefe zu bestimmen. Dazu sendet man vom Punkt A des Schiffes ein Schallsignal aus. Der Schall wird am Meeresboden reflektiert und auf den Punkt B des Schiffes zurückgeworfen. Aus der Zeit, die der Schall von A nach B benötigt (Schalldifferenz) und der Breite des Schiffes kann man die Meerestiefe berechnen. Der Schall legt im Wasser in einer Sekunde 1510 m zurück. Ein 18 m breites Schiff misst an einem Punkt eine Schalldifferenz von 0,5 Sekunden. Wie tief ist das Meer an dieser Stelle?

11 Straßensteigungen

a) Auf einem Straßenschild ist die Länge s der Straße mit 7 km und die Steigung m mit 9 % angegeben. Wie groß sind der Höhenunterschied h und die horizontale Entfernung a?
b) Wie lang ist eine Straße, die bei einer Steigung von 6 % eine horizontale Entfernung a von 12 km überwindet?

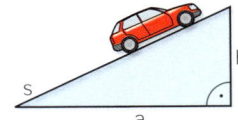

12 Behindertenrampen

4 % Steigung bedeutet 4 m Höhenunterschied auf 100 m horizontalen Abstand

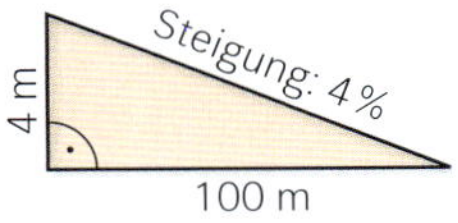

Behindertenrampen dürfen höchstens eine Steigung von 6 % aufweisen, da sie sonst von einem Rollstuhlfahrer nur schwer bewältigt werden können.

a) Entspricht die abgebildete Rampe dieser Vorschrift?
b) Wie lang muss eine Rampe mindestens sein, um einen Höhenunterschied von 1,20 m zu überwinden? 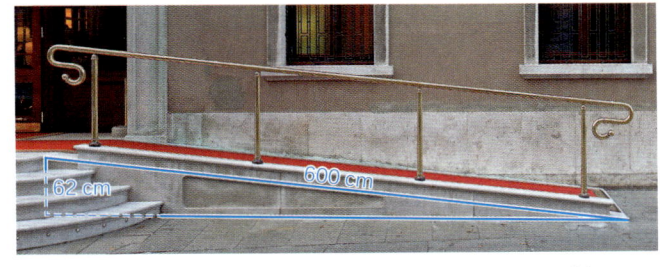
c) Findest du einen Term, mit dem man die Mindestlänge in Abhängigkeit vom Höhenunterschied h ausdrücken kann?
d) Ist deine Schule rollstuhlgerecht? Gibt es Stellen mit besonders langer Rampe?

13 Der Weg nach Simonskall

Das Hinweisschild steht an der Kreuzung der B 399 mit der L 160 auf einer Höhe von 475 m über NN. Über die ausgeschilderte Straße gelangt man auch nach Simonskall im Kalltal.

a) Fertige mit den Daten ein Steigungsdreieck an.
b) Wie lang wäre eine geradlinige Straße von der Kreuzung bis nach Simonskall (345 m über NN) mit der angegebenen Steigung?
c) Schlage den wirklichen Straßenverlauf in einem Autoatlas nach. Wie interpretierst du nun die Steigungsangabe?

14 Die große Olympiasprungschanze in Garmisch Partenkirchen

Die Anlauflänge der Schanze beträgt 103,5 m, der Neigungswinkel 35°. Wie hoch muss der Sprungturm mindestens sein? Fertige eine Skizze an.
Informiere dich im Internet über die technischen Daten der Sprungschanze.

Übungen

15 Aus einer Wanderkarte

Die Abbildung zeigt einen Ausschnitt aus einer Allgäuer Wanderkarte im Maßstab 1 : 30 000. Bestimme die durchschnittliche Steigung und die ungefähre Länge des blauen Weges. Erkundige dich dazu nach der Bedeutung der Höhenlinien.

16 Kantenmodelle

Für eine Ausstellung werden Kantenmodelle des Pyramiden aus Draht gebastelt. Die Pyramiden sollen alle dieselbe quadratische Grundfläche von 49 cm² haben, aber unterschiedliche Höhen. Wie viel Draht benötigt man für eine 4 cm (20 cm) hohe Pyramide? Finde einen Term für die Drahtlänge in Abhängigkeit von der Pyramidenhöhe h.

17 Holzarbeiten

Ein 11 m langer, konischer Baumstamm hat an seiner schmalsten Stelle einen Durchmesser von 52 cm, an seiner breitesten Stelle einen Durchmesser von 60 cm. Aus dem Stamm soll ein Balken mit quadratischem Querschnitt gefertigt werden. Der Abfall wird zu Brennholz verarbeitet. Welche Seitenlänge kann das Quadrat höchstens haben? Wie viel Brennholz entsteht?

18 Ballonfahrt

Aus einem Ballon in 120 m Höhe hat man einen wunderschönen Blick auf die Landschaft. Leider kann man selbst bei klarstem Wetter und mit Fernglas wegen der Erdkrümmung (r = 6370 km) nur bis zum Horizont sehen. Dieser rückt allerdings umso weiter weg, je höher man steigt.

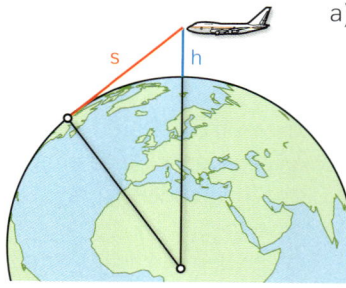

a) Es gibt eine Faustformel, mit der man die Sichtweite s in Abhängigkeit von der Höhe h berechnen kann: $s = \sqrt{12740 \cdot h}$ (alle Größen in km). Stelle mit dieser Formel eine Tabelle für die Sichtweite aus verschiedenen Höhen auf (Augenhöhe, Burgturm, Fernsehturm, Ballon, Flugzeug, Satellit, ...).

b) Die genaue Formel lautet: $s = \sqrt{h^2 + 12740 \cdot h}$. Leite die Formel selbst her. Vergleiche die Werte der Tabelle aus a) mit den Werten dieser Formel. Bis zu welcher Höhe kann die Faustformel ohne Bedenken benutzt werden?

c) Was hältst du von der Behauptung des Jungen auf dem Turm? Begründe.

Von diesem 50 m hohen Turm kann ich 25 km weit sehen. Also sehe ich von einem 100 m hohen Turm 50 km weit.

3.5 Probleme lösen mit dem Satz des Pythagoras

Übungen

19 Telefonkabel
Ein Telefonkabel ist von Punkt A aus zum Haus wie in der Abbildung dargestellt, verlegt. Wie viel Kabel spart man, wenn bei einer Erneuerung des Kabels dieses direkt von A nach D verlegt würde?

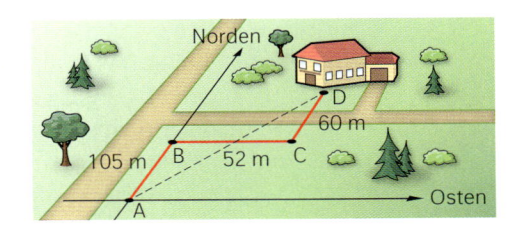

20 Straßenbau

Übertrage die Abbildung in dein Heft. Zeichne ein günstiges Koordinatensystem in den Plan.

Die Orte A und B sollen einen gemeinsamen Anschluss an die Schnellstraße s erhalten. Die Zufahrtsstraßen können geradlinig gebaut werden. Zur Diskussion stehen die beiden Anschlussstellen S_1 und S_2.
a) Berechne für beide Fälle die Gesamtlänge der Zufahrtsstraßen. Vergleiche.
b) Gibt es eine andere Anschlussstelle, für die die Gesamtlänge möglichst klein ist? Vergleiche diese minimale Länge mit den in a) berechneten Längen.

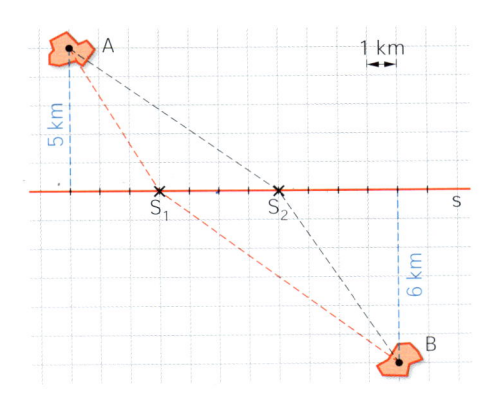

21 Berechnungen von Größen in geometrischen Figuren
Berechne jeweils die rot gezeichneten Größen:

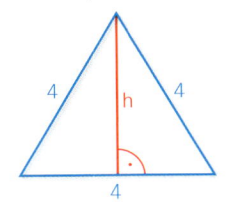

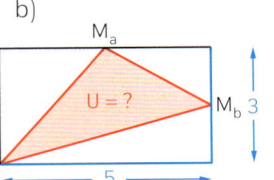

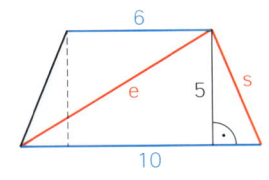

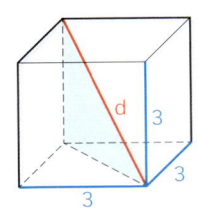

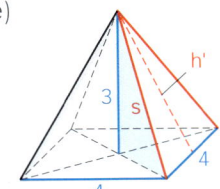

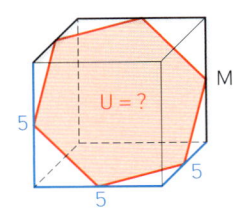

Kopfübungen

1. Berechne: $0{,}075 : (-3)$
2. Setze fort: Eine Raute ist ein Parallelogramm mit …
3. Bestimme m so, dass gilt: $(m-1) \cdot (m+1) = 9999$
4. Entscheide begründet, ob sich die Geraden g und h schneiden.
5. Bestimme die Zahl, die auf der Zahlengeraden in der Mitte zwischen $\frac{4}{7}$ und $\frac{5}{7}$ liegt.
6. In der Mensa stehen jeden Tag zur Auswahl ein Salat, ein warmes vegetarisches und ein Fleischgericht. Anja wählt zwei Tage nacheinander auf gut Glück. Wie wahrscheinlich ist es, dass sie dabei mindestens ein Fleischgericht bekommt?
7. Ergänze die Wertetabelle einer linearen Funktion und gib die Funktionsgleichung an.

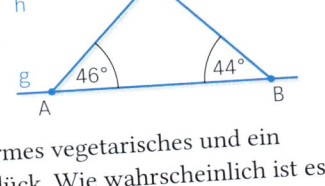

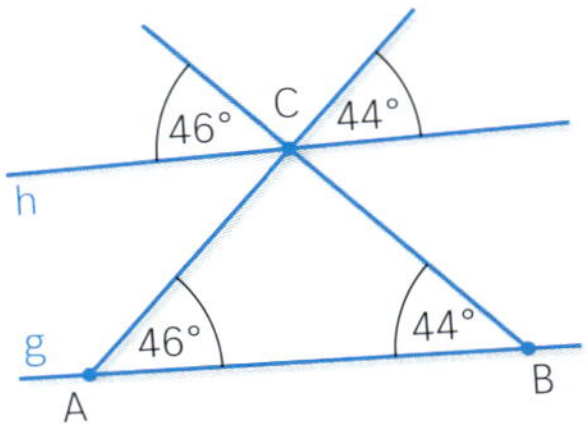

x	-2	-1	0	1	2
y	5	3			

Aufgaben

Abstände im Raum

22 Dreidimensionale Koordinatensysteme

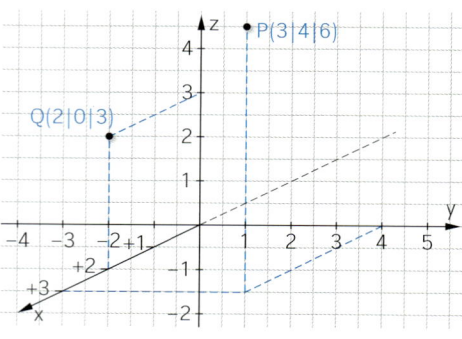

In Abschnitt 2.2 haben wir mithilfe des Satzes des Pythagoras eine Formel für den Abstand zweier Punkte im Koordinatensystem begründet. Dabei ging es um Punkte in der Ebene. Punkte im Raum lassen sich in einem dreidimensionalen Koordinatensystem mithilfe eines Tripels (x, y, z) beschreiben. Auch hier stehen die Koordinatenachsen jeweils senkrecht aufeinander, der Ursprung hat die Koordinaten (0|0|0). Zeichne ein dreidimensionales Koordinatensystem wie in der Abbildung in dein Heft und kennzeichne darin die Punkte A(1|2|3), B(2|7|5) und C(−3|4|7).

23 Abstand zum Ursprung

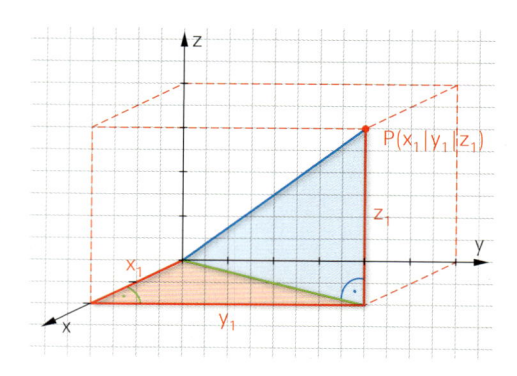

a) Begründe mithilfe der Abbildung die Formel für den Abstand eines Punktes $P(x_1|y_1|z_1)$ vom Ursprung:
$$d = \sqrt{x_1^2 + y_1^2 + z_1^2}.$$
b) Welcher der Punkte A, B und C aus Aufgabe 22 ist am weitesten vom Ursprung entfernt?
c) Zeichne den Punkt E(3|4|5) in ein Koordinatensystem und berechne den Abstand des Punktes vom Ursprung.

24 Abstand zwischen Punkten

Vergleiche mit der Formel für den Abstand zweier Punkte in der Ebene

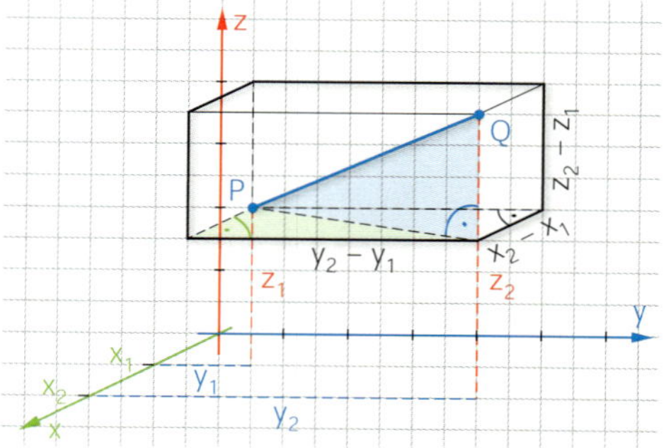

Mithilfe der nächsten Skizze kannst du auch die Formel für den Abstand zweier Punkte $P(x_1|y_1|z_1)$ und $Q(x_2|y_2|z_2)$ herleiten.

a) Stelle die Formel auf und begründe. Formuliere die Formel auch in Worten. Vergleiche mit einer Formelsammlung.
b) Berechne die Seitenlängen des Dreiecks ABC im Raum für die in Aufgabe 22 angegebenen Punkte.
c) Bestimme die Kantenlängen und die Höhe der Pyramide mit der Grundfläche ABCD und Spitze E mit A(3|−3|0), B(3|3|0), C(−3|3|0), D(−3|−3|0) und E(0|0|5). Zeichne auch eine Skizze.

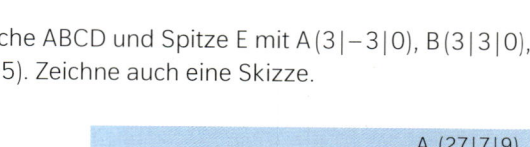

25 Positionen von Flugzeugen

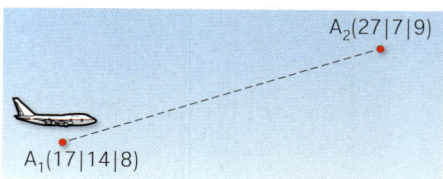

Mit welcher Geschwindigkeit fliegt ein Flugzeug A, wenn es von A_1 nach A_2 eine Minute braucht? Die Aufgabe bezieht sich auf ein Koordinatensystem mit der Einheit km.

$A_1(17|14|8)$
$A_2(27|7|9)$

3.5 Probleme lösen mit dem Satz des Pythagoras

Aufgaben

Innermathematische Probleme

26 „Fliegen oder Laufen"
Eine Fliege kann in einer würfelförmigen Schachtel der Kantenlänge 50 cm zu einer Spinne, die in der gegenüberliegenden Ecke sitzt, entweder krabbeln oder fliegen. Ermittle die Länge beider Strecken, wenn man davon ausgeht, das die Fliege auf direktem Weg krabbelt oder fliegt.
Tipp: Um die kürzeste Strecke zu ermitteln, auf dem die Fliege zur Spinne krabbeln kann, zeichne zunächst ein Netz des Würfels, markiere die Stelle, wo die Fliege und wo die Spinne sitzt und zeichne dann den kürzesten „Krabbelweg" ein. Mit der Zeichnung kannst du die Länge des Weges berechnen

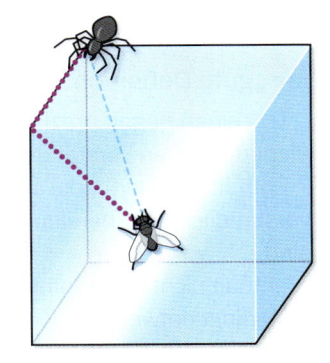

27 „Abkürzung"
Viele Menschen kürzen auf rechtwinklig angelegten Parkwegen die Ecken ab.
a) Bei welcher der vier eingezeichneten Abkürzungen lässt sich vermutlich prozentual am meisten einsparen?
b) Berechne für alle vier Abkürzungen die prozentuale Ersparnis. Nimm dazu an, dass die Strecke $\overline{A_2K}$ eine Länge von 10 m hat.

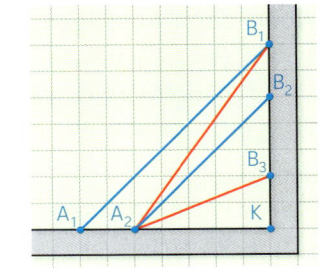

28 Spitzbogen
Bei dem obigen Fenster ist ein Kreis in den Spitzbogen einbeschrieben. Der Spitzbogen ist leicht zu konstruieren: Auf der Strecke $\overline{AB}$ der Länge a werden um A und B die Kreisbögen mit dem Radius a geschlagen.
a) Wie findet man den Mittelpunkt und den Radius des Kreises? Begründe mithilfe der in der Planskizze eingezeichneten Hilfslinien die Gleichung
$(a-r)^2 = r^2 + \left(\frac{a}{2}\right)^2$.
Mit dieser Gleichung kannst du r berechnen.
b) Konstruiere mit dem Ergebnis aus a) das Maßwerk für a = 8 cm.

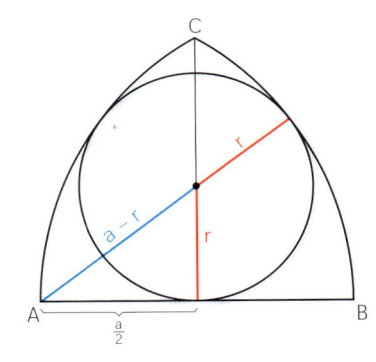

Exkurs

Konstruktion und Berechnung im Maßwerk von Kirchenfenstern

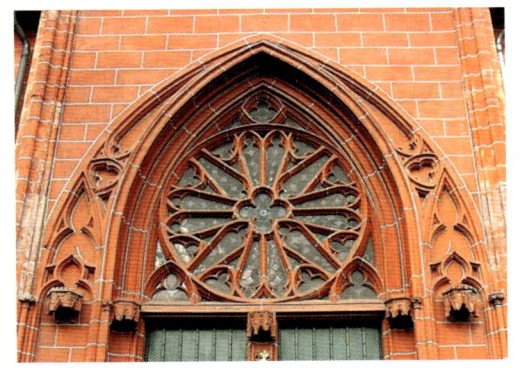

Die Kirchenfenster gotischer und romanischer Kirchen sind in ihren oberen Teilen durch das sogenannte Maßwerk gegliedert. Dies dient nicht nur der Verzierung, sondern ist auch für die Festigkeit von Bedeutung. Die Formen der Maßwerke sind vor allem in den gotischen Fenstern von unerschöpflicher Vielfalt, obwohl fast ausschließlich Kreise verwendet werden. Ohne Zweifel verfügten die alten Baumeister über ein ausführliches geometrisches Wissen, das oft als gut gehütetes Geheimnis von Generation zu Generation weitergegeben wurde. Bei manchen Konstruktionen hilft der Satz des Pythagoras.

Vierfeldertafeln und Baumdiagramme

Bei einer Studie in der Klinik soll die Wirksamkeit eines bestimmten Antibiotikums bei einer Krankheit untersucht werden. Von 100 erkrankten Patienten erhalten 50 das Antibiotikum und 50 kein Antibiotikum. Die Wirksamkeit des Medikaments wird daran gemessen, ob nach fünf Tagen noch Krankheitssymptome beobachtet werden können.
Das Ergebnis der Studie kann auf verschiedene Weisen dargestellt werden, z. B. in einer Vierfeldertafel.

	Noch Symptome	Keine Symptome	gesamt
Antibiotikum	10	40	50
Kein Antibiotikum	20	30	50
gesamt	30	70	100

4.1 Rückschlüsse aus Viefeldertafeln und Baumdiagrammen

Bei einer Blitzumfrage von 400 Zuschauern zur Beliebtheit einer neuen Fernsehserie veröffentlichte das beauftragte Meinungsforschungsinstitut die folgenden Ergebnisse nach Alter und Beliebtheit der Serie in Form einer Vierfeldertafel.

	positiv	negativ	gesamt
≤ 25 Jahre	60	60	120
> 25 Jahre	224	56	280
gesamt	284	116	400

Wie groß ist der Anteil der Zuschauer, die eine positive Meinung von der Sendung hatten und die älter als 25 Jahre sind?

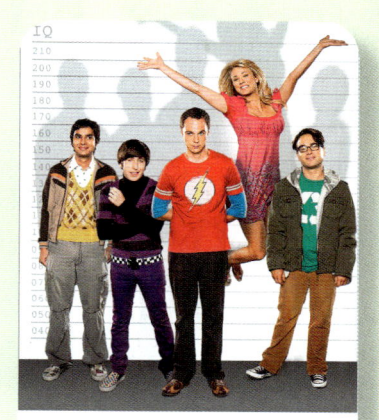

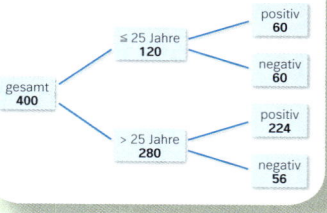

4.2 Klassische Probleme der Wahrscheinlichkeitsrechnung

Die Anfänge der Wahrscheinlichkeitsrechnung liegen im Dunklen. Aber schon immer haben sich die Menschen für den Zufall, insbesondere bei Glücksspielen interessiert. Überliefert sind erste Probleme aus der Wahrscheinlichkeitsrechnung aus dem 17. Jahrhundert.

An diesen klassischen Problemen werden die gängigen Strategien zur Bestimmung von Wahrscheinlichkeiten (Nachspielen, Abzählen, Baumdiagramm) wiederholt und gefestigt.

Wie groß ist die Wahrscheinlichkeit, dass beim Wurf mit sechs Würfeln nur „X" kommen?

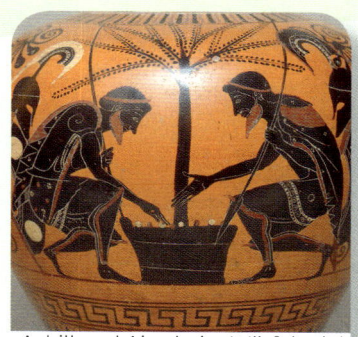

Achill und Ajax beim Würfelspiel (um 550 v. Chr.)

4 Vierfeldertafeln und Baumdiagramme

4.1 Rückschlüsse aus Vierfeldertafeln und Baumdiagrammen

In Zeitungen und Berichten werden häufig Informationen zu verschiedenen Eigenschaften und Merkmalen gegeben. Wie lassen sich diese ordnen? Kann man neue Informationen aus den Darstellungen gewinnen? So kannst du aus Baumdiagrammen viele Informationen entnehmen. Darüber hinaus werden dir neue Werkzeuge helfen, Wahrscheinlichkeiten in manchmal kniffligen Situationen zu berechnen. Überraschungen bleiben dabei nicht aus.

Aufgaben

1 Baumdiagramme

Für den Versuch benötigen wir drei Urnen A, B, C mit jeweils fünf Kugeln und ein Glücksrad.

Zweistufiger Zufallsversuch:
Das Glücksrad wird gedreht und je nach Ergebnis der entsprechende Glasbehälter ausgewählt.
Aus diesem wird dann eine Kugel gezogen und die Farbe notiert, anschließend wird die Kugel wieder zurückgelegt.

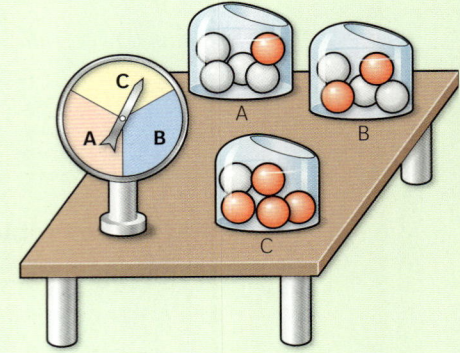

Produktregel:
Die Wahrscheinlichkeit eines Ergebnisses ist das Produkt der Wahrscheinlichkeiten entlang des jeweiligen Pfades.

a) Wie groß ist die Wahrscheinlichkeit, eine rote (eine weiße) Kugel zu ziehen? Trage dazu die passenden Wahrscheinlichkeiten an die Äste im Baumdiagramm ein und wende die Rechenregeln an.

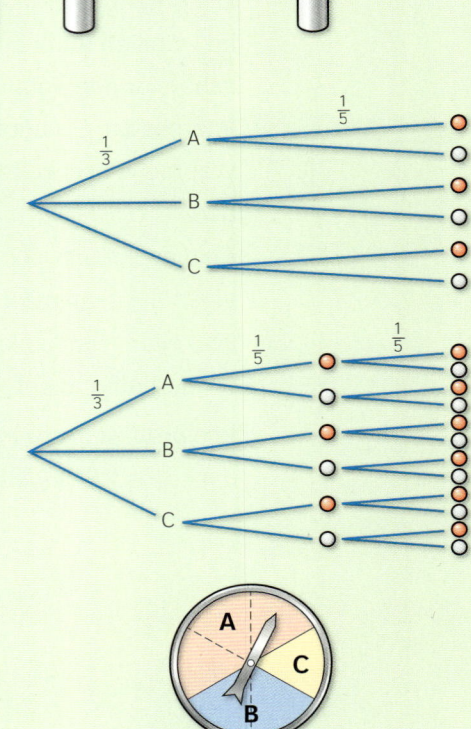

Summenregel:
Die Wahrscheinlichkeit eines Ereignisses ist die Summe der Wahrscheinlichkeiten der zugehörigen Ergebnisse.

b) Das Ziehen der Kugel wird nach dem Zurücklegen wiederholt. Wie groß ist bei diesem nun dreistufigen Zufallsversuch die Wahrscheinlichkeit, dass zwei rote Kugeln (eine rote und eine weiße Kugel, zwei weiße Kugeln) gezogen werden?

c) Wir ersetzen im Zufallsversuch oben das Glücksrad durch das nebenstehende. Wie verändern sich nun die in a) und b) berechneten Wahrscheinlichkeiten?

4.1 Rückschlüsse aus Vierfeldertafeln und Baumdiagrammen

Aufgaben

2 Mädchen, Jungen und Musikinstrumente

In einer Klasse spielen die meisten Mädchen ein Musikinstrument.
Die meisten Musikinstrumente spielen aber die Jungen.

Was meinst du zu dieser Aussage? Kann sie stimmen? Begründe, warum sie nicht stimmen kann oder konstruiere ein Beispiel dafür, dass sie stimmt.

3 Sportverein

Der Kassenwart eines Sportvereins möchte auf der nächsten Vereinssitzung seine Rede mit einigen statistischen Aussagen untermauern. Dazu hat er sich unter anderem die folgenden Daten besorgt: Der Sportverein hat 547 Mitglieder, davon 318 Jugendliche. Die männlichen Mitglieder sind deutlich in der Mehrzahl, nämlich 375 Personen. Unter den weiblichen Mitgliedern gehören 71 zur Altersgruppe der Erwachsenen. Um die Daten übersichtlich darzustellen, verwendet er eine Tabelle. Nachdem er die vier Daten in die Felder eingetragen hat, kann er die Inhalte der restlichen Felder berechnen und zusätzliche statistische Aussagen treffen.

*So eine Tabelle nennt man **Vierfeldertafel**.*

		Geschlecht		gesamt
		männlich	weiblich	
Altersgruppe	Jugendlicher	■	■	318
	Erwachsener	■	71	■
gesamt		375	■	547

a) Vervollständige die Tabelle.
b) Um zusätzliche statistische Aussagen zu erhalten, berechne den Anteil an
   (1) männlichen Mitgliedern,
   (2) jugendlichen Mitgliedern,
   (3) Personen, die weiblich sind und zu den Jugendlichen zählen,
   (4) weiblichen Mitgliedern unter allen Erwachsenen,
   (5) Erwachsenen unter allen weiblichen Mitgliedern.
   Erkläre den Unterschied zwischen (4) und (5).
c) Nenne zwei weitere Anteile und berechne diese.
d) Die Daten können auch in entsprechenden Baumdiagrammen dargestellt werden:

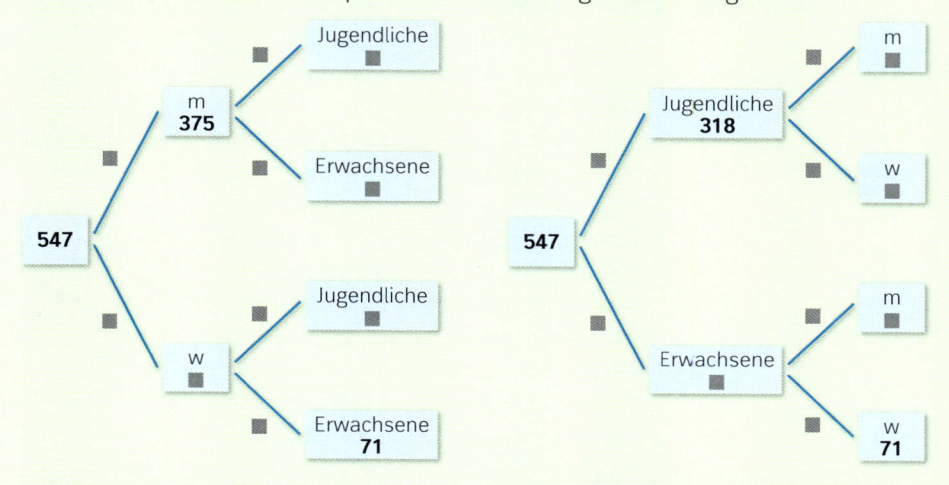

Ergänze die Baumdiagramme und notiere an den Pfaden die entsprechenden relativen Häufigkeiten.
Vergleiche die Tabelle mit den beiden Baumdiagrammen. Was stellst du fest?
Beantworte die Fragen aus (4) und (5) mit den Baumdiagrammen.

4 Vierfeldertafeln und Baumdiagramme

Aufgaben

4 Geldfälscher am Werk

Nach einer Schätzung von Experten kann man bei 100 000 Geldscheinen mit etwa 200 Fälschungen rechnen.

a) Du kannst als Laie nicht über die Echtheit deines 20-€-Scheins im Geldbeutel entscheiden. Wie groß ist die Wahrscheinlichkeit P(F), dass der Schein gefälscht ist?

b) Die Bank hat für die Kunden einen Prüfautomaten aufgestellt. Bei einem falschen Schein gibt der Automat eine Blinkwarnung. Leider ist der Automat noch nicht absolut zuverlässig: Einen falschen Schein erkennt er mit 95 %iger Sicherheit, d. h. von 100 falschen Scheinen erkennt er in der Regel 95 Scheine. Umgekehrt gibt er bei einem echten Schein in 10 % der Fälle einen falschen Blinkalarm. 
Bei der Prüfung deines Scheins blinkt der Automat. Wie groß schätzt du nun die Wahrscheinlichkeit dafür, dass der Schein falsch ist?

P(F|B) bedeutet:
Die Wahrscheinlichkeit, dass der Schein gefälscht ist unter der Bedingung, dass der Automat blinkt.

(1) P(F|B) = 2 %?   (2) P(F|B) = 20 %?   (3) P(F|B) = 80 %?

c) Mithilfe einer sogenannten Vierfeldertafel kann man P(F|B) berechnen. Stell dir vor, 100 000 Scheine laufen durch den Automaten. Davon sind etwa 200 Scheine gefälscht. Diese und andere Informationen kannst du in eine Tabelle eintragen.

Vierfeldertafel

	Schein gefälscht F	Schein echt E	gesamt
Automat blinkt B	190	9980	10170
Automat blinkt nicht $\bar{B}$	10	89820	89830
gesamt	200	99800	100000

Bei 89 820 echten Scheinen blinkt der Automat nicht.

Gesamtzahl der gefälschten Scheine

Beschreibe mit Worten, was die Zahlen in den einzelnen Zellen bedeuten und wie sie zustande kommen.

$P(F|B) = \frac{190}{190 + 9980} \approx 0,019$

d) Die gesuchte Wahrscheinlichkeit wird nun berechnet: In 10 170 Fällen blinkt der Automat, dabei ist nur in 190 Fällen ein gefälschter Schein der Auslöser, in 9980 Fällen löst ein echter Schein einen Falschalarm aus. Das Blinken weist also nur mit einer Wahrscheinlichkeit von etwa 2 % auf Falschgeld hin.
Überrascht dich dieses Ergebnis? Wodurch ist es zu erklären?

Tipp
Rechne mit der veränderten Vierfeldertafel.

e) Die Bank möchte das Verfahren verbessern. Dazu vergibt sie einen teuren Entwicklungsauftrag an ein renommiertes Ingenieurbüro. Diesem gelingt eine deutliche Verbesserung des Automaten: Er erkennt nun einen falschen Schein mit 98 % Sicherheit und bei einem echten Schein gibt er nur noch in 5% der Fälle einen Fehlalarm. Verbessert sich die Wahrscheinlichkeit stark? Lohnt sich also die Investition?

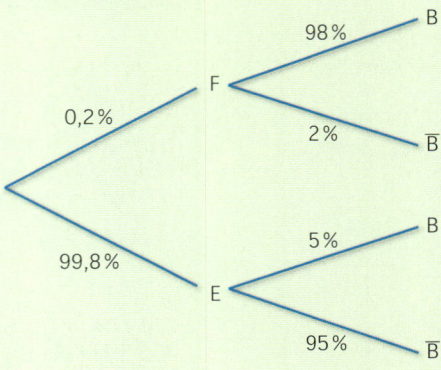

4.1 Rückschlüsse aus Vierfeldertafeln und Baumdiagrammen

Basiswissen — Vierfeldertafel und Baumdiagramm

In Berichten werden häufig Informationen zu zwei verschiedenen Merkmalen mit je zwei verschiedenen Ausprägungen gegeben:

> In einer Schule mit 600 Schülern spielen 120 ein Musikinstrument, 72 von ihnen sind Mädchen. Nur 144 Mädchen spielen kein Musikinstrument.

Merkmal A: Geschlecht
Ausprägung: Mädchen, Junge
Merkmal B: Musikinstrument
Ausprägung: spielt, spielt nicht

Diese Informationen lassen sich übersichtlich in einer Vierfeldertafel oder in einem Baumdiagramm darstellen, so dass weitere Daten einfach berechnet werden können.

	Mädchen	Junge	gesamt
spielt Musikins.	72	48	120
spielt kein Musikins.	144	336	480
gesamt	216	384	600

Im Baumdiagramm wird zunächst das eine Merkmal betrachtet (Musikinstrument) und dann das andere (Geschlecht).

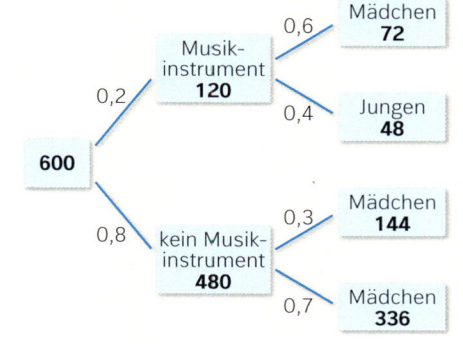

Nun können weitere Informationen abgelesen werden, z. B.:
Es gibt 72 + 144 Mädchen und 48 + 336 Jungen an der Schule.
336 Jungen spielen kein Musikinstrument.
Von denen, die ein Musikinstrument spielen, sind 60 % Mädchen.

Beispiele

A Haustiere

> 60 % der 25 Schülerinnen und Schüler einer Klasse sind Mädchen. Neun Schülerinnen haben ein Haustier, während bei den Jungen jeder fünfte ein Haustier besitzt.

Merkmal A: Geschlecht
Merkmal B: besitzt Haustier

- Erstelle eine Vierfeldertafel.
- Wie viele Jungen besitzen ein Haustier?
- Wie viel Prozent der Kinder der Klasse besitzen ein Haustier?
- Erstelle eine Vierfeldertafel mit relativen Häufigkeiten.

Lösung:

	Haustier	kein Haustier	gesamt
Mädchen	9	6	15
Junge	2	8	10
gesamt	11	14	25

(gesamt Mädchen: $0{,}6 \cdot 25$)

- Zwei Jungen besitzen ein Haustier.
- $\frac{11}{25} = 0{,}44$; 44 % der 25 Schülerinnen und Schüler besitzen ein Haustier.

- Um die relativen Häufigkeiten zu bestimmen, müssen alle Einträge der Vierfeldertafel durch die Gesamtzahl (hier 25) dividiert werden.

	Haustier	kein Haustier	gesamt
Mädchen	0,36	0,24	0,60
Junge	0,08	0,32	0,40
gesamt	0,44	0,56	1

4 Vierfeldertafeln und Baumdiagramme

Beispiele

B Fußballfans

62,5 % der 384 Jungen einer Schule mit 800 Schülerinnen und Schülern sind Fans von Hannover 96. 312 Mädchen sind keine Fans des Vereins.

Erzeuge zu den Daten ein Baumdiagramm und vervollständige es.
Schreibe eine Zeitungsnotiz zu den berechneten Daten.

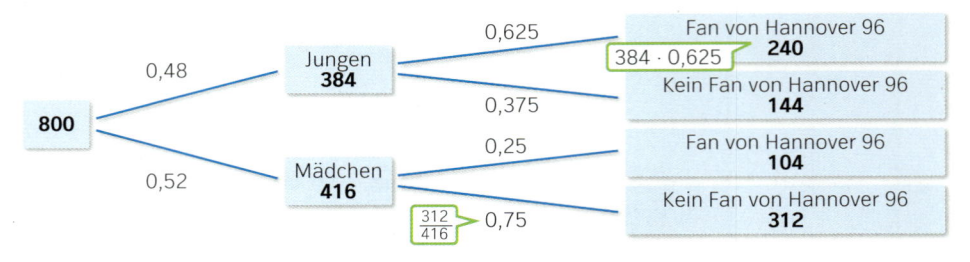

```
                    0,625   Fan von Hannover 96
          0,48  Jungen  ◄── 384 · 0,625   240
              384
      800          0,375   Kein Fan von Hannover 96
                                          144
          0,52          0,25   Fan von Hannover 96
              Mädchen                     104
              416
                   312/416  0,75   Kein Fan von Hannover 96
                                          312
```

- Von den 384 Jungen einer Schule sind 144 kein Fan von Hannover 96, während von den 416 Mädchen jeweils 104 Fan von Hannover 96 sind.
- 37,5 % der Jungen sind kein Fan von Hannover 96. 13 % aller Schüler sind weibliche Fans von Hannover 96.

Übungen

5 Neuwagen

Ein Autohändler bezieht 60 % seiner Neuwagen aus Werk A und 40 % aus Werk B einer Autofabrik. Die aus Werk A gelieferten Autos überstehen zu 70 % die gegebene Garantiezeit ohne Beanstandung, die aus Werk B gelieferten zu 85 %.
a) Erzeuge eine Vierfeldertafel und ein Baumdiagramm.
b) Schreibe einen Bericht, indem alle nicht im Aufgabentext angegebenen Informationen benutzt werden.

6 Vegetarier

In Deutschland (80,8 Mio. Einwohner) ist die Anzahl der Personen, die sich selbst als Vegetarier einordnen, im Jahr 2013 auf 6,8 Mio angewachsen. Dabei sind von den Männern nur 3 % Vegetarier. 2013 beträgt der Anteil der Frauen an der Gesamtbevölkerung 51,0 %.
a) Stelle die Daten in einer Vierfeldertafel mit absoluten Zahlen zusammen. Erzeuge auch ein Baumdiagramm.
b) Wie viele Frauen sind in Deutschland Vegetarier? Wie hoch ist deren Anteil an der weiblichen Bevölkerung?
c) Wie viel Prozent der Gesamtbevölkerung sind männlich und keine Vegetarier?

7 Vierfeldertafeln

Die Vierfeldertafeln beschreiben die Sportarten, die die Schülerinnen und Schüler verschiedener Schulen betreiben. Vervollständige die Tafeln, wenn möglich.

a)	Junge	Mädchen	gesamt
Fußball	82	■	104
kein Fußball	■	■	560
gesamt	■	358	■

b)	Junge	Mädchen	gesamt
Turnen	14	■	51
kein Turnen	351	■	■
Summe	■	358	783

c)	Junge	Mädchen	gesamt
Tennis	13 %	■	43 %
kein Tennis	■	■	57 %
gesamt	■	■	100 %

d)	Junge	Mädchen	gesamt
Reiten	0,06	0,2	■
kein Reiten	■	■	■
Summe	■	0,52	1

4.1 Rückschlüsse aus Vierfeldertafeln und Baumdiagrammen

Übungen

8 Zwei Artikel – gleiche Datenbasis?
Zwei Journalisten wollen jeweils einen Artikel zur Bevölkerungsstatistik schreiben. Untersuche, ob die beiden Entwürfe auf denselben Daten beruhen.

> Zum Stichtag 31.12.2013 betrug der Ausländeranteil in Deutschland 8,7 %. Während bei den Deutschen der Frauenanteil 51,2 % Frauen betrug, ist der Frauenanteil bei den Ausländern geringer, nämlich 49,4 %.

> Der männliche Anteil an der Gesamtbevölkerung ist 49,0 % (Stichtag 31.12.2013). Während bei den Männern der Ausländeranteil 9,0 % betrug, war bei den Frauen dieser Anteil 8,4 %

9 Eine Umfrage

> 500 Frauen und 500 Männer sind gefragt worden, ob sie ein Produkt A kaufen wollen oder nicht. Während 380 Frauen es kaufen wollten, sind dies bei den Männern nur 210. Dieselben Personen sind auch nach dem Alter gefragt worden. Es ergab sich dabei, dass 100 Personen über 40 Jahre das Produkt kaufen wollen und 160 Personen über 40 Jahren nicht. Es wurden 40 Männer über 40 Jahre befragt.

a) Erstelle jeweils zu folgenden Merkmalspaaren eine Vierfeldertafel mit absoluten Werten:

  (1) Merkmal A: Geschlecht
      Merkmal B: Produktkauf

  > Kaufen mehr junge als alte Menschen das Produkt?

  (2) Merkmal A: Alter
      Merkmal B: Produktkauf

  > Wie ist die Altersstruktur der befragten Personen?

  (3) Merkmal A: Geschlecht
      Merkmal B: Alter

  > Ist Produkt A mehr etwas für Frauen oder für Männer?

b) Schreibe einen Bericht zum Kaufverhalten des Produkts, der sowohl das Geschlecht als auch das Alter berücksichtigt.

10 Bevölkerungsstatistik

> 13,7 % der 17,84 Mio. Einwohner NRWs sind unter 15 Jahren. Die Jungen unter 15 Jahren haben einen Anteil von 14,3 % an allen männlichen Einwohnern NRWs, die Mädchen einen Anteil von 13,0 % an den Frauen. (Quelle: LDS NRW, Stand 31.12.2011)

Stelle eine Vierfeldertafel mit absoluten Häufigkeiten auf und trage die gegebenen Informationen ein. Warum lässt sich mit den gegebenen Informationen allein keine vollständige Vierfeldertafel erzeugen? Berechne die übrigen Daten.

Tipp
Bezeichne mit x die Gesamtzahl der Männer.

Tipp
Die Gleichung
$0{,}143 \cdot x + 0{,}13 \cdot (17{,}84 - x) = 2{,}44$
muss gelöst werden.

4 Vierfeldertafeln und Baumdiagramme

Tipp
Erzeuge eine Vierfeldertafel mit absoluten Werten oder ein Baumdiagramm.

11 Wahltag
Bei der Kommunalwahl kandidieren die Parteien X und Y. Die Wahlprognosen der Institute A und B unterscheiden sich. Gleichlautend sind die Ergebnisse einer repräsentativen Umfrage zu einer geplanten Umgehungsstraße: Von den potentiellen Wählern der Partei X sind 81 %, von denen der Partei Y 68 % gegen die Umgehungsstraße.
Wahlberechtigt sind 34 500 Einwohner.

Wahlprognosen der Institute A und B
- X: A 64 %, B 56 %
- Y: A 36 %, B 44 %

Ein dir unbekannter Wähler verlässt das Wahllokal und wettert lautstark gegen die Umgehungsstraße.
a) Was meinst du, mit welcher Wahrscheinlichkeit hat der unbekannte Wähler X oder Y gewählt? Überprüfe deine Vermutung durch Rechnung.
b) Wie unterscheiden sich deine Werte, wenn du einmal von der Wahlprognose des Instituts A und ein anderes Mal von der Prognose des Instituts B ausgehst?

Übungen

12 Jahresbericht zu Unfällen

Unfalljahresbericht
In Deutschland wurden im Jahr 2013 insgesamt 2 414 011 polizeilich erfasste Unfälle registriert, davon 12,1 % mit Personenschaden. Der Anteil der Alkoholunfälle mit Personenschaden betrug 5,0 %. Der Anteil der Unfälle ohne Alkoholeinfluss unter allen Unfällen ohne Personenschaden betrug 98,5 %.

Ein Unfall wird zufällig aus dem Jahresbericht ausgewählt. Wie groß ist die Wahrscheinlichkeit, dass dieser Unfall
- ohne Personenschaden stattfand?
- ohne Alkoholeinwirkung geschah, wenn bekannt ist, dass der Unfall mit Personenschaden stattfand?
- mit Personenschaden stattfand, wenn bekannt ist, dass der Unfall unter Alkoholeinwirkung stattfand?

Als **Alkoholunfälle** werden Unfälle bezeichnet, bei denen mindestens ein Unfallbeteiligter unter Alkoholeinfluss gestanden hat. Unfälle mit **Personenschaden** sind Unfälle, bei denen unabhängig von der Höhe des Sachschadens Personen verletzt oder getötet wurden.

13 Handy-Besitz
Die folgende Vierfeldertafel stellt die Verteilung des Handybesitzes von mindestens 14-jährigen Schülerinnen und Schülern an einem Gymnasium in Abhängigkeit vom Geschlecht dar.

	weiblich	männlich	gesamt
Handy	356	336	692
Kein Handy	102	87	189
gesamt	458	423	881

a) Wie groß ist die Wahrscheinlichkeit, dass eine zufällig ausgewählte Schülerin oder ein zufällig ausgewählter Schüler kein Handy besitzt?
b) Wie groß ist die Wahrscheinlichkeit, dass eine zufällig ausgewählte Person, die kein Handy hat, ein Schüler ist?
c) Wie groß ist die Wahrscheinlichkeit, dass eine zufällig ausgewählte Schülerin ein Handy besitzt?

4.1 Rückschlüsse aus Vierfeldertafeln und Baumdiagrammen

Basiswissen — Mit der Vierfeldertafel können Wahrscheinlichkeiten berechnet werden.

Wahrscheinlichkeiten mit Vierfeldertafeln berechnen

Suche die Zeile bzw. Spalte des gegebenen Merkmals.

1. Ein Kind der Schule spielt ein Musikinstrument. Ist es ein Junge?

	Mädchen (w)	Junge (m)	ges.
Musikins. (M)	72	48	120
kein Musikins. ($\overline{M}$)	144	336	480
gesamt	216	384	600

$P(m|M) = \frac{48}{120} = 0{,}4$

2. Ich treffe einen Jungen der Schule. Spielt er ein Musikinstrument?

	Mädchen (w)	Junge (m)	ges.
Musikins. (M)	72	48	120
kein Musikins. ($\overline{M}$)	144	336	480
gesamt	216	384	600

$P(M|m) = \frac{48}{384} = 0{,}125$

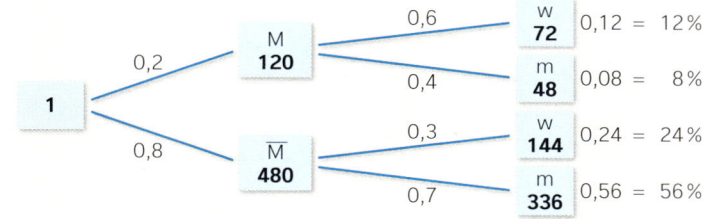

$P(w|M)$: Wahrscheinlichkeit, dass die Person weiblich ist, wenn sie ein Musikinstrument spielt.

Mit der Formel $p = \frac{\text{Anzahl der günstigen Ergebnisse}}{\text{Anzahl der möglichen Ergebnisse}}$ lassen sich diese Wahrscheinlichkeiten auch mit dem Baumdiagramm berechnen.

```
                      0,6    w
           0,2   M  <         72    0,12 = 12 %
                 120          
      1  <              0,4    m
                              48    0,08 =  8 %
           0,8   M̄  <  0,3    w
                 480         144    0,24 = 24 %
                        0,7    m
                             336    0,56 = 56 %
```

1. Die Antwort kann direkt im Baumdiagramm abgelesen werden, wenn man Wahrscheinlichkeiten benutzt.
$P(m|M) = 0{,}4$

2. Insgesamt gibt es 8 % + 56 % Jungen und 8 % musizierende Jungen.
$P(M|m) = \frac{0{,}08}{0{,}08 + 0{,}56} = 0{,}125$

Beispiele

C „Montagsfahrräder"

Du stellst beim Kauf eines neuen Fahrrads der Firma „byce" einen Montagefehler fest. „So ein Pech, ich habe wohl ein Montagsfahrrad erwischt". Leider kommt es bei der Endmontage zu Fehlern, die vor der Auslieferung nicht bemerkt werden. Aus einer betriebsinternen Untersuchung der Firma „byce" geht hervor, dass montags montierte Fahrräder mit 15 % eine deutlich höhere Fehlerwahrscheinlichkeit als die dienstags bis freitags montierten aufweisen (zusammen nur 5 %). Es wird an allen Tagen (Montag bis Freitag) in etwa die gleiche Stückzahl montiert.

Lösung: Mit welcher Wahrscheinlichkeit trifft die oben geäußerte Vermutung zu? Wenn man von einer zufälligen Auswahl bei Auslieferung der Fahrräder ausgeht, so lässt sich mit einem Baumdiagramm die Wahrscheinlichkeit berechnen.

Merkmal A:
Das Fahrrad ist Montag montiert (M), das Fahrrad ist an einem der Wochentage Dienstag bis Freitag montiert ($\overline{M}$)

Merkmal B:
Das Fahrrad hat einen Montagefehler (F), das Fahrrad hat keinen Montagefehler ($\overline{F}$).

```
              0,15    F   0,03
      0,2  M <
              0,85    F̄   0,17
   <
              0,05    F   0,04
      0,8  M̄ <
              0,95    F̄   0,76
```

$P(M|F) = \frac{0{,}03}{0{,}03 + 0{,}54} \approx 0{,}43$

Das Fahrrad wurde mit einer Wahrscheinlichkeit von ca. 43 % montags montiert.

Beispiele

D Medizintest

In einer Bevölkerung ist ein neues Virus aufgetreten. Man geht davon aus, dass etwa 0,1 % aller Personen von dem Virus infiziert sind. Mit einem neu entwickelten Schnelltest kann man das Virus nachweisen. Der Test ist recht zuverlässig: In 95 % der Fälle weist der Test das Virus bei einer infizierten Person nach, allerdings zeigt er auch bei Gesunden in 4 % der Fälle irrtümlich eine Infizierung an.
Herr Maier unterzieht sich diesem Test und erhält die Mitteilung „infiziert".
Mit welcher Wahrscheinlichkeit muss er damit rechnen, tatsächlich infiziert zu sein?

Annahme: 100 000 Personen werden getestet.

Lösung: Wir verwenden in diesem Beispiel eine Vierfeldertafel, in die wir absolute Häufigkeiten an Stelle der Wahrscheinlichkeiten eintragen.

> 95 der 100 Infizierten werden bei dem Test erkannt

> Bei 3996 der 99 900 Gesunden zeigt der Test irrtümlich ein positives Ergebnis

	Person infiziert I	Person gesund G	
Test positiv (+)	95	3 996	4 091
Test negativ (−)	5	95 904	95 909
gesamt	100	99 900	100 000

Mit der 1. Zeile der Vierfeldertafel können wir die gesuchte Wahrscheinlichkeit berechnen. Bei 4091 Personen zeigt der Test ein positives Ergebnis, jedoch sind nur 95 dieser Personen wirklich infiziert. Die a-posteriori-Wahrscheinlichkeit nach einem positiven Test beträgt also $P(I) = \frac{95}{4091} \approx 0{,}023$.
Herr Maier muss also nur mit 2,3 % Wahrscheinlichkeit damit rechnen, von dem Virus infiziert zu sein.

Mithilfe des Baumdiagramms kann man die Eintragungen in die Vierfeldertafel vornehmen.

Übungen

14 Der Schein kann trügen

Angenommen, in deinem Ort sind etwa 1 % der Autofahrer Millionäre. Von ihnen fahren etwa 90 % einen Wagen der Oberklasse. Von den übrigen Autofahrern fahren etwa 10 % einen solchen Wagen.
a) Wie groß ist die Wahrscheinlichkeit dafür, dass in einem Wagen der Oberklasse, der an dir vorbeifährt, ein Millionär der Fahrer ist?
b) Du machst Urlaub in einem Ort der „Reichen und Schönen", in dem etwa 70 % der Autofahrer Millionäre sind. Die anderen Anteile (90 % und 10 %) sollen auch hier gelten. Berechne nun mit dem veränderten Anteil die Wahrscheinlichkeit dafür, dass in einem Wagen der Oberklasse, der an dir vorbeifährt, ein Millionär der Fahrer ist.

15 Altersgruppen – Mathematik

Wie groß ist die Wahrscheinlichkeit, dass ein zufällig ausgewählter Einwohner Deutschlands
a) ein Deutscher ist?
b) 65 Jahre und älter ist?
c) ein Ausländer ist, wenn bekannt ist, dass er 65 Jahre und älter ist?

Neue Daten über die Altersstruktur bei Deutschen Ausländern

Wiebaden (StBA) – 20,7 % aller Deutschen sind 65 Jahre und älter. Dagegen ist diese Altersgruppe bei den Ausländern nur 10,5 % vertreten. Von den 80,8 Millionen Einwohnern Deutschlands sind 8,7 % Ausländer.   (Stand: 31.12.2013)

Zur Erinnerung:
$P(D|B)$:
Die Wahrscheinlichkeit des Ereignisses D unter der Bedingung, dass B schon eingetreten ist.

16 Wahrscheinlichkeiten unter einer Bedingung

Es gilt: $P(B) = 0{,}6$; $P(D|B) = 0{,}5$; $P(C|A) = 0{,}5$.
a) Berechne $P(B|D)$ und $P(A|C)$.
b) Deute die Wahrscheinlichkeiten als Anteile und schreibe zwei Artikel, bei denen jeweils drei verschiedene Anteile berücksichtigt werden.

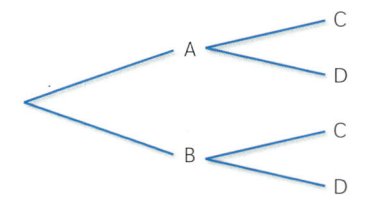

Übungen

17 Berufseignungstest

Ein Psychologe möchte über einen Schüler ein Gutachten bezüglich seiner Eignung für einen bestimmten Beruf erstellen. Er führt dazu einen speziell entwickelten Berufseignungstest durch. Wenn der Schüler den Test besteht, wird er ihn als geeignet einstufen. Wie sicher ist die Vorhersage?

Tipp: Übertrage die Daten in eine Vierfeldertabelle (1000 Testteilnehmer)

Aus der Testentwicklung ist bekannt:
50 % aller Teilnehmer bestehen den Test (Ergebnis B). Von denen, die für den Beruf geeignet sind, bestehen 80 % den Test. Aus Erfahrung weiß man, dass etwa 60 % für den Beruf geeignet sind (Ergebnis A).

18 Taxiunternehmen

In einer Stadt gibt es zwei Taxiunternehmen, die *Grünen* und die *Blauen*. Es gibt 25 *Grüne* und 5 *Blaue*. In einen Unfall ist ein Taxi verwickelt. Es gibt einen einzigen Zeugen, dieser sagt aus, dass er ein blaues Taxi gesehen hat. Voruntersuchungen haben gezeigt, dass der Zeuge in 80 % der Fälle die Farbe eines Taxi richtig erkennt.

Tipp: Ein Merkmal ist: „als blau erkannt".

a) Die Taxiunternehmer sind bereit, die Schadenssumme zu begleichen. Welchen Anteil sollte das jeweilige Unternehmen tragen?
b) Im Nachhinein stellt sich heraus, dass der Zeuge leicht alkoholisiert war und die Sicherheit seiner Farbwahrnehmung nur 50 % beträgt. Wie werden jetzt die Kosten verteilt? Erkläre das Ergebnis.

19 Feuerwarnanlage

In einer Firma werden Rauchsensoren als Feuerwarnanlage installiert. Sie melden ein Feuer mit 95 % Sicherheit, leider geben sie auch mit 1 % Wahrscheinlichkeit falschen Alarm. Die Wahrscheinlichkeit für einen Brand im Bürogebäude liegt bei nur 0,1 %, in der Lagerhalle immerhin bei 2 %. Die Feuersirene heult! Mit welcher Wahrscheinlichkeit muss man damit rechnen, dass es wirklich brennt, wenn man sich im Bürogebäude (in der Lagerhalle) aufhält?

Kopfübungen

1. Ergänze: ■ + (–k) = 2 · k
2. Setze fort: Ein Quadrat ist eine Raute mit …
3. Ordne gleichwertige Terme einander zu:
   4 + (b + 3)   4 + (b – 3)   4 – (b + 3)   4 – (b – 3)
   7 – b   1 + b   1 – b   7 + b
4. Welche ebenen Figuren bilden die Oberfläche eines Fünfeckprismas?
5. Gib alle Zahlen an, die den Betrag $\frac{1}{12}$ haben.
6. Kannst du eine Liste aus Einsen und Zweien erstellen, so dass das arithmetische Mittel 3 beträgt?
7. Die Graphen (1), (2), (3) und (4) gehören zu linearen Funktionen mit y = m · x + b. Ordne a, b, c und d in die Tabelle richtig ein.

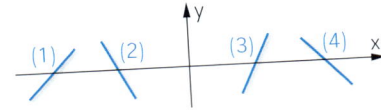

	b > 0	b < 0
m > 0	■	■
m < 0	■	■

Aufgaben

20 Musik und Sport in der eigenen Klasse

a) Führt in der eigenen Klasse eine Umfrage durch:

Mädchen ▪ Junge ▪	ja	nein
1. Spielst du ein Musikinstrument?	▪	▪
2. Betreibst du in einem Verein eine Sportart?	▪	▪

Es sollen zu folgenden Merkmalspaaren Vierfeldertafeln erstellt werden:
1. Geschlecht – Musikinstrument
2. Geschlecht – Sport in Verein
3. Musikinstrument – Sport in Verein

Begründet, dass zum Erstellen einer Vierfeldertafel die Angaben darüber, wie viele Mädchen in der Klasse sind, wie viele in der Klasse ein Musikinstrument spielen und wie viele insgesamt eine Sportart im Verein betreiben, nicht ausreichen. Verschafft euch jeweils eine notwendige Information.

Partnerarbeit

b) Beantwortet folgende Fragen:
- Wie hoch ist der Anteil an Schülern, die weder ein Musikinstrument spielen noch eine Sportart im Verein betreiben?
- Wie hoch ist der Anteil an Mädchen, die nicht in einem Verein eine Sportart betreiben?
- Jemand trifft einen Jungen deiner Klasse. Wie wahrscheinlich ist es, dass er ein Musikinstrument spielt?
- Jemand verrät von einem Schüler deiner Klasse, dass er keine Sportart im Verein betreibt. Wie wahrscheinlich ist es, dass er auch kein Musikinstrument spielt? Denkt euch eigene Fragen aus und gebt sie eurem Partner zur Beantwortung.

21 Diagnose einer Krankheit

Ein medizinischer Test dient der Diagnose einer bestimmten Krankheit. Der Test ist recht zuverlässig: Mithilfe des Tests wird die Krankheit bei 90 % aller tatsächlich erkrankten Personen nachgewiesen, allerdings zeigt er auch bei Gesunden in 5 % aller Fälle irrtümlich eine Erkrankung an. In der Bevölkerung leiden 0,4 % aller Männer über 50 Jahren an dieser Krankheit.

a) Es werden 15 000 Männer über 50 Jahren untersucht. Bestimme die Anzahl der Personen, die an der betreffenden Krankheit erkrankt bzw. nicht erkrankt sind.
Bei wie vielen Personen lautet das Testergebnis „erkrankt" bzw. „nicht erkrankt"? Trage die ermittelten Werte in ein aussagekräftiges Baumdiagramm ein.

b) Berechne den prozentualen Anteil der Männer, bei denen das Testergebnis „nicht erkrankt" lautet.

c) Bei einer zufällig herausgegriffenen Person lautet das Testergebnis „erkrankt". Wie groß ist die Wahrscheinlichkeit, dass die Person tatsächlich an dieser Krankheit leidet?

d) Ein Mediziner schlägt vor, diesen Test für alle Männer ab 50 Jahren verpflichtend zu machen. Bewerte den Vorschlag aufgrund deiner Ergebnisse in c).
Der Test wird nun an einem Mann durchgeführt, der zu einer so genannten Risikogruppe gehört: Hier liegt der Anteil der Männer über 50 Jahren, die an der Krankheit leiden, bei 40 %. Wie groß ist die Wahrscheinlichkeit, dass die Person tatsächlich an dieser Krankheit leidet, wenn das Testergebnis „krank" lautet?

4.1 Rückschlüsse aus Vierfeldertafeln und Baumdiagrammen

Aufgaben

22 Variationen

Im Beispiel D (Seite 216) haben wir ein auf den ersten Blick überraschendes Ergebnis erhalten: Herr Maier unterzieht sich einem Test, der mit recht großer Sicherheit (95 %) eine Virusinfektion nachweist. Obwohl der Test positiv ist, ist die Wahrscheinlichkeit, dass er tatsächlich das Virus hat, mit 2,4 % sehr gering. Du gewinnst ein besseres Verständnis für dieses Ergebnis, wenn du einige der gegebenen Daten variierst.

In der Medizin bemüht man sich intensiv darum, die Tests zum Erkennen einer Krankheit möglichst zuverlässig zu gestalten. Eine 100 %ige Sicherheit ist nur in wenigen Ausnahmefällen erreichbar.

Variationsmethode:
Eine der gegebenen Wahrscheinlichkeiten wird geändert, die anderen werden beibehalten. Mithilfe des so geänderten Baumdiagramms oder der Vierfeldertafel wird dann die gesuchte Wahrscheinlichkeit berechnet.

a) Die a-priori-Wahrscheinlichkeit, dass eine Testperson von dem Virus infiziert ist, war im Beispiel mit $P(I) = 0{,}001$ sehr klein. Was passiert, wenn man diese auf $0{,}01$ erhöht?

b) Was passiert wenn die Zuverlässigkeit des Tests so verbessert wird, dass er in 98 % der Fälle das Virus bei einer infizierten Person nachweist?

c) Was passiert wenn die Zuverlässigkeit des Tests so verbessert wird, dass er nur bei 1 % der Fälle bei Nicht-Infizierten irrtümlich eine Infizierung nachweist?

d) Welche dieser Variationen wirkt sich am stärksten auf die gesuchte Wahrscheinlichkeit aus? Kannst du dies einem Laien auch ohne Rechnung erklären?

e) Wie sieht es in der Realität aus?
- Welche der gegebenen Größen lassen sich tatsächlich verändern?
- Sind die Ausgangswahrscheinlichkeiten sinnvoll gewählt?
- ...

23 Das Ziegenproblem – eine heftig diskutierte Denksportaufgabe

Du nimmst an einer Spielshow im Fernsehen teil, bei der du eine der verschlossenen Türen auswählen sollst. Hinter einer Tür wartet der Preis, ein Auto, hinter den beiden anderen stehen Ziegen. Du zeigst auf eine Tür, z. B. Nummer eins. Sie bleibt vorerst geschlossen. Der Moderator weiß, hinter welcher Tür das Auto steht. Mit den Worten „Ich zeige Ihnen mal was" öffnet er eine andere Tür, z. B. Nummer drei, und eine meckernde Ziege schaut ins Publikum. Er fragt: „Bleiben Sie bei Nummer eins oder wählen Sie Nummer zwei?"

a) Was meinst du? Erhöht sich deine Gewinnwahrscheinlichkeit, wenn du dich nach der Zusatzinformation umentscheidest, also deine Entscheidung „Tür eins" verwirfst? Vielleicht hilft dir das Baumdiagramm beim Argumentieren:

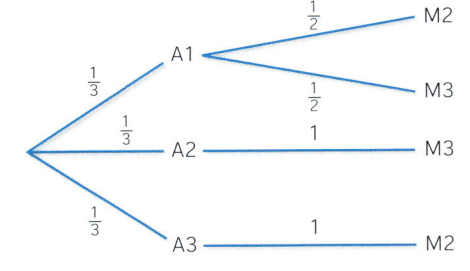

A_1: Auto hinter Tür eins
A_2: Auto hinter Tür zwei
A_3: Auto hinter Tür drei

M_1: Moderator öffnet Tür eins
M_2: Moderator öffnet Tür zwei
M_3: Moderator öffnet Tür drei

Vorsicht! Das Problem hat es in sich. Vor Jahren führte es zu endlosen Diskussionen und Leserbriefen. Im Internet findest du sicher noch viele Spuren dieser kontroversen Auseinandersetzung. Du kannst auch mit absoluten Zahlen (z. B. 180 Versuche) rechnen.

b) Bei Zweifeln an der Argumentation lohnt sich die Simulation: Ihr spielt die Situation wiederholt in der Klasse durch, mal mit Umentscheiden, mal ohne. Überlegt euch eine passende Versuchsanordnung (es müssen ja nicht unbedingt Ziegen und Autos sein) und die Anlage und Auswertung des Versuchsprotokolls.

4.2 Klassische Probleme der Wahrscheinlichkeitsrechnung

Die ersten Probleme der Wahrscheinlichkeitsrechnung entstanden im Zusammenhang mit Glücksspielen oder spannenden Denksportaufgaben. Auf viele dieser Probleme stieß man durch Beobachtungen bei längeren Versuchsserien; mithilfe von relativen Häufigkeiten ließen sich die Wahrscheinlichkeiten bestimmter Ereignisse schätzen.

Bei Laplace-Experimenten (gleichwahrscheinliche Ergebnisse) lassen sich die Wahrscheinlichkeiten durch theoretische Überlegungen berechnen. Mit Simulationen, Baumdiagrammen und den Pfadregeln hast du weitere mächtige Methoden zum Lösen von vielen Wahrscheinlichkeitsproblemen zur Verfügung.

Aufgaben

1 Aus den Anfängen der Wahrscheinlichkeitsrechnung

CHEVALIER DE MÉRÉ, ein Philosoph am Hofe LUDWIG DES XIV., wandte sich 1654 mit dem nebenstehenden Problem hilfesuchend an den Mathematiker BLAISE PASCAL.

> Zwei Spieler A und B setzen je 32 Pistolen (Geldstücke) ein und vereinbaren, einen Münzwurf mehrmals durchzuführen: A gewinnt jeweils einen Punkt bei Zahl, B bei Wappen. Wer zuerst drei Punkte erreicht, erhält den Gesamteinsatz von 64 Pistolen. Aus irgendwelchen Gründen muss das Spiel beim Stand von 2 : 1 für den Spieler A jedoch abgebrochen werden. Wie ist der Einsatz gerecht aufzuteilen?

a) Wie würdest du den Einsatz aufteilen? Begründe deinen Vorschlag. Vergleiche mit den Vorschlägen deiner Mitschülerinnen und Mitschüler.

b) Pascal verglich die Gewinnchancen der beiden Spieler, wenn das Spiel beim Stand von 2 : 1 fortgesetzt würde. Er kam zu dem Ergebnis, dass A 48 Pistolen und B 16 Pistolen erhalten sollte.
Kannst du PASCALS Ergebnis durch Berechnung der Gewinnwahrscheinlichkeiten beim Stand von 2 : 1 bestätigen? Versuche es mit verschiedenen Methoden:

(1) Simulation in der Klasse: Partnerweise spielt ihr das Spiel beim Stand von 2 : 1 mehrmals zu Ende und notiert die Anzahl der Siege von A und B. Anschließend sammelt ihr alle Notierungen in einer gemeinsamen Strichliste.
Die relativen Häufigkeiten für die Siege von A und B liefern Schätzwerte für die gesuchten Wahrscheinlichkeiten.

Gruppe	1	2	3	4	Summe
Anzahl Siege A	⊮ II				
Anzahl Siege B	III				

(2) Mit dem Baumdiagramm

(3) Durch das Verhältnis der günstigen zu den möglichen Spielfolgen (LAPLACE-Wahrscheinlichkeit): Beachte dabei, dass alle Spielfolgen gleich wahrscheinlich sein müssen. Überlege zunächst, wie viele Münzwürfe höchstens noch notwendig sind, bis das Spiel beendet ist. Schreibe dann alle möglichen Spielfolgen (z. B. BA oder BB) auf.

c) Wie ist der Einsatz aufzuteilen, wenn das Spiel beim Stand von 1 : 0 für Spieler A abgebrochen wird?

4.2 Klassische Probleme der Wahrscheinlichkeitsrechnung

Basiswissen Zur Lösung klassischer Wahrscheinlichkeitsprobleme stehen verschiedene Methoden zur Verfügung.

Realexperiment
A würfelt 100-mal gegen B

Protokollieren der Ergebnisse: z. B.:
A gewinnt 31-mal, B gewinnt 69-mal
Berechnung der relativen Häufigkeiten:
$h(A) = 0{,}31; \quad h(B) = 0{,}69$
Schätzwerte für die Wahrscheinlichkeiten:
$P(A) \approx 30\,\%$
$P(B) \approx 70\,\%$

Simulation
200 Ziehungen je einer Kugel aus Urne A und B (mit Zurücklegen)

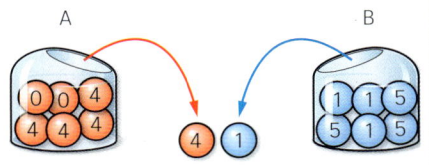

Protokollieren der Ergebnisse: z. B.:
A gewinnt 70-mal, B gewinnt 130-mal
Berechnung der relativen Häufigkeiten:
$h(A) = 0{,}35; \quad h(B) = 0{,}65$
Schätzwerte für die Wahrscheinlichkeiten:
$P(A) \approx 35\,\%$
$P(B) \approx 65\,\%$

Problem: Zwei Würfel werden geworfen, die höhere Augenzahl gewinnt.

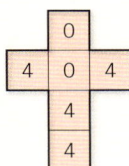

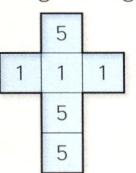

Welchen Würfel würdest du wählen, wie hoch sind dann deine Gewinnchancen?

Baumdiagramm
Erstellen eines passenden Baumdiagramms:

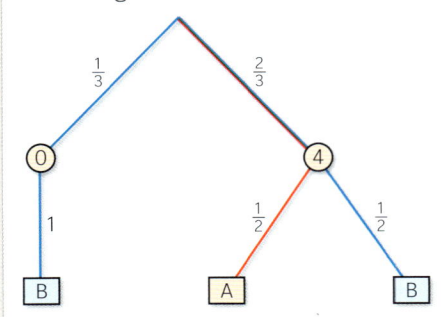

Anwenden der Pfadregeln:
$P(A) = \frac{2}{3} \cdot \frac{1}{2} = \frac{1}{3}$

$P(B) = \frac{1}{3} \cdot 1 + \frac{2}{3} \cdot \frac{1}{2} = \frac{2}{3}$

LAPLACE-Wahrscheinlichkeit
Notieren aller gleich wahrscheinlichen Ergebnisse in der Tabelle

	1	1	1	5	5	5
0	X	X	X	X	X	X
0	X	X	X	X	X	X
4	X	X	X	X	X	X
4	X	X	X	X	X	X
4	X	X	X	X	X	X
4	X	X	X	X	X	X

Anzahl möglicher Ergebnisse: 36
Anzahl günstiger Ergebnisse
für A: 12
für B: 24
$P(A) = \frac{12}{36} = \frac{1}{3}$
$P(B) = \frac{24}{36} = \frac{2}{3}$

4 Viefeldertafeln und Baumdiagramme

CHEVALIER DE MÉRÉ
(1607 – 1684)

BLAISE PASCAL
1623 – 1662

Exkurs

Die Anfänge der Wahrscheinlichkeitsrechnung

CHEVALIER DE MÉRÉ, ein Zeitgenosse von BLAISE PASCAL, regte diesen durch einige Fragen an, sich intensiv Problemen der Wahrscheinlichkeitsrechnung zu widmen. Eine der bekanntesten Fragen war die zu der „abgebrochenen Partie".

Der berühmte Mathematiker und Zeitgenosse LEIBNIZ schätzte den CHEVALIER offensichtlich sehr: „CHEVALIER DE MÉRÉ, …, ein Mann von durchdringendem Verstand, der sowohl Spieler als auch Philosoph war, gab den Mathematikern den Anstoß durch Fragen über Wetten. Sie sollten herausfinden, wie viel ein Spieleinsatz wert ist, falls das Spiel in einem bestimmten Stadium während der Durchführung abgebrochen werden würde. Er veranlasste seinen Freund Pascal, diesen Sachverhalt zu untersuchen …"

Pascal sandte seine Lösungen an FERMAT, woraus sich eine rege Korrespondenz über mehrere Monate entwickelte. PASCAL: „Dadurch, dass man die Strenge der Mathematik mit der Ungewissheit des Zufalls verbindet und diese widersprüchlichen Konzepte miteinander versöhnt, ist es gerechtfertigt, den Namen von beiden abzuleiten, so dass der verblüffende Name „Mathematik des Zufalls" nicht als Anmaßung erscheint."

Übungen

2 Auch berühmte Mathematiker können irren

Der berühmte französische Mathematiker D'ALEMBERT (1717 – 1783) schrieb in einem Mathematikbuch, dass die Wahrscheinlichkeit, zweimal „Kopf" mit dem zweifachen Wurf einer „fairen" Münze zu erzielen, beträgt. Im Folgenden sind die nach D'ALEMBERT gleich wahrscheinlichen Ergebnisse aufgelistet:
- Der erste Wurf ist „Zahl".
- Der erste Wurf ist „Kopf", der zweite Wurf ist „Zahl".
- Der erste Wurf ist „Kopf", der zweite Wurf ist „Kopf".

a) Hat D'ALEMBERT alle möglichen Ergebnisse richtig aufgeschrieben?
b) Finde die korrekte Wahrscheinlichkeit.

3 Eine Vermutung von Leibniz

Der Mathematiker GOTTFRIED WILHELM LEIBNIZ (1646 – 1716) vermutete aufgrund seiner Beobachtungen, es sei bei einem Wurf mit zwei Würfeln ebenso wahrscheinlich, die Augensumme 11 wie die Augensumme 12 zu erhalten.
Entscheide mit einer Methode deiner Wahl, ob er recht hatte.

GOTTFRIED WILHELM
LEIBNIZ (1646 – 1716)

4 Ein weiteres Problem von CHEVALIER DE MÉRÉ

Der französische Adelige CHEVALIER DE MÉRÉ war ein leidenschaftlicher Spieler. Häufig verführte er am Pariser Hof seine Mitspieler zu folgendem Würfelspiel:

> „Wir werfen vier Würfel gleichzeitig. Wenn keine Sechs dabei ist, gewinnen Sie. Wenn eine oder mehrere Sechsen dabei sind, gewinne ich."

a) Weise nach, dass diese Wette für ihn von Vorteil ist, d. h. dass seine Gewinnchancen größer als 50 % sind.
b) Tatsächlich konnte der CHEVALIER mit diesem Spiel auf Dauer Geld gewinnen. Vermutlich fand er aber bald keine Opfer mehr, die gegen ihn spielen wollten. Er dachte sich eine neue Wette aus:

> „Wir werfen ein Paar von Würfeln 24-mal. Wenn keine Doppel-Sechs dabei ist, gewinnen Sie. Wenn eine Doppel-Sechs oder mehrere dabei sind, gewinne ich."

Ist diese Wette für ihn ebenfalls lukrativ?

Tipp
Betrachte jeweils das Gegenereignis

4.2 Klassische Probleme der Wahrscheinlichkeitsrechnung

Übungen

5 Widerspruch zwischen Erfahrung und Erklärung

Der Fürst der Toskana fragte Galilei: „Warum erscheint beim Wurf dreier Würfel die Summe 10 öfter als die Summe 9, obwohl beide Summen auf sechs verschiedene Arten eintreten können?"

$$\left.\begin{array}{l}1+2+6\\1+3+5\\1+4+4\\2+2+5\\2+3+4\\3+3+3\end{array}\right\}=9 \qquad \left.\begin{array}{l}1+3+6\\1+4+5\\2+2+6\\2+3+5\\2+4+4\\3+3+4\end{array}\right\}=10$$

Offensichtlich vertraute der Fürst der Toskana seinen Beobachtungen bei langen Spielserien mehr als seinen theoretischen Überlegungen, nach denen beide Augensummen gleich häufig auftreten sollten.

a) Mittels einer Simulation wurden 1000 Würfe mit drei Würfeln nachgespielt und die Ergebnisse protokolliert: 117-mal Augensumme 9 und 128-mal Augensumme 10. Diskutiere, ob der Fürst der Toskana, in die heutige Zeit „versetzt", das Ergebnis der Simulation als einen Beweis seiner Vermutung „Augensumme 10 fällt öfter als Augensumme 9" akzeptieren würde.

b) Erstelle einen eigenen Simulationsplan und führe die Simulation wiederholt mithilfe einer passenden Software aus. Addiert die Ergebnisse eurer Klasse, so dass ihr eine möglichst große Stichprobe erhaltet.

c) Was stimmt nicht an den theoretischen Überlegungen des Fürsten der Toskana? Verbessere das Modell. Liefert dies eine Erklärung für die Simulationswerte?

Tipp
Vereinfachung:
Ist beim Würfeln mit zwei Würfeln die Augensumme 9 oder 10 wahrscheinlicher?

6 Roulette

Beim Roulette gibt es 37 verschiedene Ergebnisse. Ein Spieler hat die Möglichkeit, auf einzelne dieser Zahlen oder auf eine gewisse Zahlenmenge zu setzen. Setzt man z.B. auf ein Zahlenviereck „Carre", so hat man gewonnen, wenn eine der vier Zahlen als Ergebnis der Roulette-Drehung erscheint.

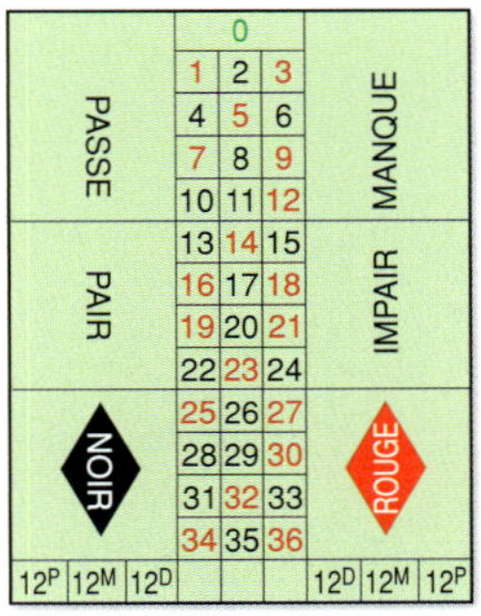

a) Begründe die Wahrscheinlichkeiten
   (1) $P(\text{„rouge"}) = \frac{18}{37}$ (2) $P(\text{„14", „15", „17", „18"}) = \frac{4}{37}$

b) Susanne stellt fest: „Setzt ein Spieler gleichzeitig auf „rouge", „impair" und auf die Zahlen „14", „15", „17", „18", dann gewinnt er immer, denn:
$P(\text{„rouge"}) + P(\text{„impair"}) + P(\text{„14", „15", „17", „18"}) = \frac{18}{37} + \frac{18}{37} + \frac{4}{37} = \frac{40}{37} > 1$"
Was hälst du davon?

Kopfübungen

1. Ergänze: ■ $+ 3{,}2 = -1{,}4$
2. Bestimme den Umfang und den Flächeninhalt der Treppenfigur.
3. Welche besonderen Vierecke sind punktsymmetrisch?
4. Gib zwei lineare Funktionen an, die sich im III. Quadranten schneiden. Kannst du den Schnittpunkt angeben?
5. Gib zwei nicht abbrechende rationale Dezimalzahlen als Brüche an.
6. Bei einem Schulfest sollen 20 Preise verlost werden. Wie viele Lose sollen insgesamt vorbereitet werden, damit die Gewinnwahrscheinlichkeit ca. 30 % beträgt?
7. Bestimme den Flächeninhalt des Geländes.

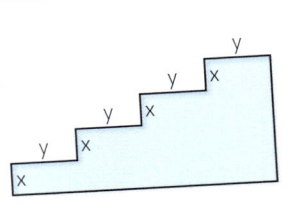

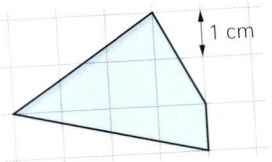

4 Vierfeldertafeln und Baumdiagramme

Projekt

Das Geburtstagsproblem

Jan hat alle seine Freundinnen und Freunde zu seiner Geburtstagsparty eingeladen. 23 sind gekommen, Jolanda musste leider absagen. Sie hat auch an diesem Tag Geburtstag und feiert mit ihrem Verein auf dem Reiterhof.
„So ein dummer Zufall, dass die beiden ausgerechnet am selben Tag Geburtstag haben".

> Es sind n Personen versammelt. Wie groß ist die Wahrscheinlichkeit, dass mindestens zwei von ihnen am gleichen Tag Geburtstag haben?

Problem
Das ist das mathematische Geburtstagsproblem:
Bei Jan und Jolanda ist n = 25.

Schätzen
a) Frage zunächst bei Freunden nach einer Schätzung. Was schätzt du selbst?

b) Einen guten Überblick kannst du durch eine Befragung gewinnen:
- Befrage zunächst die Schüler in deiner Klasse (nimm einfach die ersten 25 im Alphabet, wenn ihr weniger seid, nimm einige aus der Nachbarklasse dazu).
- Wiederhole die Befragung in anderen Klassen der Schule.
- In wie viel Prozent der untersuchten Klassen tritt das Ereignis A: „Wenigstens zwei von 25 Personen haben am gleichen Tag Geburtstag" ein? Passt das zu den Schätzwerten?

Experimentieren und Simulieren
- Du kannst leicht zu weiteren Daten kommen, z. B. über die Mannschaften der 1. Fußball-Bundesliga. Die Namen und die Geburtsdaten der Spieler und Ersatzspieler findest du auf den Internetseiten der Vereine oder der Sportzeitschriften.

c) Wie hängt die Wahrscheinlichkeit von der Personenzahl n ab? Ab welcher Personenzahl ist z. B. die Wahrscheinlichkeit für wenigstens ein „Geburtstagspaar" größer als $\frac{1}{2}$?
Für „wenigstens ein Paar" gibt es sehr viele Pfade im Baumdiagramm, deshalb versuchen wir es mit dem Gegenereignis $\overline{A}$: „Von den 25 Personen haben alle an verschiedenen Tagen Geburtstag." Dann bleibt nur ein Pfad:

Baumdiagramm

| 1. Datum | $\xrightarrow{\frac{364}{365}}$ | 2. Datum, vom 1. verschieden | $\xrightarrow{\frac{363}{365}}$ | 3. Datum, vom 1. und 2. verschieden | $\xrightarrow{\frac{362}{365}}$ | 4. Datum, vom 1., 2. und 3. verschieden | $\xrightarrow{\frac{361}{365}}$ ... |

Theorie
Begründe mit diesem Pfad, dass $P(\overline{A}) = \frac{364}{365} \cdot \frac{363}{365} \cdot \frac{362}{365} \cdot \ldots \cdot \frac{342}{365} \cdot \frac{341}{365}$ und berechne damit $P(A) = 1 - P(\overline{A})$.
Stimmt dies in etwa mit deinen Schätzergebnissen überein?
Worin könnte der Grund für eventuell stärkere Abweichungen liegen?

n	P(A)
2	▨
5	▨
10	▨
20	0,411
30	0,706
40	0,891
50	0,970

d) Wie sieht das Produkt für n = 2, 5, 10 aus? Berechne jeweils P(A).

e) Mit dem Computer oder dem GTR kannst du eine Tabelle und den zugehörigen Graphen erstellen: Was erzählt der Graph über das Geburtstagsproblem? Verfasse einen kurzen Bericht für die Schülerzeitung, der auch von „Nichtmathematikern" verstanden wird.

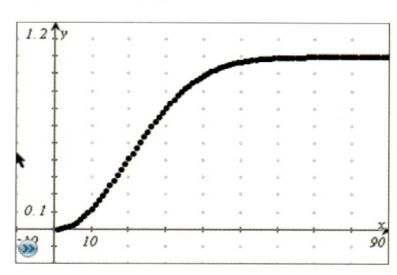

Zusammenfassen und Präsentieren

Check-up

Informationen ordnen und Wahrscheinlichkeiten berechnen

Von den 342 Jungen der 750 Schüler einer Schule kommen 36 % mit dem Fahrrad zur Schule, von den Mädchen sind es 22 %.

a) Wie viele Schüler kommen mit dem Fahrrad zur Schule?
b) Ein Kind ist mit dem Fahrrad zur Schule gekommen. Ist es ein Mädchen?

Darstellung in Vierfeldertafel:
Junge (m) / Mädchen (w)
mit Fahrrad (F) / ohne Fahrrad ($\overline{F}$)

	w	m	gesamt
F	90	123	213
$\overline{F}$	318	219	537
gesamt	408	342	750

a) Es kommen 213 Schülerinnen und Schüler mit dem Fahrrad zur Schule.

Darstellung mit Baumdiagramm:

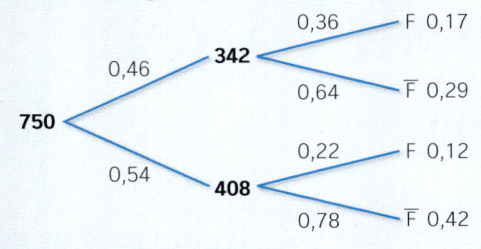

```
                0,36 ── F 0,17
         342 ─<
   0,46 /     0,64 ── F̄ 0,29
750 <
   0,54 \    0,22 ── F 0,12
         408 ─<
                0,78 ── F̄ 0,42
```

b) Lösung mit Baumdiagramm:
Insgesamt sind 17 % + 12 % der Schülerinnen und Schüler mit dem Fahrrad zur Schule gekommen und 12 % sind fahrradfahrende Mädchen, also:
$P(w \mid F) = \frac{0,12}{0,12 + 0,17} \approx 0,41$

Lösung mit Vierfeldertafel:
Insgesamt mit Fahrrad: 213
Mädchen mit Fahrrad: 90
P(weiblich, falls Fahrradnutzer) oder
kurz: $P(w \mid F) = \frac{90}{213} \approx 0,42$

Bemerkung: Die unterschiedlichen Werte sind rundungsbedingt. Mit einer Wahrscheinlichkeit von ca. 42 % handelt es sich um ein Mädchen.

1 Wahl

Bei der letzten Wahl traten die Parteien A und B an. 18 % der Wähler waren unter 30 Jahre alt und 11 % wählten Partei A, 4,5 % sind Wähler von Partei A unter 30 Jahren.

In den Zeitungen (C) und (D) erscheinen folgende Schlagzeilen:
(C): Jeder vierte Wähler der Partei A ist unter 30.
(D): Jeder vierte Wähler unter 30 entschied sich für Partei A.
Stimmen die Schlagzeilen? Begründe und korrigiere gegebenenfalls die falsche(n). Benutze einer Vierfeldertafel.

2 Schulstatistik

Im Schuljahr 2013/2014 unterrichteten ca. 664 500 Lehrkräfte an allgemeinbildenden und beruflichen Schulen. Rund 84 % der Lehrkräfte kommen aus den alten Bundesländern. Während in den neuen Bundesländern der Frauenanteil ca. 81 % beträgt, liegt er in den alten Bundesländern bei rund 70 %.
(Quelle: Statistisches Bundesamt, 11.11.2014)

a) Erstelle eine Vierfeldertafel und ein Baumdiagramm.
b) Schreibe mithilfe der Informationen zwei neue Artikel, in denen jeweils drei andere Daten als die vorgegebenen erscheinen sollen.

3 Schnelltest

Die Wahrscheinlichkeit, dass man an einer bestimmten Krankheit erkrankt, ist 0,01. Es ist ein Schnelltest entwickelt worden, der die Erkrankung einer getesteten Person mit 80 %-iger Sicherheit anzeigt. Die Wahrscheinlichkeit, dass eine nicht erkrankte Person vom Test irrtümlich als krank ausgewiesen wird, ist 0,04.
a) Wie groß ist die Wahrscheinlichkeit, dass eine getestete Person von dem Test als krank angezeigt wird (positives Testergebnis)?
b) Wie groß ist die Wahrscheinlichkeit, dass eine positiv getestete Person tatsächlich krank ist?
Löse die Aufgabe mit einer Vierfeldertafel (1000 Testpersonen).
Löse die Aufgabe mit einem Baumdiagramm.

4 Zwillingspaare

Bei Zwillingspaaren gibt es eineiige und zweieiige Zwillinge. Eineiige Zwillinge haben dieselben Erbmerkmale, also insbesondere gleiches Geschlecht. Zweieiige Zwillinge sind mit der Wahrscheinlichkeit $\frac{1}{2}$ von gleichem Geschlecht.
Du triffst zufällig zwei Jungen, die Zwillinge sind. Wie groß ist die Wahrscheinlichkeit, dass sie eineiig sind?

Quadratische Funktionen und Gleichungen

Der Flug des Freestyle-Skiläufers, Wasserstrahlen von Brunnen, aber auch die Form vieler Brücken haben ein ähnliches bogenförmiges Aussehen. Zu solchen Formen passen sicher nicht Geraden, also lineare Funktionen. Zu ihrer Beschreibung müssen neue Funktionen gefunden werden. Mit quadratischen Funktionen gelingen oft gute Beschreibungen.
Diese Funktionen treten auch in ganz andersartigen Zusammenhängen auf, bei der Modellierung von Brems- und Anhalteweg, bei der Kalkulation von Theateraufführungen oder bei der Untersuchung von Gewinnen in der Skiproduktion. Du siehst: Quadratische Funktionen sind überall.
Zur genaueren Berechnung von gewünschten Werten muss man wieder Gleichungen lösen. Dabei zeigt sich, dass einerseits bekannte Lösungsverfahren helfen, aber auch neue gesucht werden müssen.

Übersicht

5.1 Einführung in quadratische Funktionen
Bei der Beschreibung von Flugbahnen, bei der Konstruktion von Brücken begegnen uns quadratische Funktionen.

5.2 Entdeckungen am Graphen quadratischer Funktionen
Die Graphen von quadratischen Funktionen heißen Parabeln. Ihre Form und Lage im Koordinatensystem wird von den Koeffizienten a, b und c in $f(x) = a \cdot x^2 + b \cdot x + c$ bestimmt. Aber wie?
Was bewirkt eine Veränderung des Koeffizienten c?

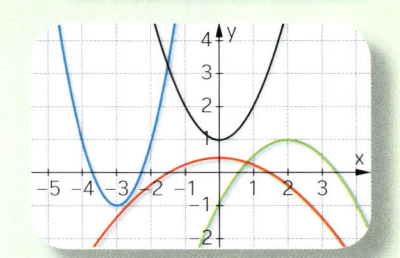

5.3 Quadratische Gleichungen
Wenn quadratische Funktionen auftreten, müssen entsprechend quadratische Gleichungen gelöst werden. Dies kann wieder tabellarisch – grafisch geschehen. Es gibt aber auch unterschiedliche neue rechnerische Verfahren.
Kannst du eine der quadratischen Gleichungen lösen?

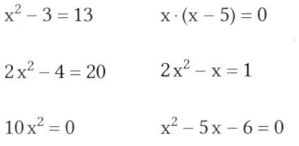

$x^2 - 3 = 13$ $\quad$ $x \cdot (x - 5) = 0$

$2x^2 - 4 = 20$ $\quad$ $2x^2 - x = 1$

$10x^2 = 0$ $\quad$ $x^2 - 5x - 6 = 0$

$-2x^2 = 8$ $\quad$ $(x + 1)(x - 2) = 0$

5.4 Modellieren mit Daten
Mit Messungen werden Daten erhoben, die dann als Punkte grafisch dargestellt werden. Wenn nach Augenmaß oder Sachzusammenhang eine Parabel passt, können mit unterschiedlichen Methoden passende Funktionen gefunden werden.

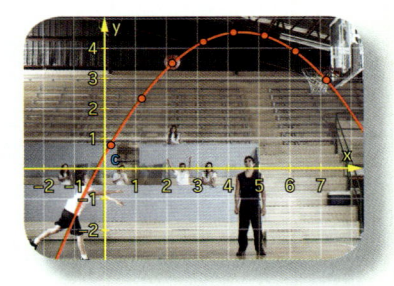

5.5 Problemlösen mit quadratischen Funktionen
Beim Lösen inner- und außermathematischer Probleme treten oft quadratische Zusammenhänge auf.
Gelingt dir eine Lösung des Problems?

Der Umfang eines Rechtecks beträgt 20 cm, der Flächeninhalt 24 cm². Wie groß sind Länge und Breite des Rechtecks?

5.6 Geometrie der Parabeln und Wurzelfunktionen
Bei Autoscheinwerfern und Satellitenschüsseln treten Parabeln als geometrisch konstruierbare Kurven auf. Der Zusammenhang zwischen der Geschwindigkeit und der Länge der Bremsspur kann genauso wie andere Zusammenhänge mit Funktionen beschrieben werden, deren Graphen halbe Parabeln in einer besonderen Lage sind.

5.1 Einführung in quadratische Funktionen

In vielen Situationen werden quadratische Funktionen benutzt, um Probleme in der Mathematik, den Naturwissenschaften und vielen anderen Gebieten zu modellieren. Wie die linearen Funktionen kommen die quadratischen Funktionen sehr häufig vor. Quadratische Funktionen beschreiben z.B. die Länge des Bremsweges, den Flug eines Balles oder den Wertverlust eines Autos.
Eines wirst du sicher bereits jetzt vermuten: Im Funktionsterm von quadratischen Funktionen kommt der Term x^2 vor. In diesem und den nächsten Lernabschnitten wirst du erleben, welche besonderen Eigenschaften diese Funktionen darüber hinaus haben.

Aufgaben

1 Was macht den Unterschied?
a) Erstelle zu den Funktionen eine Wertetabelle mit $-3 \leq x \leq 3$ und der Schrittweite 0,5. Zeichne die Graphen der Funktionenpaare jeweils in ein Koordinatensystem.

(1) $f(x) = 2x$
$g(x) = x^2$

(2) $f(x) = -\frac{1}{2}x$
$g(x) = -\frac{1}{2}x^2$

(3) $f(x) = 2x + 1$
$g(x) = x^2 + 2x + 1$

b) Vergleiche jeweils die beiden Graphen und Tabellen. Beschreibe die Graphen der Funktionen $g(x)$ möglichst genau.

2 Verschiedene Kurven
Alle Graphen gehören zu quadratischen Funktionen. Der Graph einer quadratischen Funktion heißt **Parabel**. Was haben die Parabeln gemeinsam, worin unterscheiden sie sich? Vergleiche mit den Graphen von linearen Funktionen.

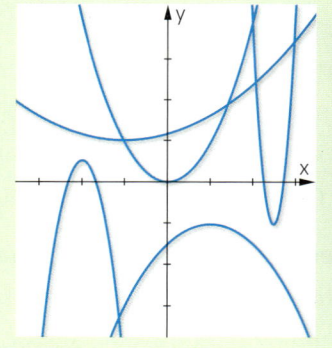

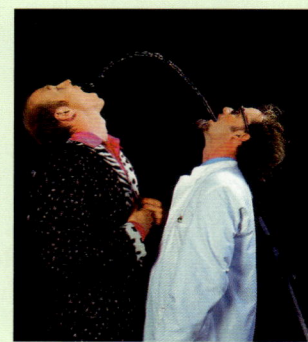

3 Erkennst du ein Muster?
a) Übertrage die Wertepaare der Tabellen jeweils in ein Koordinatensystem. Vergleiche.
b) Finde zu jeder Tabelle eine Funktionsgleichung y = ■ und überprüfe deine Vermutung.

(1)
x	y
-2	-2
-1	-1
0	0
1	1
2	2
3	3

(2)
x	y
-2	-4
-1	-2
0	0
1	2
2	4
3	6

(3)
x	y
-2	1
-1	2
0	3
1	4
2	5
3	6

(4)
x	y
-2	4
-1	1
0	0
1	1
2	4
3	9

(5)
x	y
-2	1
-1	0
0	1
1	4
2	9
3	16

(6)
x	y
-2	8
-1	2
0	0
1	2
2	8
3	18

5.1 Einführung in quadratische Funktionen

Aufgaben

1 Brems- und Anhalteweg

Die Länge des Bremsweges eines Autos ist von der Geschwindigkeit abhängig. Der Zusammenhang zwischen dem Bremsweg s in Metern und der Geschwindigkeit v in km/h kann bei trockener Straße mit der Funktion $s(v) = \frac{v^2}{100}$ modelliert werden. Der Anhalteweg eines Autos ist dann die zurückgelegte Strecke von dem Moment, an dem der Fahrer eine Gefahr bemerkt, bis zu dem Zeitpunkt, an dem das Auto steht. Er kann mit der Funktion $w(v) = \frac{1}{100}v^2 + \frac{3}{10}v$ berechnet werden. Dabei beschreibt $r(v) = \frac{3}{10}v$ den Reaktionsweg.

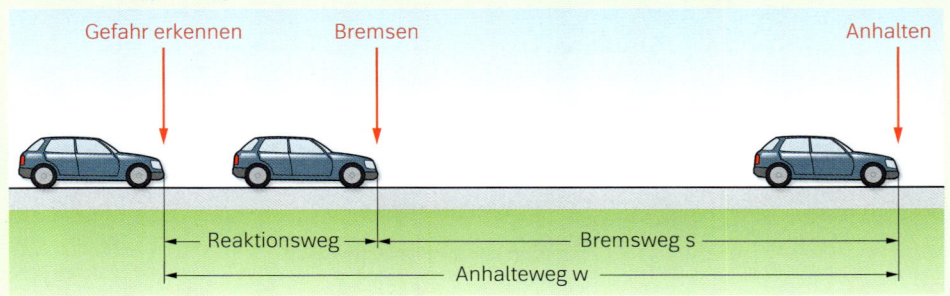

a) Wie lang ist der Bremsweg s bei einer Geschwindigkeit von 30 km/h, wie lang bei der doppelten (dreifachen) Geschwindigkeit?

b) Ein Auto wird mit einer Vollbremsung zum Stand gebracht. Aus der Länge der Bremsspur von 32 m kann man die Geschwindigkeit des Autos abschätzen. Du kannst die Frage grafisch oder rechnerisch beantworten.

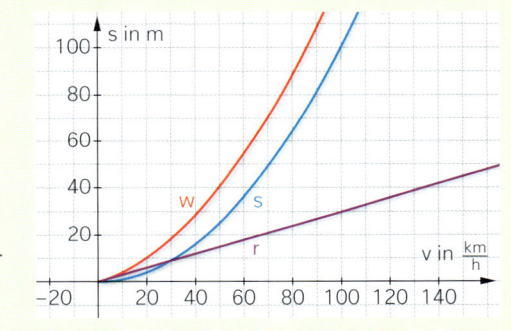

v (km/h)	w(m)
0	0
50	40
▨	54
82	▨
100	130
▨	270
200	▨

c) Übertrage und ergänze die Tabelle. Wie lang ist der Anhalteweg w bei einer Geschwindigkeit von 90 km/h? Benutze die Grafik zur Beantwortung der Fragen.

2 Der Preis beeinflusst die Nachfrage – Wie macht man den größten Gewinn?

Im vergangenen Jahr kosteten die Eintrittskarten für die Theateraufführung des Sebastian-Münster-Gymnasiums 5 €. Es kamen 300 Besucher.

In diesem Jahr möchte das Gymnasium einen größeren Gewinn erzielen und beabsichtigt die Eintrittspreise zu verändern. Man vermutet, dass bei einer Erhöhung des Preises um je 1 € ungefähr 30 Besucher weniger kommen, bei einer Preissenkung um je 1 € ungefähr 30 Besucher mehr.

a) Ergänze die Tabelle in deinem Heft.

Preis-änderung	Eintritts-preis	Besucher-zahl	Einnahmen E(x)
–2	▨	▨	▨
–1	▨	▨	▨
0	5	300	1 500
1	6	270	1 620
2	7	240	▨
3	8	▨	▨
4	▨	▨	▨
x	5 + x	300 – 30x	▨

b) In der letzten Zeile der Tabelle stehen die Terme, mit denen man zu jeder Preisänderung x den Eintrittspreis und die Besucherzahl berechnen kann. Es fehlt noch der Term zur Berechnung der Einnahmen.

c) Zeichne den Graphen der Funktion: x ↦ Einnahmen E(x). Für welche Preisänderung x erhält man die größten Einnahmen?

d) Die Nachfrage nach Eintrittskarten hängt vom Preis ab. Warum gilt dies für eine Aufführung des Schultheaters nur bedingt?

5 Quadratische Funktionen und Gleichungen

Basiswissen

In vielen Anwendungssituationen treten Funktionen auf, die man auf die Form $f(x) = ax^2 + bx + c$ bringen kann.

Die quadratische Funktion

Eine Funktion mit der Funktionsgleichung $f(x) = ax^2 + bx + c$, wobei $a \neq 0$ ist, nennt man eine **quadratische Funktion**.

Funktion: Weite x in m vom Abstoß einer Kugel → Höhe h in m

Situation: Die Flugbahn einer Kugel beim Kugelstoßen kann man mit einer quadratischen Funktion modellieren.

Funktionsgleichung:
$h(x) = -\frac{3}{128}x^2 + \frac{3}{8}x + 2$

Funktionsterm:
$-\frac{3}{128}x^2 + \frac{3}{8}x + 2$

Die Grafik zeigt nur einen Abschnitt der Parabel.

Wertetabelle

x (in m)	h(x) (in m)
0	2
4	3,125
8	3,5
12	3,125
16	2
20	0,125

Graph

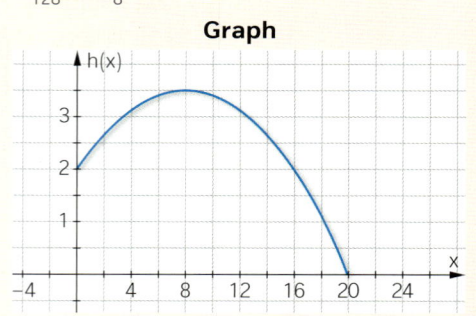

Der Graph einer quadratischen Funktion ist eine **Parabel**.

Statt h(x) („h von x") benutzen wir zur Beschreibung von Funktionen weiterhin auch
$y = -\frac{3}{128}x^2 + \frac{3}{8}x + 2$

Beispiele

A   Eine Abflussrinne

Eine Abflussrinne mit rechteckigem Querschnitt soll aus einem 24 cm breiten Aluminiumblech hergestellt werden. Wichtig für die Menge Wasser, die durch die Rinne fließen kann, ist die Fläche des Querschnitts.
Wie breit und wie hoch muss die Rinne sein, damit möglichst viel Wasser hindurch fließen kann?

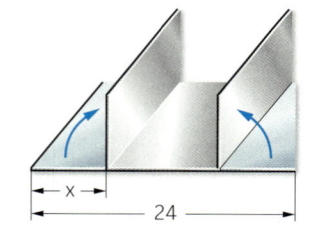

Lösung:
Formel für die Fläche die Querschnitts:
$A(x) = (24 - 2x) \cdot x = 24x - 2x^2$

x	1	2	4	6	8	10
A(x)	22	40	64	72	64	40

Die größte Fläche erhält man für x = 6 cm.

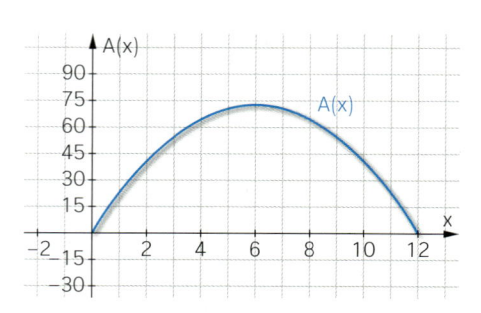

Die Rinne muss 12 cm breit und 6 cm hoch sein, damit möglichst viel Wasser hindurchfließen kann.

5.1 Einführung in quadratische Funktionen

Beispiele

B Eine quadratische Funktion in besonderer Darstellung
Schau dir die Funktion $f(x) = (x-2) \cdot (x-1)$ an. Zeige, dass es sich dabei um eine quadratische Funktion handelt. Gib die Funktion in der Form $f(x) = ax^2 + bx + c$ an.
Lösung:
$f(x) = (x-2) \cdot (x-1)$
$= x^2 - 2x - x + 2$
$= x^2 - 3x + 2$
$a = 1; b = -3; c = 2$

C Keine quadratische Funktion
Begründe auf verschiedene Weise, dass $f(x) = \frac{8}{x^2}$ keine quadratische Funktion ist.
Lösungen:
(1) x^2 steht im Nenner eines Bruchterms, das passt nicht zur Form $ax^2 + bx + c$.
(2)

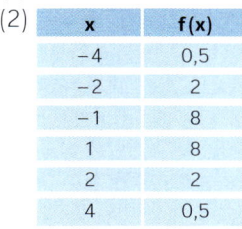

x	f(x)
−4	0,5
−2	2
−1	8
1	8
2	2
4	0,5

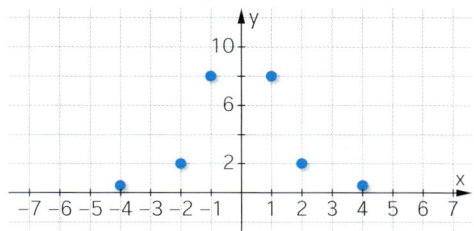

Der Graph kann keine Parabel sein.
(3) Für $x = 0$ erhält man mit $f(0) = \frac{8}{0}$ einen nicht erklärten Ausdruck. Bei der Form $ax^2 + bx + c$ gilt aber immer $f(0) = a \cdot 0^2 + b \cdot 0 + c = c$.

Übungen

Neun quadratische Funktionen sind dabei

3 Quadratisch, linear oder keins von beiden
a) $y = 2x^2 - 3x + 5$
b) $y = 2x - 4$
c) $y = x$
d) $y = x^2$
e) $y = \frac{1}{x}$
f) $y = \frac{2}{3}x^2$
g) $y = -x + \frac{1}{4}$
h) $y = 3x^2 - 2x$
i) $y = \frac{1}{x^2} + 4$
j) $y = x^3 - 5x^2$
k) $y = \frac{x^2}{8}$
l) $y = -2 + 3x^2 - x$
m) $y = 5 - 2x^2$
n) $y = (x-1)^2$
o) $y = \sqrt{x}$
p) $y = (x+3)(x-2)$

4 Quadratische Funktionen in verschiedenen Darstellungen
Zeige, dass jede der folgenden Funktionen eine quadratische Funktion ist, indem du sie in die Form $f(x) = ax^2 + bx + c$ bringst.
a) $f(x) = (x-3)(x+8)$
b) $f(x) = \left(x + \frac{3}{4}\right)(x-5)$
c) $f(x) = 2x(x-1,6)$
d) $f(x) = \left(x - \frac{1}{3}\right)\left(x + \frac{1}{3}\right)$
e) $f(x) = (x+2)(x+2)$
f) $f(x) = x\left(2x + \frac{5}{2}\right)$
g) $f(x) = \frac{x^2 - 6}{2}$
h) $f(x) = (3-x) \cdot (x+4)$
i) $f(x) = \frac{8 - x^2}{4} + 2x^2$

5 Vom Term zum Graphen
Welcher Graph gehört zu welcher Gleichung?
a) $f(x) = -3x + 2$
b) $f(x) = x^2 + 1$
c) $f(x) = x^2 + 2$
d) $f(x) = -x^2 + 1$
e) $f(x) = 2x + 3$
f) $f(x) = 2x^2 - x$

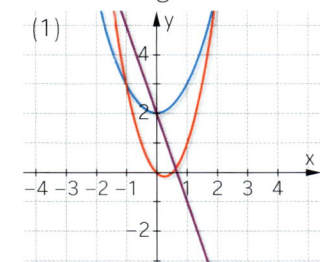

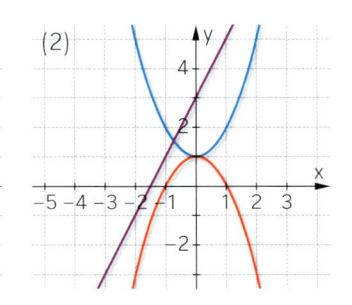

5 Quadratische Funktionen und Gleichungen

Übungen

6 Von der Tabelle zur Funktionsgleichung

Durch die Tabelle ist eine Funktion gegeben. Zeichne den zugehörigen Graphen und bestimme die Funktionsgleichung.

a)
x	−2	−1	0	1	2	3	4
y	8	2	0	2	8	18	32

b)
x	−2	−1	0	1	2	3	4
y	9	6	5	6	9	14	21

c)
x	−2	−1	0	1	2	3	4
y	−4	−1	0	−1	−4	−9	−16

d)
x	−2	−1	0	1	2	3	4
y	9	4	1	0	1	4	9

Tipp

x	$y = x^2$
−3	9
−2	4
−1	1
0	0
1	1
2	4
3	9

Diese Tabelle kann dir helfen

7 Rechteckszahlen

Die ersten drei Zahlen in der Folge der „Rechteckszahlen" sind dargestellt.

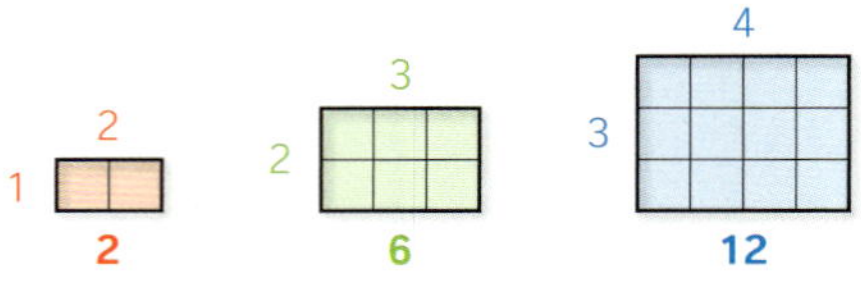

a) „Zeichne" die nächsten zwei Rechteckszahlen.
b) Erkennst du das Muster in den Zahlen? Schreibe die ersten zehn Rechteckszahlen auf.
c) Mit der Abbildung oben kannst du eine quadratische Funktion zur Berechnung der Rechteckszahlen finden.
d) Man kann die Rechteckszahlen auch anders aufzeichnen:
   Verwende dieses Muster, um eine quadratische Funktion aufzustellen, mit der man ebenfalls die Rechteckszahlen berechnen kann. Durch Termumformung kannst du nachweisen, dass die beiden Funktionen identisch sind.

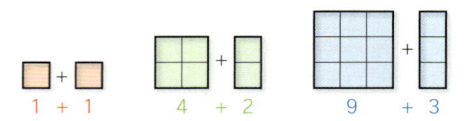

8 Quadratische Funktionen bauen

Gegeben sind die linearen Funktionen f und g.

f	g	f · g
x + 2	x − 3	(x + 2)(x − 3)
2x − 1	0,5x + 2	(2x − 1) · (0,5x + 2)
2x	x + 2	2x · (x + 2)

a) Zeichne die Graphen der Funktionen f und g in ein Koordinatensystem. Zeichne dann den Graphen der Funktion f · g in dasselbe Koordinatensystem. Erstelle dazu zunächst eine Tabelle und zeichne dann.
b) Wie unterscheiden sich die Graphen von f und g von dem Graphen von f · g?
c) Wie hängen die x-Achsenschnittpunkte der Graphen von f und g mit den x-Achsenschnittpunkten des Graphen der Funktion f · g zusammen?
d) Zum Nachdenken und Forschen:

Tipp

Die Aufgabe kann auch gut mit einem GTR bearbeitet werden:

```
Plot1  Plot2  Plot3
\Y1=X+2
\Y2=X-3
\Y3=Y1(X)*Y2(X)
\Y4=
\Y5=
\Y6=
```

(1) Ist das Produkt von zwei beliebigen linearen Funktionen immer eine quadratische Funktion?

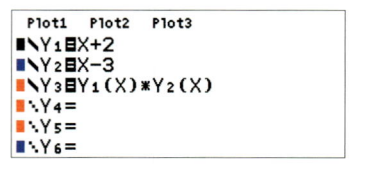

(2) Kannst du zwei lineare Funktionen f und g so bauen, dass der tiefste Punkt von f · g auf der y-Achse liegt?

Übungen

9 Ein Kaninchengehege

Tom möchte für sein Kaninchen im Garten ein Gehege mit rechteckiger Grundfläche an eine Gartenmauer bauen.
Im Keller hat er eine Rolle mit 20 m Maschendraht gefunden. Das Kaninchen soll möglichst viel Platz in dem Gehege haben.

a) 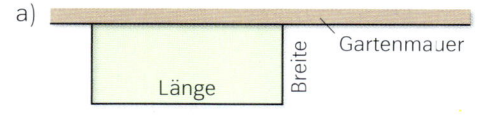 Die Tabelle enthält verschiedene mögliche Breiten und Längen und daraus resultierende Rechteckflächen. Übertrage die Tabelle in dein Heft und ergänze.

Breite (m)	Länge (m)	Fläche (m²)	Draht (m)
1	18	18	20
2	16	32	▨
3	14	▨	▨
4	▨	▨	▨
...	...	...	...
x	▨	▨	▨

b) Finde einen Funktionsterm l(x), der den Zusammenhang zwischen Länge l und Breite x beschreibt. Welche Werte kann man für x sinnvollerweise einsetzen?

c) Den Flächeninhalt A(x) des Kaninchengeheges kann man aus der Breite x und der Länge l(x) berechnen. Bestimme die entsprechende Funktionsgleichung.

d) Für welche Breite und Länge erhält man den größten Flächeninhalt?

10 Gewinn und Verlust

CD Klassiker

Die Firma *Sound GmbH* stellt CDs her. Sie möchte ihren Gewinn vergrößern. Daher wurde eine Unternehmensberatung mit einer Marktanalyse beauftragt. Es wurde u. a. festgestellt, dass sich der monatliche Gewinn G der aktuellen CD in Abhängigkeit vom Verkaufspreis p einer CD durch die Funktion

$G(p) = -300 p^2 + 6000 p - 20000$

modellieren lässt. Wenn G negativ ist, bedeutet das, dass die Firma einen Verlust macht.

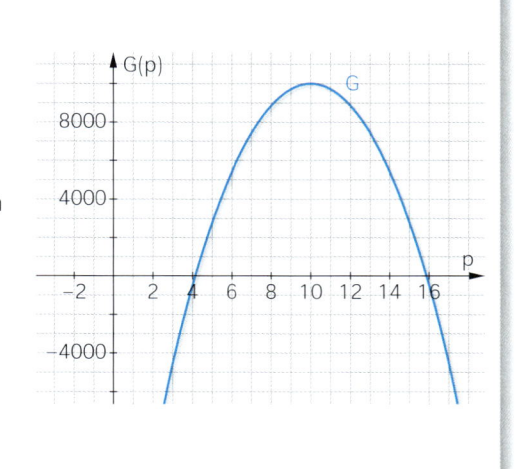

Gewinnfunktion

Beantworte die Fragen zunächst mithilfe der Grafik. Wenn du einen GTR hast, kannst du auch mit der Grafik und den Tabellen dort arbeiten. Versuche die Fragen auch rechnerisch zu beantworten, bei einigen Fragen kann dir das gelingen, bei anderen noch nicht.

a) Beschreibe die Gewinnentwicklung. Welchen Gewinn erzielt die Firma bei einem Stückpreis von p = 14 € (p = 8 €)?

b) Zu welchem Preis sollte die Firma das Produkt verkaufen, um einen möglichst großen Gewinn zu erzielen? Wie groß ist der Gewinn dann?

Break-even-point

d) Bei welchem Preis macht die Firma keinen Gewinn, aber auch keinen Verlust (Break-even-point)?

5 Quadratische Funktionen und Gleichungen

Basiswissen

Den Graphen einer quadratischen Funktion nennt man Parabel.

Parabeln

- Es gibt nach **unten geöffnete** und nach **oben geöffnete** Parabeln.
- Die Parabeln besitzen eine **Symmetrieachse** parallel zur y-Achse.
- Der **Scheitelpunkt** ist der höchste Punkt (Maximum) oder der tiefste Punkt (Minimum) des Graphen. Die Symmetrieachse geht durch den Scheitelpunkt der Parabel.
- Parabeln können Schnittpunkte mit der x-Achse besitzen. Deren x-Koordinaten nennt man **Nullstellen** der Funktion.

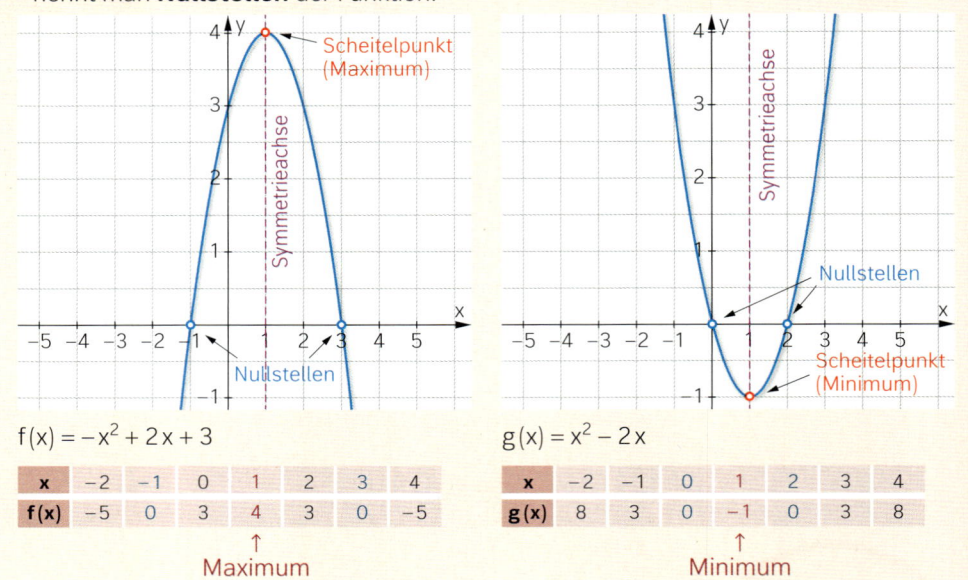

$f(x) = -x^2 + 2x + 3$

x	−2	−1	0	1	2	3	4
f(x)	−5	0	3	4	3	0	−5

↑ Maximum

$g(x) = x^2 - 2x$

x	−2	−1	0	1	2	3	4
g(x)	8	3	0	−1	0	3	8

↑ Minimum

Übungen

11 „Kopfmathematik"
Bestimme die x-Koordinate des Scheitelpunktes einer Parabel mit den Nullstellen
a) $x_1 = 2$; $x_2 = 4$ b) $x_1 = -5$; $x_2 = 7$ c) $x_1 = -2{,}5$; $x_2 = 0$.

12 Quadratische und lineare Funktionen im Vergleich
Verwende die Funktionen mit $f(x) = x^2 - 4x + 5$ und $g(x) = 2x - 1$ zur Beantwortung der folgenden Frage. Wie unterscheiden sich die Graphen (Funktionsgleichungen, Tabellen) einer linearen Funktion und einer quadratischen Funktion?

> Berücksichtige beim Vergleich:
> - grafischen Verlauf,
> - Schnittpunkte mit den Achsen,
> - besondere Punkte.

13 Quadratischen und lineare Funktionen im Vergleich: Änderungsverhalten
Lineare Funktionen haben eine konstante Änderungsrate – und quadratische?

x	−2	−1	0	1	2	3	4	5
y = 2x + 1								
Differenz der y-Werte		2						

Übertrage die Tabelle und fülle sie aus. Verfahre ebenso mit den Funktionen mit den angegebenen Gleichungen. Beschreibe die Änderung der y-Werte bei der quadratischen Funktion.   (1) $y = x^2 + 1$ (2) $y = 2x^2$ (3) $y = -0{,}5 \cdot (x - 2)^2$
Erläutere: „Die Änderung der Änderung von quadratischen Funktionen ist konstant."

5.1 Einführung in quadratische Funktionen

Basiswissen

Typische Fragen beim Bearbeiten von Problemen mit quadratischen Funktionen sind:
(1) Wo schneidet der Graph die y-Achse?
(2) Wo schneidet der Graph die x-Achse?
(3) Wo ist der höchste (niedrigste) Punkt des Graphen?
(4) Welchen y-Wert erhält man für einen bestimmten x-Wert?
(5) Für welche x-Werte erhält man einen bestimmten y-Wert?

Typische Fragen an quadratische Funktionen

Situation: Die Höhe h in Meter, die eine Feuerwerksrakete t Sekunden nach dem Abschuss erreicht hat, kann durch die quadratische Funktion h(t) modelliert werden.

Funktion: t in s → h in m   **Funktionsgleichung:** $h(t) = -5t^2 + 45t + 50$

Tabelle

t (in s)	h(t) (in m)
0	50
1	90
2	120
3	140
4	150
5	150
6	140
7	120
8	90
9	50
10	0

Graph

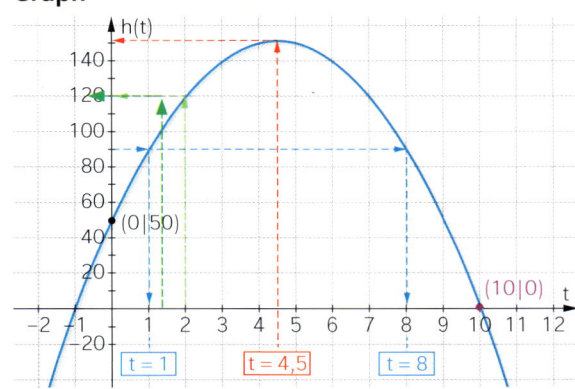

Frage	Rechnung	Antwort
(1) In welcher Höhe startet die Rakete?	$h(0) = -5 \cdot 0^2 + 45 \cdot 0 + 50$ $= 50$	Abschuss in 50 m Höhe
(2) Wann trifft die Rakete auf dem Boden auf?	$h(t) = -5t^2 + 45t + 50 = 0$ Tabelle/Graph: x = 10	Aufprall auf Boden nach 10 Sekunden
(3) Welche größte Höhe erreicht die Rakete nach welcher Flugzeit?	Höchster Punkt: Tabelle/Graph: (4,5 | 151,25) $h(4,5) = 151,25$	Größte Höhe ca. 151 m nach 4,5 Sekunden
(4) Wie hoch ist die Rakete nach zwei Sekunden?	$h(2) = -5 \cdot 2^2 + 45 \cdot 2 + 50$ $= 120$	Nach 2 Sekunden ist eine Höhe von 120 m erreicht.
(5) Zu welchen Zeitpunkten beträgt die Flughöhe 90 m?	$h(t) = -5t^2 + 45t + 50 = 90$ Tabelle/Graph: t = 1; t = 8	Nach 1 bzw. 8 Sekunden ist die Flughöhe 90 m.

Gleichung ist rechnerisch noch nicht lösbar. (zu Frage 2 und Frage 5)

Beispiele

D x-Werte gesucht
Es ist $f(x) = x^2 - 2x$.
Für welche x-Werte hat der Term $x^2 - 2x$ den Wert 3?
Lösung:
Die Gleichung $x^2 - 2x = 3$ muss gelöst werden.
Es ist noch kein rechnerisches Lösungsverfahren bekannt. Man probiert systematisch mit einer Tabelle: $x_1 = -1$; $x_2 = 3$.

x	f(x)
−2	8
−1	3
0	0
1	−1
2	0
3	3
4	8

5.2 Entdeckungen am Graphen quadratischer Funktionen

Mit quadratischen Funktionen kann man die Flugbahnen von Feuerwerksraketen recht gut modellieren. Das Foto zeigt verschiedene parabelförmige Flugbahnen von Feuerwerksraketen. So unterschiedlich wie die Flugbahnen sind, so unterschiedlich sind auch die zugehörigen Funktionsgleichungen.
Worin unterscheiden sich die Funktionsgleichungen und die zugehörigen Graphen? Die Flugkurven und damit auch die Funktionsvorschriften haben aber auch einiges gemeinsam. Was sind diese Gemeinsamkeiten?

Aufgaben

1 Muster aus Graphen
Alle Graphen gehören zu quadratischen Funktionen. Es sind Parabeln.
a) Was haben die Parabeln in dem Schaubild gemeinsam, worin unterscheiden sie sich?
b) Ordne die Funktionsgleichungen richtig zu.
$f(x) = x^2$
$g(x) = 2x^2$
$h(x) = -x^2$
$k(x) = (x-4)^2$
$l(x) = x^2 - 3$

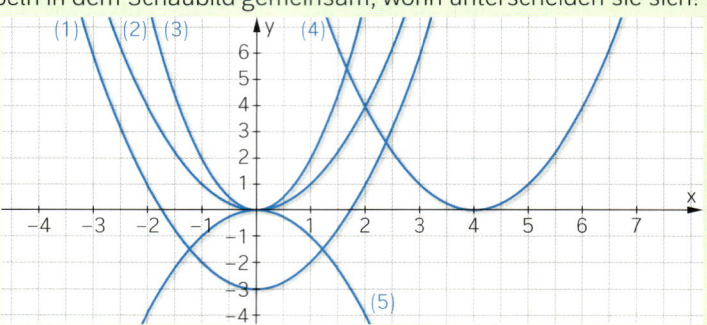

2 Muster aus Tabellen

Partner- oder Gruppenarbeit

a) Skizziere mithilfe der Tabelle die Graphen der Funktionen. Was haben alle Graphen gemeinsam, worin unterscheiden sie sich? Erkennst du den Zusammenhang mit den Mustern in der Tabelle?
b) Wie lauten die zugehörigen Funktionsgleichungen?

2 Lösungen:
Zwei Funktionsgleichungen sind $f(x) = (x-2)^2$ und $f(x) = -0.5x^2$.

	x	−4	−3	−2	−1	0	1	2	3	4
(1)	y	13	6	1	−2	−3	−2	1	6	13
(2)	y	36	25	16	9	4	1	0	1	4
(3)	y	32	18	8	2	0	2	8	18	32
(4)	y	−8	−4,5	−2	−0,5	0	−0,5	−2	−4,5	−8

Zum Vergleich: $y = x^2$

x	−3	−2	−1	0	1	2	3
y	9	4	1	0	1	4	9

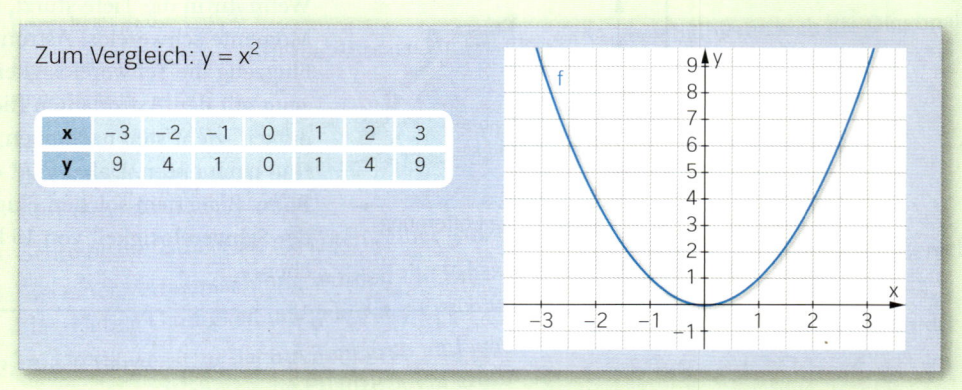

5.2 Entdeckungen am Graphen quadratischer Funktionen

> **Werkzeug**
>
> **Graphenlaboratorium mit GTR und CAS**
> Mit GTR und CAS kann bei der Untersuchung von Graphen systematisch experimentiert werden.
> Beispiel: $y = mx + 1$ soll für verschiedene Werte von m skizziert werden
>
> Mit einem GTR können Parameterwerte in einer Liste eingegeben werden. 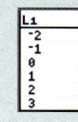
>
> Mit einem CAS oder Funktionenplotter können Schieberegler für Parameter gesetzt werden.

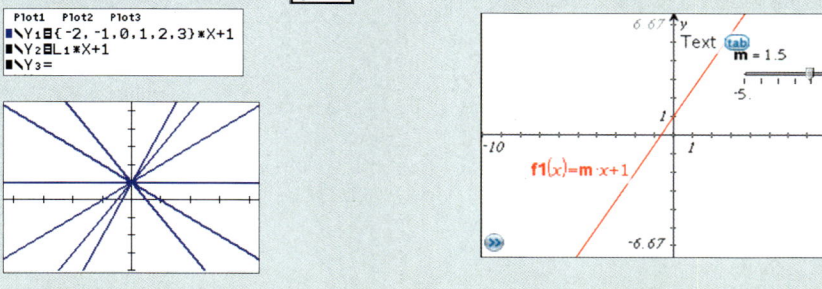

Aufgaben

3 Graphenlaboratorium 1

- Für a = 1 erhält man die „Mutter" aller Parabeln, die **Normalparabel** $f(x) = x^2$.
- a heißt **Vorfaktor** oder **Koeffizient** von x^2.

a) Einfache Gleichungen für Parabeln haben die Form $f(x) = ax^2$. Welche Bedeutung hat der Parameter a?

b) Wie verändert sich das Aussehen der Parabel, wenn man a variiert? Übertrage die Tabelle in dein Heft und ergänze sie.

$f(x) = ax^2$	Aussehen der Parabel
a > 1	nach oben geöffnet und „schmaler"
a = 1	Normalparabel
0 < a < 1	▪
−1 < a < 0	▪
a < −1	▪

4 Graphenlaboratorium 2

Aus der Funktionsgleichung für die Normalparabel $f(x) = x^2$ kann man neue Funktionsgleichungen „basteln".

$f(x) = x^2 + e$

$f_1(x) = x^2$
$f_2(x) = x^2 + 2$
$f_3(x) = x^2 - 1$
$f_4(x) = x^2 + 4$
$f_5(x) = x^2 - 2$

$g(x) = (x - d)^2$

$g_1(x) = x^2$
$g_2(x) = (x + 2)^2$
$g_3(x) = (x - 1)^2$
$g_4(x) = (x + 4)^2$
$g_5(x) = (x - 2)^2$

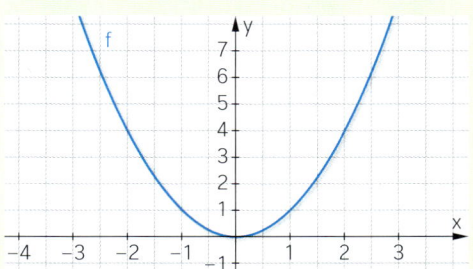

a) Du kannst auf verschiedene Arten herausfinden, wie der Parameter e die Normalparabel verändert: durch Überlegen, mit Graphen oder mit Wertetabellen.
b) Welche Wirkung hat der Parameter d auf den Graphen?
c) Forschungsaufgabe: Kannst du mit den Ergebnissen aus a) und b) voraussagen, wie die Graphen von $f(x) = (x + 5)^2 - 3$ und $g(x) = (x - 3)^2 + 5$ aussehen?
Überprüfe mit dem GTR.

5 Quadratische Funktionen und Gleichungen

Basiswissen

Bei quadratischen Funktionen kann man wie bei linearen Funktionen aus der Funktionsgleichung viele Informationen über die Lage und Form des zugehörigen Graphen erhalten.

Parabeln verschieben und strecken

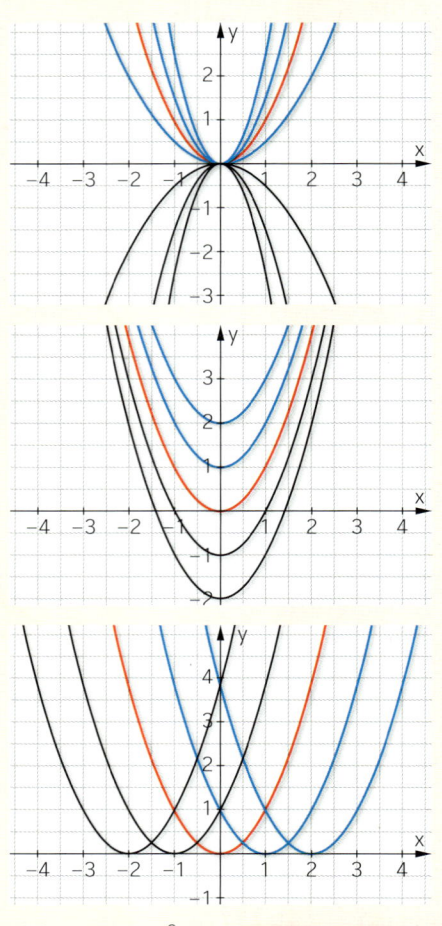

Strecken in y-Richtung wirkt wie Zusammenbiegen, Stauchen in y-Richtung wirkt wie Auseinanderbiegen.

$f(x) = a x^2$

$a = 1$: Normalparabel
$a > 0$: Graph nach oben geöffnet,
$a < 0$: Graph nach unten geöffnet.
Durch den Parameter a wird die Normalparabel in y-Richtung
– gestreckt, wenn $|a| > 1$ ($a > 1$ oder $a < -1$)
– gestaucht, wenn $|a| < 1$ ($-1 < a < 1$)
Scheitelpunkt $S(0|0)$

$f(x) = x^2 + e$
Der Graph wird in y-Richtung um $|e|$ verschoben, und zwar
nach oben für $e > 0$,
nach unten für $e < 0$.
Scheitelpunkt $S(0|e)$

$f(x) = (x - d)^2$
Der Graph wird in x-Richtung um $|d|$ verschoben, und zwar
nach rechts für $d > 0$,
nach links für $d < 0$.
Achtung: $g(x) = (x + 2)^2 = (x - (-2))^2$
Normalparabel, die um 2 Einheiten nach links verschoben ist.
Scheitelpunkt $S(d|0)$

$f(x) = a \cdot (x - d)^2 + e$ heißt **Scheitelpunktform** der Parabelgleichung, Scheitelpunkt $S(d|e)$.

Beispiele

A Passende Parabel gesucht

Welche Lage und welches Aussehen hat die Parabel zu der quadratischen Funktion?
a) $f(x) = x^2 - 2$
b) $g(x) = (x + 3)^2 = (x - (-3))^2$
c) $h(x) = -0,5 x^2$

Lösung:
a) Normalparabel, die um 2 Einheiten nach unten verschoben ist. Scheitelpunkt: $S(0|-2)$.

b) Normalparabel, die um 3 Einheiten nach links verschoben ist. Scheitelpunkt: $S(-3|0)$.

c) Mit dem Faktor 0,5 gestauchte nach unten geöffnete Parabel. Scheitelpunkt: $S(0|0)$.

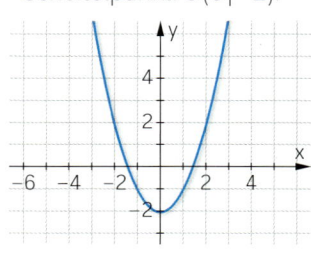

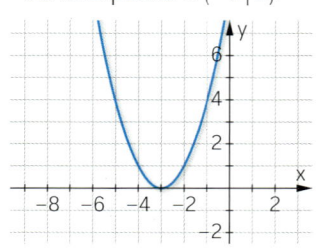

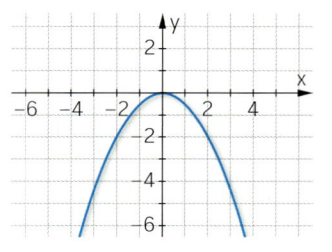

5.2 Entdeckungen am Graphen quadratischer Funktionen

Beispiele

B Informationen aus Funktionsgleichung
Lies aus der Funktionsgleichung so viele Informationen wie möglich ab: $f(x) = 2(x-1)^2 - 3$
Lösung: Der Scheitelpunkt der Parabel liegt bei $(1|-3)$; sie ist nach oben geöffnet und mit dem Faktor 2 in y-Richtung gestreckt.

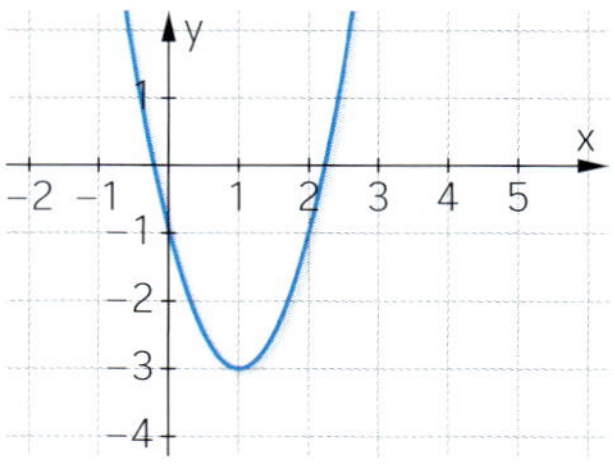

C Funktionsgleichung aus Parabel
Gib die Funktionsgleichung der abgebildeten Parabel an.
Lösung:
Ansatz: $f(x) = a(x-d)^2 + e$
Normalparabel: $a = 1$; Scheitelpunkt $(-2|-4)$;
$d = -2$, $e = -4$
$f(x) = (x-(-2))^2 - 4 = (x+2)^2 - 4$

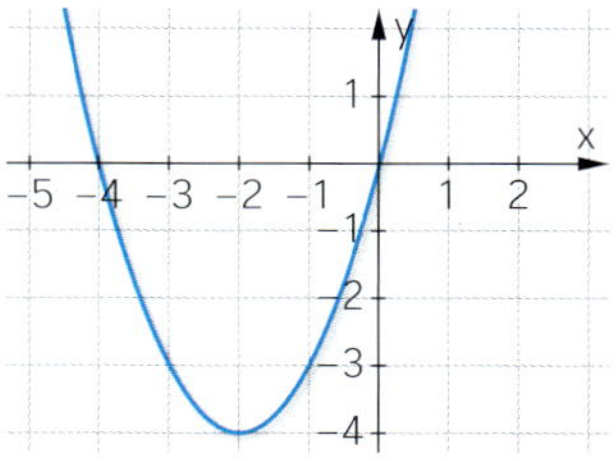

Übungen

5 Parabeln zeichnen
Zeichne die Parabeln zu den Funktionsgleichungen.
a) $f_1(x) = -(x-2)^2 + 1$
b) $f_2(x) = (x-2)^2 + 1$
c) $f_3(x) = -(x+4)^2 + 1$
d) $f_4(x) = (x+4)^2 - 3$

6 Quadratische Funktion gesucht
Gib jeweils die zugehörige Funktionsgleichung der verschobenen Normalparabel mit dem Scheitelpunkt S an. Skizziere die Parabeln zur Probe.
a) $S(2|4)$ b) $S(-2|1)$
c) $S(3|-1)$ d) $S(-1|-4)$

Fehler erkennen – Fehler vermeiden

Wieso nach links, ist 2 nicht positiv?

7 Beliebte Fehler
Häufig wird aus der Scheitelpunktform der Scheitelpunkt falsch abgelesen. Es gibt verschiedene Möglichkeiten zu überprüfen, ob der Scheitelpunkt richtig bestimmt wurde.
a) $f(x) = (x+2)^2 - 6$. Ist der Scheitelpunkt $S(2|-6)$? Gib gegebenenfalls den richtigen Scheitelpunkt an.
- Überprüfe, ob der Punkt $(2|-6)$ auf dem Graphen liegt.
- Erstelle eine Wertetabelle für $-4 \leq x \leq 4$, Schrittweite 1.
- Zeichne den Graphen mit dem GTR.

b) Begründe mithilfe einer Tabelle, dass der Scheitelpunkt der Parabel $f(x) = (x+1)^2$ im Vergleich zur Normalparabel um eine Einheit nach links verschoben ist.

8 Parabeln spiegeln und drehen
Zeichne die Parabel zu $f(x) = (x-3)^2 + 1$.
a) Spiegele die Parabel an der x-Achse und gib die Funktionsgleichung an.
b) Spiegele die Parabel an der y-Achse und gib die Funktionsgleichung an.
c) Drehe die Parabel um 180° um den Ursprung.
d) „Kopfmathematik": Führe a) und b) mit allen Parabeln aus Aufgabe 5 und 6 durch. Sage vorab ohne Zeichnung, wie die Funktionsgleichungen jeweils lauten und gib die Funktionsgleichung an.

9 Schnittpunkt mit der y-Achse
a) Alle Parabeln besitzen einen Schnittpunkt $(0|y)$ mit der y-Achse. Man kann ihn mit der Funktionsgleichung leicht bestimmen. Welche Schnittpunkte mit der y-Achse haben die Graphen der Funktionen mit $f(x) = x^2 - 5x + 2$ und mit $g(x) = x^2 + 6x - 1$?
b) Bestimme den Schnittpunkt des Graphen der Funktion mit $f(x) = ax^2 + bx + c$ mit der y-Achse.

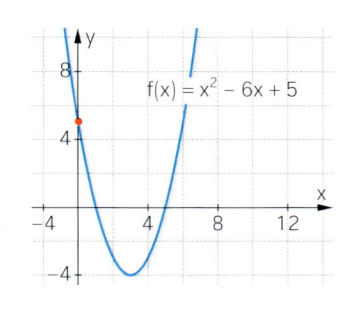

Übungen

10 Der Streckfaktor „a"
Wie kann man aus einer Grafik den Streckfaktor a ablesen? Ben kennt ein Verfahren:

> Gehe vom Scheitelpunkt aus eine Einheit nach rechts. „a" gibt dann an, wie viele Einheiten du nach oben oder nach unten gehen musst.

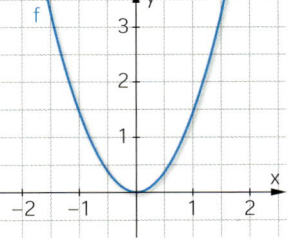

a) Wende das Verfahren auf die abgebildete Parabel an, bestimme die Funktionsgleichung und überprüfe mit anderen x-Werten.
b) Skizziere die Parabeln; benutze „a", den Scheitelpunkt und den Schnittpunkt mit der y-Achse.
  (1) $f(x) = -2{,}5x^2 + 4$
  (2) $f(x) = 0{,}5(x-2)^2$
  (3) $f(x) = 3 \cdot (x+4)^2 - 2$
  (4) $f(x) = -2 \cdot (x+1{,}5)^2 + 1$
c) Anna meint: „Kann ich nicht auch nach links gehen oder von einem beliebigen Punkt der Parabel aus starten?" Was meinst du dazu?

11 Verschobene Normalparabeln

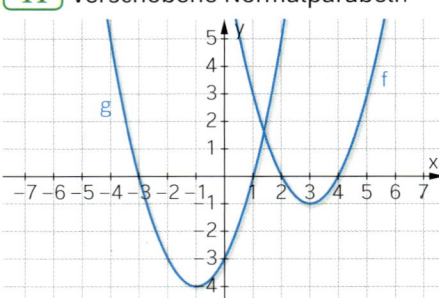

a) Gib zu den zwei Parabeln jeweils die Funktionsgleichung in Scheitelpunktform (Beispiel C, Seite 95) an.
b) Lars behauptet, dass man die Funktionsgleichungen auch wie folgt aufschreiben kann: $f(x) = (x-4)(x-2)$ und $g(x) = (x-1)(x+3)$. Hat er Recht? Wie kann Lars ausgehend von den Graphen auf die Gleichungen gekommen sein?

Basiswissen

Eine Parabel – drei Darstellungen: Jede Darstellung hat ihre Vorteile.

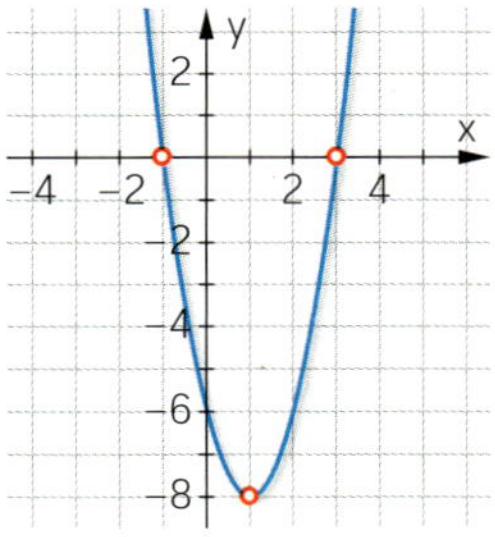

Darstellungformen der Funktionsgleichung einer Parabel

	Scheitelpunktform	allgemeine Form	faktorisierte Form
Funktionsgleichung	$y = 2(x-1)^2 - 8$	$y = 2x^2 - 4x - 6$	$y = 2(x-3)(x+1)$
direkt abzulesen	**Streckfaktor** 2, **Scheitelpunkt** $(1\|-8)$	**Streckfaktor** 2, **Schnittpunkt mit y-Achse** $(0\|-6)$	**Streckfaktor** 2, **Nullstellen** 3 und -1

Hat eine Parabel zwei Nullstellen, dann liegt aus Symmetriegründen der Scheitelpunkt in der Mitte zwischen den beiden Nullstellen.

Beispiele

D Nullstellen und Scheitelpunkt aus Funktionsgleichung bestimmen

Bestimme die Nullstellen und den Scheitelpunkt der quadratischen Funktion mit $f(x) = 0{,}5(x-6)(x+2)$ und zeichne den Graphen.

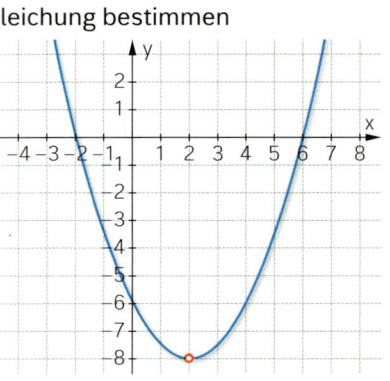

Lösung:
Nullstellen: $f(x) = 0$
$0{,}5(x-6)(x+2) = 0$
$x_1 = -2;\ x_2 = 6$

Scheitelpunkt: $x_S = 2$ (Mitte von 6 und -2),
$y_S = f(2) = 0{,}5(2-6)(2+2) = -8$,
$S(2\|-8)$.

Ein Produkt ist 0, wenn einer der Faktoren 0 ist.

5.2 Entdeckungen am Graphen quadratischer Funktionen

Übungen

12 Eine Parabel – drei Darstellungen

	Scheitelpunktform	allgemeine Form	faktorisierte Form
(1)	$y = (x - 0{,}5)^2 - 2{,}25$	$y = x^2 - x - 2$	$y = (x - 2)(x + 1)$
(2)	$y = -\left(x - \tfrac{1}{2}\right)^2 + 2{,}25$	$y = -x^2 + x + 2$	$y = -(x + 1)(x - 2)$
(3)	$y = 2 \cdot \left(x + \tfrac{3}{2}\right)^2 - \tfrac{9}{2}$	$y = 2x^2 + 6x$	$y = 2x(x + 3)$

a) Weise nach, dass es sich jeweils um dieselbe Funktion handelt.
b) Zeichne die Parabeln möglichst geschickt.
c) Welche Informationen kann man an den einzelnen Formen direkt ablesen?

13 Faktorisierte Form und Symmetrie: ganz schön praktisch!
Bestimme jeweils Nullstellen und Scheitelpunkt. Zeichne damit die Parabeln.
a) $y = x\left(x - \tfrac{3}{4}\right)$
b) $y = \left(x - \tfrac{2}{5}\right)\left(x + \tfrac{2}{5}\right)$
c) $y = -2(x + 1)(x + 4)$
d) $y = \left(x + \tfrac{3}{2}\right)^2$
e) $y = -2(x - 1{,}75)^2$
f) $y = (2 - x)^2$
g) Welche der Funktionen a) bis f) stellen verschobene Normalparabeln dar? Die Graphen dieser Funktionen kann man besonders einfach zeichnen.

Werkzeug

Termumformung mit CAS
Mit einem CAS können Terme umgeformt werden:
(1) Ausmultiplizieren: Aus Produkten werden Summen (expand)
(2) Faktorisieren: Aus Summen werden Produkte (factor).

expand(5·x·(4−2·x))	$20 \cdot x - 10 \cdot x^2$
factor(12·x²+8·x,x)	$4 \cdot x \cdot (3 \cdot x + 2)$

---

14 Darstellungswechsel mit CAS
a) Welche zwei Umformungen kannst du (noch) nicht „zu Fuß"? Begründe.
b) Erkläre, warum das CAS bei der vierten und fünften Umformung keine faktorisierte Form bestimmen kann? Welche Nullstellen liefert die letzte Umformung?
d) Für Experten in Termumformung: Überprüfe das letzte Ergebnis „zu Fuß"

expand(2·(x−3)·(x+4))	$2 \cdot x^2 + 2 \cdot x - 24$
factor(x²−x−6,x)	$(x-3) \cdot (x+2)$
factor(x²−4,x)	$(x-2) \cdot (x+2)$
factor(x²+16,x)	$x^2 + 16$
factor((x−1)²+3,x)	$x^2 - 2 \cdot x + 4$
factor(x²−4·x+1,x)	$(x+\sqrt{3}-2) \cdot (x-\sqrt{3}-2)$

15 Funktionsgleichungen aus Nullstellen
Gib die Gleichung von jeweils zwei Parabeln an, die folgende Nullstellen haben.
a) $x_1 = 1$; $x_2 = 3$
b) $x_1 = -4$; $x_2 = 1{,}5$
c) $x_1 = -2{,}7$; $x_2 = \tfrac{1}{2}$
d) $x_1 = 2$

16 Parabelzoo
Bestimme zu den Parabeln eine passende Funktionsgleichung.

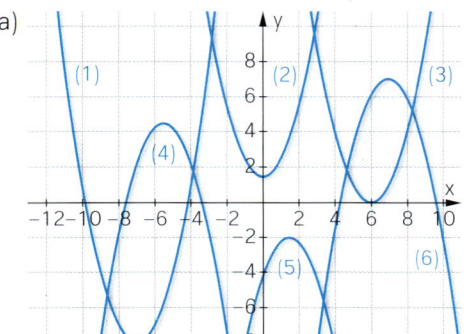

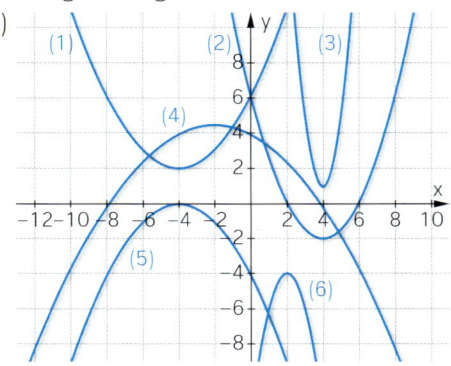

- In a) lebt nur eine Gattung.
- Arbeite mit Scheitelpunkten und Schnittpunkten mit den Koordinatenachsen
- Überprüfe mit zusätzlich ausgelesenem Punkt oder GTR

5 Quadratische Funktionen und Gleichungen

Übungen

17 Quadratische Funktionen – Binomische Formeln

a) Die Funktion $f(x) = x^2 - 4x + 4$ kann man mithilfe einer binomischen Formel umschreiben: $f(x) = x^2 - 4x + 4 = (x - 2)^2$.
Bestimme die Nullstellen und den Scheitelpunkt aus der Funktionsgleichung.

b) Bestimme Nullstellen und Scheitelpunkt, indem du die folgenden Funktionsgleichungen wie in Aufgabe a) umformst. Bei zwei der gegebenen Funktionen geht dies nicht direkt. Warum?
$g(x) = x^2 + 6x + 9$ $h(x) = x^2 - 10x + 20$ $k(x) = x^2 + 8x + 36$ $l(x) = x^2 + 8x + 16$

Quadratische Ergänzung

Bei vielen Problemen ist es hilfreich, wenn man einen Term der Form $x^2 + bx$ so ergänzt, dass man eine binomische Formel anwenden kann. Diese Ergänzung nennt man **quadratische Ergänzung**. Die quadratische Ergänzung ist das Quadrat der Hälfte des Koeffizienten von x:

$$x^2 + bx + \left(\frac{b}{2}\right)^2 = \left(x + \frac{b}{2}\right)^2$$

Quadratische Ergänzung zu $x^2 + 8x$ ist $\left(\frac{8}{2}\right)^2$

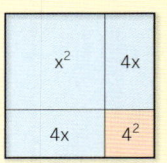

x^2	$4x$
$4x$	4^2

18 Scheitelpunktbestimmung mithilfe der quadratischen Ergänzung

Aus einer Parabelgleichung in Scheitelpunktform lässt sich, wen wundert es, recht gut der Scheitelpunkt bestimmen und der Graph der Parabel zeichnen. Forme die Gleichung der Funktionen in die Scheitelpunktform um. Zumeist hilft das quadratische Ergänzen.

a) Bestimme die Koordinaten des Scheitelpunktes und zeichne den Graphen.

Von der Normalform zur Scheitelpunktform
1. Funktionsterm $x^2 - 6x + 3$
2. Addiere die quadratische Ergänzung $\left(\frac{6}{2}\right)^2 = 9$ und subtrahiere sie sogleich, damit der Term nicht verändert wird: $x^2 - 6x + 9 - 9 + 3$
3. Wende binomische Formel an und fasse zusammen:
$(x^2 - 6x + 9) - 9 + 3 = (x - 3)^2 - 6$

(1) $f(x) = x^2 - 10x + 15$
(2) $f(x) = x^2 + 2x - 3$
(3) $f(x) = x^2 + 3x - 2$
(4) $f(x) = x^2 - 9x$
(5) $f(x) = x^2 - 6x + 9$

b) Aufgabe für Termexperten:
Von der allgemeinen Form zur Scheitelpunktform – es wird schwieriger.
(1) $f(x) = 2x^2 - 8x + 6$
(2) $f(x) = -3x^2 - 12x + 12$

$f(x) = 3x^2 - 12x + 5$
$= 3(x^2 - 4x) + 5$ ausklammern
$= 3(x^2 - 4x + 4 - 4) + 5$ quadratische Ergänzung
$= 3(x^2 - 4x + 4) - 3 \cdot 4 + 5$
$= 3(x - 2)^2 - 7$
Scheitelpunkt $S(2|-7)$

Übungen

19 Parabel aus Nullstellen und Scheitelpunkt

a) Eine Parabel hat den Scheitelpunkt $S(25|60)$ und die Nullstellen $x_1 = 0$ und $x_2 = 50$.
Wie lautet die Funktionsgleichung?
Erläutere die Rechnung, rechne weiter.

$x_S = 25, f(x_S) = 60$
$f(x) = a x (x - 50)$
$f(25) = 60 = a \cdot 25 \cdot (25 - 50)$
…

b) Wanted: Gesucht sind die Funktionsgleichungen der Parabeln. Suche zunächst die Darstellungsform für quadratische Funktionen, die am besten passt.

(1) $S(-1|6)$
Nullstelle $x_1 = -3$

(2) $S(2|-1)$
y-Achsenabschnitt 3

(3) Nullstellen: $x_1 = 1$; $x_2 = -5$
Streckfaktor 1.

5.2 Entdeckungen am Graphen quadratischer Funktionen

Übungen

20 Parabel durch drei Punkte
Gesucht ist die Parabel durch die Punkte A(0|1), B(3|−2) und C(5|6).
a) Skizziere die Punkte und zeichne eine Parabel nach Augenmaß.
b) Benutze zur Bestimmung die allgemeine Form $y = ax^2 + bx + c$.
 - Begründe mithilfe von Punkt A, dass $c = 1$ ist.
 - Formuliere die entsprechende Bedingung für C. Du erhältst ein lineares Gleichungssystem für a und b.

> B(3|−2) liegt auf der Parabel, d.h. $a \cdot 3^2 + b \cdot 3 + 1 = -2$

Basiswissen

Mithilfe von markanten Punkten kann ein passender Funktionsterm bestimmt werden.

Funktionsgleichungen mit bekannten Punkten bestimmen

(1) Scheitelpunkt und ein weiterer Punkt P

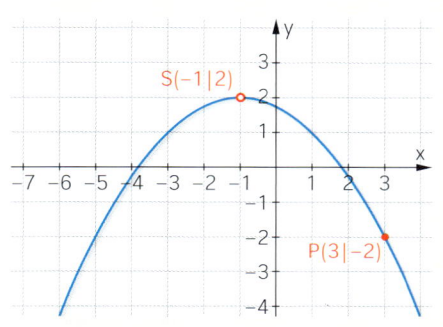

S(−1|2), P(3|−2)

Ansatz: Scheitelpunktform
$f(x) = a(x + 1)^2 + 2$
$f(3) = a(3 + 1)^2 + 2 = -2$
$\quad 16a + 2 = -2$, also $a = -\frac{1}{4}$
$f(x) = -\frac{1}{4}(x + 1)^2 + 2$

(2) Schnittpunkte mit der x-Achse und ein weiterer Punkt P

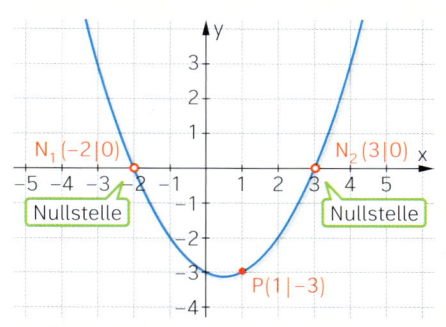

$N_1(-2|0)$, $N_2(3|0)$, P(1|−3)

Ansatz: faktorisierte Form
$f(x) = a(x - 3)(x + 2)$
$f(1) = a(1 - 3)(1 + 2) = -3$
$\quad -6a = -3$, also $a = \frac{1}{2}$
$f(x) = \frac{1}{2}(x - 3)(x + 2)$

(3) Quadratische Funktion mit y-Achsenabschnitt und zwei Punkten

Gesucht: Parabel durch A(0|4), B(1|2), C(3|10)
Ansatz: Allgemeine Form
$f(0) = 4$, also $c = 4$; $f(x) = ax^2 + bx + 4$

Punkt	Einsetzen	Gleichung
(1) B(1|2)	$a \cdot 1^2 + b \cdot 1 + 4 = 2$	$a + b = -2$
(2) C(3|10)	$a \cdot 3^2 + b \cdot 3 + 4 = 10$	$9a + 3b = 6$

Lineares Gleichungssystem: (1) $b = -2 - a$;
(2) $b = -3a + 2$

(1) und (2) gleichsetzen:
$-2 - a = -3a + 2$; also $a = 2$ und $b = -2 - 2 = -4$

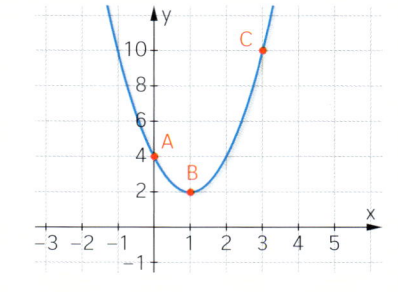

$f(x) = 2x^2 - 4x + 4$

Übungen

21 Parabeln durch Punkte
Bestimme mit einer geeigneten Methode die Gleichung der Parabel. Gegeben sind:
a) Scheitelpunkt S(−2|3); P(1|5)
b) Parabelpunkte P(−2|3), Q(0|0), R(1|1)
c) Parabelpunkte P(−2|0), Q(1|4), R(3|0)
d) Nullstellen −4 und 5; Minimum bei −10

22 Wanted: Funktionsgleichungen

Einmal gibt es mehrere Parabeln, einmal keine

a) Scheitelpunkt S(1|3) und eine Nullstelle bei 4. Wo ist die zweite Nullstelle?
b) Scheitelpunkt S(−2|4); P(1|1)
b) Nullstellen 4 und 8; Scheitelpunkt?
d) Punkte A(−1|0), B(0|5) und C(3|−4)
e) Punkte P(0|0), Q(1|1) und R(2|2)

Werkzeug

Funktionen als Makros

Funktionen mit Parametern können in einem CAS als mehrstellige Funktionen (Makros) dargestellt und untersucht werden.

$m \cdot x + b \rightarrow linfu(x,m,b)$	Fertig
$linfu(x,-2,3)$	$3-2 \cdot x$
$linfu(4,-2,3)$	-5
$linfu(x,m,3)$	$m \cdot x + 3$
$\{-3,-2,-1,0,1,2,3\} \rightarrow m$	$\{-3,-2,-1,0,1,2,3\}$

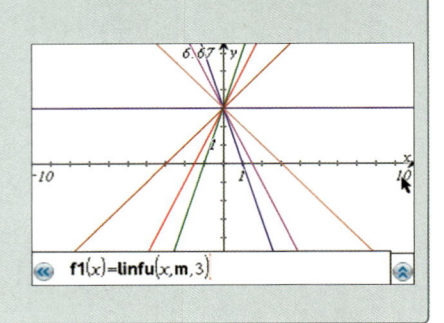

$f1(x) = linfu(x,m,3)$

Übungen

23 Untersuchungen mit Makro

a) Welche Aufgaben werden mit den einzelnen Aufrufen des Makros linfu(x,m,b) (vgl. Werkzeug) bearbeitet und gelöst. Formuliere die Terme und Gleichungen in gewohnter Weise.

Partnerarbeit b) Formuliere zu $y = 0{,}5x - 2$ ähnliche Fragen und löse sie mit dem Makro. Dein Partner nennt die passende Aufgabenstellung.

$linfu(-1,3,-4)$	-7
$linfu(-2,3,-4) = -8$	false
$linfu(-2,3,-4) = -10$	true
$solve(linfu(x,3,-4)=0,x)$	$x = \frac{4}{3}$
$linfu(2,m,-4)$	$2 \cdot m - 4$
$linfu(-1,3,b)$	$b-3$

24 Ein Makro für quadratische Funktionen

Wir bauen ein Parabelmakro: $ax^2 + bx + c \rightarrow quafu(x,a,b,c)$

a) • Gib die Funktionsgleichung zu quafu(x,2,–1,3) an.
   • Mit welcher Eingabe wird $f(x) = -x^2 + 5x - 9$ gebaut?
   • Was bedeutet quafu(3,2,0,1)? Stelle eine Frage, für deren Beantwortung diese Eingabe eine Lösung liefert.
   • Wie kannst du mit quafu den Funktionswert an der Stelle 8 von $f(x) = 2x^2 - 5x + 4$ berechnen? Überprüfe dein Ergebnis durch eine Rechnung „zu Fuß".
   • Wie kann man mit quafu die Schnittstellen mit der y-Achse bestimmen?
   • Wie lassen sich mit quafu lineare Funktionen skizzieren?

In den Aufgaben 25 und 26 gibt es weitere Untersuchungen mit Makros

b) Beschreibe jeweils, welche Parabeln man erhält. Skizziere jeweils einige Parabeln und beschreibe ihre Lage in Abhängigkeit des Parameters. Gib die zugehörige Funktionsgleichung an.

(1) quafu(x,1,0,n) (2) quafu(x,a,0,1) (3) quafu(x,1,–2b,b²)

Kopfübungen

1. Berechne das Produkt aller ganzen Zahlen im Intervall $[-5; -1]$.

2. Wie ändert sich der Flächeninhalt des Dreiecks ABC, wenn man den Eckpunkt C nach C′ verschiebt?

3. Zwei Personen lernen sich kennen. Wie groß ist die Wahrscheinlichkeit, dass sie beide im Mai Geburtstag haben?

4. Wie ändert sich das Volumen des Quaders, wenn man die Seiten a und b vervierfacht und die Höhe c verdreifacht?

5. Zwischen welchen aufeinanderfolgenden natürlichen Zahlen liegt die folgende Zahl?   a) $\sqrt{50}$ b) $\sqrt[3]{50}$ c) $\sqrt[4]{50}$

6. Ergänze das Muster sinnvoll: ■; $\frac{1}{4}$; $\frac{1}{9}$; ■; ■; ...

7. Bestimme den Winkel α.

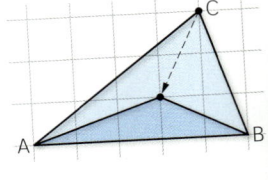

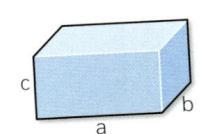

5.2 Entdeckungen am Graphen quadratischer Funktionen

Aufgaben

CAS

25 Parabelscharen untersuchen

Wenn wir bei einer quadratischen Funktion in allgemeiner Form $y = ax^2 + bx + c$ die Parameter a, b und c verändern, erhalten wir immer eine andere Parabel. Wir haben also drei Möglichkeiten, eine Auswahl zu treffen, wir können an drei Stellen „drehen". Wenn man systematisch einen Überblick über die Auswirkungen von Änderungen der Parameterwerte haben will, wählt man folgende Strategie: Man setzt für zwei Parameter feste Werte ein und variiert den dritten. Wir untersuchen dann Parabelscharen.
Dazu ein Beispiel: Wir setzen zunächst a = 1 und c = 1 fest und lassen b variabel.
Dann erhalten wir: $f(x) = x^2 + bx + 1$, also als Makro: *quafu(x,1,b,1)*.

a) ▪ Skizziere einige Parabeln der Schar und beschreibe ihre Lage.
   ▪ Was kannst du über den Scheitelpunkt aussagen?
   ▪ Wie viel Nullstellen gibt es?
   ▪ Welche Besonderheiten fallen dir auf? Versuche deine Vermutungen zu begründen. Stelle aber auch Fragen zu der Schar, selbst wenn du sie nicht beantworten kannst.

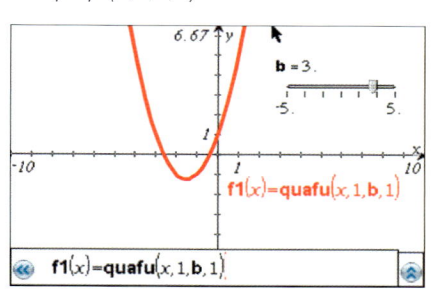

b) Untersuche wie in a) folgende Parabelscharen. Gib jeweils auch die Funktionsgleichungen an. Fertige einen Bericht deiner Entdeckungen, Ergebnisse, Begründungen und Fragen an.
   (1) *quafu(x,1,1,c)*   (2) *quafu(x,a,1,1)*   (3) *quafu(x,k,k,1)*   (4) *quafu(x,k,k,k)*

26 Ein weiteres Makro

Erzeuge für die Parabelgleichungen in Scheitelpunktform ein Makro und und untersuche damit die Parabelscharen.
a) Scheitelpunkt: $S(3|1)$ b) $a = 1$; $S(k|k)$ c) $a = -1$; $S(k|k^2)$

27 Parabeln bewegen

Mit einem GTR können Graphen bewegt werden.

a) Welcher Graph gehört zu welcher Funktion? Was machen die einzelnen Funktionsgleichungen jeweils mit dem Graphen? Gib zu jeder Funktion die Funktionsgleichung an.

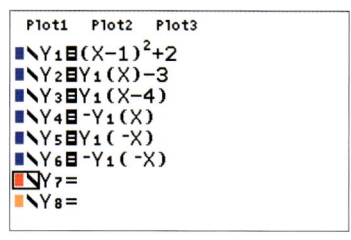

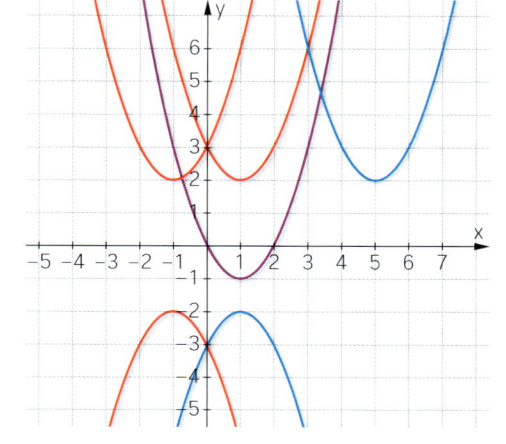

```
Plot1  Plot2  Plot3
\Y1=(X-1)²+2
\Y2=Y1(X)-3
\Y3=Y1(X-4)
\Y4=-Y1(X)
\Y5=Y1(-X)
\Y6=-Y1(-X)
\Y7=
\Y8=
```

b) Ersetze Y_1 jeweils durch die angegebene Funktion und zeichne die Graphen mit dem GTR. Manchmal erhältst du nicht 6 verschiedene Graphen, kannst du das erklären? Gib auch die Funktionsgleichungen an.
   (1) $f(x) = -x^2 + 1$ (2) $f(x) = x^2 + 4x + 7$ (3) $f(x) = \frac{1}{2}x$

5 Quadratische Funktionen und Gleichungen

Aufgaben

28 Zielwerfen

Partnerarbeit/GTR

Bälle, die man wirft, schießt oder wie beim Golf abschlägt, fliegen eine parabelförmige Flugbahn. Das Werfen eines Balles soll jetzt mit dem GTR oder einem Funktionenplotter „simuliert" werden. Dazu wird folgendes Spiel gespielt:

Abwurf ist in (0|0). Ein Spieler gibt den Zielpunkt auf der x-Achse an, der Partner versucht diesen mit einer Funktion des Typs $y = ax^2 + bx$ zu treffen. Bei „Treffer" wird gewechselt. Findet ihr zum selben Zielpunkt unterschiedliche Flugkurven?

Variationen:
(1) Zielpunkt und Angabe der maximalen Höhe
(2) Zielpunkt und durch einen in 2 m Entfernung und 4 m hoch hängenden Ring werfen.
(3) Angabe, in welcher Entfernung der höchste Punkt erreicht wird.
(4) Abwurf in (0|1) und Zielpunkt beibehalten.

Bei (4) muss der Funktionstyp geändert werden.

29 Parabelbilder

GTR/Funktionenplotter

a) Erstelle das Parabelbild mit dem GTR.
Ein Anfang ist gemacht:

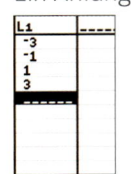

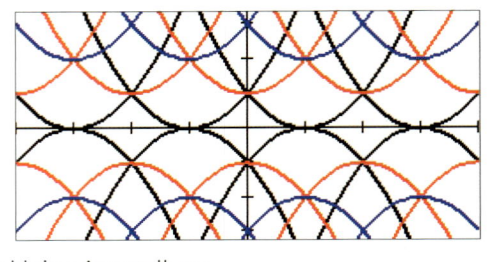

```
L1
-3
-1
1
3
```
```
Plot1  Plot2  Plot3
\Y1=(X-L1)²
\Y2=
\Y3=
\Y4=
\Y5=
\Y6=
```

b) Erzeugt eigene Parabelbilder. Erstellt eine kleine Ausstellung.
Wenn die Achsen unsichtbar sind, sehen die Bilder noch schöner aus.
Ein Beispiel:

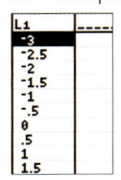

```
L1
-3
-2.5
-2
-1.5
-1
-.5
0
.5
1
1.5
```
```
Plot1  Plot2  Plot3
\Y1=(X-L1)²+L1²
\Y2=
\Y3=
\Y4=
\Y5=
\Y6=
```

Normalparabeln mit Scheitelpunkt auf $y = x^2$

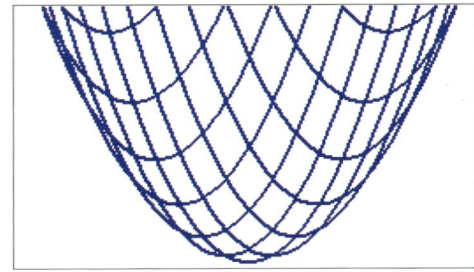

30 Viele Nullstellen

Lineare Funktionen haben höchstens eine Nullstelle, quadratische höchstens zwei. $y = x - 1$ und $y = (x - 1) \cdot (x + 2)$ sind Beispiele dafür. Gibt es auch Funktionen, die mehr als 2 Nullstellen haben?

a) Begründe, dass $y = (x - 1) \cdot (x + 2) \cdot (x - 3)$ drei Nullstellen hat und gib sie an.
b) Die Abbildung zeigt neben der Funktion aus a) noch eine Funktion mit 4 Nullstellen. Finde eine Funktionsgleichung.
c) Kannst du eine Funktion angeben, die die Zahlen 1, 2, 3, … ,9, 10 als Nullstellen hat?
d) GTR: Experimentiere mit Funktionen mit unterschiedlich vielen Nullstellen. Beschreibe die Graphen.

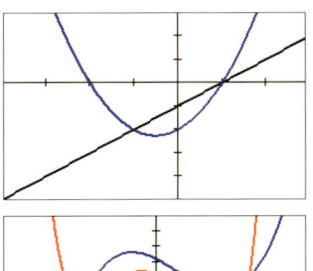

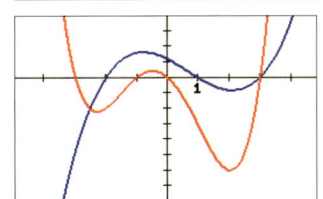

5.3 Quadratische Gleichungen

$4(x-3)^2 = 16$

$10x - x^2 + 1 = 0$

$2(x+1)(x-9) = 0$

Häufig stößt man beim Lösen von Problemen im Zusammenhang mit quadratischen Funktionen auf quadratische Gleichungen. Quadratische Gleichungen kann man zeichnerisch mithilfe eines Graphen lösen. Einfache quadratische Gleichungen kannst du bereits rechnerisch lösen. Leider kommt man mit Äquivalenzumformungen, wie du sie beim Lösen von linearen Gleichungen kennengelernt hast, bei Gleichungen wie $2x^2 - 6x - 8 = 0$ nicht zum Ziel, man benötigt neue Ideen. In diesem Lernabschnitt wirst du für schwierigere Gleichungen verschiedene Lösungsstrategien, u. a. auch Lösungsformeln, kennenlernen.

Aufgaben

1 Ein Rettungsfloß
Ein Rettungshubschrauber schwebt 25 m über einem gekenterten Boot und wirft ein Rettungsfloß ab. Die Höhe h(t) (in m) des Floßes über dem Wasser kann modelliert werden mit
$h(t) = 25 - 5t^2$ (t: Zeit in s).
Nach wie vielen Sekunden trifft das Floß auf der Wasseroberfläche auf?
Beantworte die Frage zeichnerisch mithilfe des Graphen. Überprüfe das Ergebnis rechnerisch.

2 Ein Garten voller quadratischer Gleichungen
Löse die Gleichungen mit den vorgestellten Verfahren. Zwei Gleichungen kannst du nicht damit rechnerisch lösen. Beschreibe, warum bekannte Äquivalenzumformungen hier nicht zum Ergebnis führen. Versuche durch Probieren mit einer Tabelle oder grafisch eine Lösung dieser Gleichungen zu finden, ein GTR oder Funktionenplotter leistet hierbei gute Dienste.

(1) $x^2 = 49$
(2) $x^2 + 2x + 1 = 0$
(3) $x \cdot (x - 5) = -6$
(4) $x^2 + 6x = 0$
(5) $(x - 2) \cdot (x + 4) = 0$
(6) $4x - 3x^2 = 0$
(7) $2x^2 = 8$
(8) $3x^2 + 2x - 4 = 2x$
(9) $4x^2 = -36$
(10) $2x \cdot (x - 3) = 8$
(11) $(x + 2)^2 = x^2 + 2$
(12) $x^2 + 6x + 9 = 0$

Die grafische Lösung zu einer Gleichung, die du nicht rechnerisch lösen kannst.

Verfahren zum Lösen quadratischer Gleichungen:

Wurzelziehen	Faktorisieren und „Produkt = 0"-Regel	Binomische Formeln
$3x^2 - 12 = 0$	$x^2 - 3x = 0$	$x^2 - 10x + 25 = 0$
$3x^2 = 12$	$x \cdot (x - 3) = 0$	$(x - 5)^2 = 0$
$x^2 = 4$	$x_1 = 0; \; x_2 = 3$	$x = 5$
$x_1 = 2; \; x_2 = -2$	Wenn $a \cdot b = 0$, dann $a = 0$ oder $b = 0$	

Aufgaben

3 Was Nullstellen mit Lösungen quadratischer Gleichungen zu tun haben
a) Übertrage die Tabelle in dein Heft und ergänze die 2. und 3. Spalte.

Gleichung	Lösungen	Anzahl der Lösungen	Zugehörige Funktion	Anzahl der Nullstellen
$x^2 - 5 = 0$	$x_1 = \sqrt{5}$; $x_2 = -\sqrt{5}$	2	$f(x) = x^2 - 5$	2
$x \cdot (x - 4) = 0$	■	■	■	■
$x^2 = 0$	■	■	■	■
$-x^2 + 16 = 0$	■	■	■	■
$x^2 + 5 = 0$	■	■	■	■
$2 \cdot (x + 2) \cdot (x - 6) = 0$	■	■	■	■

b) Zeichne jeweils die zugehörige quadratische Funktion und vervollständige die Tabelle.
c) Welcher Zusammenhang besteht zwischen der Anzahl der Lösungen einer quadratischen Gleichungen und der Anzahl der Nullstellen der zugehörigen quadratischen Funktion?
d) Die Gleichungen $(x + 1)^2 - 6 = 0$ und $(x - 1) \cdot (x + 3) = 2$ kannst du noch nicht rechnerisch lösen. Zeichne die Graphen der zugehörigen Funktionen und löse die Gleichungen grafisch.

4 Grafische Lösungen von quadratischen Gleichungen
a) Welche Gleichungen werden hier grafisch gelöst? Lies die Lösungen ab. Mache die Probe, indem du die Lösungen in die von dir aufgeschriebene Gleichung einsetzt.

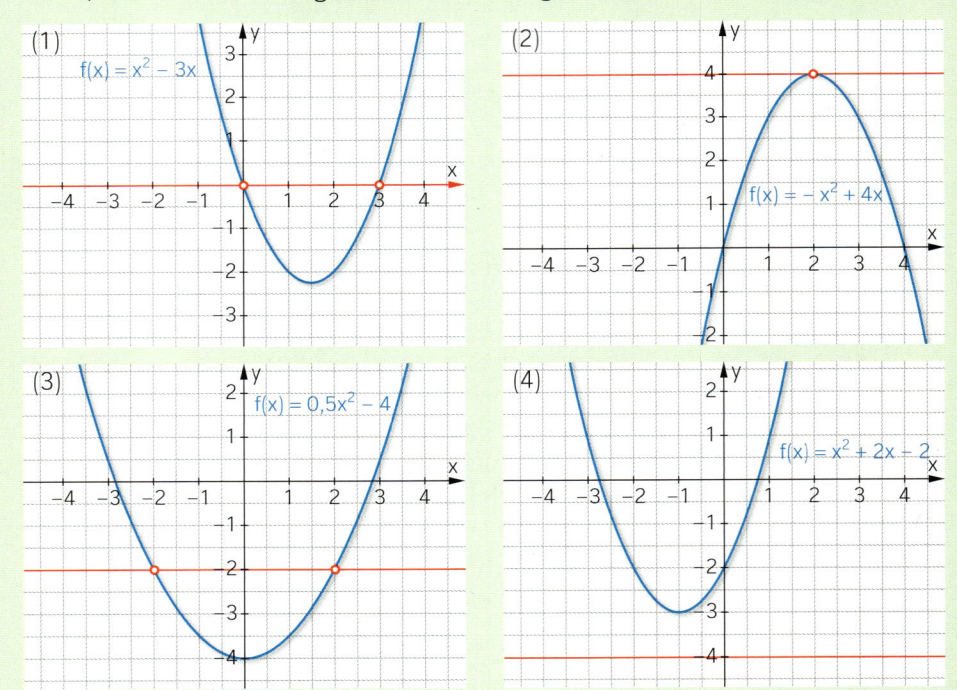

(1) $f(x) = x^2 - 3x$

(2) $f(x) = -x^2 + 4x$

(3) $f(x) = 0,5x^2 - 4$

(4) $f(x) = x^2 + 2x - 2$

Man kann an den vier Aufgaben erkennen, wie viele Lösungen eine quadratische Gleichung haben kann. Was meinst du? Begründe deine Vermutung.

b) Erstelle jetzt umgekehrt zu den Gleichungen eine Grafik. Löse damit die Gleichungen. Mache die Probe. Eventuell findest du nur eine Näherungslösung. Warum gelingt dann keine Probe?

(1) $(x - 2)^2 - 1 = 0$ (2) $(x - 3) \cdot (x + 1) = 12$ (3) $x \cdot (x + 5) = 2$

5.3 Quadratische Gleichungen

Basiswissen Zum Lösen von quadratischen Gleichungen gibt es verschiedene Verfahren.

Quadratische Gleichungen der Form $x^2 - q = 0$

Quadratische Gleichungen der Form $x^2 - q = 0$ können zwei, eine oder keine Lösung haben:
$x^2 - q = 0$
$x^2 = q$
$q > 0$: Wurzelziehen: $x_1 = -\sqrt{q}$; $x_2 = \sqrt{q}$
$q = 0$: $x = 0$
$q < 0$: keine Lösung

Schreibweise mit Lösungsmenge:
$\mathbb{L} = \{-\sqrt{q}; \sqrt{q}\}$
$\mathbb{L} = \{0\}$
$\mathbb{L} = \{\}$

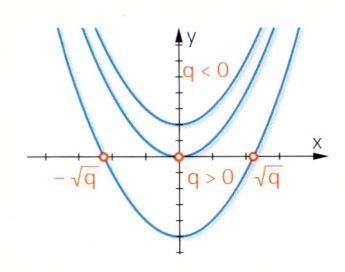

Quadratische Gleichungen der Form $x^2 - rx = 0$

Quadratische Gleichungen der Form $x^2 - rx = 0$ haben für $r \neq 0$ immer zwei Lösungen.
$x^2 - rx = 0$ Ausklammern
$x \cdot (x - r) = 0$ Ein Produkt ist genau dann 0, wenn ein Faktor 0 ist.
$x = 0$ oder $x - r = 0$
$x_1 = 0$; $x_2 = r$

Schreibweise mit Lösungsmenge:
$\mathbb{L} = \{0, r\}$

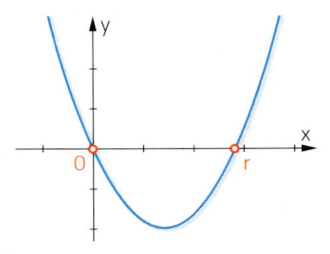

Quadratische Gleichungen der Form $(x - m) \cdot (x - n) = 0$

Quadratische Gleichungen der Form $(x - m) \cdot (x - n) = 0$ haben für $m \neq n$ zwei Lösungen.
$(x - m) \cdot (x - n) = 0$ Ein Produkt ist genau dann 0, wenn ein Faktor 0 ist.
$x - m = 0$ oder $x - n = 0$
$x_1 = m$; $x_2 = n$

Schreibweise mit Lösungsmenge:
$\mathbb{L} = \{m, n\}$

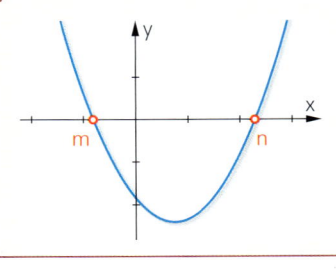

Beispiele

A Gleichung durch Ausklammern lösen
Löse die Gleichung $3x^2 - 10x = 0$
Lösung: Diese quadratische Gleichung kann man durch Ausklammern lösen.
$3x^2 - 10x = x \cdot (3x - 10) = 0$, damit weiter $x = 0$ oder $3x - 10 = 0$
$3x = 10$
$x = \frac{10}{3}$

Damit sind die Lösungen der Gleichung $x_1 = 0$ und $x_2 = \frac{10}{3}$.

B Begründung für die Anzahl von Lösungen
Begründe, warum die Gleichung $x^2 + 5 = 3$ keine Lösung hat.
Zeichnerische Lösung:
Rechnerische Lösung:
$x^2 + 5 = 3$ $| -5$
$x^2 = -2$
Es gibt keine reelle Zahl, die quadriert eine negative Zahl ergibt.

kein Schnittpunkt

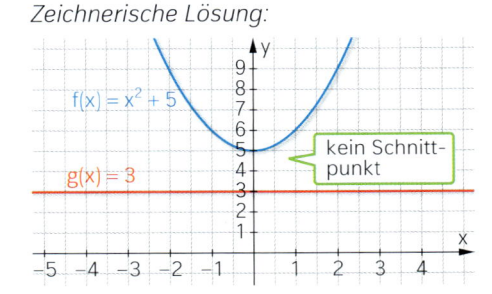

Beispiele

C Komplexere Gleichung durch Wurzelziehen lösen

Löse die Gleichung $(x-2)^2 - 5 = 0$

Lösung:
$(x-2)^2 - 5 = 0$
$(x-2)^2 = 5$ Wurzelziehen
$x - 2 = \sqrt{5}$ oder $x - 2 = -\sqrt{5}$
$x_1 = 2 + \sqrt{5} \approx 4{,}236$; $x_2 = 2 - \sqrt{5} \approx -0{,}236$

Übungen

5 Vier Trainingseinheiten

Löse die Gleichungen. Runde die Ergebnisse, wenn nötig, auf eine Stelle nach dem Komma. Übrigens, meistens passen verschiedene Lösungsverfahren.

(1) a) $x^2 = 16$ b) $x^2 = 121$ c) $x^2 = 30$ d) $5x^2 = 10$
    e) $2x^2 = -40$ f) $9x^2 = 49$ g) $x^2 = \frac{4}{25}$ h) $-x^2 = -4$

(2) a) $(x-3)^2 = 16$ b) $(y+5)^2 = 10$ c) $4\left(z - \frac{1}{2}\right)^2 = 9$
    d) $(x+7)^2 = -36$ e) $9(x+4)^2 = 36$ f) $8(r+4)^2 = 40$

(3) a) $x^2 - 6x = 0$ b) $10x - x^2 = 0$ c) $x^2 + 4x = 6x$
    d) $4x^2 + 8x = 0$ e) $9x^2 - 5x = 3x^2 - 10x$ f) $5x - 10x^2 = 5x$

(4) a) $(x-2)(x+3) = 0$ b) $(2x+4)(5x+20) = 0$ c) $x(x-2) = 0$
    d) $(x+4)(x-9) = 0$ e) $2(x+1)(x+1) = 0$ f) $5x(x-2{,}5) = 0$

6 Nullstellen

Berechne die Nullstellen der Funktion.

a) $f(x) = x^2 - 10$ b) $f(x) = 2x^2 - 8$ c) $f(x) = x^2 - 3x$
d) $f(x) = 2x^2 - 11x$ e) $f(x) = -x^2 + 2$ f) $f(x) = (x-1)(x+3)$

7 Grafisches Lösen von quadratischen Gleichungen 1

Die folgenden drei Schaubilder stellen die Lösung von verschiedenen Typen quadratischer Gleichungen dar. Dargestellt sind die Gleichungen

a) $(x-2)^2 = 4$ b) $0{,}5x^2 = 2$ c) $x^2 - 5x = 0$

Ordne die Schaubilder richtig zu und begründe deine Entscheidung.

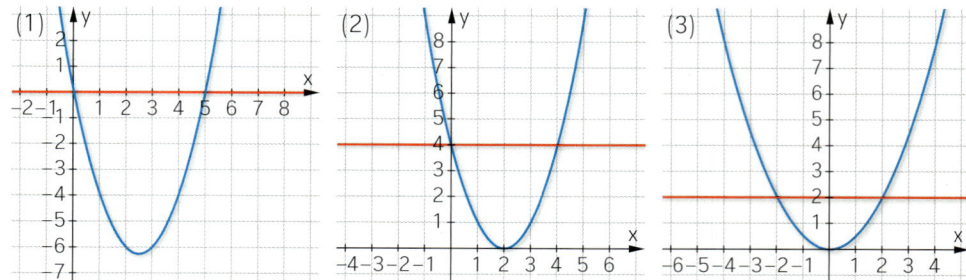

8 Grafisches Lösen von quadratischen Gleichungen 2

Das Schaubild zeigt die Lösungen von drei Gleichungen.

(1) $x^2 + 2x - 4 = -x^2 + 2x + 2$
(2) $x^2 + 2x - 4 = x + \frac{9}{4}$
(3) $-x^2 + 2x + 2 = x + 2{,}25$

Lies Lösungen aus der Grafik ab. Überprüfe, ob du die exakten Lösungen gefunden hast. Versuche auch, die Gleichungen rechnerisch zu lösen. Beschreibe, warum dir dies nicht mit den bisher behandelten Methoden gelingt. Löse die Gleichungen mit dem CAS.

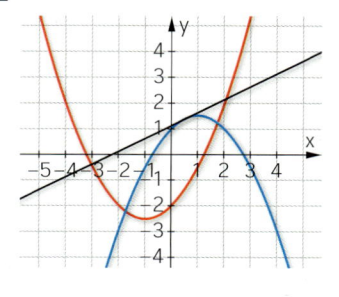

5.3 Quadratische Gleichungen

Übungen

GTR

10 Zwei Lösungsversuche mit Tabelle und Graph
Jannik und Mona wollen die Gleichung $x^2 - 2x - 9 = 0$ mit dem GTR lösen, weil sie für diese Gleichung kein rechnerisches Verfahren kennen.

Jannik benutzt Tabellen. Nach mehrmaligem Verkleinern der Schrittweite erhält er folgende Tabelle.	Mona findet mithilfe der „Zero"-Funktion des GTR grafisch eine Lösung:
X=4.158 mit Y-Werten: 4.158 → -.027; 4.159 → -.0207; 4.16 → -.0144; 4.161 → -.0081; 4.162 → -.0018; 4.163 → .00457; 4.164 → .0109	Zero: X=4.1622777 Y=0
Was weiß er jetzt über die Lösung?	Zeige, dass diese Lösung nicht exakt ist.

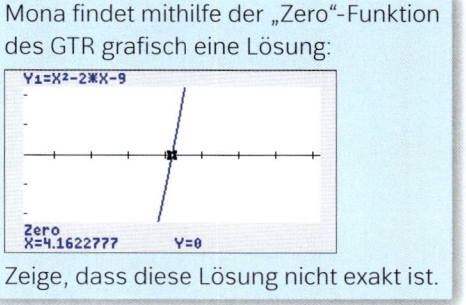

Begründe, dass die Gleichung zwei Lösungen hat.
Suche mit Tabellen oder der Grafik einen Näherungswert.

9 Eine Variation beim grafisch-tabellarischen Lösen von Gleichungen

Ilona hat sich zum Lösen von Gleichungen etwas überlegt und folgendes zur Lösung der Gleichung
$2x^2 - 5 = 2x + 7$ eingegeben.

```
Plot1  Plot2  Plot3
■\Y1=2*X²-5
■\Y2=2*X+7
■\Y3=Y1-Y2
```

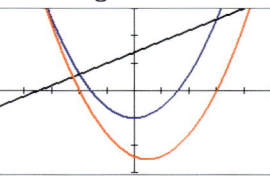

Sie löst jetzt mit Y_3 die Gleichung. Was hat sich Ilona überlegt und wie findet sie die Lösung mit der Grafik und der Tabelle? Löse die Gleichung. Welchen Vorteil hat dieses Verfahren?

Basiswissen

Ein Lösungsverfahren, das mit GTR oder Funktionenplotter fast immer bequem ist, aber nicht immer die exakte Lösung liefert, verwendet die Graphen und die Tabellen.

Grafisches und tabellarisches Lösen quadratischer Gleichungen

$x^2 - 6x + 4 = 0$

1. Man bestimmt mit der grafischen Darstellung der beiden Seiten der Gleichung möglichst die Anzahl der Lösungen.

2. Zum Finden einer Lösung ist es häufig sinnvoll, die Differenz der beiden Terme links und rechts des Gleichheitszeichens zu untersuchen. Man sucht dann nach Nullstellen der Differenzfunktion, also in der Tabelle nach einem Wechsel des Vorzeichens der y-Werte.

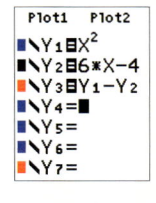

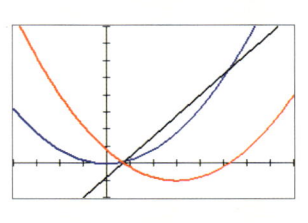

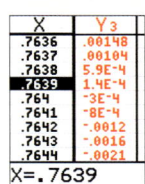

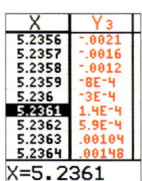

```
Plot1  Plot2
■\Y1=X²
■\Y2=6*X-4
■\Y3=Y1-Y2
■\Y4=
■\Y5=
■\Y6=
■\Y7=
```

1,4E–4 = 0,00014

X	Y3
.7636	.00148
.7637	.00104
.7638	5.9E-4
.7639	**1.4E-4**
.764	-3E-4
.7641	-8E-4
.7642	-.0012
.7643	-.0016
.7644	-.0021
X=.7639	

X	Y3
5.2356	-.0021
5.2357	-.0016
5.2358	-.0012
5.2359	-8E-4
5.236	-3E-4
5.2361	**1.4E-4**
5.2362	5.9E-4
5.2363	.00104
5.2364	.00148
X=5.2361	

3. Häufig sind die Lösungen quadratischer Gleichungen irrational. Dann kann man grafisch-tabellarisch grundsätzlich nicht die exakten Lösungen finden, man erhält nur eine ungefähre Lösung.

Eine solche Lösung heißt **Näherungslösung** oder numerische Lösung, man schreibt $x_1 \approx 5{,}2361$ oder $x_1 = 5{,}2361...$ und $x_2 \approx 0{,}7639$ oder $x_2 = 0{,}7639...$
Eine exakte Probe ist nicht möglich.

Übungen

11 Training
Löse die Gleichungen. Untersuche grafisch, wie viele Lösungen es gibt. Gib mindestens drei Nachkommastellen an. Manchmal erkennt man die exakte Lösung, überprüfe sie.
a) $x^2 - 4x + 2 = 0$
b) $x^2 + 2x = 6$
c) $2x^2 - \frac{1}{2}x - 7 = 0$
d) $x^2 - 7 = \frac{2}{3}x$
e) $x^2 = 3x + 40$
f) $2x^2 + 12x = -14$

12 Quadratische Gleichungen und binomische Formeln
Manche Terme kann man mithilfe der binomischen Formeln umformen und damit schnell eine quadratische Gleichung lösen. Aber nicht immer passt eine binomische Formel.

$2x^2 + 18 = 12x \quad | -12x$
$2x^2 - 12x + 18 = 0 \quad | :2$
$x^2 - 6x + 9 = 0$
$(x - 3)^2 = 0$
Lösung
$x = 3$

a) $x^2 + 4x + 4 = 1$
b) $x^2 - 6x + 9 = 4$
c) $x^2 + 8x + 16 = 0$
d) $x^2 + 5x + 6{,}25 = 9$
e) $3x^2 + 30x - 75 = 0$
f) $x^2 - 2x + 2 = 0$
g) $x^2 - 121 = 0$
h) $x^2 - 14x - 49 = 0$
i) $x^2 = 0{,}8x - 0{,}16$

13 Entdeckung eines allgemeinen Verfahrens
Die folgenden Aufgaben sind in Paaren aufgebaut. Eine der Aufgaben kannst du jeweils mithilfe der binomischen Formeln sofort lösen, die andere nicht. Durch geschicktes Addieren oder Subtrahieren kannst du jedoch die Gleichung so ergänzen, dass du sie lösen kannst.

a) $x^2 + 6x + 9 = 3$
b) $x^2 + 6x + 8 = 15$

c) $x^2 - 4x + 4 = 6$
d) $x^2 - 4x + 10 = 22$

e) $x^2 + 10x + 25 = 0$
f) $x^2 + 10x + 20 = 0$

14 Mathe ohne Worte
Löse die Gleichungen nach dem dargestellten Verfahren.

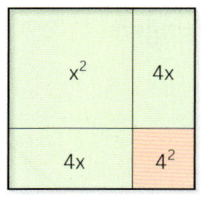

x^2	$4x$
$4x$	4^2

$x^2 + 8x = 20$ addiere quadratische Ergänzung 4^2
$x^2 + 8x + 4^2 = 20 + 4^2$ Binomische Formel
$(x + 4)^2 = 36$ Wurzelziehen
$x + 4 = \sqrt{36}$ oder $x + 4 = -\sqrt{36}$
$x + 4 = 6$ oder $x + 4 = -6$
$x_1 = 2;$ $x_2 = -10$

a) $x^2 + 10x = 39$
b) $x^2 - 12x = -11$
c) $x^2 - 8x = 4$
d) $x^2 + 4x = -5$

Basiswissen

Ein Lösungsverfahren, das zwar nicht immer das bequemste Verfahren ist, aber immer funktioniert, verwendet die „quadratische Ergänzung".

Quadratische Gleichungen in Normalform $x^2 + px + q = 0$

$x^2 + 10x + 16 = 0 \quad | -16$
$x^2 + 10x = -16 \quad | +25$ Regel für die quadratische Ergänzung:
      Halbiere den Koeffizienten von x und quadriere:
      $\left(\frac{10}{2}\right)^2 = 25$
$x^2 + 10x + 25 = -16 + 25$ Addiere auf beiden Seiten 25
$(x + 5)^2 = 9$ Binomische Formel
$x + 5 = 3$ oder $x + 5 = -3$ Wurzelziehen
$x_1 = -2; \; x_2 = -8$

Lösungsmenge:
$\mathbb{L} = \{-2; -8\}$

5.3 Quadratische Gleichungen

Beispiele

D Gleichung in Normalform mit quadratischer Ergänzung lösen
Löse die Gleichung   a) $x^2 - 4x - 2 = 0$ b) $x^2 - 3x = -4$.
Gib nötigenfalls das Ergebnis auf eine Stelle nach dem Komma genau an.

Rechnerische Lösung

a) $x^2 - 4x - 2 = 0$ $| +2$
$x^2 - 4x = 2$ $| +2^2$
$x^2 - 4x + 4 = 2 + 4$ quadratische Ergänzung
$(x - 2)^2 = 6$
$x - 2 = \sqrt{6}$ oder $x - 2 = -\sqrt{6}$
$x_1 = 2 + \sqrt{6}$ $x_2 = 2 - \sqrt{6}$
$x_1 \approx 4{,}4$ $x_2 \approx -0{,}4$

Lösungsmenge:
$\mathbb{L} = \{2 + \sqrt{6}; 2 - \sqrt{6}\}$

b) $x^2 - 3x = -4$ addiere $\left(\frac{3}{2}\right)^2$
$x^2 - 3x + \left(\frac{3}{2}\right)^2 = -4 + \left(\frac{3}{2}\right)^2$
$\left(x - \frac{3}{2}\right)^2 = -\frac{7}{4} < 0$
Die Gleichung hat keine Lösung.

Lösungsmenge: $\mathbb{L} = \{\}$

Grafische Lösung als Probe
Suche nach Nullstellen a) oder Schnittstellen b).

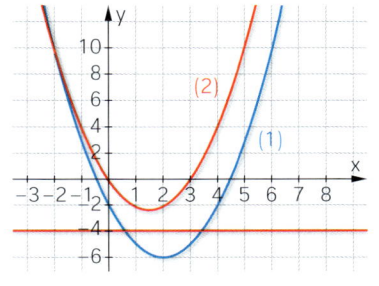

a) Nullstellen bei
$x_1 \approx -0{,}5$ und $x_2 \approx 4{,}5$
b) Es gibt keine Schnittpunkte.

Übungen

15 Eine Trainingseinheit zum Lösen mit quadratischer Ergänzung
Löse die Gleichungen mit quadratischer Ergänzung. Bringe die Gleichungen zunächst auf die Form $x^2 + px + q = 0$. Überprüfe die Lösungen durch Einsetzen oder grafisch.
a) $x^2 - 6x = 9$ b) $x^2 = 40 - 16x$ c) $x^2 - 20 = 8x$
d) $x^2 + 7x = 26$ e) $4 - x^2 = 10$ f) $2x^2 - 12x = 3$
g) $(x - 1)(x + 1) = 2x$ h) $(x - 3)(x - 5) = 4$ i) $(x - 1)^2 + (x - 2)^2 = 0$

> **Die Gleichung $ax^2 + bx + c = 0$**
>
> Es kommt ein zusätzlicher Schritt am Anfang.
> $3x^2 + 12x - 9 = 0$ $| :3$ Dividiere durch 3
> $x^2 + 4x - 3 = 0$
> Damit hat man die Normalform und kann die quadratische Ergänzung anwenden.

16 Quadratische Gleichungen in Allgemeinform
Löse die Gleichungen.
a) $4x^2 - 16x + 8 = 0$ b) $0{,}5x^2 + x - 3 = 0$ c) $-3x^2 + 6x - 3 = 0$
d) $\frac{2}{3}x^2 - 4x = -8$ e) $2x^2 = 8 - 6x$ f) $-x^2 + 2x - 4 = 0$

17 Die Entwicklung einer Formel
Du hast beim Trainieren des Lösens von $x^2 + px + q = 0$ erlebt, dass du immer wieder nach demselben Schema vorgegangen bist: *Zahl q auf die andere Seite, „die Hälfte von p zum Quadrat" auf beiden Seiten addieren, …* Wenn man dies allgemein für p und q durchführt, entsteht eine Formel.
Entwickle mithilfe der quadratischen Ergänzung eine Lösungsformel für die Gleichung $x^2 + px + q = 0$.

Tipp
Die quadratische Ergänzung ist $\left(\frac{p}{2}\right)^2$.

5 Quadratische Funktionen und Gleichungen

Basiswissen

Mithilfe der quadratischen Ergänzung kann man eine Formel entwickeln, mit der man jede quadratische Gleichung in Normalform lösen kann.

pq-Formel

Die quadratische Gleichung in Normalform $x^2 + px + q = 0$ hat die Lösungen

$$x_1 = -\frac{p}{2} + \sqrt{\left(\frac{p}{2}\right)^2 - q}\;;\; x_2 = -\frac{p}{2} - \sqrt{\left(\frac{p}{2}\right)^2 - q}$$

In Kurzschreibweise: $x_{1,2} = -\frac{p}{2} \pm \sqrt{\left(\frac{p}{2}\right)^2 - q}$

Beispiele

E Quadratische Gleichung mit der pq-Formel lösen

$2x^2 - 4x - 8 = 0$ Dividiere durch 2
$x^2 - 2x - 4 = 0$ $p = -2;\; q = -4$

$x_1 = -\frac{-2}{2} + \sqrt{\frac{(-2)^2}{4} - (-4)}$; $x_2 = -\frac{-2}{2} - \sqrt{\frac{(-2)^2}{4} - (-4)}$

$x_1 = 1 + \sqrt{1+4}$; $x_2 = 1 - \sqrt{1+4}$

$\mathbb{L} = \{1 + \sqrt{5};\; 1 - \sqrt{5}\}$ $x_1 = 1 + \sqrt{5}$; $x_2 = 1 - \sqrt{5}$

Übungen

18 Eine Trainingseinheiten zur pq-Formel
Löse die Gleichungen mit der pq-Formel. Vereinfache gegebenenfalls zunächst durch Ausmultiplizieren oder Zusammenfassen.
Manchmal benötigst du auch die „Produkt = 0"-Regel.

a) $x^2 + 3x - 10 = 0$ b) $x^2 + 7x - 8 = 0$ c) $2x^2 + 5x + 2 = 0$
d) $(x + 1)(x - 3) = 5$ e) $(x - 4)(x + 5) = -8$ f) $3(x + 1)(x - 5) = 6$
g) $(x^2 - 9)(x - 3) = 0$ h) $(x^2 - 4x)(2x + 2) = 0$ i) $(x - 8)(x^2 - 4x - 5) = 0$

19 Welches Verfahren ist das günstigste?
In der Tabelle sind verschiedene Verfahren zum Lösen einer quadratischen Gleichung zusammengefasst.

Wurzelziehen	$x^2 = 25$
Wurzelziehen	$(x + 4)^2 = 15$
Ausklammern (Faktorisieren)	$3x^2 - 15x = 0$ „Produkt = 0"-Regel
Quadratisches Ergänzen	$x^2 - 12x + 10 = 0$
pq-Formel	$3x^2 - 8x + 15 = 0$

a) Löse die Gleichungen in der Tabelle nach dem jeweiligen Verfahren.
b) Die pq-Formel kann man immer anwenden. Löse die Gleichung in der ersten Zeile der Tabelle mit der pq-Formel. Was geht schneller, das Lösen durch Wurzelziehen oder mit der pq-Formel?
c) Löse die quadratischen Gleichungen. Entscheide zunächst, nach welchem Verfahren du rechnen willst.

(1) $x^2 - 4x - 4 = 0$ (2) $(x + 7)^2 = 5$ (3) $15x^2 = 5x$ (4) $8x^2 - 16 = 0$

(5) $x^2 + 14x + 49 = 0$ (6) $x^2 + 20x = 0$ (7) $(x + 3)^2 = 36$ (8) $(x + 6)(x - 4) = 0$

5.3 Quadratische Gleichungen

Übungen

20 Verständnisfragen
a) Erkläre, warum die Gleichung $x^2 + 100 = 0$ keine Lösung hat.
b) Für welche Werte von a und b hat die Gleichung $ax^2 + b = 0$ keine Lösung?
c) Begründe, warum die Gleichung $x^2 - rx = 0$ immer Lösungen hat.

21 pq-Formel und Anzahl der Lösungen
a) Parabeln können zwei, eine oder keine Nullstellen haben. Wie spiegelt sich dies in der pq-Formel wieder?
b) Warum gibt es für $q < 0$ immer zwei Lösungen? Begründe mithilfe der pq-Formel und grafisch?
c) Begründe, dass es für $p^2 = 4q$ genau eine Lösung gibt und die pq-Formel in diesem Fall $x = -\frac{p}{2}$ lautet.

22 Lösungen und Scheitelpunktform
Florian behauptet: „Ich kann die Anzahl der Nullstellen an der Scheitelpunktform $f(x) = a(x - d)^2 + e$ einer Parabel erkennen."
Lena: „Und was hat das mit den Lösungen einer quadratischen Gleichung zu tun?"
a) Wie macht Florian das?
b) Beantworte die Frage von Lena.

23 Lösungen und Diskriminante

discriminare (lat.): unterscheiden

a) Mithilfe der pq-Formel kannst du begründen:
Eine quadratische Gleichung $x^2 + px + q = 0$ hat
- zwei Lösungen, wenn der Wert der Diskriminante positiv,
- genau eine Lösung, wenn der Wert der Diskriminante Null ist,
- keine Lösung, wenn der Wert der Diskriminante negativ ist.

↘ **Diskriminante**
Für die quadratische Gleichung $x^2 + px + q$ nennt man den Term $\left(\frac{p}{2}\right)^2 - q$ **Diskriminante**.
Es ist der Ausdruck unter der Wurzel in der pq-Formel.

```
(p/2)² - q → disk(p,q)          Fertig
disk(2,-4)                           5
```

b) Finde die Anzahl der Lösungen der quadratischen Gleichungen mithilfe der Diskriminante.
(1) $x^2 - 4x - 8 = 0$ (2) $x^2 - 10x + 25 = 0$
(3) $x^2 - 2{,}5x - 3{,}5 = 0$ (4) $x^2 + 4x + 6 = 0$

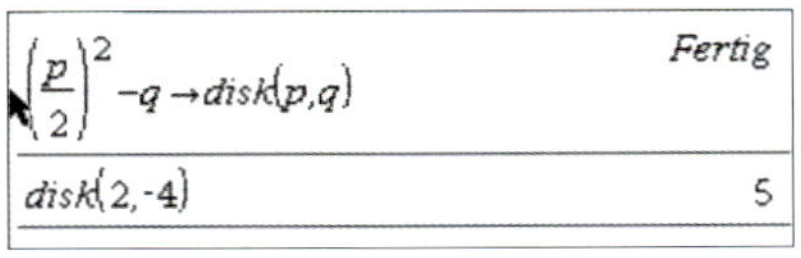

c) Warum hat die quadratische Gleichung in allgemeiner Form $ax^2 + bx + c = 0$ dieselbe Anzahl an Lösungen wie die zugehörige Normalform $x^2 + \frac{b}{a}x + \frac{c}{a} = 0$?

24 Lösungen und Graphen
Zu der quadratischen Gleichung in Normalform gehört die Normalparabel in der Form $y = x^2 + px + q$.
a) Zeige, dass die x-Koordinate des Scheitelpunktes dieser Normalparabel $x = -\frac{p}{2}$ ist.
Zeige, dass dann $S\left(-\frac{p}{2} \mid -\frac{p^2}{4} + q\right)$ der Scheitelpunkt ist. 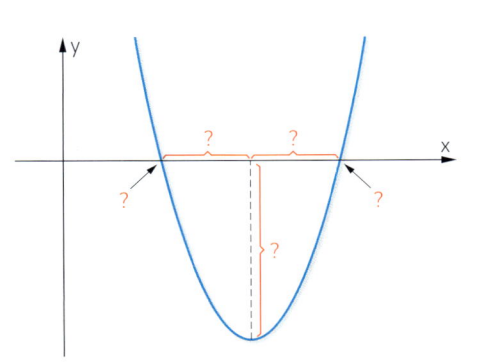
b) Übertrage die Grafik in dein Heft und beschrifte sie. Beantworte alle in der Skizze angedeuteten Fragen.
Schreibe einen Bericht über den Zusammenhang der pq-Formel mit besonderen Punkten der Parabel.

Übungen

25 Lösungen und Symmetrie
Welche Aufgaben werden hier mit einem CAS bezüglich der Parabel $y = x^2 - 2x - 6$ gelöst? Erläutere wie sich in den rechnerischen Ergebnissen die geometrische Symmetrieeigenschaft von Parabeln wiederspiegelt.

```
solve(x²-2·x-6=7,x)
                    x=-(√14 -1) or x=√14 +1
solve(x²-2·x-6=-5,x)
                    x=-(√2 -1) or x=√2 +1
solve(x²-2·x-6=k,x)
                    x=-(√(k+7) -1) or x=√(k+7) +1
```

26 Quadratische Gleichungen bauen
Stelle jeweils zwei möglichst verschiedene quadratische Gleichungen mit den angegebenen Lösungen auf. Es dürfen auch komplizierte sein. Überprüfe dann, ob deine Gleichungen auch die angegebenen Lösungen haben.

a) $x_1 = 2$; $x_2 = 5$ b) $x_1 = 7$ c) $x_1 = -5$; $x_2 = 0$
d) $x_1 = \sqrt{13}$; $x_2 = -\sqrt{13}$ e) $x_1 = -3$; $x_2 = 6$ f) $x_1 = \sqrt{2}$; $x_2 = 5$

27 Quadratische Gleichungen mit einem CAS
Ein GTR mit CAS (Computer-Algebra-System) kann auch algebraische Umformungen durchführen. Lisa löst zunächst die Gleichung $x^2 - 3x + 1 = 0$ und lässt das CAS dann die pq-Formel bestimmen.

```
solve(x²-3·x+1=0,x)
          x=-(√5 -3)/2  or x=(√5 +3)/2
solve(x²+p·x+q=0,x)
          x=(√(p²-4·q) -p)/2  or x=-(√(p²-4·q) +p)/2
```

a) Löse die Gleichung ohne GTR und zeige, dass deine Lösung mit der Lösung des CAS übereinstimmt.
b) Zeige die Gleichwertigkeit (Äquivalenz) der pq-Formel des CAS mit der aus dem Basiswissen.

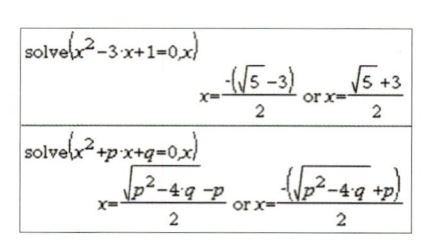

28 Die abc-Formel

Tipp
Im CAS müssen Malpunkte zwischen zwei Variablen eingegeben werden, weil das CAS sonst z. B. bx als Variable mit dem Namen „bx" interpretiert und nicht als „b · x".

a) Erzeuge mit dem CAS eine Lösungsformel für die Gleichung $ax^2 + bx + c = 0$ und schreibe sie in dein Heft.

```
solve(a·x²+b·x+c=0,x) →quagl(a,b,c)
                                    Fertig
quagl(-1,2,6)    x=-(√7 -1) or x=√7 +1
```

b) Die Lösungen der quadratischen Gleichung in Allgemeinform können auch mit einem Makro bestimmt werden. Löse mit dem Makro und überprüfe grafisch.
(1) $2x^2 - 5x - 7 = 0$ (2) $-\frac{2}{3}x^2 + \frac{1}{4}x + \frac{5}{6} = 0$ (3) $0{,}1x^2 - 40x - 205 = 0$

c) • Wie erhält man mit dem Makro die pq-Formel?
   • Welcher Gleichungstyp wird mit *quagl(1,0,a)* gelöst?
   • Welche Aufgabe kann mit *quagl(0,m,b)* gelöst werden?

Kopfübungen

1. Berechne geschickt: $\sqrt{3} \cdot \sqrt{10} \cdot \sqrt{27} \cdot \sqrt{40}$
2. Ein Parallelogramm lässt sich bereits eindeutig konstruieren, wenn man ... kennt.
3. Welche Zahl wird um 4 kleiner, wenn man sie mit 3 multipliziert?
4. Wie groß ist der Oberflächeninhalt eines Zylinders, dessen Radius und Höhe jeweils 1 cm sind? Schätze zuerst und berechne dann.
5. Vereinfache, sofern möglich: $\sqrt{3} + \sqrt{6}$; $\sqrt{27} - \sqrt{2}$; $\sqrt{2} \cdot \sqrt{8}$;
6. Erstelle eine Liste aus sechs Zahlen so, dass der Median 4 und die Spannweite 8 beträgt.
7. Ergänze die Wertetabelle einer linearen Funktion und gib die Funktionsgleichung an.

x	-2	-1	0	1	2
y	10		0		

Aufgaben

29 Anzahl der Lösungen finden – eine Fallunterscheidung wird benötigt
Wie muss man k wählen, damit die Gleichung eine, zwei oder keine Lösung hat?
(1) $x^2 + 4x + k = 0$ (2) $x^2 + k \cdot x + 9 = 0$

a) Welches Bild passt zu welcher Gleichung? Beantworte damit die Frage grafisch.

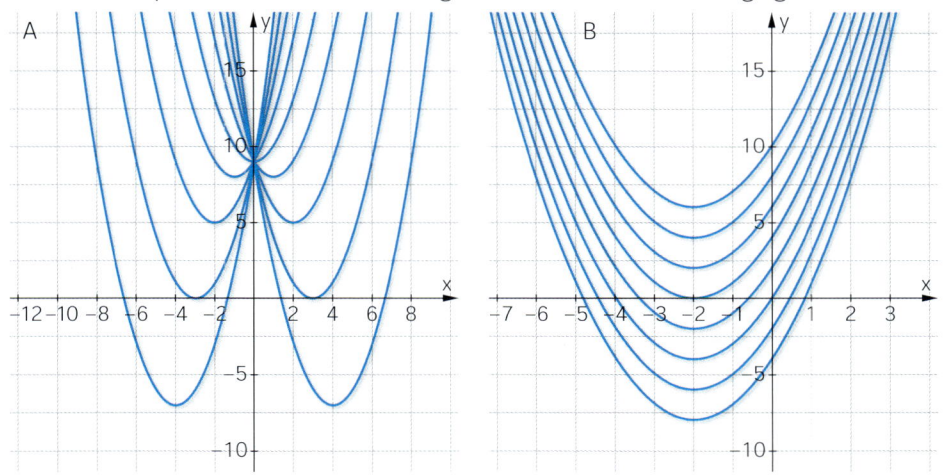

b) Beantworte die Frage rechnerisch. Hinweis: Die Diskriminante (Aufgabe 21) hilft.

Exkurs

Al-Chwarizmi

Der arabische Mathematiker Al-Chwarizmi schrieb im 9. Jahrhundert ein Mathematikbuch. In diesem Buch beschäftigte er sich auch mit dem Lösen von quadratischen Gleichungen. Um die quadratische Ergänzung für die Gleichung $x^2 + 8x = 65$ zu finden, bedient er sich des folgenden Verfahrens:

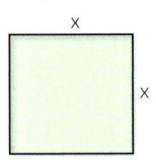

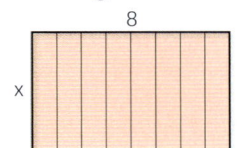

(1) Al-Chwarizmi beginnt mit einem Quadrat mit der Seitenlänge x cm und 8 Rechtecken, mit der Länge x cm und der Breite 1 cm.

(2) Er teilt die 8 Rechtecke in Gruppen zu je 2 Rechtecken auf und fügt sie jeder Seite des Quadrates an. Die Fläche dieser Figur beträgt 65 cm² (siehe Gleichung).

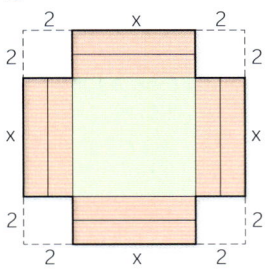

(3) Um zu einem Quadrat zu ergänzen, muss er an allen vier Ecken ein Quadrat mit dem Flächeninhalt von 4 cm² anfügen.

(4) Der Flächeninhalt des großen Quadrates beträgt 65 cm² + 4 · 4 cm² = 81 cm². Die Seitenlänge des großen Quadrates ist daher 9 cm.

(5) Für die Seitenlänge des großen Quadrates gilt: $2 + x + 2 = 9$. Damit kann die Länge von x berechnet werden. Al-Chwarizmi erhält $x = 5$.

30 Ein arabisches Lösungsverfahren
Löse mit dem Verfahren aus dem Buch von Al-Chwarizmi.
a) $x^2 + 8x = 9$ b) $x^2 + 20x = 125$ c) $x^2 + 28x = 60$ d) $x^2 + 4x = 0$
Warum ist das Verfahren aus dem Buch von Al-Chwarizmi nicht vollständig?

Aufgaben

31 Forschungsaufträge

Was haben die Lösungen x_1 und x_2 einer quadratischen Gleichung $x^2 + px + q = 0$ mit den Koeffizienten p und q zu tun?

Auftrag 1: Löse die Gleichungen und vergleiche die Lösungen x_1 und x_2 mit den Koeffizienten p und q in der Gleichung $x^2 + px + q = 0$. Was stellst du fest?
a) $x^2 - 8x + 15 = 0$ b) $x^2 + 9x + 14 = 0$ c) $x^2 - 5x - 14 = 0$

Auftrag 2: Die Gleichung $(x-3)(x-5) = 0$ hat die Lösungen 3 und 5. Durch Ausmultiplizieren kann man die Gleichung auf die Form $x^2 + px + q = 0$ bringen. Welcher Zusammenhang besteht zwischen den Lösungen 3 und 5 und den Koeffizienten p und q?

Auftrag 3: Die Erkenntnisse aus Auftrag 2 lassen sich verallgemeinern. Bestimme die Lösungen der Gleichung $(x - x_1)(x - x_2) = 0$. Bringe die Gleichung durch Ausmultiplizieren in die Form $x^2 + px + q = 0$. Welcher Zusammenhang besteht zwischen p und q und den Lösungen x_1 und x_2?

> **Satz von Vieta**
>
> Wenn eine quadratische Gleichung $x^2 + px + q = 0$ die Lösungen x_1 und x_2 hat, dann gilt: $x_1 \cdot x_2 = q$ und $x_1 + x_2 = -p$.
>
> Mit dem Satz von Vieta kann man schnell Lösungen finden, wenn diese ganzzahlig sind. Auch die Probe lässt sich damit schnell durchführen.

Exkurs

FRANÇOIS VIETA

FRANÇOIS VIÈTE, genannt Vieta, lebte und arbeitete im 16. Jahrhundert in Frankreich. Vieta kann man zu Recht den Wegbereiter der Algebra nennen, denn er führte das Rechnen mit Platzhaltern ein. Auch die Benutzung der uns heute vertrauten Rechenzeichen „+" und „−" anstelle der bis dahin gebräuchlichen Wörter geht auf Vieta zurück.

Vietas Leistungen als Mathematiker sind umso erstaunlicher, als er von Hause aus Jurist war und u. a. für die französischen Könige HEINRICH III. und HEINRICH IV. arbeitete. Er betrieb Mathematik als Hobby in seiner Freizeit. Berühmt wurde er vor allem dadurch, dass er verschlüsselte Nachrichten der Spanier für den französischen König entschlüsselte. Seine Fähigkeiten auf diesem Gebiet waren so außerordentlich, dass die Spanier ihn beim Papst beschuldigten, er sei mit dem Teufel im Bunde.

32 Quadratische Gleichungen mit Vieta lösen
a) $x^2 + 7x + 12 = 0$ b) $x^2 + 9x + 18 = 0$ c) $x^2 - 4x + 4 = 0$
d) $x^2 - 6x + 8 = 0$ e) $x^2 - 13x + 30 = 0$ f) $x^2 + 2x - 80 = 0$

33 „Höhere" Gleichungen

Forschungsaufgabe

Gibt es auch bei „höheren" Gleichungen einen Zusammenhang zwischen den Koeffizienten und Lösungen der Gleichung?

$(x - a) \cdot (x - b) \cdot (x - c)$ ist eine faktorisierte Form der Gleichung $x^3 + px^2 + qx + r = 0$.

Mit einem CAS wurde $(x - a) \cdot (x - b) \cdot (x - c)$ ausmultipliziert. Formuliere damit einen Zusammenhang zwischen a, b, c und p, q, r.

Zum Weiterforschen: Wie sieht das bei $(x - a) \cdot (x - b) \cdot (x - c) \cdot (x - d)$ aus?

```
expand((x-a)·(x-b)·(x-c))
x³-a·x²-b·x²-c·x²+a·b·x+a·c·x+b·c·x-a·b·c
expand((x-a)·(x-b)·(x-c)·(x-d))
x⁴-a·x³-b·x³-c·x³-d·x³+a·b·x²+a·c·x²+a·d·...
```

5.3 Quadratische Gleichungen

Exkurs

Der goldene Schnitt

In der Kunst vieler Kulturen ist das „goldene Verhältnis" als Ordnungsprinzip beliebt. So haben viele Künstler, wie z.B. der Architekt LE CORBUSIER und der Komponist BÉLA BARTÓK, ganz bewusst das goldene Verhältnis in verschiedenen Zusammenhängen benutzt. Die Griechen haben sich bereits mehrere Jahrhunderte vor Christus mit dem goldenen Schnitt als einem besonderen Teilungsverhältnis beschäftigt und ihn mit Zirkel und Lineal konstruiert.

Eine Strecke ist im „goldenen Verhältnis" geteilt, wenn das Verhältnis der kürzeren Teilstrecke zur längeren Teilstrecke dasselbe ist, wie das der größeren Teilstrecke zur ganzen Strecke.

$$\frac{b}{a} = \frac{a}{a+b}$$

Entdeckst du am Rathaus von Leipzig den goldenen Schnitt?

Aufgaben

34 Der goldene Schnitt

a) Löse die Gleichung $\frac{b}{a} = \frac{a}{a+b}$ nach a auf und bestimme das Teilverhältnis $\frac{b}{a}$. Du müsstest als Teilverhältnis $\frac{\sqrt{5}-1}{2} \approx 0{,}618$ erhalten.
Begründe damit, dass $\overline{AT} = \left(\frac{\sqrt{5}-1}{2}\right) \cdot \overline{AB} \approx 0{,}618 \cdot \overline{AB}$ gilt.

$\frac{1}{2}\sqrt{5} - \frac{1}{2} = \frac{\sqrt{5}-1}{2}$

b) Die Abbildung zeigt eine Konstruktion des goldenen Schnitts.
- Konstruiere nach den Schritten (1), (2) und (3) im Heft oder mit einem DGS.
- Weise nach, dass T die Strecke $\overline{AB}$ im goldenen Schnitt teilt. Setze dazu $x = \overline{AB}$ und bestimme $\overline{AC}$ mit dem Satz des Pythagoras.

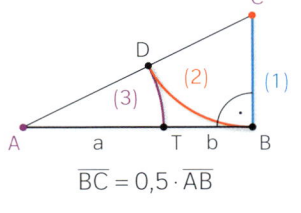

$\overline{BC} = 0{,}5 \cdot \overline{AB}$

c) Fibonaccizahlen sind in der Mathematik außerordentlich beliebt, da sie interessante Eigenschaften haben. Sie haben auch etwas mit dem goldenen Schnitt zu tun. Fibonaccizahlen erhält man, wenn man die Summe der beiden vorhergehenden Zahlen berechnet: 1, 1, 2, 3, 5, 8, ...
- Bestimme die nächsten fünf Fibonaccizahlen.
- Bilde die Quotienten aufeinander folgender Fibonaccizahlen: $\frac{1}{1}, \frac{1}{2}, \frac{2}{3}, \frac{3}{5}, ...$
Gib die nächsten fünf Quotienten auch in Dezimaldarstellung an. Was fällt dir auf?

d) Fasst man aufeinander folgende Fibonaccizahlen als Länge und Breite von Rechtecken auf, erhält man eine Folge von Rechtecken. Beschreibe die Entwicklung des Verhältnisses von Länge und Breite dieser Rechtecke.

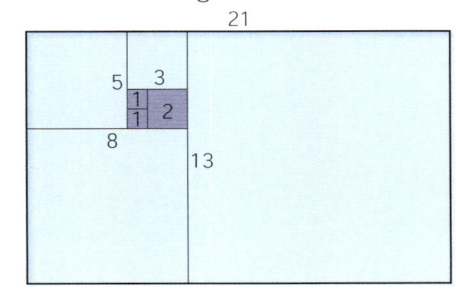

5.4 Modellieren mit Daten

Ein neuer Allwetterreifen soll getestet werden. In einem Test wird die Abhängigkeit des Bremsweges von der Geschwindigkeit bei nasser Fahrbahn untersucht. Für eine trockene Fahrbahn hast du bereits ein quadratisches Modell kennen gelernt ($b(v) = 0{,}01\,v^2$). Vermutlich kann man auch zu dieser Tabelle ein solches finden.

Typisch für das Modellieren ist, dass häufig die in einem Sachzusammenhang verwendete quadratische Funktion das Problem nicht genau beschreibt. In der Regel stellt das mathematische Modell eine Vereinfachung des realen Problems dar, oder das mathematische Modell trifft nur für einen bestimmten Bereich zu. So gilt z.B. das Fallgesetz $s(t) = 5\,t^2$ angenähert nur für kleine Zeitspannen, da der „Luftwiderstand" nicht berücksichtigt wird. Für längere Fallzeiten wird die Fallgeschwindigkeit so groß, dass die Luftreibung den Fall merklich bremst.

Geschwindigkeit (km/h)	Bremsweglänge (m)
20	5,5
40	19
60	47
80	91
100	133
120	210

Aufgaben

1 Snowboarding

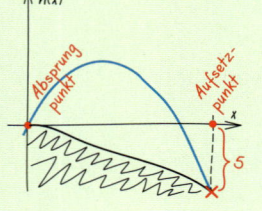

Snowboarding ist eine beliebte Sportart. Könner beherrschen spektakuläre Sprünge. Bei einem Sprung wird die Höhe $h(x)$ mithilfe einer Videokamera in Abhängigkeit von der Entfernung x vom Absprungpunkt gemessen.

Messwerte:

x	0	2	4	6	8	10	12
h(x)	0	1,4	2,6	3,4	3,8	4,1	3,9

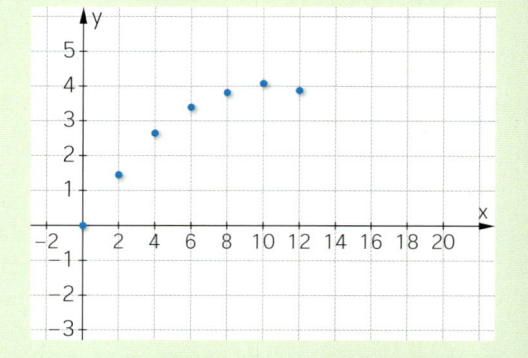

siehe Basiswissen Seite 155

a) Übertrage das Streudiagramm in dein Heft. Skizziere nach Augenmaß eine Flugkurve und den Aufsetzpunkt 5 m unterhalb des Absprungs.

b) Drei verschiedene Personen entwickeln unterschiedliche quadratische Modelle, indem sie Parabeln möglichst gut an die Messpunkte anpassen.

(A) $A(x) = a(x-d)^2 + e$ Scheitelpunkt $S(10\,|\,4{,}1)$; $P(0\,|\,0)$	(B) $B(x) = a\,x(x-b)$ $P_1(0\,|\,0)$; $P_2(20\,|\,0)$; $P_3(2\,|\,1{,}4)$	(C) $C(x) = a\,x^2 + b\,x + c$ $P_1(0\,|\,0)$; $P_2(4\,|\,2{,}6)$; $P_3(8\,|\,3{,}8)$

- Berechne für die Modelle (A), (B) und (C) passende Koeffizienten. Vergleiche die gemessenen Daten mit denen, die man mit den Modellen errechnen kann.
- Bestimme den Aufsetzpunkt nach den drei Modellen und vergleiche. Welches Modell findest du am passendsten?

5.4 Modellieren mit Daten

Basiswissen Den Zusammenhang zwischen zwei Größen kann man mit Messungen oder Datenerhebungen untersuchen. Wenn die Wertepaare im Streudiagramm in etwa auf einer Parabel liegen, macht es Sinn, mit einer quadratischen Funktion zu modellieren.

Strategien zum Modellieren von Daten mit quadratischen Funktionen

Mit einer Videoanalyse wird die Flugbahn eines Basketballes aufgezeichnet. Einzelne Aufnahmen des Balles werden als Punkte in einem geeigneten Koordinatensystem eingetragen und die Koordinaten in einer Tabelle notiert.
Die Aufnahme legt die Modellierung mit einer quadratischen Funktion nahe.

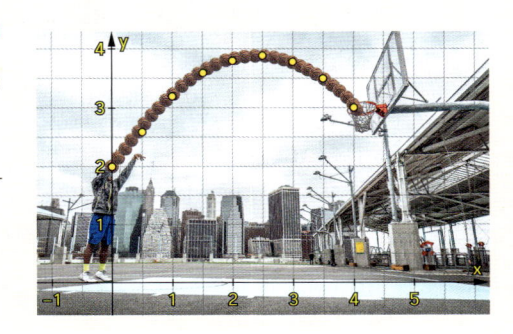

x: Weite	0	0,5	1	1,5	2	2,5	3	3,5	4
y: Höhe	2	2,6	3,2	3,6	3,8	3,9	3,8	3,5	3

Mithilfe ausgewählter Punkte können Funktionsgleichungen bestimmt werden, die vielleicht zu den Daten passen.

vgl. Seite 155

(1) Scheitelpunkt und ein weiterer Punkt
$S(2,5 | 3,9); P(1 | 3,2)$
$f_1(x) = -0,311(x - 2,5)^2 + 3,9$

(2) Schnittpunkt mit y-Achse und zwei Punkte
$A(0 | 2), B(2 | 3,8), C(4 | 3)$
$f_2(x) = -0,325 x^2 + 1,55 x + 2$

Die Funktionen zu (1) und (2) passen beide gut zu den Daten.
Eine Überprüfung der Passung ist notwendig, weil nur wenige Punkte berücksichtigt sind. Dadurch gibt es immer unterschiedliche Modelle, die oft nach Augenmaß gleich gut zu den Daten passen. und so in gleicher Weise „richtig" sind.

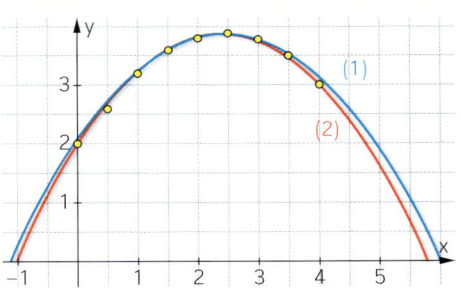

Werkzeug

CAS

Gleichungen lösen mit CAS

`solve(a·(1−2,5)^2+3.9=3.2,a)` $a = -0.311111$

oder

`f1(x)=a·(x−2,5)^2+3.9`

`solve(f1(1)=3.2,a)` $a = -0.311111$

vgl. Seite 155

Lineare Gleichungssysteme lösen
Wähle drei beliebige Punkte:
$A(1 | 3,2), B(2 | 3,8), C(4 | 3)$

`solve(a+b+c=3.2 and 4·a+2·b+c=3.8 and 16·`
$a = \frac{-1}{3}$ and $b = \frac{8}{5}$ and $c = \frac{29}{15}$

`4·a+2·b+c=3.8 and 16·a+4·b+c=3,{a,b,c})`
$a = -0.333333$ and $b = 1.6$ and $c = 1.93333$

Beispiele

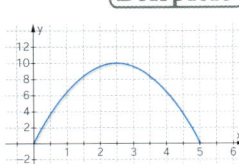

A Eine Wasserfontäne
Ein Gartenbauarchitekt plant einen Springbrunnen mit einer Wasserfontäne, die 10 m hoch und 5 m weit sprüht. Wasserfontänen ähneln Parabeln. Ermittle die Funktionsgleichung einer entsprechenden Parabel.
Nullstellen: $x_1 = 0, x_2 = 5$ → `solve(a·(2.5−0)·(2.5−5)=10,a)` $a = -1.6$ → $f(x) = -1,6x(x - 5)$
Scheitelpunkt: $S(2,5 | 10)$ $\quad\quad\quad\quad\quad\quad\quad\quad\quad\quad\quad\quad\quad\quad\quad\quad\quad\quad\quad\quad\quad\quad = -1,6x^2 + 8x$

Übungen
vgl. Seite 155

2 Weitere Modelle für den Basketballflug
Ermittle zu der Flugkurve des Basketballs (Seite 173) weitere Modelle und vergleiche sie.

3 Eine Wasserkanone
Ein Feuerlöschboot im Hafen spritzt mit seiner Wasserkanone „Spalier" für die Segelyacht, die die Regatta gewonnen hat. Unter dem parabelförmigen Wasserstrahl soll die Segelyacht hindurchfahren können. Daher muss die „Wasserparabel" 15 m hoch und 30 m breit sein. Modelliere den Wasserstrahl mit einer quadratischen Funktion.

Exkurs

Wasserstrahlen: Modellieren mit einer Parabel
Bei der Planung von Brunnen und Wasserfontänen einer gewünschten Höhe und Weite muss der Gartenarchitekt die Geschwindigkeit berücksichtigen, mit der das Wasser aus der Düse fließt, den Winkel der Sprühdüse zur Horizontalen und natürlich den Luftwiderstand.

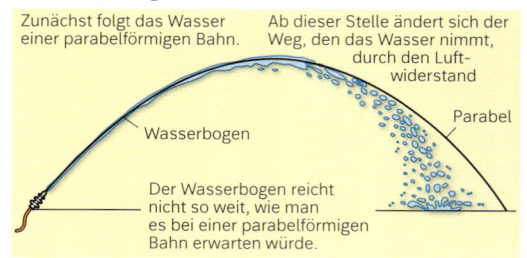

Zunächst folgt das Wasser einer parabelförmigen Bahn.
Ab dieser Stelle ändert sich der Weg, den das Wasser nimmt, durch den Luftwiderstand
Wasserbogen
Parabel
Der Wasserbogen reicht nicht so weit, wie man es bei einer parabelförmigen Bahn erwarten würde.

Modellieren mit einer Parabel
Für Höhen bis zu 20 m und einer Wassergeschwindigkeit von 2 m/s bis 35 m/s ist die Parabel ein gutes Modell für einen Wasserstrahl, denn dann spielt der Luftwiderstand fast keine Rolle.

Modellieren mit Daten

4 Parabeln im Sport
Die Bewegung der Sportler wird durch die eingezeichneten Parabeln beschrieben. Lies Punkte aus den Diagrammen ab und bestimme zwei verschiedene quadratische Modelle. Vergleicht eure Modelle und überprüft sie an den Diagrammen.

a)

b)

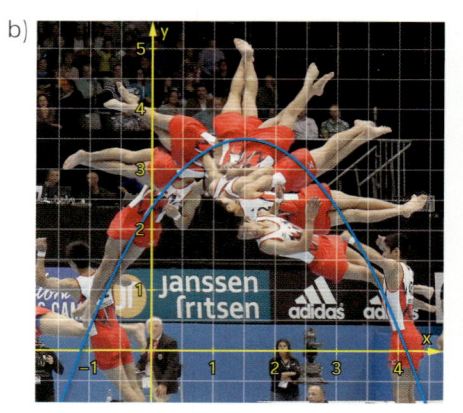

Hinweise:
Der Korb hängt 3,05 m hoch.
Die Freiwurflinie ist 4,6 m vom Korb entfernt.

5 Korb oder kein Korb?
Ein Freiwurf beim Basketball wird mit Video aufgezeichnet und ein Stroboskopbild erstellt. Kann man damit vorhersagen, ob der Ball im Korb landet?
Messung: A(0,5 | 2,6), B(1,2 | 3,4), C(2 | 3,8), D(3,1 | 3,8)
Bei den Modellen kannst du immer nur höchstens drei der vier Messwerte benutzen und musst dann schauen, ob der vierte Messwert zum errechneten Modell passt. Es gibt auch Verfahren, bei denen man mehr Punkte berücksichtigen kann. Dazu benötigst du aber einen Funktionenplotter oder einen GTR.

5.4 Modellieren mit Daten

Basiswissen

Mit digitalen Werkzeugen ergeben sich weitere Strategien um geeignete Modelle zu finden.

Strategien zum Modellieren mit digitalen Werkzeugen

In der Regel liegen die ermittelten Punkte nicht genau auf einer Parabel. In diesem Fall kann man mit einem GTR die quadratische Funktion berechnen lassen, die in einem gewissen Sinne am besten „passt". Dieses Verfahren nennt man **„quadratische Regression"**. Mit einem Funktionenplotter können auch grafisch Parabeln gefunden werden, die gut passen.

1. Quadratische Regression mit dem GTR

Die Daten beziehen sich auf das Basiswissen oben

Eingabe der Daten in Listen und Auswahl von „quadreg" im Statistik-Menü. Eine Parabel wird dabei so an die Daten angepasst, dass die Summe der „Abweichungsquadrate" möglichst klein ist.

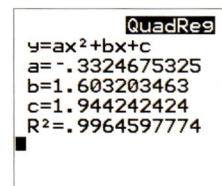

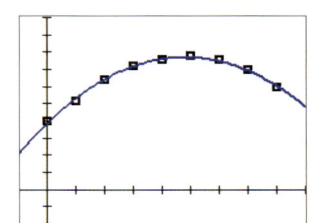

QuadReg
y=ax²+bx+c
a=-.3324675325
b=1.603203463
c=1.944242424
R²=.9964597774

2. Grafische Anpassung mit einem Funktionenplotter

Für die Koeffizienten a, b und c der allgemeinen Gleichung $f(x) = ax^2 + bx + c$ werden Schieberegler erzeugt. Durch Variation dieser Regler wird eine möglichst gute Anpassung erzeugt.

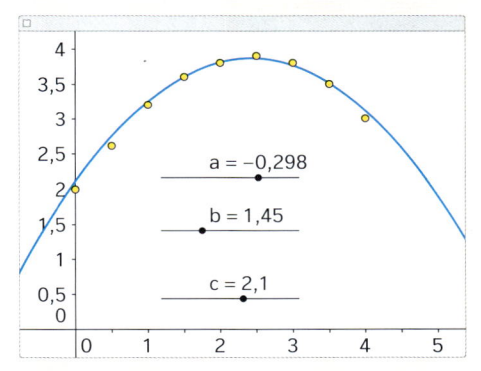

a = −0,298
b = 1,45
c = 2,1

Bei den Strategien ohne digitale Werkzeuge passten die Modelle immer exakt zu einigen Messwerten, die anderen blieben unberücksichtigt. Bei der Regression und Arbeit mit Schiebereglern werden alle Messwerte berücksichtigt, allerdings verlaufen die gefundenen Funktionen meist durch keinen Punkt genau.

Übungen

6 Parabeln im Sport mit Regression und Schiebereglern

Führe zu den „Parabeln im Sport" (Aufgabe 4) und dem Korbwurf aus Aufgabe 5 eine quadratische Regression mithilfe der Messwerte durch. Vergleiche mit den dort gefundenen Funktionen.

7 Bremsen bei nasser Fahrbahn

Geschwindigkeit (km/h)	Bremsweglänge (m)
20	5,5
40	19
60	47
80	91
100	133
120	210

Erstelle verschiedene quadratische Modelle zu dem Bremsvorgang auf nasser Fahrbahn (siehe Einführungstext). Vergleiche die Modelle untereinander und mit der Faustregel für trockene Fahrbahnen..

5 Quadratische Funktionen und Gleichungen

Übungen

8 Einwohner der USA
Seit 1790 sind in den USA alle zehn Jahre Volkszählungen vorgenommen worden.

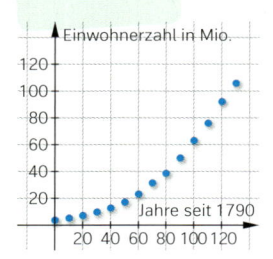

Jahr	1790	1800	1810	1820	1830	1840	1850	1860	1870	1880	1890	1900	1910	1920
Einwohner [in Mio]	3,9	5,3	7,2	9,6	12,9	17,1	23,2	31,4	38,5	50,1	62,9	76,0	92,0	105,7

a) Erstelle ein Streudiagramm (1790: x = 0). Begründe, dass ein linearer Zusammenhang zwischen der Zeit und der Bevölkerungszahl nicht passt. Finde verschiedene passende quadratische Modelle.
b) Die aktuelle Einwohnerzahl der USA beträgt 319 Millionen. Passt das zu deinem Modell aus a)? Finde gegebenenfalls eine passende quadratische Funktion, die auch die aktuellen Daten berücksichtigt. Was sagt das Modell für zukünftige Bevölkerungsentwicklung voraus? Was hältst du davon?

9 Futterzusatz und Gewichtszunahme
Ein Tierarzt, der für einen großen Schweinemastbetrieb arbeitet, untersucht den Einfluss von Futterzusätzen auf die Gewichtszunahme der Tiere. 
Experiment: 36 Schweine werden zufällig ausgewählt. Gruppen von je vier Schweinen erhalten jeweils dieselbe Menge von Futterzusatz. Die durchschnittliche Gewichtszunahme der Schweine in jeder Gruppe wird festgestellt.

Futterzusatz in Einheiten	0	1	2	3	4	5	6	7	8
Gewichtszunahme in %	10	13	22	23	21	19	17	13	10

a) Zeichne zu den Daten in der Tabelle ein Streudiagramm.
b) Ermittle mit einer Methode deiner Wahl ein quadratisches Modell.
c) Finde mit dem quadratischen Modell heraus, bei welcher Menge von Futterzusatz die größte Gewichtszunahme erzielt wird.

> **Modelle, die nicht von einer Theorie gestützt werden**
>
> Die Modellierung mit quadratischen Funktionen in den Aufgaben 6-9 wird zunächst allein durch die Streudiagramme nahegelegt. Gibt es darüberhinaus Theorien, die einen quadratischen Zusammenhang stützen? Bei den Flugkurven und der Bremsweglänge liefert die Physik die theoretische Grundlage. Niemand kann aber begründen, warum die Bevölkerungsentwicklung eines Landes in Abhängigkeit der Zeit oder der Zusammenhang zwischen der Menge des Futterzusatzes und der prozentualen Gewichtszunahme mit quadratischen Funktionen beschrieben werden können.

Kopfübungen

1. Vereinfache: $\sqrt{7} \cdot \left(\sqrt{7} + \sqrt{\frac{1}{7}}\right)$
2. Setze fort: Ein Rechteck ist ein Trapez mit …
3. Welche Zahl wird um 1 größer, wenn man sie durch 3 dividiert?
4. Gib die Formel für die Oberfläche eines Prismas an.
5. Schreibe die Zahlen 36; 10 und 0,25 als Wurzel aus einer Zahl.
6. Erstelle eine Liste aus 5 Werten mit dem arithmetischen Mittelwert 4.
7. Ergänze die Wertetabelle einer linearen Funktion und gib die Funktionsgleichung an.

x	−2	−1	0	1	2
y	■	■	■	1	4

Aufgaben

Gruppenarbeit

10 Querlage und Höhenverlust bei Segelflugzeugen

Segelflugzeuge verlieren an Höhe, wenn sie nicht von Aufwinden erfasst werden. Fliegen Segelflugzeuge einen Kreis, dann hängt der Verlust an Höhe von der Querlage des Flugzeuges ab. Die Querlage wird mit dem Winkel angegeben, den das Flugzeug zur Horizontalen einnimmt.

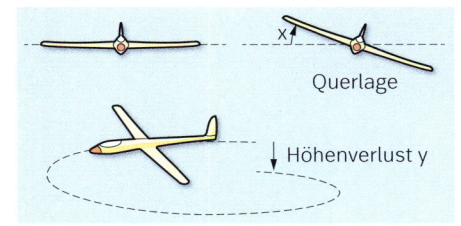

Querlage x (Winkel in °)	20	25	30	35	40	45	50
Höhenverlust y (in m bei einem Vollkreis)	36,0	30,3	27,0	24,6	23,6	23,3	23,6

(A) Lineares Modell

Mit dem GTR wurde die „beste" Ausgleichsgerade berechnet.
Die Gleichung lautet:
$y = -0,39x + 40,6$.

Die Ausgleichsgerade wird vom GTR so berechnet, dass die Summe der Abweichungsquadrate möglichst klein ist.
- Übertragt auch die Tabelle in euer Heft, ergänzt sie und ermittelt die Summe aller Werte für d^2.

x	y aus Tabelle	y aus Modell	Abweichung d	d^2
20	36,0	32,80	−3,20	10,24
25	30,3	30,85	0,55	0,3025
30	27,0	■	■	■
35	24,6	■	■	■
40	23,6	■	■	■
45	23,3	■	■	■
50	23,6	■	■	■

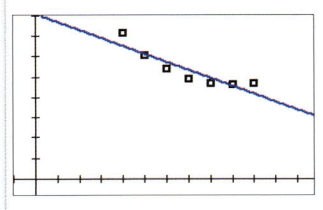

- Überprüft mit dem GTR die Ausgleichsgerade. Zeichnet das Streudiagramm und die Ausgleichsgerade in euer Heft.

(B) Quadratisches Modell

Mit dem GTR kann man nach der Methode der kleinsten quadratischen Abweichungen die „beste" Ausgleichsparabel berechnen. Die Gleichung lautet:
$y = 0,023x^2 - 2x + 66$.

Die Ausgleichsparabel wird vom GTR so berechnet, dass die Summe der Abweichungsquadrate möglichst klein ist.
- Übertragt auch die Tabelle in euer Heft, ergänzt sie und ermittelt die Summe aller Werte für d^2.

x	y aus Tabelle	y aus Modell	Abweichung d	d^2
20	36,0	35,20	−0,8	0,64
25	30,3	30,375	0,075	0,0056
30	27,0	■	■	■
35	24,6	■	■	■
40	23,6	■	■	■
45	23,3	■	■	■
50	23,6	■	■	■

Überprüft mit dem GTR die Ausgleichsparabel. Zeichnet das Streudiagramm und die Ausgleichsparabel in euer Heft.

- Bewertet die beiden Modelle mithilfe der Grafik und mithilfe der Summe der quadratischen Abweichungen.
- Vergleicht für beide Modelle die weitere Entwicklung des Höhenverlusts in Abhängigkeit von der Querlage. Kommt ihr zum gleichen Urteil wie beim Vergleich der quadratischen Abweichungen?

5.5 Problemlösen mit quadratischen Funktionen

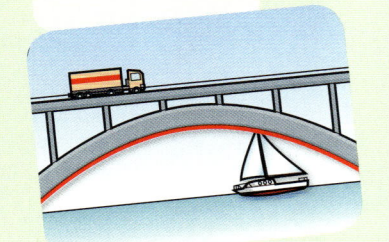

Beim mathematischen Lösen von Problemen stößt man häufig auf quadratische Gleichungen. Immer wenn das passiert, hat man den Vorteil, dass
- quadratische Funktionen anhand weniger Merkmale beschrieben und skizziert werden können,
- für alle quadratische Gleichungen Lösungsverfahren bekannt sind.

Bei allen Aufgaben sind quadratische Funktionen aber Modelle, daher man muss überprüfen, ob die mathematische Lösung ein sinnvolles Ergebnis für das Problem darstellt.

Aufgaben

1 Eine passende Kiste

Eine Kiste mit quadratischer Grundfläche ohne Deckel soll aus einem quadratischen Stück Papier hergestellt werden, indem man an jeder Ecke ein Quadrat der Kantenlänge 3 cm abschneidet und die Ränder des verbleibenden Papierstücks hochfaltet. Das Volumen der Kiste soll 75 cm³ betragen. Wie groß muss das ursprüngliche quadratische Stück Papier sein?

a) Beginne mit einem quadratischen Stück Papier der Kantenlänge 15 cm. Falte das Papier zu einer offenen Kiste. Ist das Volumen größer oder kleiner als 75 cm³? Probiere systematisch weiter.

b) *Lösung durch Rechnen:*
  (1) x sei die gesuchte Länge des quadratischen Stück Papiers. Erkläre, warum x – 6 die Breite und Länge der Kiste und 3 die Höhe ist.
  (2) Schreibe einen Term für das Volumen V(x) der Kiste auf.
  (3) Berechne mithilfe einer Gleichung die gesuchte Länge x des Papiers. Du erhältst zwei Ergebnisse. Welches Ergebnis ist die Lösung des Problems?

2 Mustererkennung

Aus kleinen blauen Würfeln werden große Würfel gebaut. Die Oberfläche jedes großen Würfels wird rot eingefärbt.

a) Übertrage die Tabelle in dein Heft und ergänze.

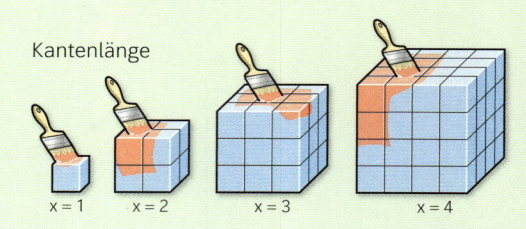

Kantenlänge x	Anzahl der Würfel mit genau drei roten Flächen	Anzahl der Würfel mit genau zwei roten Flächen	Anzahl der Würfel mit genau einer roten Fläche
2	8	0	0
3	8	12	6
4	■	■	■
5	■	■	■
6	■	■	■

b) Finde zu jeder Spalte eine Funktionsgleichung, mit der man zu der Kantenlänge x des großen Würfels die entsprechenden Anzahlen der kleinen Würfel berechnen kann.

c) Ergänze in der Tabelle weitere Zeilen für x = 7, 8, 10 und 20.

5.5 Problemlösen mit quadratischen Funktionen

Basiswissen Will man ein Problem mithilfe der Mathematik lösen, dann muss man herausfinden, welcher Zusammenhang zwischen den Variablen besteht.

Problemlösen mit quadratischen Funktionen

Aufgabe: Ein rechteckiger Acker ist 100 m lang und 80 m breit. Bei einer Flurbereinigung wird er in Länge und Breite um die gleiche Strecke größer. Die Fläche vergrößert sich dabei um 4000 m². Um wie viel Meter wird das Grundstück breiter und länger?

Problem
Was willst du herausfinden?
Um wie viel m wird das Grundstück länger und breiter?

Daten und Variable
l = 100 m, b = 80 m, x

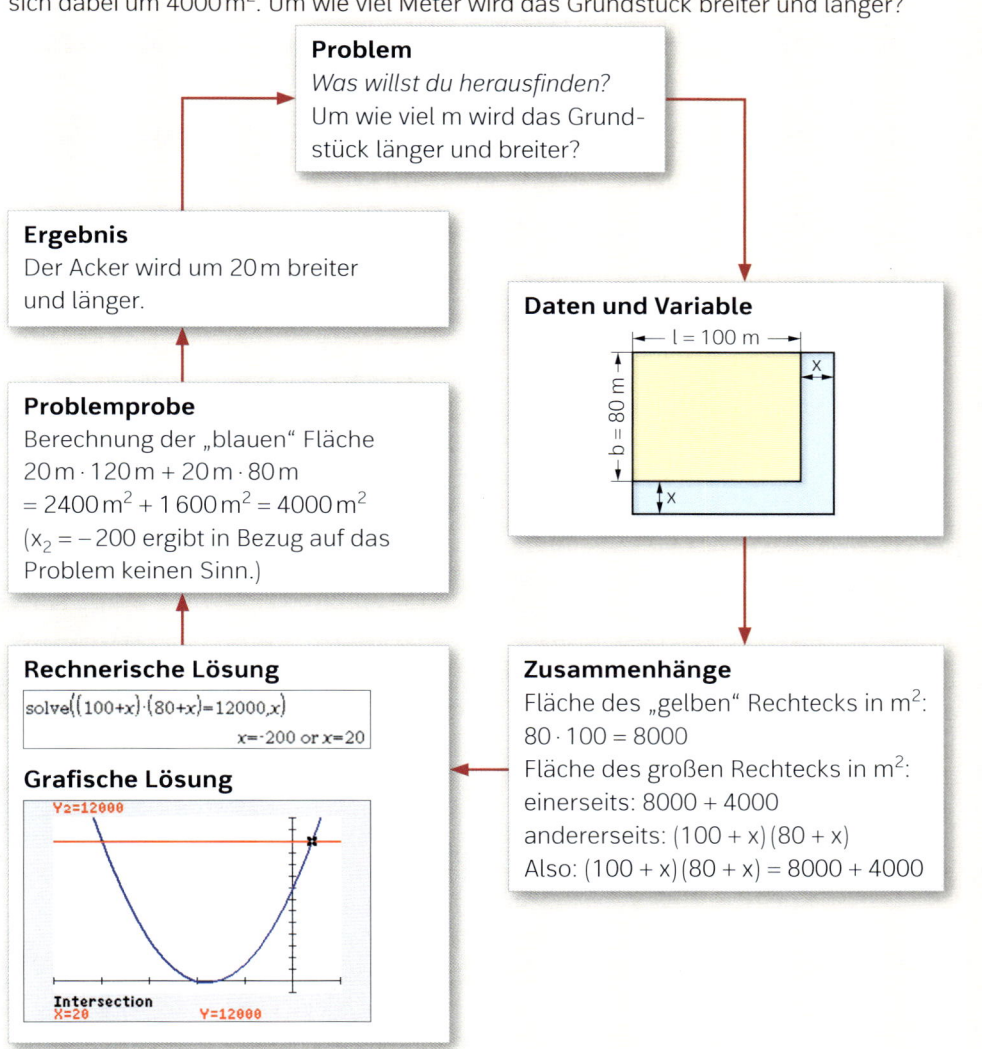

Zusammenhänge
Fläche des „gelben" Rechtecks in m²:
$80 \cdot 100 = 8000$
Fläche des großen Rechtecks in m²:
einerseits: $8000 + 4000$
andererseits: $(100 + x)(80 + x)$
Also: $(100 + x)(80 + x) = 8000 + 4000$

Rechnerische Lösung
solve$((100+x) \cdot (80+x)=12000, x)$
$x = -200$ or $x = 20$

Grafische Lösung
Y2=12000
Intersection X=20 Y=12000

Problemprobe
Berechnung der „blauen" Fläche
$20 \text{ m} \cdot 120 \text{ m} + 20 \text{ m} \cdot 80 \text{ m}$
$= 2400 \text{ m}^2 + 1600 \text{ m}^2 = 4000 \text{ m}^2$
($x_2 = -200$ ergibt in Bezug auf das Problem keinen Sinn.)

Ergebnis
Der Acker wird um 20 m breiter und länger.

Beispiele

A Ein Rechteck

Aufgabe:
Die Länge eines Rechtecks ist um 4 cm größer als die Breite. Wie lang und wie breit ist das Rechteck, wenn es eine Flächeninhalt von 117 cm² hat?

Lösung:
1. Skizze und Variable
   (x + 4 mal x)

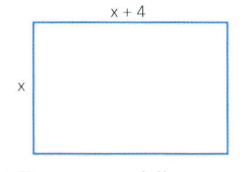

2. Zusammenhänge:
   $x \cdot (x + 4) = 117$

3. Lösung der Gleichung:
   $x^2 + 4x = 117$
   $(x + 2)^2 = 121$
   $x_1 = 9$; $(x_2 = -13)$

Das Rechteck ist 13 cm lang und 9 cm breit.

Übungen

3) Ein Theatersaal

Die Sitze in einem Theater sind in einem Rechteck angeordnet. Die Anzahl der Sitze in einer Reihe ist um 12 kleiner als die Anzahl der Reihen. Wie viele Sitze in jeder Reihe und wie viele Reihen gibt es in dem Theater, wenn die Gesamtzahl der Sitze 1260 beträgt?

4) Rechtecke gesucht

a) Die Länge eines Rechtecks ist um 6 cm kleiner als die Breite. Wie lang und wie breit ist das Rechteck, wenn es eine Fläche von 91 m² hat?
b) Der Umfang eines Rechtecks beträgt 40 m, die Fläche 36 m². Berechne Länge und Breite des Rechtecks.
c) Verringert man die eine Seite eines Quadrates um 1 cm und vergrößert die andere um 3 cm, erhält man ein Rechteck mit dem Flächeninhalt 32 cm².

5) Zahlen gesucht

a) Schreibe die Zahl 123 als Summe von zwei positiven Zahlen. Das kann auf sehr viele Arten geschehen. Berechne jeweils das Produkt der beiden Summanden. Finde die Zerlegung, bei der das Produkt den größten möglichen Wert annimmt.
b) Das Produkt aus einer um 3 verkleinerten Zahl und der um 3 vergrößerten Zahl ergibt 41. Wie lautet die Zahl?
c) Das Produkt von zwei aufeinander folgenden Zahlen ist genauso groß wie das Dreifache der kleineren Zahl.

6) Ein Swimmingpool

Ein Swimmingpool der Länge 30 m und der Breite 20 m soll von einem neuen Weg der Breite x Meter umgeben werden.
a) Fertige eine beschriftete Skizze an und stelle einen Term auf, mit dem man die Fläche des Weges berechnen kann.
b) Wie breit ist der Weg, wenn dessen Fläche 360 m² beträgt?

7) Eine Brücke und ein Segelschiff

Die Höhe h eines Brückenbogens in Meter über dem Wasserspiegel wird mit der Funktion $h(x) = -0{,}0003 x^2 + 0{,}1 x$ modelliert. In welchem Bereich kann ein Segelboot mit einer Masthöhe von 8 m den Brückenbogen passieren?

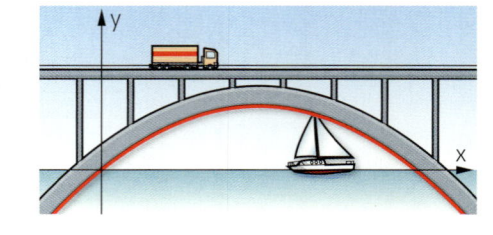

8) Innermathematische Anwendungen

a) Wie viele Lösungen hat die quadratische Gleichung $5x^2 + 5x + 5 = 0$?
b) Wie viele Lösungen hat die Gleichung $nx^2 + nx + n = 0$, $n \neq 0$?
   Du kannst die Frage ohne Rechnung begründet beantworten.
c) Wie viele Lösungen hat die Gleichung $nx^2 + 2nx - 8n = 0$, $n \neq 0$?
d) Erfinde eine ähnliche Aufgabe und lasse sie durch deinen Partner lösen.

Tipp

Benutze die Diskriminante

Übungen

Optimierungsprobleme

> **9, 10, 11**
> Ein Problem führt nicht auf einen quadratischen Zusammenhang

9 Ein dreieckiges Grundstück

Ein Unternehmen hat ein dreieckiges Grundstück in der Innenstadt erworben und möchte es bebauen. Den Zuschlag erhielt ein Bauentwurf, der für das neue Gebäude einen rechteckigen Grundriss vorsieht. Welche Grundfläche kann das Gebäude maximal haben?

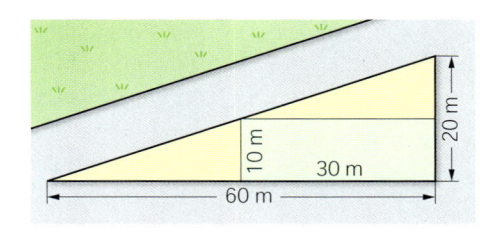

Einige Tipps zur Lösung:
- Übertrage die Zeichnung in dein Heft und zeichne ein geeignetes Koordinatensystem ein. Beschreibe die Grundstücksgrenzen durch eine Gleichung.
- Wie groß ist die Fläche, wenn das Gebäude 9 m (15 m, 20 m) lang ist?
- Stelle einen Term A(x) auf, mit dem man zu jeder Länge x die Größe der Grundrissfläche berechnen kann.

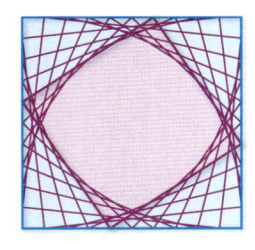

10 Ein Quadrat im Quadrat

Auf den Seiten eines Quadrats mit der Seitenlänge 10 cm werden immer dieselben Strecken x abgetragen, wenn man das Quadrat gegen den Uhrzeigersinn durchläuft. Auf diese Weise werden dem Quadrat andere Quadrate einbeschrieben. Welches dieser Quadrate hat den größten Flächeninhalt?

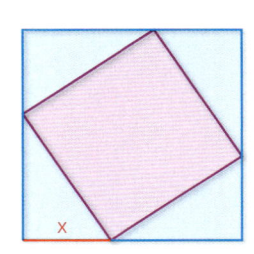

11 Ein Kaninchengehege

Lisa möchte ein rechteckiges 8 m² großes Kaninchengehege mit möglichst wenig Zaun bauen. Das Gehege soll an eine Mauer gebaut werden. Probiere zunächst einige mögliche Lösungen aus.

x	y	Zaun
1	8	10
2	4	8
3	$\frac{8}{3}$	$8\frac{2}{3}$

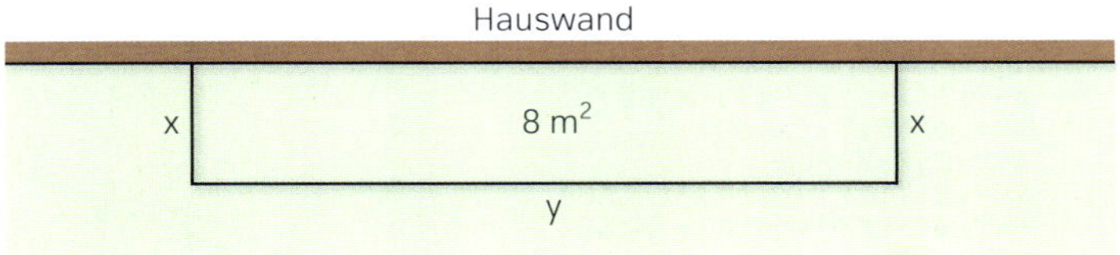

Kopfübungen

1. Um den Punkt M wird ein Kreis mit dem Durchmesser $\overline{AB}$ gezeichnet. In welchen Quadranten liegen Punkte des Kreises?

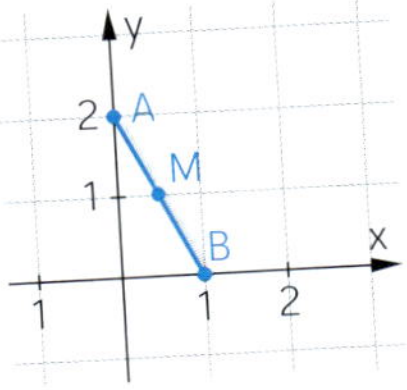

2. Setze ein geeignetes Rechenzeichen ein:
   a) $5^3 \; \blacksquare \; 5^2 = 5$ b) $\sqrt{2} \; \blacksquare \; \sqrt{2} = 2$

3. Löse die Klammern auf: $(a - b) \cdot (a + c)$

4. Vervierfacht man die Seitenlänge eines Quadrates, so …seine Fläche.

5. Ergänze die Tabelle sinnvoll:

Term	x	$\frac{1}{x}$	x^2	$\sqrt{x}$
Zahl	■	$\frac{25}{4}$	■	■

6. Erstelle eine Liste mit genau 3 Werten so, dass der Modalwert und der Durchschnitt gleich sind.

7. Ermittle die Funktionsgleichung passend zum Graphen.

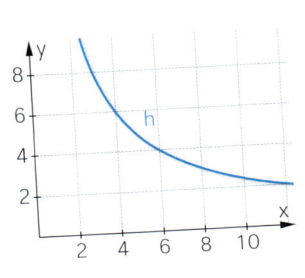

5 Quadratische Funktionen und Gleichungen

Aufgaben

12 Ski

Ein Firma stellt Ski her und verkauft sie an Groß- und Einzelhandel. Der Preis, den die Firma für ihre Ski verlangt, hängt von der Anzahl der bestellten Ski ab. Ab einer Abnahme von 60 Paar Skiern deckelt die Firma die Preisreduzierung, das Paar kostet dann 65 €.
Die Preise und die Einnahmen pro Bestellung sind in der Tabelle dargestellt. Die Grafik zeigt die Einnahmenfunktion E(x).

Anzahl der bestellten Paar Ski	Preis pro ein Paar Ski in €	Gesamteinnahmen E(x) bei der Bestellung in €
1	124	124
2	123	246
3	122	366
...	...	...
x	125 − x	■
...	...	...
60	65	3900
61	65	3965
...	...	...
x	■	■

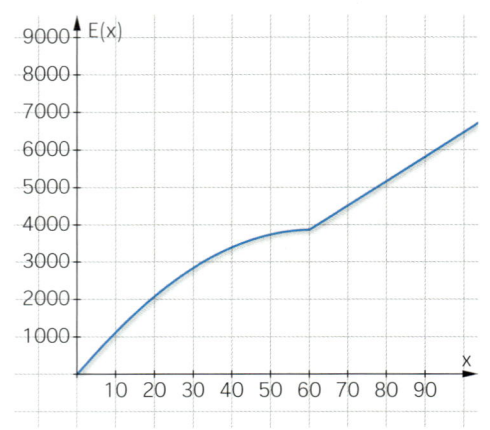

a) Übertrage die Tabelle in dein Heft und ergänze sie. Ermittle eine Formel für die Gesamteinnahmen E(x) einer Bestellung von x Paar Ski. Berücksichtige dabei die Zone der Preisreduzierung und den Bereich ohne Reduzierung.
Erzeuge eine Grafik mit dem GTR und überprüfe sie mit der abgebildeten.

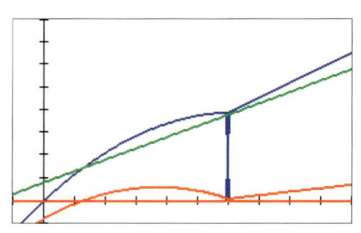

```
Plot1  Plot2  Plot3
\Y1=(X*(125-X))(X<60)
\Y2=(65*X)(X≥60)
\Y3=50*X+800
\Y4=(Y1(X)-Y3(X))(X<60)
\Y5=(Y2(X)-Y3(X))(X≥60)
\Y6=■
\Y7=
\Y8=
\Y9=
```

b) Die Herstellungskosten K(x) für die Produktion von x Paar Ski können mit der Formel K(x) = 50x + 800 berechnet werden. Wie kann man die Werte 50 und 800 in der Kostenformel interpretieren? Skizziere auch K(x) mit dem GTR.

c) Der Gewinn G(x) pro Bestellung ist E(x) − K(x). Was kannst du mithilfe der Grafik aus b) über den Gewinn aussagen? Gib die Funktionsgleichung zu G(x) an und skizziere G(x). Berechne, ab welcher Anzahl bestellter Paar Ski die Firma Gewinn macht und wann dieser am größten ist.

GTR d) Untersuche, welche Auswirkungen auf den Gewinn folgende Änderungen der Kosten bzw. der Preisreduzierung haben.

(1) K(x) = 50x + 1200

(2) K(x) = 60x + 800

(3) Keine Preisreduzierung ab Abnahme von 70 Paaren

5.6 Geometrie der Parabeln und Wurzelfunktionen

Du hast Parabeln bisher als Graphen quadratischer Funktionen kennengelernt. Diese Betrachtung von Parabeln gibt es erst seit ein paar Jahrhunderten. Aber schon die Griechen kannten Parabeln. Sie untersuchten Schnittflächen bei Kegeln und konstruierten geometrisch Parabeln. Heute kann man das gut mit einem DGS machen. Auch für diese geometrischen Eigenschaften von Parabeln gibt es vielfältige Anwendungen. Sie spielen beim Bau von Satellitenschüsseln und Autoscheinwerfern eine wichtige Rolle.

Als Graphen von quadratischen Funktionen sind alle Parabeln symmetrisch zu einer zur y-Achse parallelen Achse durch den Scheitelpunkt. Die typische Form einer Parabelkurve bleibt natürlich erhalten, wenn wir die Parabel im Koordinatensystem drehen; in diesem Falle ist die Kurve allerdings meistens nicht mehr der Graph einer quadratischen Funktion.

Einen Spezialfall (Drehung um 270° oder Spiegelung an $y = x$) lernst du in diesem Lernabschnitt kennen.

Aufgaben

1 Zur Auffrischung geometrischer Kenntnisse

Folgende Ortslinien kennst du bisher:
Kreis
Winkelhalbierende
Parallelen
Mittelparallele
Mittelsenkrechte

a) Wo liegen alle Punkte, die
(1) von zwei Punkten A und B gleich weit entfernt sind?
(2) von einem Punkt M den Abstand r haben?
(3) zu einer Geraden g den Abstand d haben?
(4) gleichen Abstand zu zwei Geraden g und h haben?

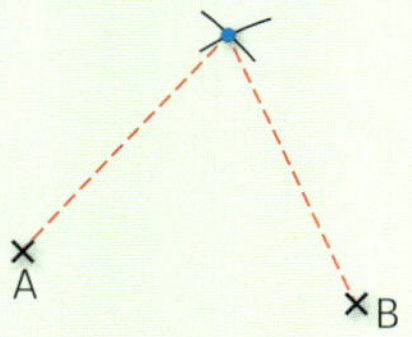

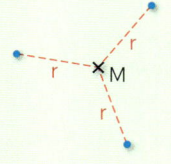

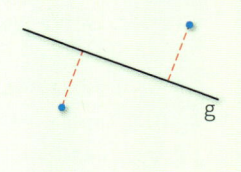

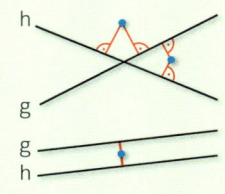

b) Konstruiere jeweils die passenden Ortslinien. Nicht in allen Fällen gibt es eine eindeutige Lösung.

Konstruktion mit Geodreieck und Zirkel

2 Eine bekannte Kurve als Ortslinie

Wo liegen alle Punkte, die von einem Punkt F und einer Geraden h den gleichen Abstand haben?

a) Zeichne ab und konstruiere. Erkläre dein Vorgehen.
b) Verbinde die konstruierten Punkte durch eine passende Kurve. Kommt dir die Kurve bekannt vor? Finde eine Methode, mit der du deine Vermutung begründen kannst.
c) Konstruiere entsprechende Ortskurven für andere Abstände von F zu h (1 cm, 3 cm, 0,5 cm). Beschreibe, wie sich dieser Abstand auf die Gestalt der Kurve auswirkt.

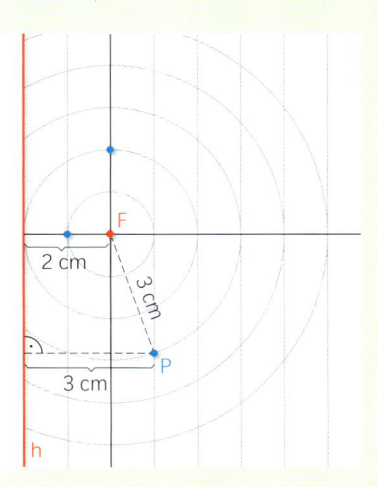

3 Konstruktion einer Ortskurve mit DGS

Die rote Kurve ist eine Parabel. Sie ist als Ortskurve des Punktes P entstanden, wenn der Punkt L sich auf der Geraden h bewegt.

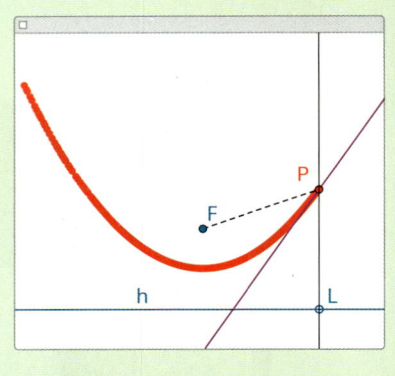

Konstruktionsschritte:
1. Zeichne Gerade h und Punkt F.
2. Punkt L auf h.
3. Mittelsenkrechte (g_1) zur Strecke $\overline{FL}$.
4. Senkrechte (schwarz) zu h in L.
5. Schnittpunkt von g_1 mit g_2: Punkt P.
6. Ortskurve (Spur) von P bei Bewegung von L auf h.

a) Führe die Konstruktion mit dem DGS selbst aus. Wähle als Abstand von F zu h zunächst 2 cm. Hast du eine Idee, wie du mit deinen bisherigen Kenntnissen bestätigen kannst, dass die Ortskurve tatsächlich eine Parabel ist?

b) Was passiert, wenn du einen anderen Abstand von F zu h wählst? Experimentiere mit verschiedenen Abständen. Behalten die Ortskurven die Form einer Parabel? Beschreibe möglichst genau, wie sich die Parabel in Abhängigkeit vom Abstand ändert.

c) Begründe mithilfe der Konstruktion: Für jeden Punkt P auf der Ortskurve gilt: $\overline{PF} = \overline{PL}$.

d) Mit der Konstruktion hast du eine geometrische Definiton für die Parabel gefunden:
„Die Parabel ist die Ortslinie aller Punkte, die ..." Vervollständige den Satz.

4 „Schülerparabel"

Für drei Parabelpunkte kannst du es direkt aus den Koordinaten ablesen, für die anderen Punkte kannst du nachmessen.

Die Schüler der Klasse 9a stellen sich auf dem Schulhof auf. Jeder sucht eine Position, von der der Abstand zur Mauer und zu dem roten Punkt jeweils gleich ist. Es sieht so aus, als würden sie auf einer Parabel stehen. Erfüllen die Punkte auf dem Graphen einer quadratischen Funktion auch diese Abstandsbedingung?

a) Zeichne $y = \frac{1}{4}x^2$ und die Gerade $y = -1$ in ein Koordinatensystem (1 Einheit ≙ 1 cm). Überprüfe nun für verschiedene Parabelpunkte durch Messen, ob diese jeweils den gleichen Abstand zu g und F aufweisen.

b) Bestimme rechnerisch für ausgewählte Punkte der Parabel den Abstand zu (0|1) und zu $y = -1$.

Gelingt dir mit dem Makro ein allgemeiner Nachweis für die Abstandseigenschaft?

„Schülerparabel" auf dem Schulhof

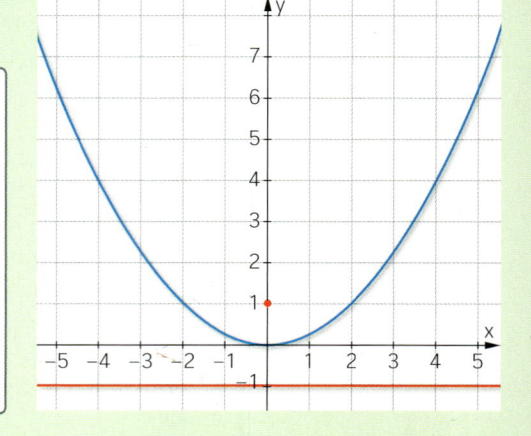

Tipp
Wenn du ein Makro zur Bestimmung des Abstands zweier Punkte baust oder schon hast (vgl. 3.2 Übung 17), dann sind die Berechnungen sehr bequem.

$\sqrt{(xq-xp)^2+(yq-yp)^2} \rightarrow dist(xp,yp,xq,yq)$
                                     Fertig

$dist\left(1, \frac{1}{4}, 0, 1\right)$ $\frac{5}{4}$

$dist\left(1, \frac{1}{4}, 1, -1\right)$ $\frac{5}{4}$

5.6 Geometrie der Parabeln und Wurzelfunktionen

Basiswissen Alle Punkte, die von einem gegebenen Punkt F und einer gegebenen Geraden h den gleichen Abstand haben, bilden eine Parabel.

Die Parabel als geometrische Ortslinie

Zu jeder Parabel gibt es einen Punkt F und eine Gerade h, so dass jeder Parabelpunkt von F und h den gleichen Abstand hat.

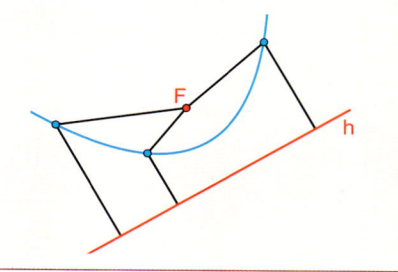

F heißt **Brennpunkt** der Parabel,
h heißt **Leitgerade**.

Beispiele

A Ein Spezialfall: Nachweis, dass die Ortslinie eine Parabel ist
Wo liegen alle Punkte, die zu F(0|1) und der Gerade $y = -1$ denselben Abstand haben?

Lösung:

(A) Es gilt nach Konstruktion: $\overline{FP} = \overline{LP} = d$, also:
(1) $\overline{FA}^2 + \overline{AP}^2 = d^2$ also $x^2 + (y-1)^2 = d^2$
(2) $d^2 = (y+1)^2$
(1) und (2) ergibt:
$x^2 + (y-1)^2 = (y+1)^2$

$\boxed{\text{solve}(x^2+(y-1)^2=(y+1)^2, y) \quad y = \frac{x^2}{4}}$

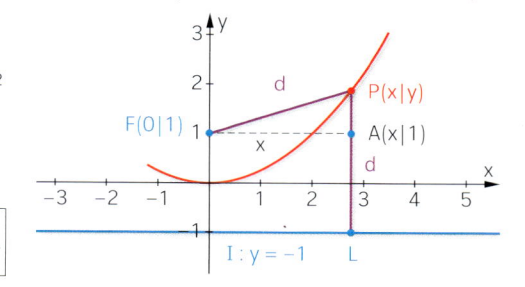

(B) Der Punkt (0|0) hat zu F und $y = -1$ denselben Abstand. Aus Symmetriegründen ist es der Scheitelpunkt.
Ansatz: $y = ax^2$

$\boxed{\text{solve}(\text{dist}(x, a \cdot x^2, 0, 1) = \text{dist}(x, a \cdot x^2, x, -1), x) \quad x = 0 \text{ or } a = \frac{1}{4}}$

Interpretation der CAS-Ausgabe:
- Die Gleichung ist wahr für $x = 0$. Dann ist a eine beliebige Zahl: Der Scheitelpunkt S(0|0) hat für alle Parabeln $y = ax^2$ denselben Abstand zu (0|1) und $y = -1$.
- Die Gleichung ist wahr für $a = 0{,}25$. Dann ist x eine beliebige Zahl: In allen Punkten der Parabel stimmen die Abstände zu (0|1) und $y = -1$ überein.

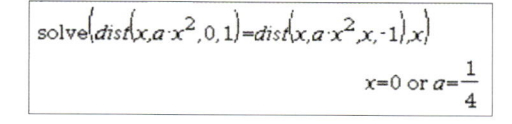

Alle Punkte, die zu F(0|1) und der Gerade $y = -1$ denselben Abstand haben, liegen auf der Parabel $y = \frac{1}{4}x^2$.

Übungen

5 Parabeln konstruieren und berechnen
a) Konstruiere die Parabeln mithilfe von Brennpunkt und Leitgerade.
  (1) l: $y = x + 1$; F(−1|2)   (2) l: $y = -3$; F(0|3)
  (3) l: $y = 2$; F(0|0)   (4) l: $x = 2$; F(0|0)
b) • Warum kann man in a) (1) und (4) keine Funktion $f(x) = ax^2 + bx + c$ finden?
  • Bestimme für (2) und (3) eine Funktionsgleichung. Überprüfe, ob die Abstandsbedingungen erfüllt sind.

Orientiere dich am Beispiel B

c) Zeige: Zu $y = ax^2$ gehören der Brennpunkt $F\left(0\left|\frac{1}{4a}\right.\right)$ und die Leitgerade $y = -\frac{1}{4a}$.
Max hat mit einem CAS folgenden Ansatz gemacht. Interpretiere seine Lösung, hat er den Nachweis geführt?

$\boxed{\text{solve}\left(\text{dist}\left(x, b \cdot x^2, 0, \frac{1}{4 \cdot a}\right) = \text{dist}\left(x, b \cdot x^2, x, \frac{-1}{4 \cdot a}\right)\right) \quad x = 0 \text{ or } a \cdot (a-b) = 0}$

5 Quadratische Funktionen und Gleichungen

Quadratische Gleichungen lösen

(1) Grafisch – numerische Verfahren
Man erhält meist nur Näherungslösungen.
(A) $x^2 - 2x - 1 = 0$
Die Lösungen entsprechen den Nullstellen der zugehörigen quadratischen Funktion.

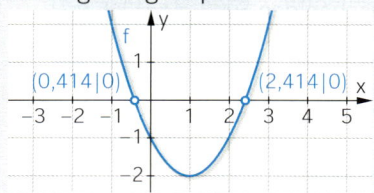

(0,414 | 0)   (2,414 | 0)

(B) $x^2 = 2x + 1$
Die Lösungen entsprechen den x-Koordinaten der Schnittpunkte der beiden Funktionen.

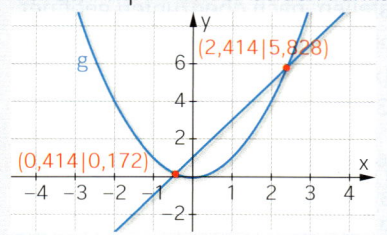

(2,414 | 5,828)
(0,414 | 0,172)

(2) Rechnerische Verfahren

- **Wurzel ziehen**
  $5x^2 = 40 \qquad | :5$
  $x^2 = 8$
  $x_1 = \sqrt{8}; \qquad x_2 = -\sqrt{8}$

- **Ausklammern**
  $6x - 4x^2 = 0 \qquad$ Ausklammern
  $x(6 - 4x) = 0 \qquad$ „Produkt = 0"-Gesetz
  $x = 0$ oder $6 - 4x = 0$
  $x_1 = 0; \qquad x_2 = \frac{3}{2}$

- **pq-Formel** $(x^2 + px + q = 0)$
  $x_1 = -\frac{p}{2} + \sqrt{\left(\frac{p}{2}\right)^2 - q}; \quad x_2 = -\frac{p}{2} - \sqrt{\left(\frac{p}{2}\right)^2 - q}$

- **$ax^2 + bx + c = 0$**
  Dividiere durch a und wende dann die pq-Formel an.

Problemlösen
Beim Problemlösen muss man häufig Zusammenhänge zwischen Variablen finden. Diese Zusammenhänge sind häufig **quadratische Gleichungen**, deren Lösungen an der Problemstellung überprüft werden müssen.

Check-up

7 Quadratische Gleichungen
Löse die Gleichungen ohne GTR oder CAS. Entscheide zunächst, welches Lösungsverfahren du anwenden willst. Mache die Probe grafisch mit dem GTR.
a) $2x^2 - 10 = 0$
b) $x^2 + 6 = 0$
c) $(x + 4)^2 = 25$
d) $x^2 + 4x = 12$
e) $-(x - 3)^2 = 4$
f) $(x - 6)(x + 2) = 0$
g) $x^2 = 4x + 1$
h) $x^2 - x = x(x + 2)$
i) $12x^2 + 8 = 0$

8 Schnittpunkte von Parabeln – grafisch
Zeichne je zwei passende Parabeln, die sich
a) in zwei Punkten,
b) in einem Punkt,
c) nicht schneiden.

9 Schnittpunkte von Parabeln – rechnerisch
Ermittle jeweils die Schnittpunkte der Parabeln
$f(x) = 112 - 2x^2$; $g(x) = x^2 - 5x + 150$; $h(x) = x^2 + 100$

10 Fragen zu einer Parabel
Gegeben ist eine Parabel mit der Gleichung $y = -x^2 + 2x$.
a) Liegt der Punkt $Q(3|-5)$ auf der Parabel?
b) Bestimme y_1 und y_2 so, dass $A(4|y_1)$ und $B(-3|y_2)$ auf der Parabel liegen.
c) Bestimme x_1 und x_2 so, dass $C(x_1|-2)$ und $D(x_2|2)$ auf der Parabel liegen.

11 Parabelgleichungen bestimmen
Bestimme mit einer geeigneten Methode die Gleichung der Parabel. Gegeben sind:
a) Scheitelpunkt $(5|3)$ und der Punkt $(1|12)$
b) Nullstellen $x_1 = -2$; $x_2 = 3$, größter Funktionswert $y = 8$
c) Parabelpunkte $(-2|1)$, $(0|-1)$ und $(4|31)$

12 Eine Hängebrücke
Das Kabel einer Hängebrücke kann mithilfe einer quadratischen Funktion modelliert werden. Bestimme die Funktionsgleichung mit den Daten aus der Zeichnung.

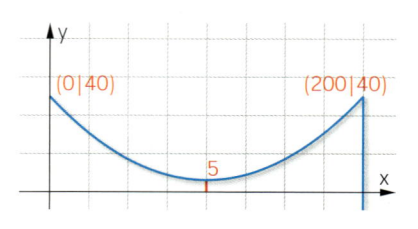

(0|40)   (200|40)
5

13 Zahlenrätsel

(1) Zerlege die Zahl 24 so in zwei Summanden a und b, dass das Produkt a · b am größten ist.

(2) Von zwei Zahlen x und y ist eine um 3 kleiner als die andere. Für welche Zahlen ist das Produkt x · y am kleinsten?

Check-up

Modellieren mit Daten
Zeigt ein Streudiagramm zu Messungen oder Datenerhebungen in etwa eine Parabel, ist ein quadratisches Modell sinnvoll.

x	y
0	3
1	6
2	7,5
3	8,5
4	9
5	8,5

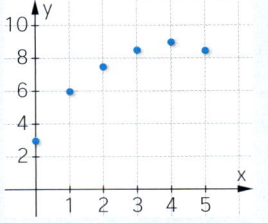

(1) Auswertung mit besonderen Punkten
(A) Scheitelpunkt (4|9); (0|3)
$f(x) = a(x-4)^2 + 9$ und $f(0) = 3$
$3 = 16a + 9;\ a = -0,375$
$f(x) = -0,375(x-4)^2 + 9$

(B) (0|3); (1|6); (4|9)
$g(x) = ax^2 + bx + 3$
$g(1) = 6:\ a + b + 3 = 6$
$g(4) = 9:\ 16a + 4b + 3 = 9$
Das LGS hat die Lösung:
$a = -0,5;\ b = 3,5$
$g(x) = -0,5x^2 + 3,5x + 3$

(2) Auswertung mit Ausgleichsparabel
(A) GTR: Mit quadratischer Regression eine angepasste Parabel bestimmen:
$h(x) = -0,384x^2 + 2,991x + 3,125$
(B) Mit Schiebereglern passende Werte für a, b und c bestimmen.

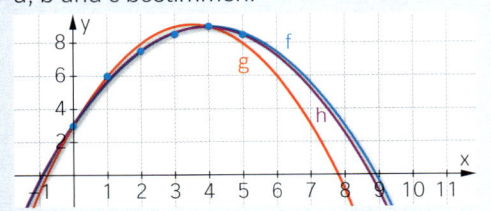

Parabel als Ortskurve
Alle Punkte, die von einem Punkt F (Brennpunkt) und einer Geraden h (Leitgerade) gleichen Abstand haben, bilden eine Parabel.

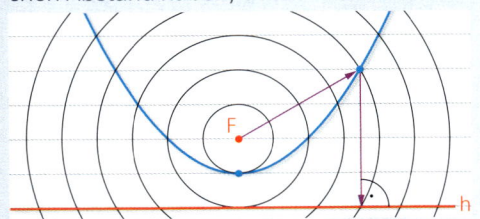

---

14) Ein Kaninchengehege
Für den Bau eines Kaninchengeheges stehen 25 m Maschendrahtzaun zur Verfügung. Das Gehege darf an zwei Seiten an das Gebäude anschließen.
Wie muss das Gehege gebaut werden, damit das Kaninchen möglichst viel Platz hat?

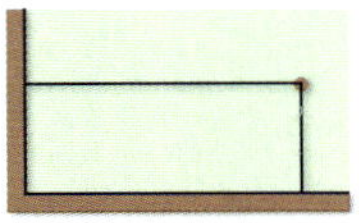

15) Der Flug eines Speeres
Der Flug eines Speeres beim Speerwurf wird durch die folgende quadratische Gleichung modelliert: $h(w) = -\frac{1}{200}(w-40)^2 + 10$
Dabei ist h die Flughöhe und w die Weite vom Abwurfpunkt in Metern. Formuliere alle in der Skizze angedeuteten Fragen und beantworte sie.

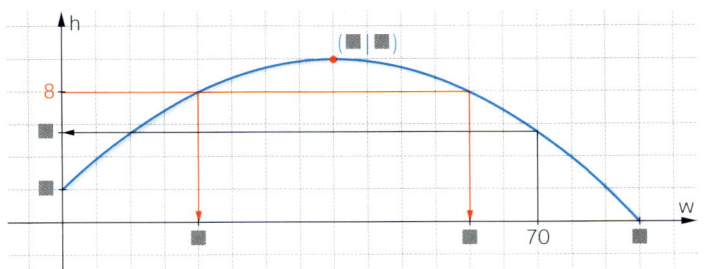

16) Verschiedene Modelle für einen Datensatz
Finde weitere Modelle zu dem Datensatz auf der linken Seite.
a) Scheitelpunkt S(4|9) und   (1) $P_1(1|6)$;   (2) $P_2(4|9)$
b) mit dem Punkt P(0|3) und
    (1) $Q_1(1|6)$ und $R_1(3|8,5)$;   (2) $Q_2(2|7,5)$ und $R_2(5|8,5)$
Vergleiche die Modelle.

17) Wildkatzen
Die Tabelle gibt die jährlichen Messungen der Anzahl von Wildkatzen in einem Reservat an.
a) Erstelle ein Streudiagramm und finde zwei mögliche gut passende Modelle.
b) Erstelle eine Prognose für die Anzahl in 5 (in 10) Jahren. Vergleiche die Modelle.
c) Was hältst du von dem Modell, wenn mit ihm die Anzahl in 30 Jahren geschätzt werden soll?

Zeit	Anzahl
0	15
1	23
2	33
3	52
4	87
5	110

18) Parabel konstruieren und berechnen
a) Erkläre die nebenstehende Konstruktion einer Parabel mithilfe der konzentrischen Kreise um F und den Parallelen zur Geraden h.
b) Konstruiere die Parabel mit der Leitgeraden $y = -4$ und dem Brennpunkt F(0|4) und bestimme ihre Gleichung.
c) Konstruiere eine Parabel, bei der die 1. Winkelhalbierende die Leitgerade h ist und der Brennpunkt F von der Leitgeraden 4 cm entfernt ist.

Sichern und Vernetzen – Vermischte Aufgaben zu Kapitel 5

Trainieren

1 Von der Tabelle zum Graphen zur Funktionsgleichung

Jede Wertetabelle beschreibt eine Funktion.
a) Zeichne die zugehörigen Graphen.
b) Welche Funktion ist eine quadratische, lineare oder antiproportionale Funktion?
c) Bestimme jeweils die Funktionsgleichung.

x	y	x	y	x	y	x	y
−3	7	−3	7	−3	16	−3	−4
−2	2	−2	4	−2	9	−2	−6
−1	−1	−1	1	−1	4	−1	−12
0	−2	0	−2	0	1	0	—
1	−1	1	−5	1	0	1	12
2	2	2	−8	2	1	2	6
3	7	3	−11	3	4	3	4

2 Fragen an drei quadratische Funktionen

Beantworte die Fragen für die Funktionen.
a) $f(x) = -2x^2 + 6$ b) $g(x) = \frac{1}{2}(x-5) \cdot (x+1)$ c) $h(x) = x^2 - 3x + 1$

(1) In welchen Punkten schneiden die Graphen die Koordinatenachsen?
(2) Gehört $P(3|-12)$ zu f, $Q(11|32)$ zu g und $R(-4|28)$ zu h?
(3) Welche Punkte der Parabeln haben die y-Koordinate 4?
(4) In welchen Punkten schneiden sich die Graphen?

3 Bestimmung und Untersuchung einer Parabel

Eine Parabel hat die Funktionsgleichung $f(x) = -x^2 + 2x$.
a) Liegt der Punkt $Q(3|-2)$ auf der Parabel?
b) Bestimme y_1 und y_2 so, dass $R(4|y_1)$ und $S(-3|y_2)$ auf der Parabel liegen.
c) Bestimme x_1 und x_2 so, dass $T(x_1|-2)$ und $U(x_2|2)$ auf der Parabel liegen.

4 Parabeln bewegen

Bestimme jeweils die Funktionsgleichung. $f(x) = x^2$ wird
a) um 2 Einheiten in positive x-Richtung verschoben
b) um 1 in negative x-Richtung und 3 in positive y-Richtung verschoben
c) um 0,5 in y-Richtung gestreckt und 4 Einheiten in positive y-Richtung verschoben
d) an der x-Achse gespiegelt
e) an der y-Achse gespiegelt
f) an der x-Achse gespiegelt und dann um 1 Einheit in positive y-Richtung verschoben
g) um 1 Einheit in positive y-Richtung verschoben und dann an der x-Achse gespiegelt.

5 Wanted

Von einer Parabel sind bekannt:

(1) Der Scheitelpunkt $(-1|4)$ und eine Nullstelle bei 3. Wo ist die zweite Nullstelle?

(2) Der Scheitelpunkt $(2|4)$ und der Punkt $(5|-1)$. Bestimme einen weiteren Punkt der Parabel.

(3) Die Punkte $A(0|2)$, $B(2|10)$ und $C(-4|-2)$.

(4) Die Nullstellen −3 und 6. Wo ist der Scheitel?

Stelle zu jeder Parabel eine passende Gleichung auf. Überprüfe dein Ergebnis. In einem Fall gibt es mehrere Kandidaten.

Trainieren

6 Vom Graph zur Funktionsgleichung
Bestimme jeweils eine Funktionsgleichung.

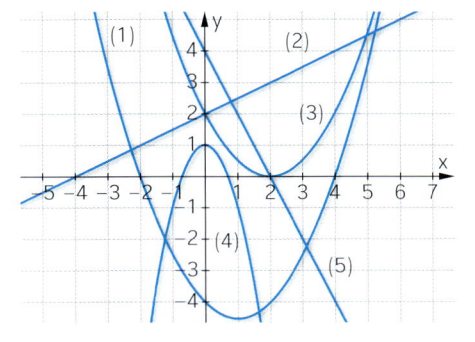

7 Funktionen und Gleichungen
Veranschauliche die Gleichungen grafisch und mache damit begründet eine Aussage über die Anzahl der Lösungen. Löse dann rechnerisch mit einem CAS.

a) $2(x-1)^2 - 3 = x - 1$

b) $\frac{1}{2}x^2 - 2 = \frac{1}{2}(x-2)^2$

c) $(x-2)^2 + 1 = -(x+2)^2 - 1$

d) $\frac{1}{2}(x+2)(x-3) = -2(x-1)^2 + 2$

e) $x^2 - 1 = -(x-2)^2 + 1$

8 Grafisches Lösen von quadratischen Gleichungen
Die Schaubilder stellen die Lösung von quadratischen Gleichungen dar. Gib jeweils die Gleichung an. In einem Fall gibt es eine weitere Lösung. Gib mithilfe der Grafik einen Näherungswert für die Lösung an.

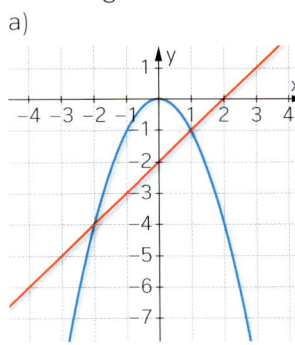

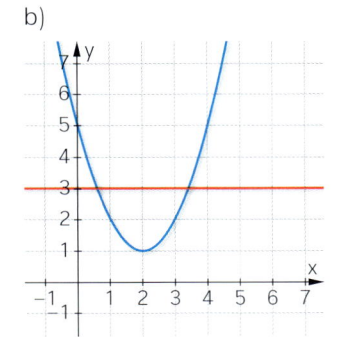

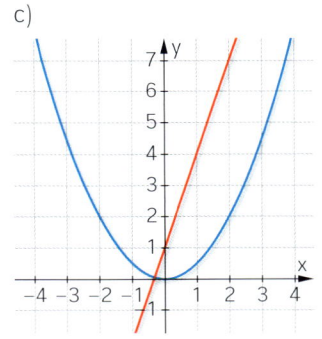

a) b) c)

9 Training im rechnerischen Lösen von Gleichungen
Löse die Gleichungen rechnerisch. Überlege dir zunächst, mit welchem Verfahren das am einfachsten geht.

a) $x^2 - 9 = 0$
b) $x^2 - 6x + 10 = 0$
c) $(x-1)(x+2) = x^2$
d) $-4x(x+7) = 0$
e) $x^2 - 4x = 7$
f) $x^2 - 4 = 2x^2 - 8$
g) $x \cdot (x-2) = -1$
h) $(x+4)(2x-1) = 0$
i) $6x^2 - 27x = 0$
j) $6x^2 - 27 = 0$
k) $-x^2 + \frac{1}{4}x - \frac{1}{2} = 0$
l) $\frac{x^2 - 4}{2} = x^2$

10 Nullstellen und Schnittpunkte
Bestimme jeweils die Nullstellen und Schnittpunkte der Funktionen

a) $f(x) = x^2 - 5$
b) $g(x) = \frac{1}{2}(x+1)(x-3)$
c) $h(x) = -x^2 + 2x - 1$

Verstehen

11 Funktionenzoo
Ordne den Funktionsgleichungen jeweils den passenden Typ zu:

- proportional
- antiproportional
- linear
- konstant
- quadratisch
- etwas anderes

$a(x) = \frac{x^2}{2}$

$b(x) = x^2 + \frac{2}{x}$

$c(x) = x - 4x^2$

$d(x) = 4 - x$

$f(x) = \frac{1}{x^2}$

$g(x) = 2x + 1$

$e(x) = x^3 - 1$

$i(x) = \frac{-x+4}{2}$

$h(x) = \frac{-x^2+4}{2}$

$j(x) = 4(x+3)$

5 Quadratische Funktionen und Gleichungen

Verstehen

12 Behauptungen
a) Katrin soll die Gleichung $x^2 + k = 0$ lösen und schreibt: „Die Gleichung hat keine Lösung, weil man aus $-k$ keine Wurzel ziehen kann."
Wie kommt Katrin auf ihre Lösung? Was meinst du dazu?
b) Lars behauptet: „Zwei nach oben geöffnete Normalparabeln haben immer genau einen Schnittpunkt." Was meinst du dazu? Gib eine Begründung.
c) Maren hat entdeckt: „Wenn bei einer quadratischen Funktion $f(x) = ax^2 + bx + c$ gilt: $a > 0$ und $c < 0$, dann hat die Funktion zwei Nullstellen."
Begründe, dass Maren Recht hat. Finde eine weitere Bedingung für a, b und c, mit der man genau sagen kann, wie viele Nullstellen die Funktion hat.

13 „Wer ist die Schönste im Land?"

Jakob: „Die faktorisierte Form ist am schönsten, weil ..."
Ole: „Ich finde die Scheitelpunktform am schönsten, weil ... Die faktorisierte Form gibt es manchmal ja gar nicht!"
Benni: „Die allgemeine Form ist am schönsten, weil ..."

Finde Argumente für Jakobs, Oles und Bennis Meinung. Erläutere diese an den Funktionen $f(x) = 2(x + 1)^2 - 4$, $g(x) = -3 \cdot (x + 2) \cdot (x - 4)$ und $h(x) = x^2 - 4x + 6$.
Welche Form findest du am schönsten? Was meint Ole mit seinem letzten Satz?

14 Tangenten an Parabeln
Wenn eine lineare Funktionen und eine quadratische Funktion genau einen gemeinsamen Punkt P haben, heißt die Gerade „Tangente von f in P".

(1) $f(x) = x^2$, $g(x) = 2x - 1$
(2) $f(x) = 2x^2$, $g(x) = -8x - 8$
(3) $f(x) = x^2 - 4x + 3$, $g(x) = 2x - 6$

a) Zeige jeweils, dass die Gerade Tangente der Parabel ist. Gib den Berührpunkt an.
b) Was ist dir bei der Schnittpunktbestimmung aufgefallen? Gib zu $f(x) = x^2 - 3$ eine Gerade an, die Tangente von f ist. Findest du mehrere Geraden?

Anwenden

15 Eine Brücke
Ingenieure planen eine Hängebrücke, die an dicken Drahtseilen aufgehängt ist. Den Brückenbogen kann man näherungsweise mit einer quadratischen Funktion modellieren:
$f(x) = \frac{1}{450}x^2 - \frac{2}{3}x + 60$.
- Wie hoch über dem Grund ist die Aufhängung?
- Wie lang ist das Straßenstück, das von dem Bogen überspannt wird?
- Wie hoch hängt der Bogen minimal über der Fahrbahn?

16 Ein Volleyballaufschlag
Beim Aufschlag steht der Volleyballspieler 9 m von dem 2,43 m hohen Netz entfernt. Das Spielfeld ist 18 m lang. Sein Aufschlag wird gefilmt und anschließend durch die folgende Funktion beschrieben: $f(x) = -0,07x^2 + 0,8x + 2,4$.
x: Entfernung des Balles vom Aufschlagpunkt am Boden
y: Flughöhe des Balles
a) Skizziere die Flugkurve und das Netz in einem sinnvollen Koordinatensystem.
b) - In welcher Höhe wird der Ball abgeschlagen?
  - In welcher Höhe fliegt er über das Netz? Landet er im Feld?
  - Berührt er die Hallendecke in 5,8 m Höhe?

Sichern und Vernetzen – Vermischte Aufgaben

Anwenden

17 Einwurf und Freistoß beim Fußball

a) Angenommen, die Gleichung $f(x) = -0{,}1x^2 + x + 2$ (x und y in Meter) modelliert die Flugbahn eines Fußballs, den ein Spieler einwirft.
Bei welcher Weite befindet sich der höchste Punkt der Flugbahn? Wie weit fliegt der Ball? In welcher Höhe wurde der Ball abgeworfen?

b) Ein Fußball fliegt bei einem Freistoß 60 m weit. Der höchste Punkt seiner parabelförmigen Flugbahn ist 6 m hoch.
- Skizziere den Flug des Balles in einem Koordinatensystem und beschrifte die Skizze.
- Welche Koordinaten hat der Scheitelpunkt der Flugbahn?
- Welche Funktionsgleichung passt zu dem Freistoß? Begründe.

(1) $f(x) = -\frac{1}{150} x \cdot (x - 60)$ (2) $f(x) = -\frac{1}{60} x^2 + 30x + 6$ (3) $f(x) = -\frac{1}{150} x^2 + \frac{2}{5} x$

18 Gewinn

Nimm an, durch die Funktion $f(x) = -x^2 + 85x$ wird der Gewinn eines Unternehmens in Abhängigkeit vom Verkaufspreis des Produktes dargestellt.

a) Formuliere Fragen, die sich mit dem Graphen der Funktion beantworten lassen.

b) Stell dir vor, du sollst die Geschäftsleitung beraten. Bereite einen entsprechenden Vortrag vor, den du mit der Grafik unterstützen möchtest. Denke dabei auch daran, dass du etwas zu dem „Grafikfenster" und zu den Variablen sagen musst, damit „Nichtmathematiker" verstehen, was dargestellt ist. Du kannst auch eigene Grafiken erstellen, in denen du die wichtigen Informationen besonders hervorhebst.

19 Sturz vom Fahrrad

Im Jahre 2002 trugen nach Schätzungen nur $\frac{1}{3}$ der Erwachsenen und $\frac{2}{3}$ der Kinder beim Radfahren einen Sturzhelm. Es soll untersucht werden, was geschieht, wenn man ohne Helm stürzt.

a) Der Kopf eines Radfahrers befindet sich beim Fahren ungefähr 1,80 m über dem Boden. Angenommen, das Fahrrad bewegt sich nicht und der Fahrer stürzt zu Boden. Mit der Funktionsvorschrift für den freien Fall $s(t) = 5t^2$ kann man aus der Fallzeit t in Sekunden die Fallstrecke s(t) in Metern abschätzen. Wie lange dauert es etwa, bis der Kopf des Radfahrers auf dem Boden aufschlägt?

Übrigens:
$1 \frac{m}{s} = 3{,}6 \frac{km}{h}$

b) Mit der Funktionsvorschrift $v(t) = 10t$ kann man aus der Fallzeit t in Sekunden die Geschwindigkeit v(t) in m/s berechnen, die ein Körper nach t Sekunden erreicht hat. Mit welcher Geschwindigkeit schlägt der Kopf des Radfahrers auf den Boden?

c) Mediziner sagen, dass man sich schwere Hirnschäden zuzieht, wenn der Kopf ohne Helm mit einer Geschwindigkeit von mehr als 5,5 m/s aufprallt. Welcher Fallhöhe entspricht das?

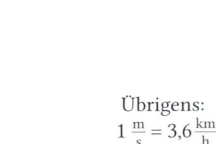

20 Hammerwerfen

Mithilfe von Messgeräten wurden die folgenden Daten für den Flug eines Hammers beim Hammerwerfen aufgezeichnet:

x (m)	0	10	20	30	40	50	60	70
h(x) (m)	0	5,1	9,3	10,5	11	8,7	5,4	0

Erstelle mit verschiedenen Methoden quadratische Modelle und vergleiche sie.

Kreisberechnungen

Technische Anwendungen von antikem Holzrad und der Töpferscheibe bis hin zu den modernen künstlichen Satelliten machen sich die besonderen Eigenschaften der Kreisbewegung zu Nutze. Die geostationäre Umlaufbahn (GEO, engl.: *Geostationary Earth Orbit*) hat einen Bahnradius von 42 157 km. Satelliten, die in dieser Umlaufbahn kreisen, fliegen genau mit der Drehung der Erde. Für einen Beobachter auf der Erde bleiben sie deshalb immer an derselben Stelle am Himmel. Der Vorteil: Die Antennen auf dem Boden sind fest auf einen bestimmten Punkt ausgerichtet, und jeder Satellit deckt stets das gleiche Gebiet der Erde ab. Deswegen wird diese Umlaufbahn z. B. für Fernseh-, Kommunikations- und Wettersatelliten verwendet.
Exakte Berechnungen sind notwendig, damit der Satellit von einer Trägerrakete in der richtigen Umlaufbahn abgesetzt wird.

Übersicht

6.1 Umfang und Flächeninhalt des Kreises

Der Papyrus Rhind (ca. 1550 v. Chr) ist ein auf Papyrus verfasstes Nachschlagewerk zu 84 mathematischen Fragestellungen. Für die Altägypter sollen sie einen praktischen Nutzen gehabt haben, unter anderem bei der Berechnung von Feldern unterschiedlicher geometrischer Form.

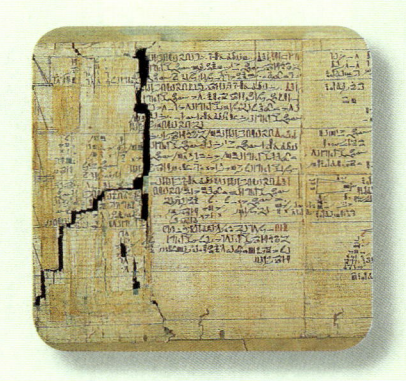

In der 48. Aufgabe erläutert der Schreiber und Rechenmeister AHMES die Berechnung der Fläche eines Kreises, der einem Quadrat mit einer Seitenlänge von 9 Längeneinheiten eingeschrieben ist. Insbesondere ermittelt er eine Zahl, die eine gute Näherung der Kreiszahl π darstellt.

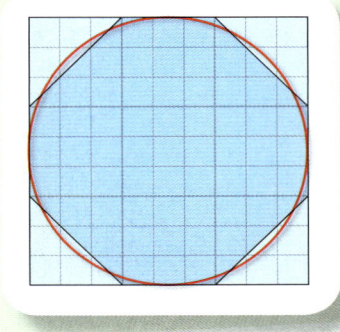

AHMES schätzt, dass der Flächeninhalt des Kreises um 1 Quadrateinheit größer ist als der Flächeninhalt des unregelmäßigen Achtecks. Zu welchem Ergebnis kommt er?

6.2 Anwendungen

Wenn man schwere Lasten weiterbewegen will, benutzt man oft Walzen. Die einfachste Walze ist zylinderförmig, sie hat einen Kreis als Querschnitt. Jede Walze ist im Idealfall ein sogenanntes „Gleichdick": Sie lässt sich zwischen zwei parallelen Ebenen rotieren, die einen konstanten Abstand zueinander haben. Der Nachteil der zylinderförmigen Walzen ist ein hoher Materialverbrauch und Gewicht, andere Formen sind dagegen materialsparender.

Die Form der gelben Walze wird als REULEAUX-Dreieck bezeichnet. Sie setzt sich aus drei Kreisbögen zusammen und hat die kleinste Fläche unter allen Gleichdicken, wodurch sich Material sparen lässt.

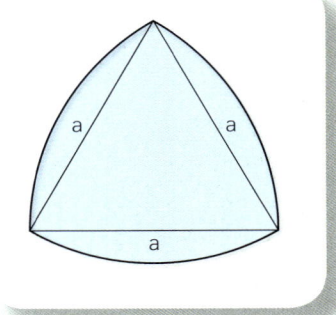

Schätze: Wie viel Prozent fehlt einem REULEAUX-Dreieck bis zu einer Kreisfläche, die „gleich dick" ist?

6.1 Umfang und Flächeninhalt des Kreises

Die Vermessung von Kreisen gehört zu den ältesten Forschungsgegenständen der Mathematik. Dabei sind viele wichtige Erkenntnisse gesammelt worden. Vor allem wurde die Kreiszahl entdeckt. Mit ihrer Hilfe lassen sich der Umfang und der Flächeninhalt eines Kreises aus bekanntem Radius berechnen. Daraus lassen sich auch die Formeln für die Länge von Kreisbögen (z. B. bei Brückenbögen) oder die Flächeninhalte von Kreissektoren und Kreisringen ableiten. In Formeln sind Zuordnungen versteckt. So wird zum Beispiel mit den Formeln $U(a) = 4a$ und $A(a) = a^2$ der Seitenlänge a eines Quadrates einmal der Umfang U, zum anderen der Flächeninhalt A des Quadrates zugeordnet. Ganz ähnlich sehen die Formeln für Umfang und Flächeninhalt eines Kreises aus.

Aufgaben

1 Schätzen und Messen

Was ist größer, die Höhe der Tennisdose oder ihr Umfang?

a) Schätze zuerst und vergleiche mit den Schätzungen in deiner Klasse. Überprüfe die Schätzung durch Nachmessen.
b) Vergleiche die Höhe der Dose mit ihrem Durchmesser oder dem eines Tennisballs. Was stellst du fest?
c) Stelle dir eine entsprechende Dose für drei Basketbälle vor. Wie sieht nun der Vergleich mit der Höhe der Dose und dem Durchmesser eines Basketballs aus? Wie kannst du die Höhe der Dose „messen", ohne dass du eine solche Dose wirklich zur Verfügung hast?

Wenn du keine Tennisdose zur Hand hast, genügt auch ein Tennisball. Wieso?

2 Experimentieren und Auswerten

Welcher Zusammenhang besteht zwischen Durchmesser d und Umfang U eines Kreises? Es ist klar: *„Je größer der Durchmesser, desto größer der Umfang."*
Doch ist der Zusammenhang zwischen Durchmesser und Umfang auch proportional?

a) Suche unterschiedlich große kreisförmige Gegenstände und miss jeweils möglichst genau deren Durchmesser und Umfang (ein Faden hilft beim Messen). Erstelle eine Tabelle, in der auch der jeweilige Quotient U:d berechnet wird und zeichne einen passenden Graphen.
b) Formuliere einen Zusammenhang zwischen U und d, der für alle Kreise (ungefähr) zutrifft. Versuche, eine Formel aufzustellen, mit der man aus gegebenem Durchmesser den Umfang berechnen kann. Vergleiche mit dem Ergebnis deiner Mitschülerinnen und Mitschüler.

	A	B	C
1	Zusammenhang zwischen Umfang		
2	und Durchmesser eines Kreises		
3			
4	Durchmesser d (in cm)	Umfang u (in cm)	Quotient u:d
5	5,1	16,2	3,18
6	8,2	25,6	
7			
8			
9			
10			
11			

6.1 Umfang und Flächeninhalt des Kreises

Aufgaben

3 Flächeninhalt eines Kreises – eine Formel zum Abschätzen

Mit dem Bild kannst du einen Zusammenhang zwischen dem Flächeninhalt eines Kreises und dem Kreisradius finden.

a) Zeichne drei Bilder mit jeweils verschiedenen Radien (z. B. r = 2 cm, 4 cm, 8 cm). Welchen Flächeninhalt hat dann jeweils das rote Quadrat?

b) Wie viele der gelben Quadrate passen jeweils in das äußere rote Quadrat, wie viele in das innere blaue Quadrat?

c) Benutze deine Ergebnisse aus b) für eine Schätzung des Flächeninhalts des jeweiligen Kreises. Beschreibe dein Vorgehen.

d) Wie hängt dieser Schätzwert jeweils mit dem Radius des Kreises zusammen? Versuche, damit eine Formel zu bestimmen, mit der man den Flächeninhalt des Kreises aus dem gegebenen Radius ungefähr berechnen kann.

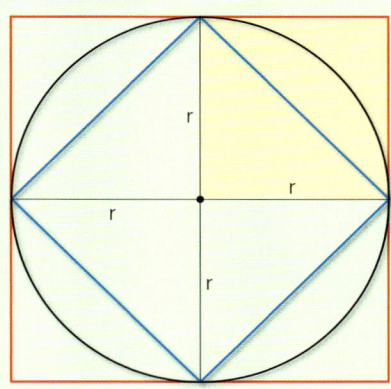

4 Flächen wiegen? – Experimentieren und Auswerten

Welcher Zusammenhang besteht zwischen dem Flächeninhalt eines Kreises und seinem Radius?

a) Schneidet aus Karton Kreise verschiedener Größe aus. Wichtig ist, dass alle Kreise aus demselben Material sind. Wieso? Wiegt nun die Kreise und tragt die Messwerte gemeinsam mit dem Kreisradius in eine Wertetabelle ein. Tragt nun die Wertepaare aus der Tabelle in ein geeignetes Koordinatensystem ein. Erkennt ihr einen Zusammenhang zwischen r und K?

b) Schneidet zu jedem Kreis ein Quadrat aus, dessen Seitenlange dem Radius des Kreises entspricht. Wiegt nun die Quadrate und ergänzt die Messwerte in der Tabelle aus a).
Welcher Zusammenhang besteht zwischen dem Gewicht des Quadrates und dem des Kreises? Vergleicht mit eurer Beobachtung aus a).

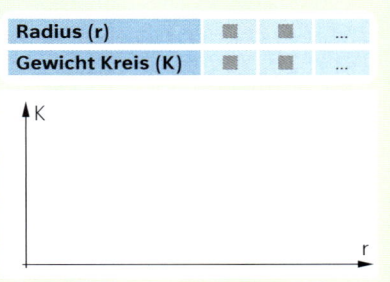

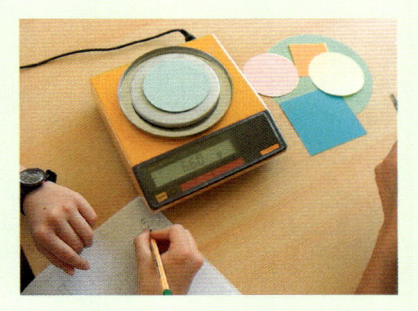

5 Falten, Schneiden und Zusammenlegen

Das Verfahren ist ein Näherungsverfahren. Wo liegen die Ungenauigkeiten? Wie lassen sich diese verringern?

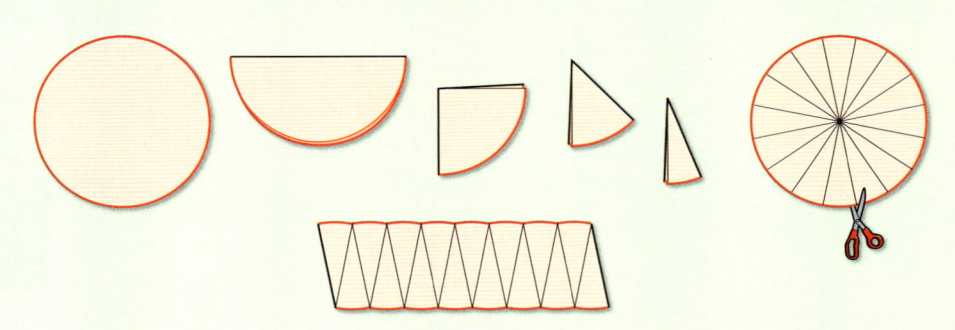

Führe das folgende Experiment aus. Erkläre, wie man damit zu einer Formel für den Flächeninhalt des Kreises kommen kann. Welche Kenntnisse verwendest du dabei?

6 Kreisberechnungen

Basiswissen

Umfang und Flächeninhalt eines Kreises lassen sich mithilfe des Durchmessers oder des Radius berechnen. Der Durchmesser ist doppelt so groß wie der Radius. Es gilt $d = 2r$.

Umfang eines Kreises

Der Kreisumfang U ist ungefähr dreimal so groß wie der Durchmesser d des Kreises, damit auch sechsmal so groß wie der Radius r. Exakter berechnet man den Kreisumfang mit der Kreiszahl π.

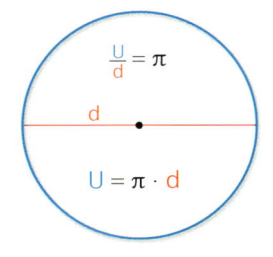

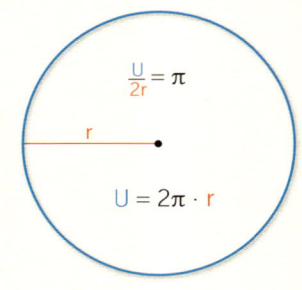

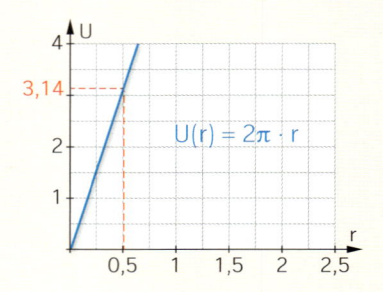

$$\frac{U}{d} = \pi \qquad U = \pi \cdot d$$

$$\frac{U}{2r} = \pi \qquad U = 2\pi \cdot r$$

$U(r) = 2\pi \cdot r$

π (sprich Pi) ist der griechische Buchstabe für p.

Näherungsweise gilt: $\pi \approx 3{,}14$

Auf dem Taschenrechner findest du mit der Taste π einen genaueren Näherungswert.

Flächeninhalt eines Kreises

Die Kreisfläche A ist ungefähr dreimal so groß wie das Quadrat über dem Radius r des Kreises. Exakter berechnet man die Kreisfläche mit der Kreiszahl π.

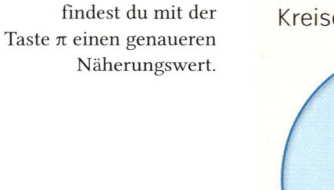

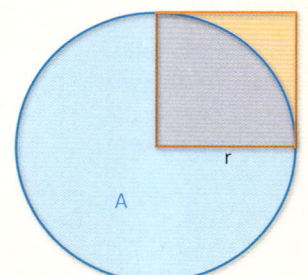

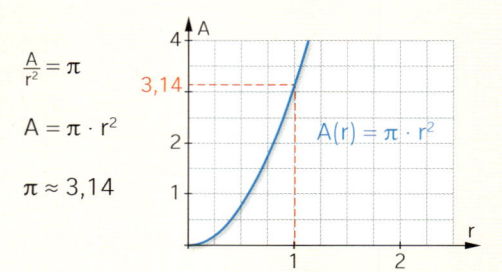

$$\frac{A}{r^2} = \pi \qquad A = \pi \cdot r^2 \qquad \pi \approx 3{,}14$$

$A(r) = \pi \cdot r^2$

Beispiele

A Radumdrehung

Welchen Weg legt ein Fahrrad mit einem Raddurchmesser von 28 Zoll bei einer Radumdrehung zurück?
Lösung: 28 Zoll sind ungefähr 71 cm. Der zurückgelegte Weg entspricht dem Umfang U des Rades.
$U \approx 3{,}14 \cdot 71\,\text{cm} \approx 223\,\text{cm}$. Das Fahrrad legt also bei jeder Radumdrehung ungefähr 2,23 m zurück.

1 Zoll = 2,54 cm

B Anstoßkreis

Die 540 Mitglieder des FAN-Clubs sollen vor dem Spiel für ihre vorbildliche Unterstützung der Mannschaft geehrt werden. Können sie sich alle in dem Anstoßkreis des Fußballfeldes aufstellen?
Lösung: Der Anstoßkreis hat einen Radius von 9,15 m. Der Flächeninhalt ist ungefähr $3{,}14 \cdot (9{,}15\,\text{m})^2 \approx 263\,\text{m}^2$.
$263\,\text{m}^2 : 540 \approx 0{,}49\,\text{m}^2$. Für jedes Mitglied steht damit etwa $\frac{1}{2}\,\text{m}^2$ zur Verfügung, das ist ausreichend.

Übungen

Im Wettkampfsport muss der Durchmesser des Tennisballs zwischen 64 und 67 mm liegen.

6 Durchmesser von Bällen
Der Durchmesser eines Tennisballs (Basketballs) soll möglichst genau bestimmt werden. Probiere verschiedene Messmethoden aus. Welche der gewählten Methoden liefert deiner Meinung nach das beste Ergebnis? Gib Gründe hierfür an.

7 Riesen-Mammutbaum
Der Riesen-Mammutbaum zählt zu den größten Lebewesen der Welt. Der legendäre „General-Sherman-Tree" in der Ursprungsregion dieser Riesen, der Sierra Nevada in Kalifornien, hat eine Höhe von 83,8 m und am Boden einen Stammumfang von 31,1 m. Welchen Durchmesser hat der Baum? Wie viele Schülerinnen und Schüler bräuchte man, um den Baum zu umfassen? Vergleiche mit den Maßen einer Buche in deiner Region.

8 Stammdurchmesser
Eine Gemeindeordnung besagt, dass ein Baum nur dann ohne Genehmigung gefällt werden darf, wenn sein Stammdurchmesser kleiner als 20 cm ist. Dieser kann nicht direkt gemessen werden, es sei denn, man fällt den Baum. Beschreibe eine Methode, wie man den mittleren Stammdurchmesser bestimmen kann. Ermöglicht diese Bestimmung immer eine eindeutige Entscheidung?

Rechne mit $\pi \approx 3{,}14$.

9 Training
Von einem Kreis wurde jeweils eine Größe gemessen. Berechne die fehlenden Größen.

Durchmesser d	46 mm					
Umfang U		42,6 cm		1,47 m		
Radius r			1,24 m		6,2 cm	
Flächeninhalt A						313,04 cm²

10 Wer wächst am schnellsten?
Mit dem Radius wächst auch der Umfang und der Flächeninhalt des Kreises. Was passiert jeweils, wenn man den Radius verdoppelt (verdreifacht, halbiert)?

11 Umfang und Flächeninhalt von Figuren
a) Welche der gefärbten Figuren hat den größten Umfang, welche den kleinsten? Gibt es Figuren mit gleichem Umfang? Stelle eine Rangfolge auf.
b) Führe die gleichen Untersuchungen für die Flächeninhalte der Figuren aus.

Die Figuren werden alle durch Kreisbögen begrenzt.

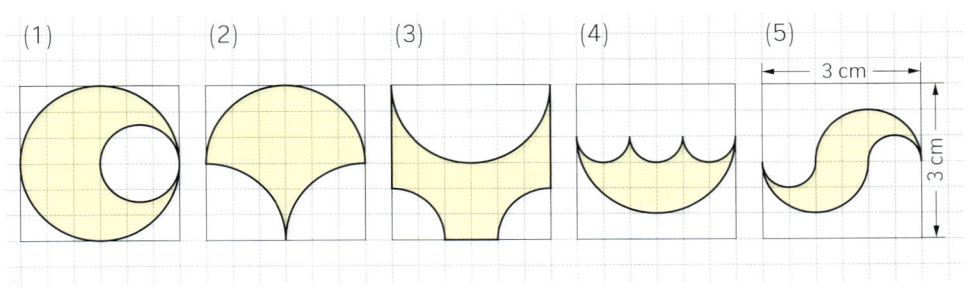

(1) (2) (3) (4) (5) 3 cm × 3 cm

Exkurs

Die Kreiszahl π

π lässt sich nur als Näherungswert angeben. Bereits in frühen Kulturen haben die Menschen Näherungswerte für die Zahl π unabhängig voneinander entdeckt. Sogar in der Bibel ist eine Näherung für sie versteckt und zwar in einer Passage, in der es um die Erbauung eines Wasserbeckens vor einem Tempel durch König Salomo geht (2. Buch der Chronik, 4.2):

„Dann machte er das ‚Meer'. Es wurde aus Bronze gegossen, maß zehn Ellen von einem Rand zum andern, war völlig rund und fünf Ellen hoch. Eine Schnur von dreißig Ellen konnte es rings umspannen."

Die Bezeichnung π für die Kreiszahl wird allerdings erst seit dem 18. Jh. verwendet. Heute weiß man, dass π eine Zahl ist, deren Dezimaldarstellung nie abbricht und auch nicht periodisch wird. Man kann sie mithilfe des Computers auf sehr viele Stellen hinter dem Komma genau bestimmen, immer wieder werden neue Rekorde erzielt. So berechnete z.B. ein Computer in den USA bereits 1989 innerhalb von drei Tagen mehr als eine Milliarde Stellen von π.

Übungen

12 Die Kreiszahl π hat Geschichte
a) Welcher Näherungswert für π ist in dem Bibelzitat im Exkurs versteckt? Beschreibe, wie du dies herausfinden kannst.
b) Im Papyrus Rhind (ca. 1550 v. Chr) findet man die Berechnung der Kreiszahl π über den Flächeninhalt eines Kreises: siehe Seite 199. Folge dem Altägypter Ahmes auf seinem Lösungsweg. Das Wievielfache des r^2 ist der von ihm gewonnene Wert für die Kreisfläche? Gilt dieses Verhältnis auch für andere Kreise?

13 Straßenschild
„Durchfahrt verboten": Eine weiße Kreisfläche ist von einem roten Kreisring eingerahmt. Was schätzt du, welche der beiden Flächen die größere ist?
Rechne nach. $r_1 = 21$ cm; $r_2 = 30$ cm.

14 Sporthallentür
Eine Scheibe der Eingangstür zur Sporthalle muss erneuert werden. Dazu wird die viertelkreisförmige Scheibe (r = 1,20 m) aus einem Quadrat herausgeschnitten.
Wie viel Prozent macht der Verschnitt aus?

15 Laufrad
Das Laufrad besteht aus 73 Latten, die 8 cm breit und im Abstand von 2 mm miteinander befestigt sind.
Kann eine Schülerin oder ein Schüler der 9. Klasse aufrecht im Rad stehen?

6.1 Umfang und Flächeninhalt des Kreises

Übungen

16 Kreisausschnitt

Ein Kreisausschnitt (Kreissektor) sieht aus wie ein „Tortenstück", von oben gesehen.

a) Berechne jeweils den Flächeninhalt A des Kreisausschnitts und die Länge b des zugehörigen Kreisbogens. Der Kreisradius r beträgt 5 cm.

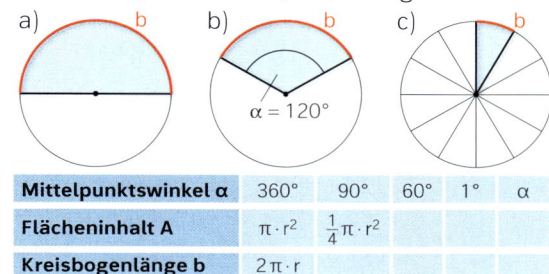

Proportionalität Dreisatz

b) Übertrage die folgende Tabelle in dein Heft und setze sie fort. Welche Formeln ergeben sich für den Flächeninhalt A des Kreisausschnitts mit Radius r und die Länge b des zugehörigen Kreisbogens?

Mittelpunktswinkel α	360°	90°	60°	1°	α
Flächeninhalt A	$\pi \cdot r^2$	$\frac{1}{4}\pi \cdot r^2$			
Kreisbogenlänge b	$2\pi \cdot r$				

17 Bogenlänge als ein neues Winkelmaß

a) Skizziere je einen Kreisausschnitt (r = 1 cm) mit dem Mittelpunktswinkel $\alpha_1 = 45°$ und $\alpha_2 = 135°$. Berechne und vergleiche die Bogenlängen b_1 und b_2. Was stellst du fest?

b) Welcher Mittelpunktswinkel gehört zur Bogenlänge $\frac{\pi}{2}$, $\frac{3}{2}\pi$, 2π?
Warum ist bei der Beantwortung dieser Frage die Angabe des Kreisradius wichtig? Begründe durch Skizze und Rechnung.

Partnerarbeit

c) Denke eigene Aufgaben zur Bestimmung von Winkel und Bogenlänge ähnlich wie in a) und b) aus und stelle sie deinem Sitznachbarn. Der Kreisradius r beträgt 1 LE.

Basiswissen

Der Flächeninhalt eines Kreissektors ist ein Bruchteil des Flächeninhalts des Kreises und auch die Bogenlänge des Kreissektors ist ein Bruchteil des Kreisumfangs.
Legt man den Radius des Kreises fest (üblich: r = 1 LE), so entspricht die Bogenlänge des Kreissektors eindeutig der Größe des Mittelpunktswinkels und ist daher ein Winkelmaß.

Kreisausschnitt

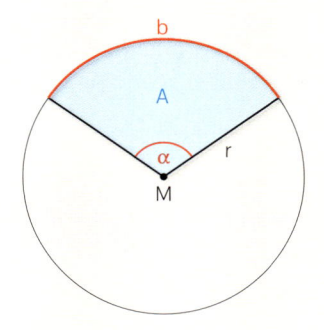

Der Winkel α wird Mittelpunktswinkel genannt.

Länge des Kreisbogens b („Bogenlänge") $b = \frac{\alpha}{360°}$

Flächeninhalt des Kreisausschnitts A: $A = \frac{\alpha}{360°} \cdot \pi \cdot r^2$

Kreisausschnitt

Ein Einheitskreis hat den Radius r = 1 LE, also gilt für ihn: $U = 2\pi$ (in LE).

Winkel α in Grad	360°	180°	90°	30°	75°
Winkel α im Bogenmaß	2π	π	$\frac{\pi}{2}$	$\frac{\pi}{6}$	$\frac{75°}{360°} \cdot 2\pi = 1{,}309\ldots$

Jeder Mittelpunktswinkel α im Einheitskreis kann in Grad oder im Bogenmaß gemessen werden. Das Bogenmaß kann als Vielfaches der Kreiszahl π angegeben werden, so dass man für die Winkelgröße eine reelle Zahl erhält.

Beispiele

C Maße eines Kreisausschnitts

Bestimme für den Kreisausschnitt den Flächeninhalt und die Bogenlänge. Gib den Winkel α im Bogenmaß an.

Lösung:

Bogenlänge: $b = \frac{\alpha}{360°} \cdot 2\pi \cdot r = \frac{36°}{360°} \cdot 2\pi \cdot 3\,\text{cm} = \frac{6\pi}{10}\,\text{cm} \approx 1{,}88\,\text{cm}$

Flächeninhalt: $A = \frac{\alpha}{360°} \cdot \pi \cdot r^2 = \frac{36°}{360°} \cdot \pi \cdot (3\,\text{cm})^2 = \frac{9\pi}{10}\,\text{cm}^2 \approx 2{,}83\,\text{cm}^2$

Der Winkel α beträgt $\frac{36°}{360°} \cdot 2\pi = \frac{\pi}{5} \approx 0{,}628...$ im Bogenmaß.

Einstellung des Taschenrechners
Gradmaß: DEG bzw. DEGREE (Einheit: Grad)
Bogenmaß: RAD bzw. RADIAN (Einheit: Radiant)

α = 36°, r = 3 cm

Übungen

18 Winkelmaße im Kopf umrechnen

Übertrage die Tabelle in dein Heft und ergänze sie.

Winkel im Gradmaß	120°	60°	135°	72°	1°
Winkel im Bogenmaß	π	$\frac{\pi}{4}$	$\frac{3\pi}{2}$	$\frac{\pi}{10}$	

Einheitskreis: $\frac{b}{2\pi} = \frac{a}{360°}$ mit α in °

19 Bogenmaß und Gradmaß mit dem Taschenrechner

Ergänze die Tabelle in deinem Heft. Schätze die fehlenden Werte zuerst.

Winkel im Gradmaß	10°	170°	356°	44°	100°
Winkel im Bogenmaß	1,571	2	6,283	0,314	

20 „Minitortenstück"

Stelle dir einen ganz schmalen Kreissektor mit dem Mittelpunktswinkel α = 1° und r = 10 cm vor. Skizziere das „Tortenstück" zunächst. Schätze die Fläche des Kreissektors sowie die Länge des zugehörigen Kreisbogens und berechne anschließend. Vergleiche mit deinen Schätzwerten.

21 Besonderer Winkel

Wie groß muss der Mittelpunktswinkel des Kreisausschnitts sein, damit er denselben Flächeninhalt hat wie das Quadrat? Welche der beiden Figuren – der Kreissektor oder das Quadrat – hat dann einen größeren Umfang? Schätze zuerst und überprüfe durch Rechnung.

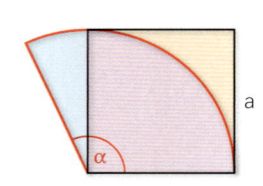

Kopfübungen

1. Die Masse des Mondes beträgt 0,0123 der Erdmasse. Wie viel Prozent sind es?
2. Aus welchen ebenen Figuren besteht die Oberfläche eines Sechseckprismas?
3. Auf einer Fläche von 38 m² will Ben für Kaninchen eine Hütte (4 m² Grundfläche) und eine Auslauffläche einrichten. Wie viele Kaninchen kann er halten, wenn jedes mindestens 2 m² Auslauf benötigt?
4. Wie groß ist der Winkel, den a und b einschließen?
5. Gibt es rationale Zahlen a und b mit a > b und a · b < 0?
6. Stellt das Baumdiagramm das zweimalige Ziehen aus der Urne mit oder ohne Zurücklegen dar? Begründe.
7. Gib die Formel an, mit der du Anzahl der Stunden in Anzahl der entsprechenden Tage umrechnen kannst.

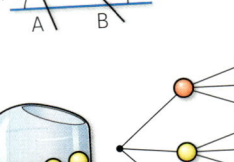

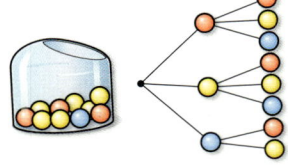

Interessantes zur Kreiszahl π

> **Exkurs**
>
> **Wie genau braucht man π?**
>
> Wie genau braucht man π eigentlich in der Praxis? 100 Nachkommastellen sind auf jeden Fall schon viel zu viel, wie Heinrich Tietze eindrucksvoll in seinem Buch „Gelöste und ungelöste mathematische Probleme" beschreibt:
>
> „*Man nehme eine Kugel, in deren Mitte unsere Erde liege und die bis zum Sirius reiche (das Licht, das 300 000 km in der Sekunde zurücklegt, braucht bis dorthin etwa $8\frac{3}{4}$ Jahre); man fülle diese Kugel mit Bakterien, so dass auf jeden Kubikmillimeter eine Billion Bakterien kommen. Man stelle nun alle diese Bakterien auf einer geraden Linie so auf, dass die Entfernung vom ersten Bakterium zum zweiten so groß ist wie die Entfernung Erde–Sirius; ebenso groß sei die Entfernung vom zweiten zum dritten, vom dritten zum vierten usw. Die Entfernung vom ersten zum letzten Bakterium nehme man als Radius eines Kreises. Berechnet man den Umfang dieses Kreises, indem man π auf 100 Nachkommastellen genau verwendet, so wird – trotz der ungeheuren Größe des Kreises – der bei der Berechnung des Umfangs begangene Fehler immer noch kleiner ausfallen als ein Zehnmillionstel eines Millimeters.*"
>
> Handwerker benutzen zur Abschätzung des Kreisumfangs die Faustregel: „Dreifacher Durchmesser plus 5 %"

Und die Moral von der Geschicht', allzu viele Dezimalen bringen's nicht.

Aufgaben

22 „Gedächtnisakrobaten"
Sebastian aus der 8. Klasse verblüffte seine Mitschülerinnen und Mitschüler und seinen Lehrer durch eine ungewöhnliche Leistung: Er konnte die ersten fünfzig Nachkommastellen von π fehlerfrei auswendig aufsagen, und dies mehrmals in einem Zeitrahmen von mehreren Wochen.

π = 3,141 592 653 589 793 238 462 643 383 279 502 884 197 169 399 375 105 820 974 944 592 307 …

a) Teste deine eigene Lernfähigkeit.
b) Was haben die folgenden Merkverse mit der Zahl π zu tun?

> Wie, o dies π macht ernstlich so vielen viele Müh
> Lernt immerhin, Jünglinge, leichte Verselein.
> Wie so zum Beispiel dies dürfte zu merken sein.

> Now I know a spell unfailing
> An artful charm for tasks availing
> Intricate results entailing
> Not in too exacting mood.
> (Poetry is pretty good.)
> Try the talisman,
> Let be adverse ingenuity.

Wenn du das Geheimnis gelüftet hast, kannst du die „Gedichte" vielleicht noch verlängern oder einen eigenen Merkvers komponieren.

> **Exkurs**
>
> **Eine Anekdote**
>
> Im Jahre 1897 wollte man „neue mathematische Wahrheiten" per Gesetz festlegen.
> Der Arzt Edwin J. Goodwin reichte beim Repräsentantenhaus des US-Bundesstaates Indiana eine Gesetzesvorlage ein, in der diese „Wahrheiten" formuliert und dem Staat „kostenlos" zur Verfügung gestellt werden sollten. Zuvor hatte Goodwin sich die Patente für seine „Entdeckungen" gesichert. Unter anderem wurde der Wert von π zu $\frac{16}{5} = 3{,}2$ „festgelegt"! Als Näherungswert ist 3,2 schlechter als der Wert, den die Babylonier bereits kannten: $4 \cdot \left(\frac{8}{9}\right)^2 \approx 3{,}16$. Der Vorschlag passierte unwidersprochen mehrere Instanzen, bis Prof. C. A. Waldo von der Purdue-Universität zufällig davon hörte und einen Aufschub der Entscheidung über das Inkrafttreten des Gesetzes auf unbestimmte Zeit erwirkte. Bis heute wurde der Antrag nicht wieder aufgegriffen.

Isoperimetrisches Problem

Geschlossene Kurven gleicher Länge, ebene Flächenstücke gleichen Umfangs bezeichnet man als isoperimetrisch.

> Das berühmte isoperimetrische Problem lautet:
> „Welche Figur in der Ebene hat bei gegebenem Umfang den größten Flächeninhalt?"

Exkurs

Das Reich der Dido

Besucht man die Stadt Karthago in Tunesien, so sieht man schon von weitem den Byrsa-Hügel, einst Burgberg von Karthago. Im Griechischen bedeutet Byrsa „abgezogenes Tierfell", ein Hinweis auf die Sage zur Entstehung Karthagos. Im Jahr 814 v. Chr. – so die Sage – kam Dido, eine phönizische Königin, mit einigen Getreuen übers Meer nach Afrika gesegelt, um den Nachstellungen ihres Bruders zu entgehen. Vom König des Landes erbat Dido sich so viel Land, wie sie mit einer Rindshaut umspannen konnte. Spöttisch gewährte der König ihr die bescheidene Bitte. Die kluge Phönizierin aber zerschnitt das Tierfell in dünne Streifen. Sie grenzte damit das gesamte Gebiet um die günstig gelegene Hafenbucht mit dem Byrsa-Hügel ab, und gründete somit Karthago. So „ging allerhand auf die Kuhhaut", nämlich eine neue Heimat für Didos Landsleute, die bald zu einer bedeutenden Seehandelsstätte heranwuchs.

23 Größter Flächeninhalt bei gleichem Umfang

In einer Version der Sage von Dido findet man folgende Passage: *„Listig zerschnitt Dido die Rindshaut in schmale Streifen mit einer Gesamtlänge von 880 m, die sie zu einem Rechteck zusammenlegte."*

Schätzen und Probieren   a) Welche Abmessungen musste Dido für ihr Rechteck wählen, um eine möglichst große Fläche mit der Rindshaut zu umspannen? Schätze zuerst und probiere dann für verschiedene Rechtecke. Begründe deine Lösung.

Experiment   b) Besorge dir eine 60 cm lange Schnur. Versuche nun, eine möglichst große Fläche mit der Schnur zu umspannen. Welche Arten von Figuren eignen sich sicher nicht? Mit welcher Figur erzielst du den größten Flächeninhalt? Protokolliere dein Vorgehen und deine Ergebnisse.

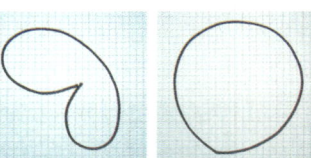

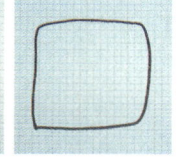

rechnerischer Ansatz   c) Vergleiche zunächst den Flächeninhalt eines regelmäßigen Vielecks (Dreieck, Viereck, Sechseck, Achteck) mit dem eines nicht regelmäßigen Vielecks. Was stellst du fest? Bestimme danach den Flächeninhalt für ein gleichseitiges Dreieck, ein Quadrat, ein regelmäßiges Sechseck und ein regelmäßiges Achteck von je 60 cm Umfang. Ordne der Größe nach. Vergleiche mit dem Flächeninhalt eines Kreises mit 60 cm Umfang.

Beweisidee für das isoperimetrische Problem   d) Der exakte Beweis ist nicht einfach, die letzten Beweislücken wurden nach jahrhundertelangen Versuchen erst im 19. Jh. (von Karl Weierstrass) geschlossen.

> Von allen Figuren gleichen Umfangs stellt der Kreis diejenige Figur mit dem größtmöglichen Flächeninhalt dar.

Die grundlegende Beweisidee ist es, die mit dem Kreis des Umfangs U konkurrierenden Flächen nacheinander auszuschließen. Erläutere, wie diese Idee in den Teilaufgaben b) und c) bereits verfolgt wird.

6.2 Anwendungen

Kreise, Kreisbögen und Kreisteile stellen nicht selten eine Verbindung zwischen der Mathematik und zahlreichen anderen Fachgebieten dar. Deren Verwendung in der Architektur reicht von dem Brückenbau bis zur kreativen Gartengestaltung. In der Technik werden oft rotierende Bauteile wie Walzen, Bohrer und Räder verwendet. Seit den 60er-Jahren des letzten Jahrhunderts umkreisen Satelliten die Erde auf vorher berechneten Kreisbahnen, sie dienen z. B. der Telekommunikation und Wetterbeobachtung.

Auch für die Berechnung von Breiten- und Längenkreisen auf der Erde, für die Einstellung des Tachometers beim Fahrrad muss man so einiges über Kreisumfang und -flächeninhalt wissen. In diesem Lernabschnitt kannst du auch erfahren, was die Möndchen des Hippokrates sind und wie sie mit der Quadratur des Kreises zusammenhängen.

1 Kreisförmiges Wohnen 
Das Foto zeigt eine Wohnsiedlung in einem Vorort von Kopenhagen. Jede kreisförmige Parzelle hat einen Durchmesser von 100 m und besteht aus 25 gleich großen Grundstücken, wobei eines als Zufahrt zum inneren Gemeinschaftsparkplatz dient. Dieser hat einen Durchmesser von 25 m.
Schätze zuerst und überprüfe durch Rechnung:
a) Wie groß sind die einzelnen Grundstücke?
b) Welche Länge haben der äußere und der innere Kreisbogen eines Grundstücks?

2 Ein „Wohlgeformtes" Ei

Konstruktion mit DGS oder mit Zirkel und Lineal.

Ist das Ergebnis unabhängig vom gewählten Radius r?

Ein „wohlgeformtes" Ei kannst du mithilfe von vier Kreisbögen konstruieren ($\overline{AC} = \overline{BD} = 2r$).
a) Konstruiere das Ei für r = 4 cm.
   Notiere stichpunktartig dein Vorgehen.
b) Um wie viel Prozent sind Umfang und Flächeninhalt des Eis jeweils größer als beim Kreis mit dem Radius r?
   Schätze und rechne.

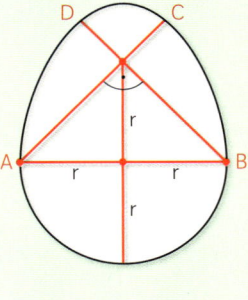

3 Münz-Experiment

Führe das Experiment auch mit unterschiedlich großen Münzen aus (z. B. innen 10 Cent, außen 1 € oder umgekehrt).

Zwei 50-Cent-Münzen werden umeinander gedreht. Eine bleibt fest, die andere läuft um sie herum.
a) Wie oft dreht sich die zweite Münze um sich selbst, wenn sie die erste genau einmal umläuft?
   Schätze erst und probiere dann.
b) Zeichne die Bahn, auf der sich der Mittelpunkt der äußeren Münze bewegt.
   Wie lang ist sie?
c) Zeichne die Fläche, die die äußere Münze überstreicht.
   Wie groß ist der Flächeninhalt?

6 Kreisberechnungen

Fritz Wankel (1902 - 1988)
Erfinder des
Kreiskolbenmotors (1960)

Exkurs

Das Reuleaux-Dreieck

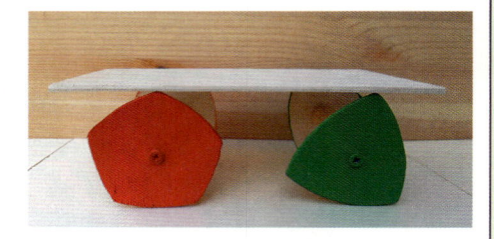

Das Foto rechts zeigt: Räder müssen nicht rund sein. Der Abstand vom Boden ist stets gleich groß, obwohl die „Räder" Ecken haben.

Die gelbe Figur im Bild heißt Reuleaux-Dreieck. Sie wurde nach FRANZ REULEAUX (1829–1905), einem deutschen Maschinenbauingenieur benannt.

Diese Form kann nicht nur für Walzen (z. B. zum Möbeltransport), sondern auch z. B. für Bohrer oder in Motoren verwendet werden. Der Kreiskolbenmotor ist ein Verbrennungsmotor, bei dem der sogenannte Kreiskolben in einem Gehäuse kreist und gleichzeitig um seine eigene Achse rotiert. Die Kontur des Kreiskolbens ist ein Reuleaux-Dreieck. Die Ecken stehen ständig in Kontakt mit dem Gehäuse und bilden so drei unabhängige Arbeitsräume.

Basiswissen

Viele Anwendungen z. B. in der Ingenieurkunst erfordern geometrische Konstruktionen mit besonderen Eigenschaften. Um dies sicher zu stellen, müssen oft geometrische Sachverhalte algebraisch dargestellt werden und umgekehrt.

Geometrische Konstruktionen mit besonderen Eigenschaften

Drei Kreisbögen mit dem Radius a um die Ecken eines gleichseitigen Dreiecks mit der Seitenlänge a bilden ein so genanntes Reuleaux-Dreieck.

Konstruktion

Konstruktion mit DGS oder mit Zirkel und Lineal

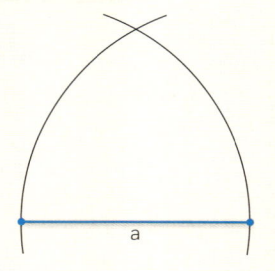

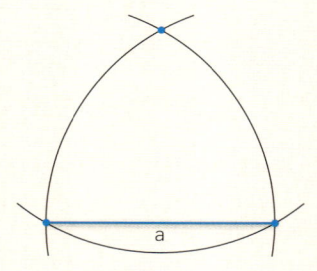

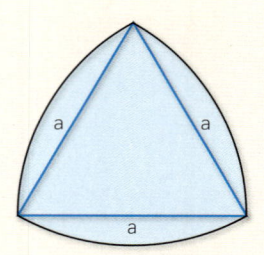

Besondere Eigenschaften: Alle Randpunkte haben zur jeweils gegenüberliegenden Ecke denselben Abstand a.

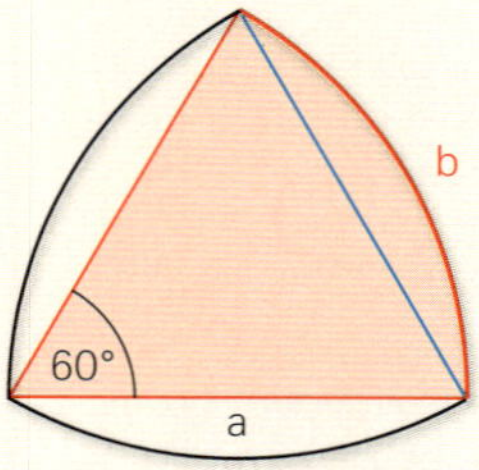

Kreisbogen b hat die Länge $b = \frac{60°}{360°} \cdot 2\pi \cdot a = \frac{1}{3} \cdot \pi \cdot a$.

Inhalte der Teilflächen:

Kreissektor mit Radius a und Mittelpunktswinkel 60°

$A_{Kreissektor} = \frac{60°}{360°} \cdot \pi \cdot a^2 = \frac{1}{6} \cdot \pi \cdot a^2$

Gleichseitiges Dreieck mit Seitenlänge a: $A_\triangle = \frac{\sqrt{3}}{4} \cdot a^2$

Das REULEAUX-Dreieck hat somit …

siehe Seite 111 (Kapitel zu Pythagoras)

den Umfang

$U_{Reuleaux} = 3 \cdot b = \pi \cdot a$

und den Flächeninhalt

$A_{Reuleaux} = A_\triangle + 3 \cdot (A_{Kreissektor} - A_\triangle) = 3 \cdot A_{Kreissektor} - 2 \cdot A_\triangle$

$A_{Reuleaux} = 3 \cdot \frac{1}{6} \cdot \pi \cdot a^2 - 2 \cdot \frac{\sqrt{3}}{4} \cdot a^2 = \frac{\pi - \sqrt{3}}{2} \cdot a^2 \approx 0{,}7 \cdot a^2$

6.2 Anwendungen

Beispiele

A Das Salzfass des ARCHIMEDES
Konstruiere die blaue Fläche und bestimme deren Inhalt.
Lösung:
Die Fläche setzt sich zusammen aus einem Halbkreis mit dem Radius a, dem zwei kleine Halbkreise mit dem Radius $\frac{1}{4}$a fehlen, sowie einem Halbkreis mit dem Radius $\frac{1}{2}$a.
Für den Flächeninhalt ergibt sich:

$$A = \frac{1}{2} \pi \cdot a^2 - 2 \cdot \frac{1}{2} \pi \cdot \left(\frac{1}{4}a\right)^2 + \frac{1}{2} \pi \cdot \left(\frac{1}{2}a\right)^2 = \frac{9}{16} \pi \cdot a^2$$

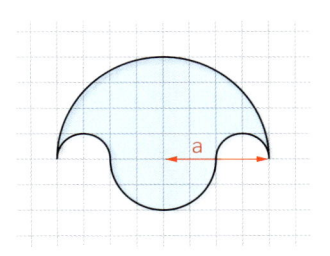

Übungen

4 Wellblech
a) Ein 3 m langes Stück Blech wird zu einem Wellblech geformt, das aus lauter aneinandergesetzten Halbkreisen mit einem Radius von 4 cm besteht. Welche Länge hat das fertige Wellblech?
b) Wie ändert sich die Länge, wenn die aneinandergesetzten Halbkreise nur 2 cm Radius aufweisen?

5 Buchenhecke
In einer Parkanlage soll eine kreisförmige Wiese von 93 m Durchmesser durch eine Buchenhecke begrenzt werden. Dabei sind drei Zugänge mit einer Breite von 3 m geplant. Die Buchen müssen im Abstand von 30 cm gepflanzt werden.
Wie viele Pflanzen werden benötigt?

6 Münzen
Ermittle jeweils den Flächeninhalt, der von den Münzen begrenzt wird. Bestimme erst den Durchmesser einer 1-€-Münze.

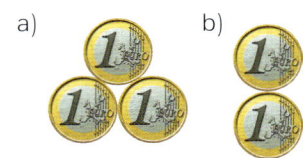

7 Bemerkenswerte Eigenschaften
Konstruiere die Figuren in deinem Heft. Vergleiche jeweils die Inhalte der farbig markierten Flächen einer Figur. Was stellst du fest?
Kannst du auf einen Blick entscheiden, welche der farbigen Teilflächen in (a) einen größeren Umfang hat? Überprüfe durch Rechnung. In welchem Verhältnis stehen die Umfänge der Teilfiguren in (b)?

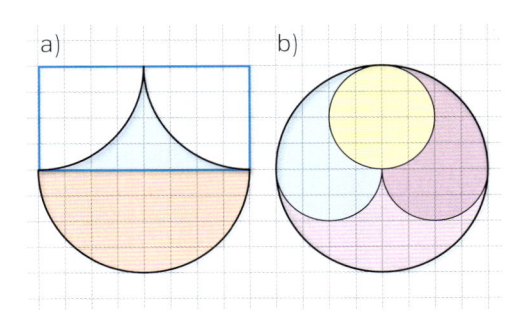

8 Materialverbrauch
a) Zeige: Das REULEAUX-Dreieck (rot im Bild) hat gegenüber dem entsprechenden Kreis (blau im Bild) einen um fast 33 % geringeren Flächeninhalt und damit einen geringeren Materialverbrauch.
b) Vergleiche auch die Umfänge der roten und der blauen Figur.

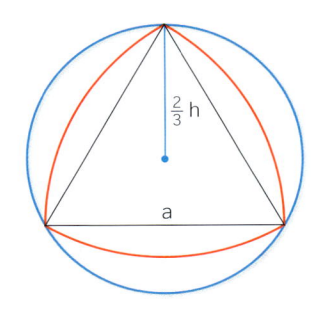

Übungen

Rechne zunächst mit a = 1 und dann mit beliebigem a.

9 Eine überraschende Entdeckung

In das Quadrat werden jeweils 1, 4, 9, 16, ..., n^2 Kreise einbeschrieben.

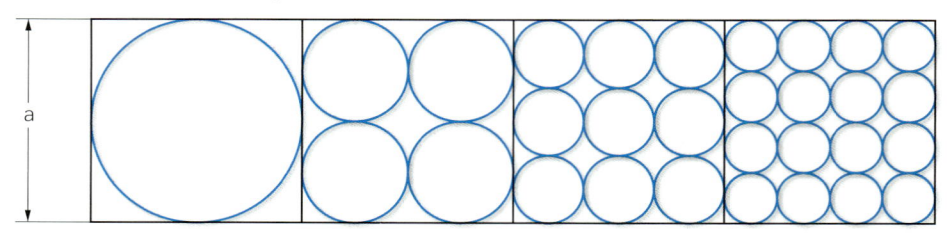

In jedem Fall wird jeweils die Gesamtfläche und der Gesamtumfang aller Kreise berechnet. Wie verändern sich diese Größen von Stufe zu Stufe? Schätze zunächst und rechne dann. Kannst du deine Beobachtung auch ohne Rechnung begründen?

Stufe	1	2	3	4	5	6	...	n
Anzahl der Kreise	1	4	■	■	■	■	■	■
Flächeninhalt aller Kreise	■	■	■	■	■	■	■	■
Umfang aller Kreise	■	■	■	■	■	■	■	■

10 Wassersprenger

Fußballfeld
Länge: max. 120 m
Breite: max: 90 m

Die Bewässerung landwirtschaftlicher Flächen geschieht mit riesigen Wassersprengern, deren Dreharme eine Länge von bis zu 200 m aufweisen können.
Wie groß ist der Inhalt der Fläche, die mit einem einzigen dieser Dreharme bewässert werden kann? Vergleiche mit der Rasenfläche eines Fußballstadions.

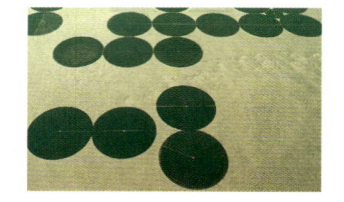

11 Jahresringe

Ist die Verwendung einer durchschnittlichen Dicke für ein Jahresring sinnvoll? Wie kann sie ermittelt werden?

Ein quer durchgesägter Baumstamm zeigt ein Muster konzentrischer Ringe – ähnlich wie auf einer Schießscheibe. Jeder Ring steht für ein Jahr, das der Baum älter wurde. Das Alter gefällter Bäume lässt sich also aus der Anzahl der Jahresringe des Stamms ablesen.
Um das Alter lebender Bäume ungefähr zu bestimmen, geht man von einem durchschnittlichen Stammdickenwachstum pro Jahr aus, das von Baumart zu Baumart verschieden ist.
Bei einer Eiche wird ein Stammumfang von 1,5 m gemessen. Wie alt ist die Eiche ungefähr, wenn man eine durchschnittliche Dicke von 3 mm pro Jahresring annimmt?

Exkurs

Dendrochronologie

Die Altersbestimmung von Bäumen mithilfe der Jahresringe (die Dendrochronologie) wurde ursprünglich für archäologische Zwecke entwickelt. Heute verwendet man sie vor allem in der Klimaforschung. Die Jahresringe sind wie ein Kalender in Holz. Vereinfacht gesagt entstehen bei warmem und feuchtem Klima breite, bei kaltem und trockenem Klima schmale Jahresringe. Die Ringmuster sind deshalb ein unverwechselbarer „Fingerabdruck" für die prägenden Bedingungen in der Zeit, in der die Ringe entstanden sind. Mit der Dendrochronologie wird so ein Bezug zwischen Klima und Jahresring hergestellt, so dass man daraus die Klimachronik vergangener Jahrtausende lesen kann. Die Jahresringbreite wird gemessen und in Kurven dargestellt. Über Vergleiche des Kurvenverlaufs von Bäumen derselben Art mit sich überlappenden Lebenszeiten kann man in einem „Überbrückungsverfahren" immer weitere Jahrringfolgen aneinander anschließen, so dass Jahrtausende überspannende Kurven (Jahrringkalender) entstehen.

6.2 Anwendungen 213

Übungen

12 Hochrad

Bei einem Hochrad wird das Vorderrad direkt über die Pedale bewegt. Der Vorderraddurchmesser des abgebildeten Hochrads beträgt 115 cm und der Hinterraddurchmesser 30 cm.

a) Wie viele Pedalumdrehungen benötigt der Radfahrer, um eine Strecke von 1 km zurückzulegen? Wie oft dreht sich dabei das Hinterrad?

Aus Teilaufgabe b) kann ein kleines Projekt entstehen.

b) Wie viele Pedalumdrehungen brauchst du bei deinem Fahrrad für einen Kilometer?
Probiere mit verschiedenen Gängen.

13 Tachometer

Tachometer am Fahrrad sind heute häufig kleine Computer. Mit ihnen kannst du unter anderem die Geschwindigkeit und die zurückgelegte Strecke messen.

Montage des Sensors:

Der Sensor (A) wird mit der Schelle an der Gabel festgeschraubt. Der Magnet (B) wird an den Speichen befestigt. Er muss beim Drehen des Rades in einem Abstand von max. 1 mm am Sensor vorbeilaufen.

Radgröße einstellen:

Damit alle Messungen exakt vorgenommen werden können, muss der genaue Reifenumfang vierstellig (in Millimetern) in den Computer eingegeben werden.

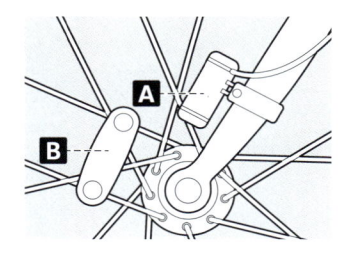

a) Erläutere die Funktionsweise des Fahrradcomputers. Wie kann man die passende Radgröße ermitteln? Vergleiche mit der Anleitung zu deinem Tacho.

1 Zoll = 2,54 cm

b) Welche Radgröße muss man für ein 28-Zoll-Rad eingeben?

c) Nach vielen Kilometern hat sich das Profil des Reifens um 2 mm abgefahren. Wie wirkt sich dies auf die Messung des Tachos aus?

14 Kilometerzähler

Auf Autoreifen findest du verschiedene Zahlenangaben, aus denen du wichtige Maße des Reifens ablesen kannst:

Reifenbreite: 195 mm
Verhältnis von Reifenhöhe zu Reifenbreite: 65 : 100
Felgendurchmesser: 15 Zoll

1 Zoll = 2,54 cm

a) Wie oft dreht sich das Rad pro Minute, wenn das Fahrzeug 120 km/h fährt?

b) Bei dem abgebildeten Reifen handelt es sich um einen Winterreifen. Der Sommerreifen für das entsprechende Fahrzeug trägt die Bezeichnung 205/60R15. Vergleiche die Abmessungen der Reifen.

c) Der Kilometerzähler des Fahrzeugs basiert auf der Messung der Anzahl der Reifenumdrehungen. Er ist auf neue Sommerreifen geeicht. Diese haben eine Profiltiefe von 1 cm. Der Kilometerzähler gibt nach einer Fahrt mit abgefahrenen Sommerreifen von 3 mm Profiltiefe eine Streckenlänge von 538 km an.
Stimmt die Angabe mit der tatsächlich zurückgelegten Strecke überein?

> **Exkurs**
>
> **Kreise auf der Erdkugel**
> Macht man einen Schnitt durch eine Kugel, so ergibt sich als Schnittfläche immer ein Kreis. Die größtmöglichen Kreise erhält man, wenn man durch den Mittelpunkt der Kugel schneidet. Diese Kreise heißen deshalb auch Großkreise. Die Längenkreise der Erdkugel sind Großkreise. Unter den Breitenkreisen stellt nur der Äquator einen Großkreis dar. Alle anderen Breitenkreise haben einen kleineren Radius, dieser nimmt zu den Polen hin ab. Die 180 Breitenkreise, die die Erde umlaufen, werden nach südlicher und nördlicher Breite unterschieden, je nachdem, ob sie sich südlich oder nördlich des Äquators befinden.

Übungen

Eine gute Merkgröße für den Erdumfang ist 40 000 km. Manchmal ist es praktisch, diese Größe im Kopf zu haben.

15 Kreise auf der Erdkugel
Die Erde entspricht nur angenähert einer Kugel. Sie ist an den Polen leicht abgeplattet, der Radius vom Mittelpunkt zu den Polen ist also etwas kleiner als der Radius am Äquator. In einem Lexikon werden folgende Angaben gemacht:
Äquatorradius: 6 378 km   Polradius: 6 357 km   Längenkreisumfang: 40 008 km
a) Berechne den Äquatorumfang. Wie groß ist der Längenunterschied, wenn man einmal mit dem Näherungswert 3,1 und zum anderen mit 3,14 für π rechnet?
b) Überprüfe: Berechnet man den Umfang eines Kreises mit dem Polradius, so ergibt sich nicht der angegebene Längenkreisumfang. Woran könnte das liegen?

Informiere dich auf dem Globus über den Verlauf des Breitenkreises. Im Internet findest du auch Interessantes zur Drake-Passage.

16 Drake-Passage
Der 60. südliche Breitenkreis verläuft vollständig durch die Ozeane, er kreuzt kein Festland. Sein Radius beträgt ungefähr 3190 km. Auf diesem Breitenkreis liegt auch die berüchtigte Drake-Passage (Meerenge zwischen Südamerika und der Antarktis), die für ihre schwierigen Wasserströmungen und starken Stürme bekannt ist. Wie lange bräuchte ein Schiff mit einer Durchschnittsgeschwindigkeit von ungefähr 40 km/h für eine (störungsfreie) vollständige Umrundung dieses Breitenkreises?

Der mittlere Erdradius beträgt 6371 km.

17 In achtzig Tagen um die Welt …
… darauf wettet Phileas Fogg im gleichnamigen Roman von Jules Verne ein großes Vermögen und macht sich mit den abenteuerlichsten Verkehrsmitteln auf die Reise. Mit welcher Durchschnittsgeschwindigkeit musste sich Fogg mindestens fortbewegen um seine Wette zu gewinnen, vorausgesetzt, er hat sich auf einem Großkreis der Erde bewegt?

Zur Erinnerung: Geschwindigkeit = zurückgelegter Weg/Zeit

18 Karussell auf dem Äquator
Die Erde dreht sich einmal am Tag um sich selbst. Eigentlich fahren wir auf ihr also ständig Karussell.
a) Wie schnell fährt man am Äquator „Karussell"?
b) Begründe: Befindet man sich nördlich oder südlich des Äquators, so fährt man langsamer Karussell.

Übungen

19 Das Band um den Äquator – Eine unglaubliche Entdeckung

a) Ein Seil wird straff um die Erde gespannt, so dass es genau auf dem Äquator anliegt. Das Seil wird nun um genau 1 m verlängert und ganz gleichmäßig um die Erde gelegt. Was schätzt du: Kannst du deine Hand durch den Zwischenraum schieben oder kann gar eine Katze hindurchkriechen? Überprüfe deine Schätzung durch Rechnen.

b) Das gleiche Experiment soll nun mit einem Fußball durchgeführt werden. Schätze und rechne erneut.

c) Fällt es dir schwer zu glauben, was du eben berechnet hast? Dann geht es dir wie vielen, denn insbesondere für die Erdkugel ist das Ergebnis schwer vorstellbar. Vielleicht hilft es dir, wenn du das gleiche Experiment an einem Quadrat durchführst. Erkläre, warum der Abstand d zwischen Seil und Quadrat bei Verlängerung des Seils um 1 m immer 12,5 cm beträgt, egal welche Seitenlänge a das Quadrat hat.

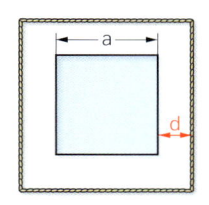

d) Schaffst du es, auch für die Kugel allgemein zu zeigen, dass der Abstand a nur von der Verlängerung v des Seils abhängt, aber nicht vom Radius r der Kugel? Hier findest du einen möglichen Begründungsansatz: $2 \cdot \pi \cdot r + v = 2 \cdot \pi \cdot (r + a)$. Einen weiteren Ansatz siehst du auf der Marginalie.

20 Geostationärer Satellit

Überlege dir, welchen Vorteil die geostationäre Lage für einen Satelliten haben kann. Ein geostationärer Satellit benötigt – wie die Erde – exakt 24 Stunden für einen Umlauf und scheint daher über einem festen Ort des Äquators still zu stehen, daher sein Name. Seine Kreisbahn liegt in einer Höhe von 35786 km über der Erdoberfläche.

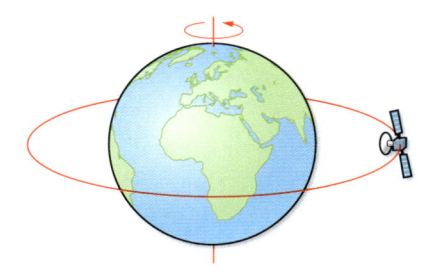

a) Bestimme den Radius und die Länge der Umlaufbahn eines geostationären Satelliten.
b) Berechne die Geschwindigkeit, mit der der Satellit fliegt. Vergleiche sie mit der Geschwindigkeit eines Ortes am Äquator bei einer Tagesumdrehung der Erde.
c) Wie könntest du die Geschwindigkeit deines Wohnortes bestimmen?

21 Umlauf um die Sonne

Die Erde bewegt sich mit einer Umlaufzeit von angenähert 365 Tagen auf einer fast kreisförmigen Bahn um die Sonne. Ihr mittlerer Abstand vom Mittelpunkt der Sonne beträgt dabei $149{,}6 \cdot 10^6$ km. Welche Strecke legt die Erde jedes Jahr ungefähr zurück und welche mittlere Geschwindigkeit hat sie dabei?
Berechne die Länge der Umlaufbahnen um die Sonne und die Geschwindigkeiten auch für die anderen Planeten unseres Sonnensystems.

Planet	Merkur	Venus	Mars	Jupiter	Saturn	Uranus	Neptun	Pluto
mittlere Entfernung von der Sonne (Mio. km)	57,9	108,2	227,9	778,3	1428	2872	4498	5946
Umlaufdauer um die Sonne	88 d	225 d	687 d	11,9 a	29,5 a	84 a	164,7 a	250,6 a

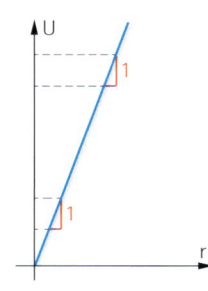

Exkurs

ERATOSTHENES VON KYRENE

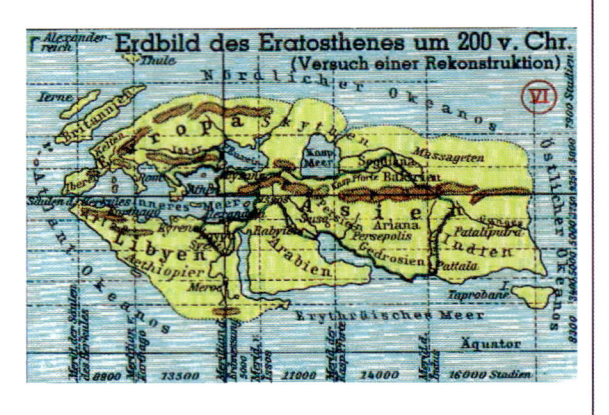

ERATOSTHENES VON KYRENE (279 – 194 v. Chr.) war ein vielseitiger griechischer Gelehrter und lange Direktor der akademischen Bibliothek im ägyptischen Alexandria, dem damals bedeutendsten Zentrum der Mathematik. Seine bekannteste Errungenschaft ist das nach ihm benannte „Sieb des ERATOSTHENES", ein einfaches, aber dennoch geschicktes Verfahren zum Auffinden von Primzahlen.

Doch auch andere Errungenschaften gehen auf sein Konto. So war er der Erste, dem es gelang, den Umfang der Erde zu bestimmen. Seiner Rechnung liegt die Annahme zugrunde, dass die Erde eine Kugel ist. ERATOSTHENES entwarf eine entsprechende Erdkarte, die Parallelkreise und Meridiane enthielt. Auf dieser Karte liegen die ägyptischen Städte Syene (heute Assuan) und Alexandria auf demselben Meridian.

Übungen

22 Erdvermessung

ERATOSTHENES wusste, dass an einem bestimmten Tag im Jahr die Sonnenstrahlen mittags genau senkrecht auf Syene (heute Assuan) trafen. Zur gleichen Zeit trafen sie im 5000 Stadien entfernten Alexandria unter einem Winkel von $\alpha = 7{,}2°$ auf.

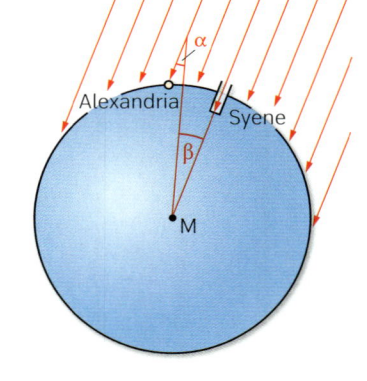

a) Begründe die Gleichheit der mit α und β bezeichneten Winkel.

b) ERATOSTHENES ermittelte als Wert für den Erdumfang 250 000 Stadien (1 Stadion $\approx$ 185 m). Wie hat er wohl gerechnet?

c) Vergleiche den Wert des ERATOSTHENES mit dem heute bekannten tatsächlichen Erdumfang. Wie groß war sein relativer Fehler?

d) Begründe, warum die Annahme von Bedeutung ist, dass Syene und Alexandria auf demselben Meridian liegen.

Kopfübungen

1. Größer, kleiner oder gleich? -7^6 ■ $(-7)^6$; 2^5 ■ 5^2; $(-1)^3$ ■ $(-1)^5$
2. Ergänze: Die Drahtlänge L ist ...-mal so lang wie $\overline{AB}$. 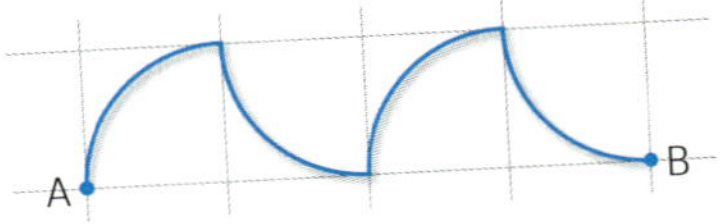
3. Löse die Gleichung: $(9 - x)^2 = (x - 3) \cdot (x + 3)$
4. Ordne der Größe nach: $\frac{1}{8}$; 12%; $\frac{4}{36}$; $0{,}\overline{12}$
5. Wandle um: 23 mm = ■ m;   1,01 kg = ■ g;   0,25 h = ■ s
6. Ein Spielwürfel wird zweimal geworfen. Gib die Wahrscheinlichkeit für die Augensumme „4" an.
7. Welche lineare Funktion verläuft durch $(-2\,|\,-1)$ und $(2\,|\,0)$?

Exkurs

Die Quadratur des Kreises

Spätestens seit 430 v. Chr. bekannt ist das Problem der Quadratur des Kreises: „Man konstruiere nur mit Zirkel und Lineal (ohne Skala) zu einem Kreis mit Radius r ein Quadrat mit dem gleichen Flächeninhalt". HIPPOKRATES VON CHIOS (um 440 v. Chr.) gelang die Umwandlung von Kreisteilen (Möndchen des Hippokrates) in flächeninhaltsgleiche Dreiecke und Vierecke. Für den Kreis dagegen ist eine solche Umwandlung durch Konstruktion nicht möglich, das bewies im Jahr 1882 der deutsche Mathematiker FERDINAND VON LINDEMANN. Die über zweitausendjährige Suche nach einer Lösung führte jedoch zu immer genaueren mathematischen Einsichten.

Aufgaben

23 Die Möndchen des HIPPOKRATES
Ein Kreismond wird von zwei Kreisbögen gebildet, die über derselben Sehne stehen. Zeige die Flächeninhaltsgleichheit von Möndchen und Dreieck bzw. Viereck.

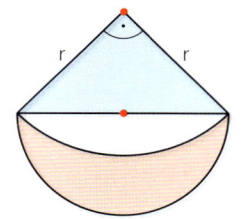

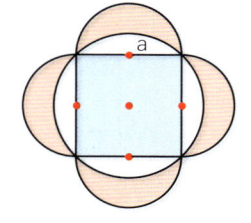

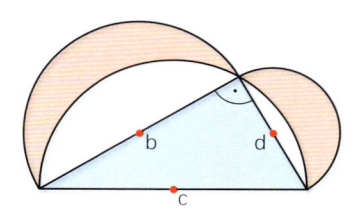

24 Die Sichel des ARCHIMEDES
Die grüne Fläche bezeichnet man als „Sichel des ARCHIMEDES", da sie bereits von diesem eingehend untersucht wurde. Man nennt sie aber auch Schusterkneif oder Arbelos. Die Lage von C auf dem Halbkreisdurchmesser ist beliebig. 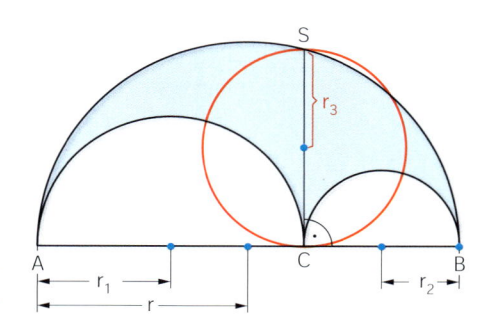
a) Konstruiere eine Sichel des ARCHIMEDES. Wähle für alle drei Halbkreise ganzzahlige Durchmesser. Konstruiere auch den zugehörigen Kreis.
b) Zeige unter Verwendung deiner Maße: Die Sichel des ARCHIMEDES und der Kreis haben denselben Flächeninhalt.
c) Begründe: $r_3 = \sqrt{r_1 \cdot r_2}$ (hier hilft der Höhensatz) und $r = r_1 + r_2$.
Zeige dann, dass die archimedische Sichel und der zugehörige Kreis für alle beliebigen Radien gleichen Flächeninhalt haben.

25 Das Salzfass des ARCHIMEDES
Die aus vier Halbkreisen bestehende Figur heißt Salzfass. Im Beispiel A ist einen Spezialfall abgebildet.
Zeige nun, dass das Salzfass unabhängig von der Wahl der Radien denselben Flächeninhalt wie der blaue Berührkreis hat.

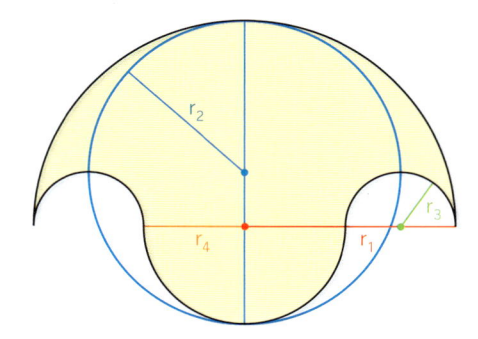

Tipp

Bei dem Salzfass lassen sich r_2 und r_4 durch r_1 und r_3 ausdrücken.

6 Kreisberechnungen

Projekt

A Laufbahn-Mathematik

Man sieht z. B. bei Olympischen Spielen, dass die Sprinter im 400-m-Lauf nicht an derselben Linie starten. Sie starten versetzt. Aber warum ist das so? Schuld daran ist die Mathematik.

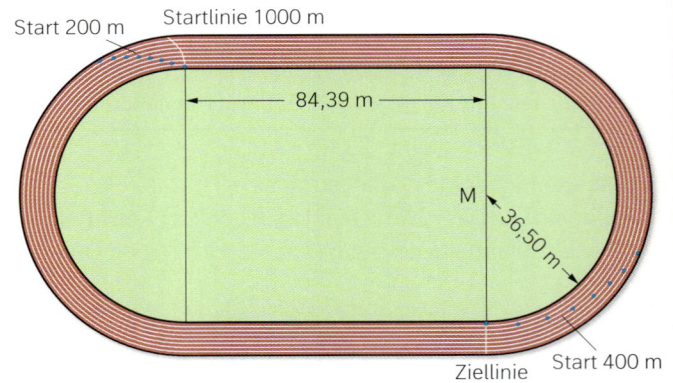

Mit diesen Daten können wir bereits viel Laufbahn-Mathematik betreiben.

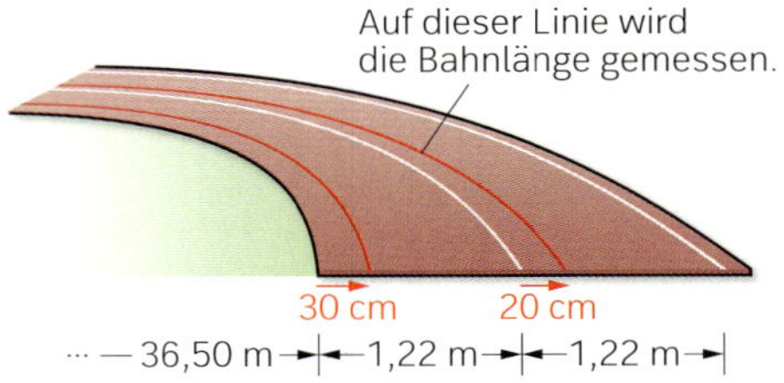

Bei einem 400-m-Lauf legt ein Läufer zwei Kurven und zwei Geraden zurück. Die zwei Kurven bilden einen Kreis, dessen Radius (innere Abgrenzung zum Stadion) 36,50 m entspricht. Die Geraden sind jeweils 84,39 m lang. Die Vermessung der Innenbahn erfolgt 30 cm neben der inneren Abgrenzung. Alle acht Bahnen sind jeweils 1,22 m breit, die Bahnen 2 bis 8 werden jeweils 20 cm vom Außenrand der inneren Begrenzungslinie aus gemessen.

Mögliche Projektfragen

- Welche Länge hat die gedachte Innenbahn genau?
- Wie lang ist die innere Begrenzungslinie zum Stadion?
- Wie viel Zeit könnte ein Läufer (theoretisch) gewinnen, wenn er dichter als 30 cm an der Berandung läuft?
- Welche Kurvenvorgaben müssen die Läufer beim 400-m-Lauf auf den Bahnen 2 bis 8 erhalten?
- Sind diese Vorgaben für benachbarte Bahnen jeweils gleich?
- Wie groß sind die Kurvenvorgaben beim 200-m-Lauf?

Produkt

Stelle einen maßstäblichen Plan des Stadions mit den Laufbahnen (auf DIN A3) her und trage die Startpositionen für den 200-m und 400-m-Lauf ein.

Exkurs

Mathematik – nur ein Teil der Wirklichkeit

Auszüge eines Interviews mit dem deutschen 400-m-Weltklasseläufer INGO SCHULTZ: (…) Zwar hat die Innenbahn den Nachteil des engen Kurvenradius. Gerade große und schwere Sprinter wie ich müssen dort viel Kraft aufwenden, die dann auf den letzten Metern manchmal fehlt. Aber das Wichtigste ist natürlich Vertrauen in die eigene Leistungsfähigkeit, denn bis auf die unterschiedlichen Bahnen sind die äußeren Umstände für alle Läufer gleich. (…) Beim Wettkampf erleichtern die inneren Bahnen eigentlich die Renngestaltung, weil man die anderen Läufer vor sich sieht und den Rennverlauf beobachten kann, um ggf. zu reagieren. Ich nehme mir meistens vor, den vor mir laufenden Gegner bis 200 Meter „einkassiert" zu haben, was zu diesem Zeitpunkt einen Vorsprung von vier Metern bedeutet. (…)

Check-up

Kreisumfang und Kreisfläche

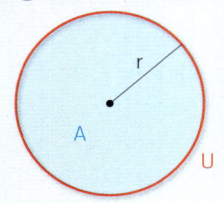

Kreisumfang
$U = 2 \cdot \pi \cdot r = \pi \cdot d$

Kreisfläche
$A = \pi \cdot r^2$

Kreiszahl π

$\pi \approx 3{,}14$

Kreisausschnitt

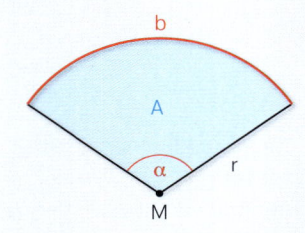

Bogenlänge
$b = \frac{\alpha}{180°} \cdot \pi \cdot r$

Flächeninhalt
$A = \frac{\alpha}{360°} \cdot \pi \cdot r^2$

Einheitskreis

Ein Kreis mit dem Radius $r = 1$ LE
(LE Längeneinheit).

Bogenmaß

Jeder Mittelpunktswinkel α im Einheitskreis kann im Gradmaß oder im Bogenmaß gemessen werden.

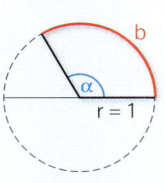

Winkel α im Gradmaß	Winkel α im Bogenmaß
360°	2π
180°	π
90°	$\frac{\pi}{2}$
60°	$\frac{\pi}{3}$
α in °	$\frac{\alpha°}{360°} \cdot 2\pi$

1 Kreisgrößen
Berechne die fehlenden Größen.

r	3 cm	4,8 cm	1,6 cm	■	■
U	■	■	■	20 cm	■
A	■	■	■	■	10 cm²

2 Verschnitt
Aus einer 50 cm × 70 cm großen Pappe werden 35 Kreise mit je 10 cm Durchmesser ausgeschnitten. Wie groß ist der Verschnitt?

3 Umfang und Flächeninhalt von Figuren
Berechne Umfang und Flächeninhalt der Figuren.

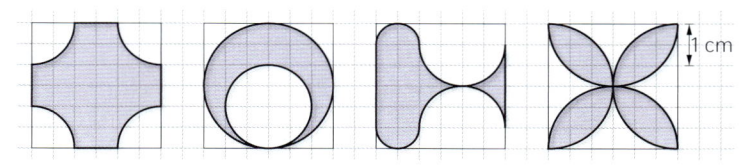

4 Gleicher Flächeninhalt
Ein Quadrat und ein Kreis haben den gleichen Flächeninhalt von 36 cm². Vergleiche die Umfänge.

5 Kreisteile
Berechne den Umfang und den Flächeninhalt der farbigen Fläche.

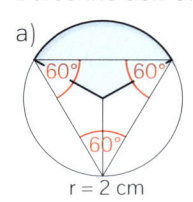

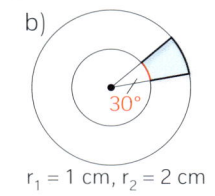

a) $r = 2$ cm
b) $r_1 = 1$ cm, $r_2 = 2$ cm

6 Bogenmaß
Wandle die Winkelgröße vom Gradmaß ins Bogenmaß bzw. umgekehrt:

Gradmaß	30°	■	270°	■	9°	■
Bogenmaß	■	$\frac{\pi}{4}$	■	$\frac{\pi}{5}$	■	$\frac{7}{4} \cdot \pi$

7 Konzentrische Kreise
Ein Kreis hat den Radius $r = 10$ cm. Bestimme den Radius eines konzentrischen Kreises, dessen Flächeninhalt halb so groß ist.

8 Parkanlage
In einer Parkanlage soll ein rundes Tulpenbeet mit 1000 Tulpen angelegt werden.
Welchen Durchmesser hat des Beet ungefähr, wenn jede Tulpe eine Fläche von ca. 12 cm × 12 cm beansprucht?

Sichern und Vernetzen – Vermischte Aufgaben zu Kapitel 6

Training

1 Kreisgrößen
Berechne die fehlenden Kreisgrößen auf mm bzw. mm² genau.

r	3 cm			9,3 m		
U		10 cm			45 dm	
A			63 cm²			1,7 cm²

2 Flächeninhalt und Umfang von Figuren
Welche der gefärbten Flächen hat den größten (kleinsten) Flächeninhalt?
Hat diese dann auch den größten (kleinsten) Umfang?

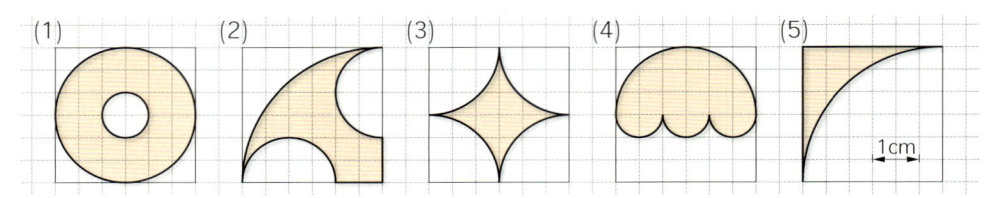

3 Kreis und Quadrat
a) Ein Kreis mit einer Fläche von 10 cm² soll von einem möglichst kleinen Quadrat eingeschlossen werden. Welche Seitenlänge hat das Quadrat?
b) Ein Quadrat und ein Kreis haben den gleichen Flächeninhalt von 36 cm². Vergleiche die Umfänge.

4 Gleicher Umfang – unterschiedliche Flächeninhalte
Ein gleichseitiges Dreieck, ein Quadrat, ein regelmäßiges Sechseck und ein Kreis haben den gleichen Umfang von 72 cm. Welche Figur hat den größten Flächeninhalt, welche den kleinsten? Gib die Werte an.

5 Kreisring
Um einen Kreis vom Radius r = 6 cm soll ein Ring von 88 cm² Inhalt konstruiert werden. Wie breit ist der Ring? Vergleiche mit der Breite eines Ringes gleichen Flächeninhalts, der nach innen gelegt wird.

6 Kreisfiguren
Bestimme Umfang und Flächeninhalt der farbigen Fläche.

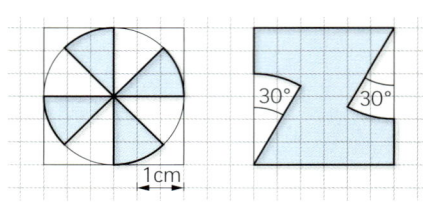

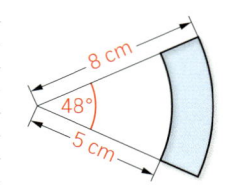

7 Gradmaß und Bogenmaß
Welche Angaben beschreiben die gleiche Winkelgröße? Ordne zu.

54° 120° 15° 270° 90° 200°	$\frac{\pi}{12}$ 0,3π $\frac{10}{9}$π 1,5π $\frac{2\pi}{3}$ ≈ 1,57

Sichern und Vernetzen – Vermischte Aufgaben

Verstehen

8 Was passiert mit dem Umfang oder Flächeninhalt eines Kreises, wenn …
Ein Kreis hat den Radius a. Welchen Radius musst du für einen Kreis mit halbem (dreifachem, fünffachem) Umfang wählen, welchen für einen Kreis mit vierfachem (sechzehnfachem, doppeltem) Flächeninhalt?

9 Wachsende Kreisringe
Wie verändert sich der Flächeninhalt der Ringe mit größer werdendem Radius? Wie groß ist der Flächeninhalt des neunten Rings? Finde eine Formel, mit der man den Flächeninhalt jedes beliebigen Rings ermitteln kann, der bei Fortsetzung des Verfahrens entsteht.

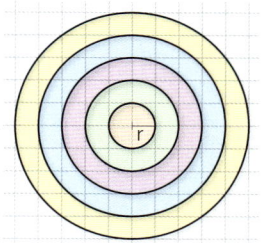

10 Was passiert, wenn …
Von Schritt zu Schritt wird der Durchmesser des angehängten Halbkreises halbiert.
a) Wie lang wird die „Schlange" nach 3, 5, 10 Schritten?
b) Wie entwickelt sich der Inhalt der gelben Fläche?

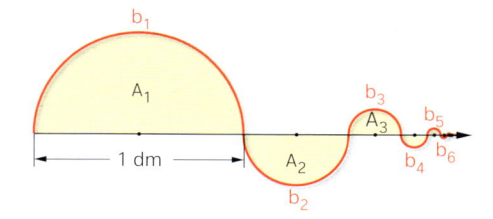

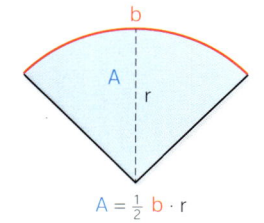

11 Eine andere Formel für den Kreisausschnitt
a) Der Flächeninhalt eines Kreisausschnitts lässt sich auch mit der nebenstehenden Formel berechnen. Begründe mithilfe der im Kasten (Basiswissen Seite 205) stehenden Formeln für die Bogenlänge und den Flächeninhalt des Kreisausschnitts.
b) Welche Formel für den Flächeninhalt des Vollkreises ergibt sich mit dieser Formel? Vergleiche mit der üblichen Formel.
c) Erkennst du Ähnlichkeiten mit der Formel zur Berechnung des Flächeninhalts eines Dreiecks? Beschreibe.

$A = \frac{1}{2} \cdot b \cdot r$

Anwenden

12 Pizza
Emma und Ben gehen Pizza essen. Sie vergleichen Preise: Eine kleine Pizza Spezial mit Radius 11 cm kostet 5 €, ein Stück von der großen Pizza Spezial mit Radius 22 cm kostet 2 €. Emma schätzt den Mittelpunktswinkel auf 30°.

13 Defekte Scheibe
Die markierte Scheibe ist defekt und muss durch ein Spezialglas ersetzt werden, das 899 € pro m² kostet. Wie teuer wird die Scheibe?

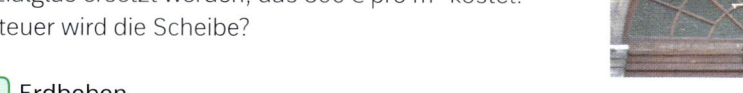

14 Erdbeben

1 Meile ≈ 1,61 km

Im Oktober 1989 richtete ein Erdbeben der Stärke 6,9 auf der Richter-Skala noch in San Francisco massive Schäden an. Allein dort wurden über 100 000 Häuser zerstört. Das Epizentrum des Bebens befand sich in Santa Cruz, 80 Meilen von San Francisco entfernt. Wie groß war die vom Beben betroffene Fläche in einem Radius von 80 Meilen um das Epizentrum herum? Berechne auf km² genau.

15 Eine Buche
Bei einer Buche wurde im Jahr 2007 ein Stammumfang von 1,14 m gemessen, im Jahre 2016 war dieser auf 1,28 m gewachsen. Um wie viel Prozent ist in dieser Zeit der Durchmesser gewachsen, um wie viel Prozent die Querschnittsfläche?

Trigonometrie

Wenn ein Pilot zur Landung ansetzt, muss er wissen, in welcher Höhe er mit dem Landeanflug beginnen muss. Das hängt sicher davon ab, in welchem Winkel zur Landebahn er aufsetzen soll. Wie lang wird dann der Landeanflug sein?

Wie hoch wird ein Zimmer in einem Dachgeschoss eines 9 m breiten Hauses sein, wenn das Dach eine Neigung von 40° hat?

Wenn eine Skipiste ein Gefälle von 120 % hat, welche Neigung in Grad hat dann der Berg? Wenn die Abfahrt 1,2 km lang ist, wie groß ist der Höhenunterschied?

Zur Beantwortung all dieser Fragen benötigt man Wissen über die Zusammenhänge von Seitenlängen und Winkeln in Dreiecken. Die Trigonometrie stellt dieses Wissen bereit. Das Wort kommt von den griechischen Worten für Dreieck (trigonon) und Maß (metron).

7.1 Winkelfunktionen am rechtwinkligen Dreieck

Dass die Menschen sich insbesondere für Dreiecke interessieren, zeigt sich in vielen Bauwerken, die Menschen in der Vergangenheit erbaut haben und noch heute erbauen.

Als Vorbild für die Glaspyramide im Innenhof des Louvre in Paris diente die große Pyramide von Gizeh. Karla misst die Breite und wie steil die Pyramide ist, ihre Werte sind 35,4 m und 51°. Mit diesen Informationen kann man die Höhe ausrechnen, wenn man die Winkelfunktionen am rechtwinkligen Dreieck kennt.

Was schätzt du, wie hoch die Pyramide ist? Versuche eine zeichnerische Lösung.

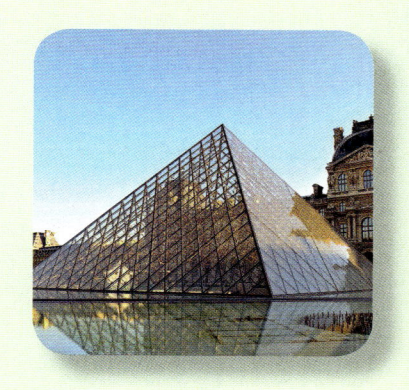

7.2 Trigonometrie am beliebigen Dreieck

Zur Bestimmung von Längen unzugänglicher Strecken werden seit Jahrhunderten Dreiecke betrachtet. Dabei treten zwangsläufig nicht nur rechtwinklige Dreiecke auf. Um auch hier mit den trigonometrischen Funktionen arbeiten zu können, müssen die bekannten Zusammenhänge auf beliebige Dreiecke erweitert werden. Man misst dann die zugängigen Winkel und Strecken und berechnet die gesuchten Größen.

Hast du eine Idee, wie man das Wissen über rechtwinklige Dreiecke bei beliebigen Dreiecken nutzen kann?

7.1 Winkelfunktionen am rechtwinkligen Dreieck

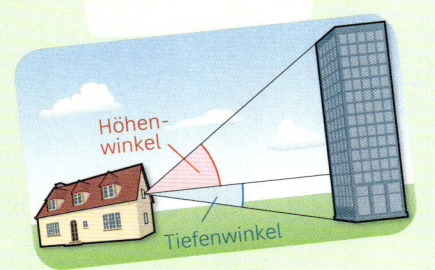

Mithilfe von Dreiecken konnten wir bisher eine Reihe von geometrischen Problemen durch maßstabsgetreue Konstruktion lösen. Diese Methode liefert oft nur ungefähre Ergebnisse. Mit Strahlensätzen und dem Satz des Pythagoras können Streckenlängen exakt bestimmt werden.
Wie man durch Berechnungen auch Winkel ermittelt und in welchem Zusammenhang die Winkel mit den Seitenlängen stehen, erfährst du in diesem Lernabschnitt.

Aufgaben

1 Steigung und Gefälle

Steigung und Gefälle spielen im Alltag in vielen Situationen eine wichtige Rolle. Sie werden meist in %, manchmal auch in Winkelgrad angegeben.

A „Schwarze Skipisten" (Gefälle über 40%) sind als schwer eingestuft.

B Beim Kitzbühler-Horn-Radrennen überwinden Radfahrer bis zu 23% steile Rampen.

C Die Schwerelosigkeit bei einer Flugparabel beginnt bei einem Steigwinkel von 47°.

D Einige Pistenraupen können Hänge bis 37° Steigung bewältigen.

$m = \frac{b}{a}$

a) Versuche, die vier Angaben A bis D der Größe nach zu ordnen. Welche Schwierigkeit tritt dabei auf?

b) Erkläre anhand einer Skizze: Was verstehst du unter der Steigung einer Strecke in Grad bzw. in %? Beschreibe diesen Zusammenhang

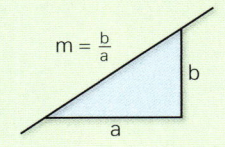

Im nebenstehenden Diagramm wird der Steigungswinkel in 5°-Schritten vergrößert. Berechne zu verschiedenen Steigungswinkeln die Steigung in %. Erstelle ein eigenes Diagramm (Grundseite z. B. 100 mm und die Höhe des ganzen DIN-A4-Blattes) und setze die Tabelle fort, so weit es geht.

0°	5°	10°	15°	20°	
0%			27%		

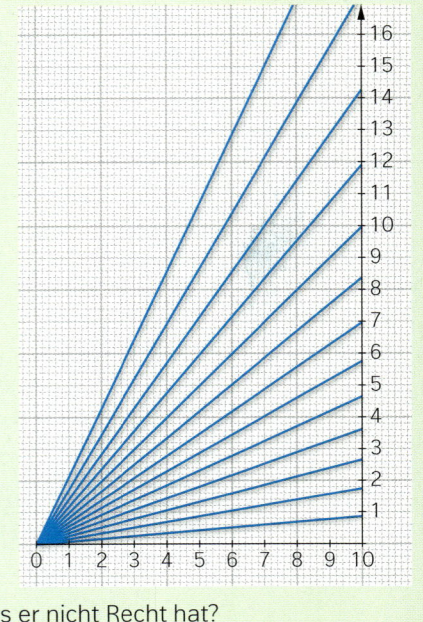

Überprüfe deine Antwort in der Teilaufgabe a).

c) Warum kann man für eine senkrechte Wand sehr wohl den Steigungswinkel, aber nicht die Steigung in % angeben?

d) Zum Nachdenken: Till meint, dass er die Tabelle auch ohne Diagramm fortsetzen kann. „Der Winkel 15° entspricht 27% Steigung, dann folgt also: 30° ≙ 54%, 45° ≙ 81% usw."
Mit welchen Argumenten kannst du zeigen, dass er nicht Recht hat?

7.1 Winkelfunktionen am rechtwinkligen Dreieck

Aufgaben

2 Rund ums Haus

Herr Müller will an seinem Haus einen Geräteschuppen mit Pultdach anbauen. Das Dach soll 50 cm überstehen und die gleiche Neigung (36°) wie das Hausdach aufweisen. Für die Schräge will er die vorhandenen Balken von 3,5 m Länge verwenden.

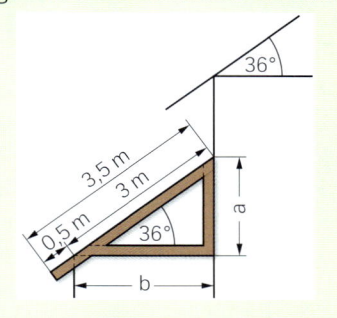

a) Bestimme die Längen a und b der für die Dachkonstruktion notwendigen Stützbalken durch eine Zeichnung.
b) Du kannst mit deinen Ergebnissen aus a) nun auch die Längen der Stützbalken berechnen, wenn an Stelle der 3,5 m langen Balken solche von 4,5 m (5,5 m) Länge verwendet werden. Beschreibe dein Vorgehen.

3 Seitenverhältnisse und Winkel am rechtwinkligen Dreieck

a) Zeichne drei verschiedene rechtwinklige Dreiecke mit demselben spitzen Winkel. Miss möglichst genau die Seitenlängen a, b und c und berechne jeweils die Seitenverhältnisse a : b, a : c und b : c. Vergleiche die Ergebnisse auch mit denen deiner Nachbarn. Was stellt ihr fest? Gibt es dafür eine Erklärung?

Satz des Pythagoras

b) Übertrage die Tabelle in dein Heft und fülle sie aus. Welche der folgenden rechtwinkligen Dreiecke sind ähnlich zu dem blauen Dreieck? Begründe deine Entscheidung.

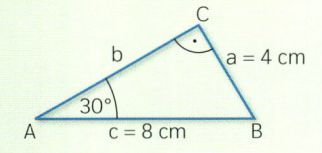

	Kathete a	Kathete b	Hypotenuse c	Verhältnis a : c
Dreieck 1	5,1 cm	■	10,2 cm	■
Dreieck 2	3,6 cm	■	■	0,5
Dreieck 3	■	$2,5\sqrt{3}$ cm	5 cm	■
Dreieck 4	3 cm	4 cm	■	■

c) Berechne (ohne Konstruktion und Messung) die Höhe in der nebenstehenden Raute. Wie groß ist der Flächeninhalt dieser Raute?

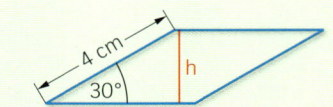

4 Besondere Seitenverhältnisse

a) Gib den spitzen Winkel in gleichschenklig-rechtwinkligen Dreiecken an. Wie groß sind in diesen Dreiecken die Seitenverhältnisse der Katheten zueinander sowie der Katheten zu der Hypotenuse? Bestimme dazu zunächst c in Abhängigkeit von a mithilfe des Satzes des Pythagoras.
b) Wie groß sind die Seitenverhältnisse, wenn ein spitzer Winkel im rechtwinkligen Dreieck 30° ist? Benutze zur Beantwortung der Frage das abgebildete gleichseitige Dreieck ABD mit gegebener Seitenlänge c. Gib damit b an und bestimme dann a. Wie groß sind die Seitenverhältnisse, wenn ein spitzer Winkel 60° ist?

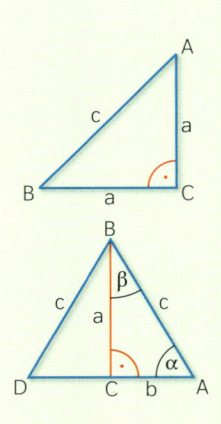

7 Trigonometrie

Basiswissen

Mithilfe der trigonometrischen Funktionen lassen sich Seitenlängen am rechtwinkligen Dreieck berechnen, wenn ein spitzer Winkel und eine Seitenlänge bekannt sind.

Sinus, Kosinus und Tangens in einem rechtwinkligen Dreieck

Bei rechtwinkligen Dreiecken mit einem gemeinsamen spitzen Winkel α stimmen alle Winkel überein. Die Dreiecke sind damit ähnlich und haben dieselben Seitenverhältnisse. Die Größe eines spitzen Winkels in einem rechtwinkligen Dreieck legt also das Verhältnis der Seiten eindeutig fest. **Sinus**, **Kosinus** und **Tangens** ordnen jedem spitzen Winkel in einem rechtwinkligen Dreieck ein entsprechendes Seitenverhältnis zu.

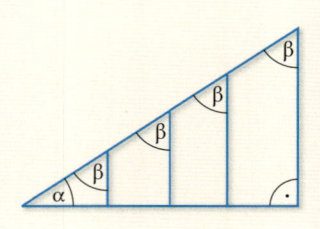

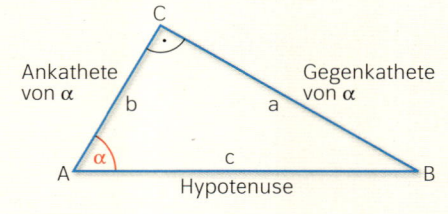

Ankathete von α: b Gegenkathete von α: a Hypotenuse: c
Gegenkathete von β: b Ankathete von β: a Hypotenuse: c

$\sin(\alpha) = \frac{a}{c}$ Der Sinus eines Winkels: das Verhältnis der Gegenkathete zur Hypotenuse. $\sin(\beta) = \frac{b}{c}$

$\cos(\alpha) = \frac{b}{c}$ Der Kosinus eines Winkels: das Verhältnis der Ankathete zur Hypotenuse. $\cos(\beta) = \frac{a}{c}$

$\tan(\alpha) = \frac{a}{b}$ Der Tangens eines Winkels: das Verhältnis der Gegenkathete zur Ankathete. $\tan(\beta) = \frac{b}{a}$

Sinus, Kosinus und Tangens werden zusammenfassend Winkelfunktionen genannt.

Beispiele

A Berechnungen von Näherungswerten mit dem Taschenrechner

a) Berechne $\sin(37°)$, $\cos(37°)$ und $\tan(37°)$.
b) Berechne mithilfe von Seitenverhältnissen die zugehörigen Winkelgrößen.

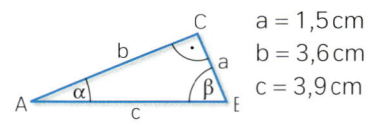

$a = 1,5\,\text{cm}$
$b = 3,6\,\text{cm}$
$c = 3,9\,\text{cm}$

Lösung:

$\sin^{-1}\left(\frac{a}{c}\right)$ ist keine Potenz, sondern die Schreibweise für die Umkehrung einer Operation.

Der Taschenrechner kann Winkel im Gradmaß (DEG) oder im Bogenmaß (RAD) bearbeiten.

a) Winkel bekannt – Seitenverhältnisse gesucht

```
sin(37)           .6018150232
cos(37)            .79863551
tan(37)           .7535540501
```

b) Seitenverhältnis bekannt – Winkel gesucht

```
sin⁻¹(1.5/3.9)         22.61986495
cos⁻¹(3.6/3.9)         22.61986495
tan⁻¹(3.6/1.5)         67.38013505
```

B Winkel berechnen

Gegeben ist ein Rechteck mit den Seitenlängen 2 cm und 6 cm. Berechne die Winkel, die die Diagonale mit den Seiten einschließt.

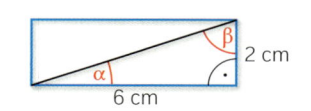

Lösung:
$\tan(\alpha) = \frac{2}{6}$; also $\tan^{-1}\left(\frac{2}{6}\right) \approx 18,4°$ und $\tan(\beta) = \frac{6}{2}$; somit $\tan^{-1}\left(\frac{6}{2}\right) \approx 71,6°$
Probe: $\alpha + \beta = 90°$.

7.1 Winkelfunktionen am rechtwinkligen Dreieck

Beispiele

C Seitenlängen in einem rechtwinkligen Dreieck berechnen

Berechne die Seiten in dem rechtwinkligen Dreieck mit α = 36° und b = 4,5 cm.
Lösung:
Mit α = 36° sind alle Seitenverhältnisse festgelegt; durch die Angabe b = 4,5 cm lässt sich dann auch jede Seitenlänge berechnen:

$\frac{b}{c} = \cos(\alpha)$; also $c = \frac{b}{\cos(\alpha)} = \frac{4{,}5 \text{ cm}}{\cos(36°)} \approx 5{,}56$ cm

$\frac{a}{b} = \tan(\alpha)$; also $a = b \cdot \tan(\alpha) = 4{,}5 \text{ cm} \cdot \tan(36°) \approx 3{,}27$ cm

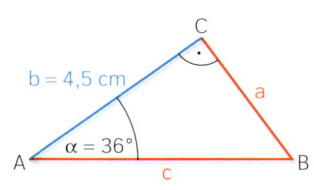

Probe mit Pythagoras:
$a^2 + b^2 \approx 3{,}27^2 + 4{,}50^2 = 30{,}9429$, vergleichbar mit $c^2 \approx 5{,}56^2 = 30{,}9136$.

Übungen

5 Seitenverhältnisse und Winkel bestimmen

a) Konstruiere ein beliebiges rechtwinkliges Dreieck mit dem angegebenen spitzen Winkel und bestimme nach der Messung der Seitenlängen die Seitenverhältnisse a : c, b : c und a : b.
 (1) α = 20° (2) α = 40° (3) α = 60°

b) Konstruiere ein beliebiges rechtwinkliges Dreieck mit dem angegebenen Seitenverhältnis und bestimme durch Messung die spitzen Winkel α und β.
 (1) a : b = 3 : 4 (2) a : c = 2 : 5 (3) b : c = 1 : 6

Vergleiche mit den Werten, die der Taschenrechner in jeder Aufgabe als Lösung liefert. Wie lassen sich die Abweichungen bei den Ergebnissen erklären?

6 Training: Lösungsansätze finden

Schreibe jeweils eine Gleichung auf, mit der du die gesuchte Größe in dem rechtwinkligen Dreieck finden kannst. Vergleiche mit deinen Nachbarn.

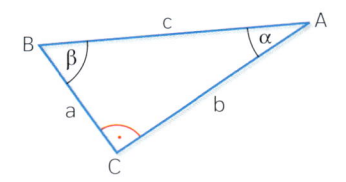

a) α = 20° und c = 3,5 cm   a = ▨
b) β = 76° und a = 7 cm   b = ▨
c) a = 6 cm und c = 12 cm   β = ▨
d) β = 16° und c = 8 cm   a = ▨
e) α = 49,5° und a = 9 cm   b = ▨
f) c = 6 cm und a = 5 cm   b = ▨
g) a = 7 cm und b = 12 cm   α = ▨
h) a = 7 cm und b = 12 cm   β = ▨

7 Training: Fehlende Größen im Dreieck berechnen

Von einem Dreieck mit rechtem Winkel γ (siehe Bild zur Übung 6) sind zwei Größen bekannt. Berechne jeweils die übrigen Winkel und die Seitenlängen.

a) c = 12,5 cm; α = 37,56° b) a = 5,4 cm; b = 3,9 cm c) b = 6,5 cm; β = 54,2°
d) b = 3,5 cm; c = 9,4 cm   e) c = 10,2 cm; β = 40°   f) c = 10 cm; a = 6 cm

8 Eine Leiter

Nach dem Sicherheitshinweis soll eine Leiter in einem Winkel von etwa 15° an die Wand angestellt werden. Welchen Abstand von der Wand sollte danach eine 4 m lange Leiter am Boden aufweisen?

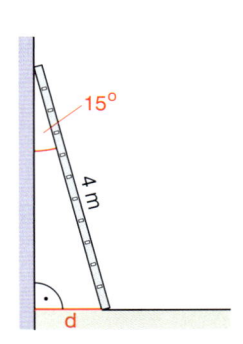

Übungen

9 Unvollständige Angaben
Berechne die gesuchten Größen.

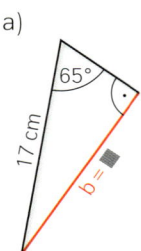

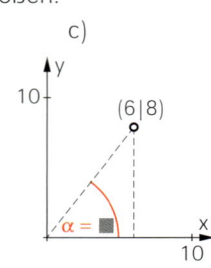

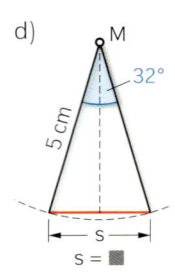

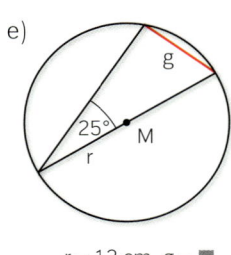

a) Dreieck mit 65°, 17 cm, b = ■
b) Dreieck mit 70°, 10 cm, c = ■
c) Punkt (6|8), α = ■
d) M, 32°, 5 cm, s = ■
e) Kreis mit 25°, r = 12 cm, g = ■

10 Diagonalen im Rechteck

Tipp
Symmetrieachsen des Rechtecks betrachten

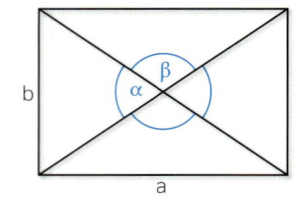

a) Berechne die Winkel, unter denen sich die Diagonalen schneiden.
   (1) a = 4 cm, b = 3 cm   (2) a = 5 cm, b = 4 cm
   (3) a = 10 cm, b = 5 cm
   Überprüfe durch eine maßstabsgetreue Zeichnung.
b) Findest du eine allgemeine Lösung bzw. Formel für den Winkel α?
c) Die Diagonalen eines Rechtecks mit der Seitenlänge a = 12 cm schneiden sich unter einem Winkel von 35°. Bestimme die Seite b. Wie viele Möglichkeiten gibt es?
d) Gib die Maße eines Rechtecks so an, dass α = 70° (α = 90°) ist.

11 Winkel im Würfel

Sinus und Kosinus im Raum

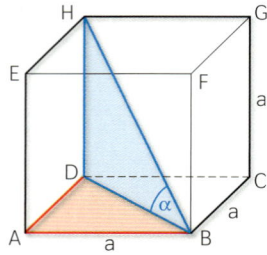

a) Kannst du ohne lange Überlegung sagen, wie groß der Winkel α zwischen Raum- und Flächendiagonale im Würfel ist? Notiere deine Vermutung.
b) Begründe, dass das Dreieck BHD rechtwinklig, aber nicht gleichschenklig ist. Berechne die Länge der Strecke $\overline{BD}$.
c) Berechne den Winkel α. Wie groß ist dieser Winkel in einem Würfel mit doppelter (halber) Kantenlänge?

12 Winkel im Quader

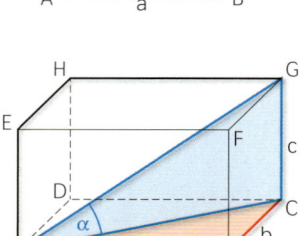

a) Wie groß ist der Winkel α, den die Raumdiagonale des Quaders mit der Flächendiagonale einschließt?
   (1) a = 8 cm, b = 4 cm, c = 3 cm
   (2) a = 8 cm, b = 5 cm, c = 4 cm
b) Bestimme die Maße eines Quaders, bei dem der Winkel zwischen Flächen- und Raumdiagonale 30° beträgt.

13 Winkel in einer Pyramide

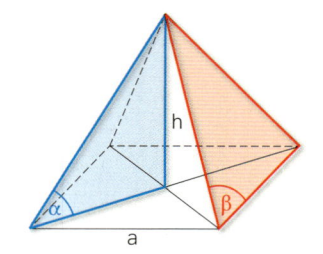

a) Bestimme die Winkel α zwischen Seitenkante und Flächendiagonale sowie β zwischen Seitenkante und Grundkante in einer quadratischen Pyramide mit
   (1) a = 8 cm, h = 4 cm   (2) a = 4 cm, h = 8 cm
   Hinweis für β: Bestimme die Höhe im Seitendreieck.
b) Beschreibe die Veränderung der Winkel, wenn man
   (3) a fest und h variabel   (4) a variabel und h fest
   wählt.

7.1 Winkelfunktionen am rechtwinkligen Dreieck

Übungen

Flächeninhalt:
Die Formel ohne
Höhenangabe

14 Flächeninhalt eines Dreiecks

a) Ein Dreieck mit den Seitenlängen b = 3 cm und c = 2 cm und dem eingeschlossenen Winkel α = 65° lässt sich eindeutig konstruieren. Kannst du mit diesen Angaben den Flächeninhalt A des Dreiecks berechnen, ohne die Höhe h zu messen? Beschreibe dein Vorgehen.

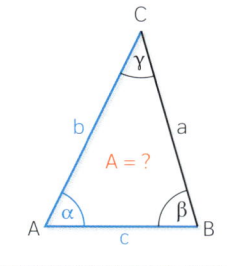

b) In der Formelsammlung findet man drei Formeln für den Flächeninhalt A eines spitzwinkligen Dreiecks:

$$A = \tfrac{1}{2} \cdot b \cdot c \cdot \sin(\alpha) \qquad A = \tfrac{1}{2} \cdot a \cdot c \cdot \sin(\beta) \qquad A = \tfrac{1}{2} \cdot a \cdot b \cdot \sin(\gamma)$$

Begründe diese Formeln. Vergleiche mit deiner Lösung aus a).

15 Flächeninhalt eines Parallelogramms

a) Berechne den Flächeninhalt des Parallelogramms.
   (1) a = 4,2 cm, b = 3,5 cm, α = 69°
   (2) a = 5 cm, b = 4 cm, α = 132°
   Finde eine Formel für den Flächeninhalt, die ohne Höhenangabe auskommt (vgl. Übung 14).

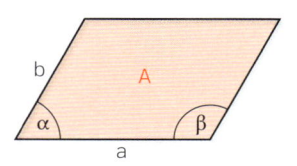

b) Ein Parallelogramm mit den Seitenlängen a und b hat den Flächeninhalt A. Konstruiere das Parallelogramm.
   (1) a = 2,5 cm, b = 3,5 cm, A = 5 cm²
   (2) a = 4 cm, b = 4 cm, A = 8 cm²

Exkurs

Steigungen

Im Zusammenhang mit Steigungen und Steigungswinkeln sind Sinus, Kosinus und Tangens ein nützliches Werkzeug. So können Steigung oder Gefälle von Straßen in % oder in Winkelgrad anhand eines Fotos, eines Straßenschildes oder aus den Höhenlinien einer Karte berechnet werden.

Baldwin Street (North East Valley, Neuseeland)

Beim Gleitflug von Drachen- oder Segelfliegern spielt der Gleitwinkel oder die Gleitzahl eine wichtige Rolle. Aus der Höhenänderung und der Geschwindigkeit von Flugzeugen kann der Steigungswinkel bei Start- und Landevorgängen berechnet werden.

Übungen

16 Straßengefälle

a) Das abgebildete Straßenschild sagt aus, dass die Straße auf einer Länge von 130 m ein 11 %-Gefälle aufweist. Welcher Höhenunterschied wird überwunden und wie groß ist der Neigungswinkel α?

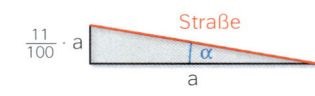

b) Die Baldwin Street (siehe Foto im Exkurs) ist laut Guinness-Buch der Rekorde die steilste Straße der Welt; sie ist 350 m lang. Entwirf ein passendes Straßenschild ähnlich zu dem in a). Bestimme die fehlenden Angaben mithilfe des Fotos im Exkurs. Warum spielt der Verkleinerungsmaßstab im Foto keine Rolle? Vergleicht eure Vorgehensweise.

Basiswissen

Steigungen werden oft auch in Grad angegeben. Mit dem Tangens gelingt der Bezug zum bekannten Bestimmen von Steigungen bei linearen Funktionen in Prozent.

Tangens als Steigungsmaß

Beispiel:
Für die Steigung der Straße in Grad gilt:
$\tan(\alpha) = 10/100 = 0{,}1$; also:
$\alpha = \tan^{-1}(0{,}1) \approx 5{,}7°$

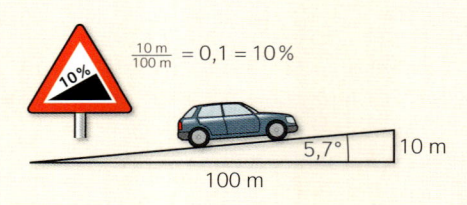

Allgemein:
Für die Steigung von Geraden mit $y = mx + b$ gilt:
$m = \dfrac{\Delta y}{\Delta x} = \tan(\alpha)$ oder $\alpha = \tan^{-1}\left(\dfrac{\Delta y}{\Delta x}\right)$

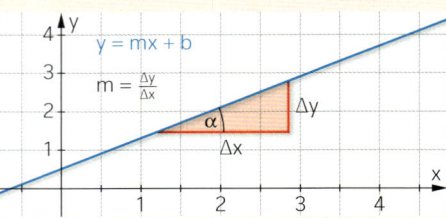

$\tan^{-1}$ ist keine Potenz, sondern die Schreibweise für die Umkehroperation von Tangens.

$\dfrac{10\,\text{m}}{100\,\text{m}} = 0{,}1 = 10\%$

Bei einer Drehung von der Horizontalen im Uhrzeigersinn entsteht ein negativer Steigungswinkel (z. B. $-45°$). Die Steigung ist dann negativ („Gefälle").

Übungen

Eine Höhenlinie verbindet gleich hohe Punkte einer Geländefläche. Die Zahl an der Höhenlinie bedeutet die Höhe (in Metern) über NN. Aus der Dichte der Höhenlinien kann der Kartenleser die Steigung ablesen: je enger, desto steiler – je weiter, desto flacher.

$1\,\dfrac{\text{km}}{\text{h}} = \dfrac{1000\,\text{m}}{60\,\text{min}} = \dfrac{100}{6}\,\dfrac{\text{m}}{\text{min}}$

17 Höhenlinien 
a) Auf einer Karte im Maßstab 1 : 50 000 sind Höhenlinien eingetragen. Unter welchem Winkel steigt die Straße von A nach B an, wenn der Abstand der benachbarten Höhenlinien dort mit 8 mm gemessen wurde? Gib die Steigung auch in % an.
b) Warum kann man hier nur von der mittleren Steigung sprechen? Findest du auf der Karte Straßenabschnitte, in denen die mittlere Steigung höher ist?

18 Flugzeug im Landeanflug 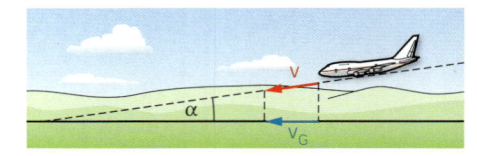
Ein Flugzeug fliegt mit einer Geschwindigkeit von $v = 300$ km/h die Landebahn an. Die Flugrichtung bildet dabei mit der Horizontalen konstant einen Winkel von $\alpha = 3°$.
a) Um wie viel Meter pro Minute sinkt das Flugzeug? Welche „Geschwindigkeit über Grund" v_G hat dabei das Flugzeug?
b) Wie hoch ist das Flugzeug, wenn es noch 10 km Luftlinie von dem Aufsetzpunkt entfernt ist?
c) Um den Fluglärm zu mindern, fliegen die Flugzeuge in einem Winkel von 5° die Landebahn an. Wie hoch muss das Flugzeug jetzt sein, wenn es noch 10 km vom Aufsetzpunkt entfernt ist? Könnte der steilere Anflugwinkel den Fluglärm mindern?

19 Gleitflug: Vögel
Vögel sind unterschiedlich gute Gleitflieger. Ihre Gleitflugfähigkeit wird durch die so genannte Gleitzahl bewertet, diese ist als Verhältnis zwischen Höhenverlust und horizontal gemessener Flugstrecke definiert.
a) Ordne die Vogelarten nach ihrer Fähigkeit für Gleitflüge. Begründe durch eine Skizze.
b) Der Adler hat im Flug einen Gleitwinkel von 3,4°. Berechne die Gleitwinkel der anderen Vogelarten und vergleiche.
c) Welche Flugweite erreichen die Vertreter der Vogelarten beim Start ihres Gleitfluges aus 80 m Höhe?

Vogel	Gleitzahl
Möwe	1 : 14
Spatz	1 : 6
Taube	1 : 9
Kondor	1 : 34
Bussard	1 : 15

7.1 Winkelfunktionen am rechtwinkligen Dreieck

Exkurs

Messungen mit Höhen- und Tiefenwinkeln

Mithilfe spezieller Messgeräte (z. B. Theodolit) kann ein Beobachter Höhen- oder Tiefenwinkel bestimmen. Zusammen mit bekannten Längen lassen sich damit nicht unmittelbar messbare Höhen oder Entfernungen mit trigonometrischen Ansätzen berechnen.

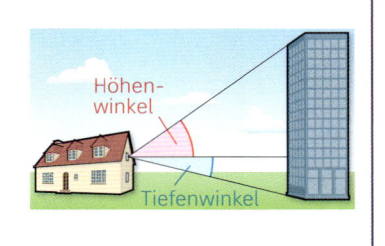

Übungen

20 Bürohaus

Aus einem Fenster im 1. Stock eines Wohnhauses (Höhe 4,80 m) erblickt man die Spitze eines Bürohauses unter dem Höhenwinkel von 36,2° und die Basis unter dem Tiefenwinkel von 4,4°. Wie hoch ist das Bürohaus und wie weit sind Wohnhaus und Bürohaus voneinander entfernt? Von welcher Annahme gehst du aus?

21 Segelschiff

Von der Aussichtsplattform eines Leuchtturms (Höhe 92 m über NN) erscheint ein Segelschiff unter einem Tiefenwinkel von 32°.
a) Wie weit ist das Schiff von dem Leuchtturm entfernt? Erstelle zunächst eine Skizze.
b) Unter welchem Tiefenwinkel erscheint im selben Augenblick dasselbe Segelschiff, wenn man es aus einem Fenster des Leuchtturms in $\frac{1}{2}$ Höhe ($\frac{1}{4}$ Höhe, $\frac{3}{4}$ Höhe) des Leuchtturms betrachtet? Skizziere und berechne.
Ist die Zuordnung Höhe → Winkel eine proportionale? Begründe.

22 Die Höhe des Schulgebäudes

Beschreibe eine Methode, wie du mithilfe von Trigonometrie die Höhe eures Schulgebäudes bestimmen kannst. Führe die Messungen aus. Überlege dir auch die Auswirkung von Messfehlern (Winkel- und Längenmessung).

23 Aussagekräftige Stellvertreter

a) Bestimme die noch unbekannten Seitenlängen. Was fällt dir dabei auf? Warum sind rechtwinklige Dreiecke mit der Hypotenusenlänge 1 schön für Berechnungen von Sinus- und Kosinuswerten?

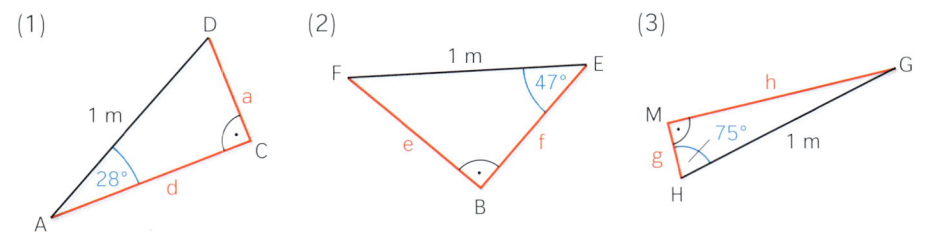

b) Die folgenden Dreiecke sind ähnlich zu den Dreiecken aus der Teilaufgabe a). Ordne richtig zu. Bestimme damit die Längen der roten Seiten.

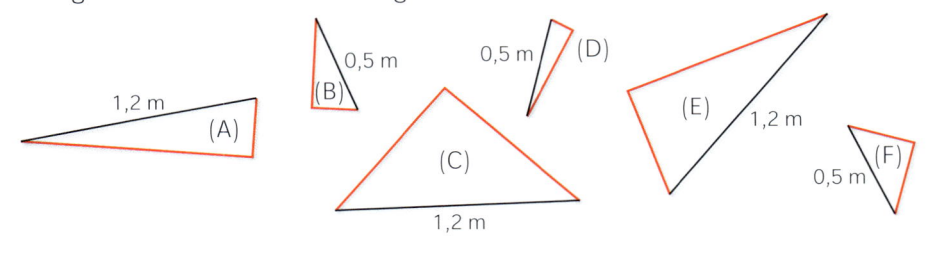

Übungen

24 Zusammenhänge zwischen den Winkelfunktionen
Sei α ein beliebiger Winkel mit 0° ≤ α ≤ 90°.

(1) $\sin^2(\alpha) + \cos^2(\alpha) = 1$

(2) $\cos(\alpha) = \sin(90° - \alpha)$

(3) $\tan(\alpha) = \frac{\sin(\alpha)}{\cos(\alpha)}$, $\alpha \neq 90°$

a) Begründe die Aussagen (1), (2) und (3) mithilfe der Definitionen am rechtwinkligen Dreieck. Warum ist bei (3) α ≠ 90° gefordert?

b) Ein Zusammenhang wird auch als „trigonometrischer Pythagoras" bezeichnet. Warum?

25 Exakte Werte ohne Taschenrechner

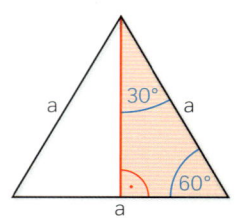

	0°	30°	45°	60°	90°
sin	0	$\frac{1}{2}$	$\frac{1}{2}\sqrt{2}$	$\frac{1}{2}\sqrt{3}$	1
cos	1	$\frac{1}{2}\sqrt{3}$	$\frac{1}{2}\sqrt{2}$	$\frac{1}{2}$	0
tan	0	$\frac{1}{3}\sqrt{3}$	1	$\sqrt{3}$	—

a) Einige Werte der Winkelfunktionen lassen sich exakt bestimmen. Begründe die Werte in der Tabelle, indem du den Satz des Pythagoras auf geeignete rechtwinklige Teildreiecke im Quadrat oder im gleichseitigen Dreieck anwendest.

b) Kai hat sich eine Methode ausgedacht, um mit der Tabelle weitere Werte zu berechnen:

$\sin(22{,}5°) = \frac{\sqrt{2}}{2} : 2 = \frac{\sqrt{2}}{4}$ $\tan(22{,}5°) = \frac{1}{2}$ $\sin(75°) = \frac{\sqrt{3}}{2} + \frac{\sqrt{2}}{2}$

Was hat er sich überlegt? Was hältst du davon?

26 Exakte Werte mit Taschenrechner?
Der Screenshot zeigt verschiedene Berechnungen von Steigungswinkeln und Sinuswerten zu gegebenen Winkeln, wenn die Steigung durch eine Geradengleichung y = m x + b gegeben ist.

- Gib zu jeder Eingabe die passende Funktion an.
- Welche GTR-Ausgaben sind seltsam? Gelingt dir eine Erklärung?

```
tan⁻¹(10¹⁰)
                    89.99999999
tan⁻¹(10¹¹)
                             90
sin(tan⁻¹(10⁴))
                    0.999999995
sin(tan⁻¹(10⁵))
                              1
```

Kopfübungen

1. Ordne die vier Dreiecke nach dem Flächeninhalt.
2. Gib drei Wertepaare an, die zur Funktion $y = \frac{2}{5} \cdot x$ gehören. Beschreibe den Graphen mit Worten.
3. Ergänze: 9 : ■ = 270
4. Ergänze: $(x + ■)^2 = 64x^2$
5. Welche der Zahlen sind irrational? $\frac{2}{3}$; $\sqrt[3]{27}$; 2π; $\left(\frac{1}{6}\right)^2$; $\sqrt{1{,}21}$; $1 + \sqrt{2}$
6. In einer Klasse (10 Mädchen, 15 Jungen) werden zwei Jugendliche ausgelost, die den Tafeldienst zu übernehmen haben. Bestimme die Wahrscheinlichkeit, dass es zwei Mädchen sind.
7. Bestimme den Inhalt der farbigen Fläche.

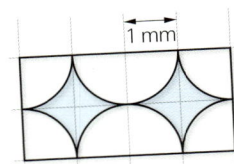

7.1 Winkelfunktionen am rechtwinkligen Dreieck

Aufgaben

Suche im Internet nach Informationen über den Bau der Pyramiden.

27 Wie bauten die Ägypter ihre Pyramiden?

Die Cheops-Pyramide ist die größte der weltberühmten Pyramiden von Gizeh. Mit ihrer Höhe von beinahe 150 m überragt sie deutlich den Kölner Dom. Die Cheops-Pyramide wurde aus großen Kalksteinquadern gebaut und dann nach außen mit Kalksteinplatten verkleidet. 
Wenn man an die Verkleidungssteine ein Geodreieck anlegt, dann kommt man auf allen vier Seiten auf einen Steigungswinkel von ungefähr 51°. Wie konnten die Ägypter die Neigung mit solcher Genauigkeit einhalten, obwohl sie noch kein Winkelmaß kannten? Formuliere eine Anweisung, nach der die Pyramidenbauer möglicherweise vorgegangen sind.

ARCHIMEDES VON SYRAKUS (287–212 v. Chr.) gilt als einer der größten Mathematiker der Antike.

28 Ein Näherungsverfahren für π mithilfe trigonometrischer Formeln

Als Erster berechnete ARCHIMEDES die Kreiszahl π systematisch, indem er den Kreis zwischen regelmäßige Vielecke einzwängte. Er entwickelte hierzu die Methode der Eckenverdopplung, wobei er mit der Berechnung der Umfänge des einbeschriebenen und umbeschriebenen Sechsecks begann und bis zum 96-Eck fortschritt. Diese Methode ist noch lange Zeit nach ARCHIMEDES von großer Bedeutung geblieben.

a) Verdeutliche anschaulich, dass diese Methode bei einem Kreis mit dem Radius r = 0,5 zu immer besseren Näherungswerten von π führt.

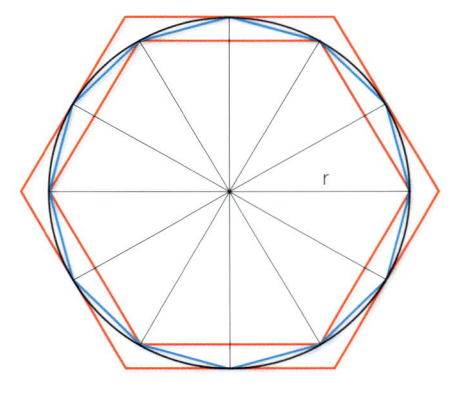

b) ARCHIMEDES führte sein Verfahren bis zum 96-Eck durch und fand so die Abschätzung $3\frac{10}{71} < \pi < 3\frac{1}{7}$. Liefert der Mittelwert der beiden Grenzen einen genaueren Wert?
Leider verfügte Archimedes noch nicht über Kenntnisse des Sinus, Kosinus und Tangens, sonst wären ihm die Berechnungen wesentlich leichter gefallen.

c) Begründe mithilfe deiner trigonometrischen Kenntnisse die folgenden Formeln für den Umfang U(n) des einbeschriebenen und den Umfang O(n) des umbeschriebenen regelmäßigen n-Ecks:
$U(n) = n \cdot \sin\left(\frac{180°}{n}\right) \qquad O(n) = n \cdot \tan\left(\frac{180°}{n}\right)$

d) Stelle deinen Taschenrechner auf möglichst viele Nachkommastellen ein und berechne U(n) und O(n) für n = 6, 12, 100, 1000, 10000. Auf wie viele Nachkommastellen hast du damit den Wert von π eingeschachtelt?

PTOLEMÄUS (100 – ca. 160) hat eine nach halben Graden fortschreitende Sehnentafel aufgestellt, die man als Vorläuferin der später entwickelten trigonometrischen Tafeln ansehen kann.

29 Eine Sehnenformel

Das Problem des Zusammenhangs zwischen dem Mittelpunktswinkel β eines Kreises und der zugehörigen Sehne a war bereits den Babyloniern bekannt und wurde im antiken Griechenland gelöst.

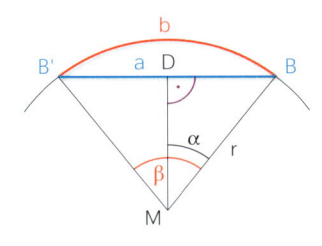

a) Ein Kreisbogen b ist 6,28 cm lang und gehört zu einem Kreis mit r = 3 cm. Wie lang ist die zugehörige Sehne a?

b) Beweise die Sehnenformel: $a = 2 \cdot r \cdot \sin(\alpha)$.

7.2 Trigonometrie am beliebigen Dreieck

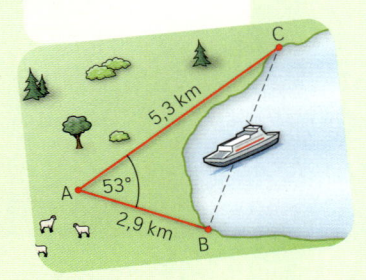

Wie wir im letzten Lernabschnitt gesehen haben, können wir mit den trigonometrischen Funktionen unzugängliche Streckenlängen und unbekannte Winkelgrößen beim rechtwinkligen Dreieck berechnen. In diesem Lernabschnitt werden wir mit dem Sinussatz und dem Kosinussatz nun auch Berechnungen an beliebigen Dreiecken durchführen können. Auf dieser Grundlage können wir uns dann mit gebräuchlichen Methoden der Landvermessung in der Praxis vertraut machen.

Aufgaben

1 Straßentunnel

Von A nach C soll ein Straßentunnel gebaut werden. Die Länge $\overline{AB}$ und die beiden Winkel β und γ sind aus kartografischen Messungen bekannt.

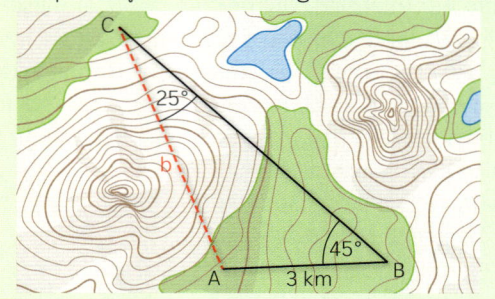

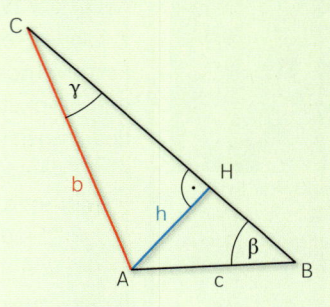

Konstruktion wsw
a) Bestimme durch eine maßstabsgetreue Konstruktion die Länge des Tunnels.
b) Die nebenstehende Skizze mit der eingezeichneten Höhe als Hilfslinie ermöglicht auch eine Berechnung der Länge. Vergleiche die Ergebnisse für die Länge des Tunnels und die Methoden aus a) und b).

2 Berechnung mit zwei neuen Sätzen

In einem Waldpark soll ein geradliniger Verbindungsweg von der Hütte H zu dem Grillplatz G angelegt werden. In welchen Winkeln zu den beiden Waldwegen muss man die Schneise $\overline{HG}$ schlagen und wie lang wird der Verbindungsweg?

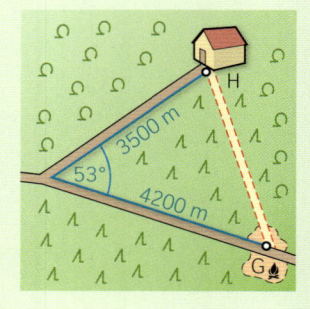

Kontruktion sws
a) Löse die Aufgabe durch Konstruktion und Messen.
b) Löse die Aufgabe rechnerisch mithilfe der beiden Sätze aus der Formelsammlung:

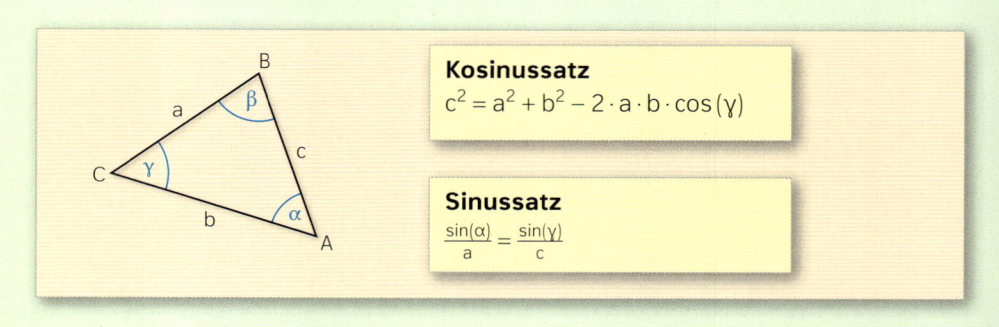

Kosinussatz
$c^2 = a^2 + b^2 - 2 \cdot a \cdot b \cdot \cos(\gamma)$

Sinussatz
$\frac{\sin(\alpha)}{a} = \frac{\sin(\gamma)}{c}$

7.2 Trigonometrie am beliebigen Dreieck

Aufgaben

3 **Winkelfunktionen für stumpfe Winkel**
Am rechtwinkligen Dreieck sind die beiden anderen Winkel immer spitze Winkel. Deswegen haben wir bisher Sinus, Kosinus und Tangens nur für spitze Winkel definiert und berechnet. Dein Taschenrechner liefert aber auch Werte für stumpfe Winkel. Lege mithilfe des Taschenrechners eine Tabelle an. Vergleiche mit einer entsprechenden Tabelle für die spitzen Winkel 15°, 30°, ..., 90°.
Erkennst du Zusammenhänge? Formuliere deine Vermutungen und überprüfe sie für andere Paare von stumpfen und spitzen Winkeln.

α	sin(α)	cos(α)	tan(α)
105°			
120°		– 0,5	
135°			– 1
150°	0,5		
165°			
180°			

4 **Winkelfunktionen am Einheitskreis**

DGS   a) **Konstruktion im 1. Quadranten**
Zeichne in den ersten Quadranten des Koordinatensystems einen Viertelkreis um den Ursprung mit dem Radius 1 LE. Setze auf den Viertelkreis den Punkt B („Punkt auf Objekt"). Konstruiere den Schnittpunkt des Lotes von B auf die x-Achse. Das DGS kann nun den Winkel α und die Katheten im Dreieck ACB berechnen. Bewege B und notiere seine Koordinaten und den Winkel α.
Begründe:
Der Punkt B hat die Koordinaten (cos(α)|sin(α)).

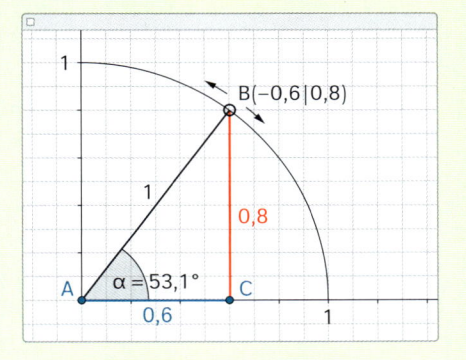

b) **Winkel α wird stumpf**
Erweitere die Konstruktion auf einen Halbkreis mit Radius 1 LE.
Beobachte die Koordinaten des Punktes B bei seiner Bewegung auf dem Halbkreis. Vergleiche mit a).
Beschreibe und erkläre die Zusammenhänge.

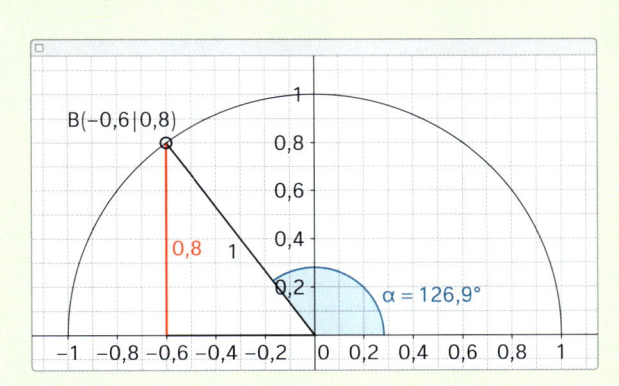

c) **Tangens am Einheitskreis**
Neben den Werten für Sinus und Kosinus kannst du auch die Werte des Tangens direkt am Einheitskreis ablesen:
Zeichne die Tangente am Einheitskreis im Punkt (1|0). Beschreibe und begründe das Verfahren zur Bestimmung des Tangens am Einheitskreis mithilfe der Definition des Tangens am rechtwinkligen Dreieck. Welche Schwierigkeiten ergeben sich für Winkel nahe an 90°?
Erstelle eine Wertetabelle für die Zuordnung α → tan(α).

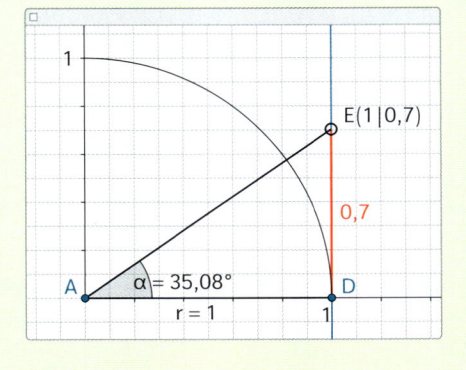

7 Trigonometrie

Basiswissen

Bisher betrachteten wir nur Winkel bis 90°, doch die trigonometrischen Zusammenhänge lassen sich auf größere Winkel erweitern! Nun ist etwas Vorsicht geboten, denn es gibt z.B. mehrere Winkel, denen derselbe Sinuswert zugeordnet werden kann.

Sinus und Kosinus für stumpfe Winkel

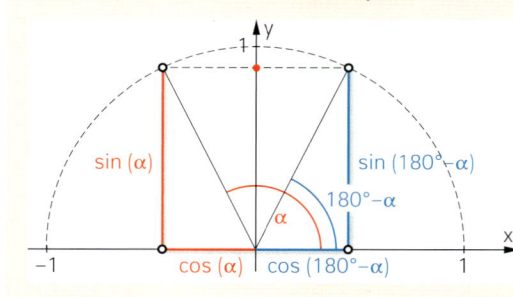

Für $90° < \alpha < 180°$ gilt:
- $\sin(\alpha) > 0$
- $\sin(\alpha) = \sin(180° - \alpha)$
  Beispiel: $\sin(150°) = \sin(30°)$
- $\cos(\alpha) < 0$
- $\cos(\alpha) = -\cos(180° - \alpha)$
  Beispiel: $\cos(100°) = -\cos(80°)$

Beispiele

A Passende Winkel gesucht

Welche Winkelgrößen sind durch die folgenden Angaben bestimmt?
a) $\cos(\alpha) = -0{,}2$ b) $\sin(\beta) = 0{,}2$ c) $\sin(\gamma) = 0{,}63$ und $\cos(\gamma) < 0$

Lösung:
a) An der Zeichnung erkennt man: $\alpha \approx 100°$.
   Genauer mit dem GTR:
   $\alpha = \cos^{-1}(-0{,}2) \approx 101{,}54°$
b) $\sin^{-1}(0{,}2) \approx 11{,}54° \Rightarrow \beta_1 \approx 11{,}54°$ oder
   $\beta_2 \approx 180° - 11{,}54° \approx 168{,}46°$
c) $\sin^{-1}(0{,}63) \approx 39{,}05° \Rightarrow \gamma \approx 39{,}05°$ oder
   $\gamma \approx 180° - 39{,}05° \approx 140{,}95°$.
   Für $\gamma \approx 39{,}05°$ ist die 2. Bedingung nicht erfüllt: $\cos(39{,}05°) > 0$
   $\cos(140{,}95°) < 0$ ✓ also: $\gamma = 140{,}95°$

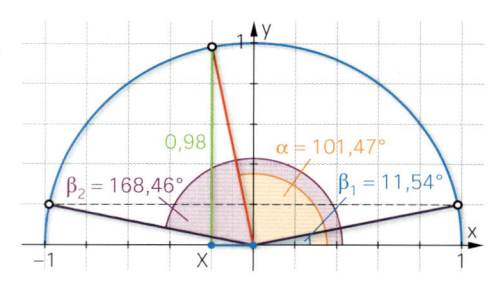

Basiswissen

Mit zwei Sätzen der Geometrie können Dreiecksberechnungen an beliebigen (auch nicht rechtwinkligen) Dreiecken durchgeführt werden.

Sinussatz

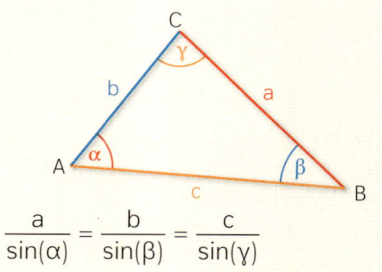

$$\frac{a}{\sin(\alpha)} = \frac{b}{\sin(\beta)} = \frac{c}{\sin(\gamma)}$$

In jedem beliebigen Dreieck ist das Verhältnis aus Seite und dem Sinuswert des gegenüberliegenden Winkels gleich groß.

Kosinussatz

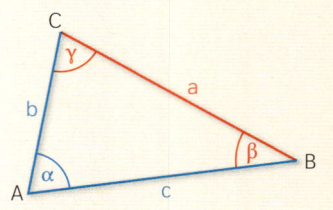

$a^2 = b^2 + c^2 - 2 \cdot b \cdot c \cdot \cos(\alpha)$
$b^2 = a^2 + c^2 - 2 \cdot a \cdot c \cdot \cos(\beta)$
$c^2 = a^2 + b^2 - 2 \cdot a \cdot b \cdot \cos(\gamma)$

Wenn bei einem beliebigen Dreieck zwei Seitenlängen und die Größe des eingeschlossenen Winkels gegeben sind, lässt sich die dritte Seitenlänge berechnen.

7.2 Trigonometrie am beliebigen Dreieck

Basiswissen — Strategie zum Problemlösen

(1) Planskizze erstellen.
(2) Ein Dreieck suchen, in dem nur eine unbekannte Größe vorkommt.
(3) Mithilfe geeigneter Sätze die gesuchten Größen aus den gegebenen berechnen.

Beispiele

B Ein Grundstück
Wie groß ist der Umfang des Grundstücks?
Lösung: Der Winkel β ist 84° groß (Winkelsumme im Dreieck).
Mit dem Sinussatz lässt sich die Seite $\overline{BC}$ berechnen:
$\frac{\overline{BC}}{\sin(40°)} = \frac{250}{\sin(84°)} \Rightarrow \overline{BC} = \frac{250 \cdot \sin(40°)}{\sin(84°)} \Rightarrow \overline{BC} \approx 161{,}6\,\text{m}$
Die Seite $\overline{AB}$ berechnen wir mit dem Kosinussatz:
$\overline{AB}^2 = (250)^2 + (161{,}6)^2 - 2 \cdot 250 \cdot 161{,}6 \cdot \cos(56°) \approx 43\,432\,\text{m}^2$
$\overline{AB} \approx 208{,}4\,\text{m}$. Der Umfang beträgt etwa 620 m.

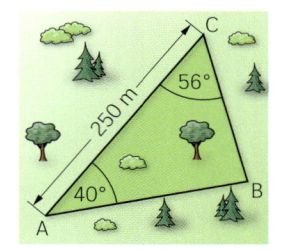

Planskizze wie im Basiswissen

C Winkel im Dreieck mit drei bekannten Seiten
Wie groß ist der Winkel γ in dem Dreieck ABC mit a = 4, b = 5, c = 6?
Lösung:
- Einsetzen der Werte für a, b, c und eine Formel suchen, in der nur der Wert einer Variable unbekannt ist. Hier kann jede Gleichung des Kosinussatzes benutzt werden.
- $36 = 16 + 25 - 4\cos(\gamma)$; Auflösen nach $\cos(\gamma) = \frac{5}{40} = 0{,}125 \Rightarrow \gamma = \cos^{-1}(0{,}125) \approx 82{,}8°$.
- α (oder β) kann nun mit dem Kosinussatz oder dem Sinussatz berechnet werden:
  Sinussatz $\frac{4}{\sin(\alpha)} = \frac{6}{\sin(82{,}2°)} \Rightarrow \sin(\alpha) = \frac{2}{3}\sin(82{,}8°) \Rightarrow \alpha \approx \sin^{-1}(0{,}6614) \approx 41{,}41°$
  Kosinussatz: $16 = 25 + 36 - 60\cos(\alpha) \Rightarrow \cos(\alpha) = \frac{3}{4} \Rightarrow \alpha \approx \cos^{-1}(\frac{3}{4}) \approx 41{,}41°$
- Mit dem Winkelsummensatz für Dreiecke erhält man $\beta \approx 180° - 82{,}8° - 41{,}4° = 55{,}8°$

Übungen

Planskizze wie im Basiswissen

5 Konstruieren und Rechnen
Von dem Dreieck ABC sind jeweils drei Größen gegeben. Berechne die fehlenden Größen. Konstruiere zur Kontrolle der Rechnung.
a) a = 5 cm, b = 6 cm, γ = 110°
b) b = 4 cm, β = 62°, γ = 70°
c) a = 8 cm, c = 6 cm, α = 95°
d) a = 4,2 cm, c = 6 cm, β = 35°
e) c = 4,1 cm, α = 34,2°, γ = 41°
f) a = 4,5 cm, b = 6 cm, c = 5 cm

6 Zum Nachdenken
a) „Der Satz des Pythagoras ist ein Spezialfall des Kosinussatzes." Was hältst du davon?
b) Kann man den Kosinussatz auch als Verallgemeinerung des Satzes von Pythagoras bezeichnen? Begründe.

7 Kongruenzsätze und passende Berechnungen

> **Kongruenzsatz sws**
> Ein Dreieck ist eindeutig konstruierbar, wenn zwei Seitenlängen und die Größe des von ihnen eingeschlossenen Winkels gegeben ist.

Siehe Kompendium

a) Mit welchem Satz der Trigonometrie kann man die Länge der dritten Seite bei der beschriebenen Konstruktion direkt berechnen?
b) Erinnerst du dich an den Kongruenzsatz wsw? Beschreibe eine Strategie, wie man die unbekannten Seitenlängen berechnen kann. Führe die Konstruktion und die Berechnung an einem selbstgewählten Beispiel aus.

Übungen

Informiere dich über den Kongruenzsatz Ssw.

8 Seite-Seite-Winkel
a) Konstruiere ein Dreieck mit a = 4 cm, c = 5 cm und α = 45°. Begründe, warum du in diesem Falle zwei verschiedene Lösungen erhältst.
b) Berechne den Winkel γ mit dem Sinussatz. Kommst du damit auch zu zwei verschiedenen Lösungen? Begründe.
c) Warum liefern Konstruktion und Berechnung für α = 45°, a = 5 cm und c = 4 cm jeweils eine eindeutige Lösung?

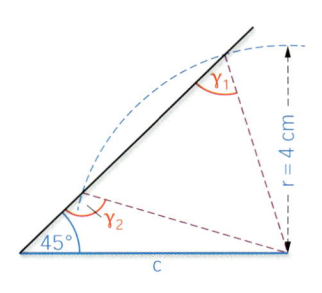

9 Bestimmen von unzugänglichen Streckenlängen

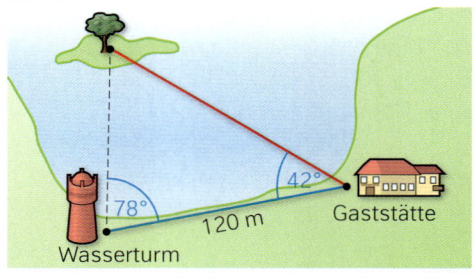

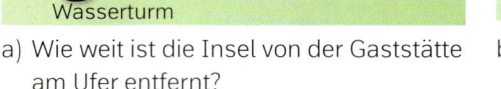

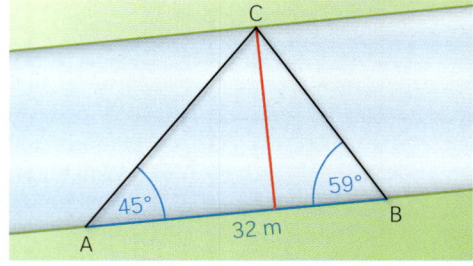

a) Wie weit ist die Insel von der Gaststätte am Ufer entfernt?

b) Wie breit ist der Kanal?

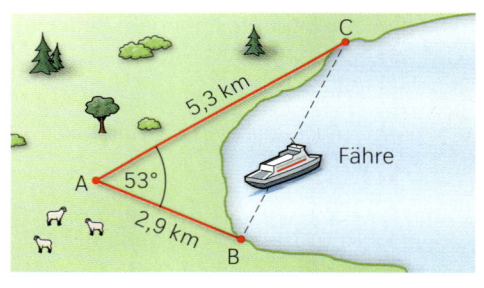

c) Welche Strecke legt die Fähre zurück?

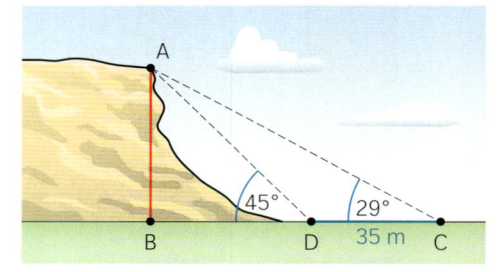

d) Wie hoch ist die Felswand?

Übungen

10 Zwei Krabbenkutter
Die Krabbenkutter Albert und Berta befinden sich um 15.00 Uhr in den Positionen A und B und steuern bei dichtem Nebel mit jeweils konstanter Geschwindigkeit (Albert 24 Seemeilen/Stunde, Berta 26 Seemeilen/Stunde) die eingezeichneten Kurse.
Sind sie auf Kollisionskurs?

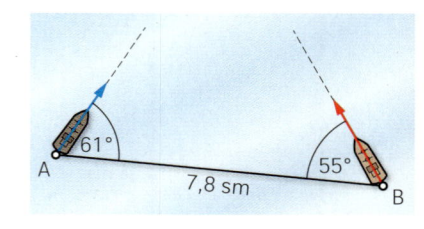

11 Hafeneinfahrt
Schon im Altertum bestimmte man durch Dreieckskonstruktion die Entfernung eines Schiffes, das auf den Hafen B zusteuerte. Von den Enden einer Standlinie $\overline{AB}$ (Länge bekannt oder messbar) visierte man das Schiff an und bestimmte die Winkel α und β zwischen Standlinie und Visierlinien. Beschreibe ein Verfahren, mit dem man die Entfernung des Schiffes zum Hafen berechnen kann (Skizze, Rechenschritte). Rechne mit $\overline{AB}$ = 520 m, α = 86° und β = 62°.

Übungen

12 Heißluftballon

a) Ingemar wohnt 320 m westlich von Anna entfernt. Beide sehen einen Ballon in östlicher Richtung, Ingemar unter einem Höhenwinkel von α = 39°, Anna unter einem Höhenwinkel von β = 54°. In welcher Höhe befindet sich die Gondel des Ballons?

b) Ein gleichmäßiger Wind mit einer Geschwindigkeit von 4 km/h treibt den Ballon ohne Höhenverlust in Richtung Osten. Unter welchem Höhenwinkel sieht Anna den Ballon 10 Minuten später?

13 Beweise des Sinussatzes

Du bekommst hier zwei Wege angeboten, den Sinussatz zu beweisen.

(A) Bestimme jeweils auf zwei verschiedene Weisen h.
Was ist bei diesem Beweis die entscheidende Idee?

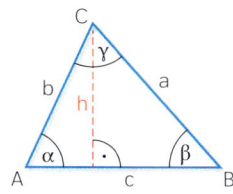

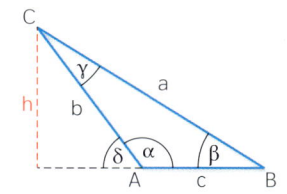

Tipp
1. Man benötigt noch eine weitere Höhe.
2. $\sin(180 - \alpha) = \sin(\alpha)$

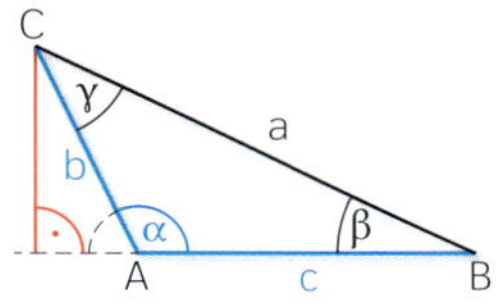

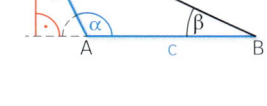

(B) Im Lernabschnitt 7.1 hast du neue Formeln für den Flächeninhalt eines spitzwinkligen Dreiecks bewiesen: $A = \frac{1}{2} c \cdot b \cdot \sin(\alpha) = \frac{1}{2} a \cdot b \cdot \sin(\gamma) = \frac{1}{2} a \cdot c \cdot \sin(\beta)$

a) Zeige, dass die Flächenformeln auch für ein stumpfwinkliges Dreieck gelten.
b) Mit den neuen Flächenformeln kannst du den Sinussatz beweisen. Schreibe den Beweis ausführlich auf.

14 Beweis des Kosinussatzes

Mit der Skizze (1), deinen Kenntnissen über die Winkelfunktionen und dem Satz des Pythagoras kannst du den Kosinussatz für spitzwinklige Dreiecke beweisen. Begründe zunächst die Angaben in der Skizze (1).
Beweise dann auch den Satz für ein stumpfwinkliges Dreieck (γ > 90°).

Tipp
$\sin^2(\gamma) + \cos^2(\gamma) = 1$

(1) γ spitz
(2) γ stumpf

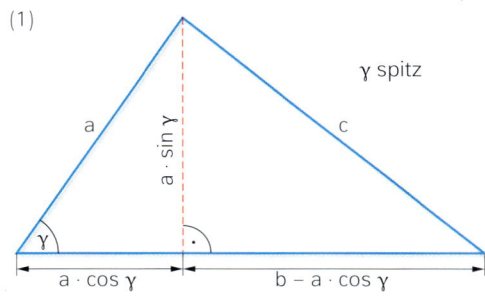

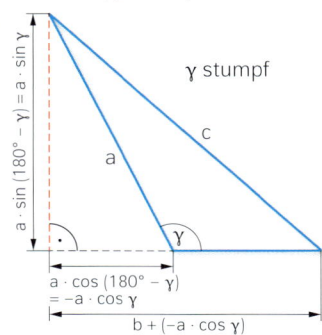

Kopfübungen

1. Gib zwei verschiedene irrationale Zahlen so an, dass deren Produkt rational ist.
2. Ergänze: Eine Rechteck lässt sich bereits eindeutig konstruieren, wenn man ... kennt.
3. Schreibe als Produkt: $x^2 - 1{,}44 = (x - \blacksquare) \cdot (x + \blacksquare)$
4. Wie viel Liter fasst ein Zylinder, dessen Radius und Höhe jeweils 1 dm groß sind? Schätze zuerst und berechne dann.
5. Bestimme das arithmetische Mittel und die Spannweite der Liste: 1; 3; 5; 10; 12; 12; 16; 18.
6. Ergänze: a) $\sqrt{a \cdot \blacksquare} = a$ b) $\sqrt[3]{b} \cdot \blacksquare \cdot \sqrt[3]{b} = b$
7. Der Radius der Grünfläche wird um x verändert. Gib für die Zuordnung „x in m → Umfang U in m" den Typ und die Funktionsgleichung an.

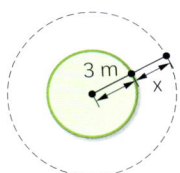

Exkurs

Laserweitenmessung

Bei den großen Leichtathletikwettbewerben werden heute die Weitenmessungen beim Sprung oder beim Diskuswerfen mit elektronischen Verfahren ausgeführt. Dabei kommen Laservermessungsgeräte (Tachymeter) zum Einsatz.

Bei der Laserweitenmessung wird mittels Quarzkristallschwingungen die Laufzeit bestimmt, die ein Laserlichtimpuls vom Start- zum Zielpunkt benötigt. Ein solcher „Lichtblitz" legt in einer Sekunde ungefähr 300 000 km zurück (Lichtgeschwindigkeit).

Ein Diskuskampfrichter: Wir können die Weiten mit diesen neuen Laserausrüstungen wesentlich schneller, genauer und sicherer bestimmen. Da gibt es keine durchhängenden Messbänder und missverständliche Zurufe mehr. Wenige Sekunden nach der Messung liegt das Messergebnis zentimetergenau in digitaler Form vor und kann auf der Anzeigetafel mit der aktuellen Rangposition des Werfers angezeigt werden.

Laser-Triangulationsprinzip

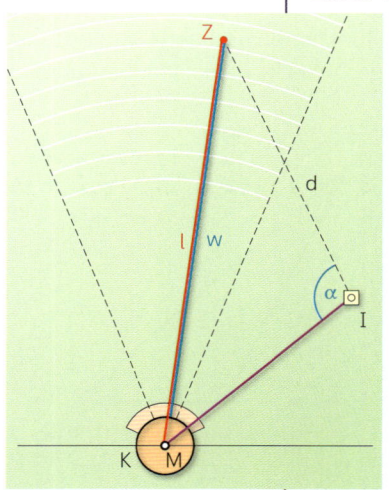

Vor Beginn des Wettkampfes wird der automatisierte Tachymeter an einem festen Ort I in der Nähe des Wurfkreises K aufgestellt. Dann werden der Mittelpunkt M des Wurfkreises und mittels Laserdistanzmessung die Entfernung $\overline{MI}$ zum Instrumentenmittelpunkt bestimmt. Schon kann der Wettkampf beginnen: Der Diskus fliegt durch die Luft und geht im markierten Sektor nieder. An der Aufschlagstelle steckt der Kampfrichter die Zielmarke Z in den Boden. Der Wettkampfvermesser richtet das Fernrohr grob aus und drückt auf die Start-Taste. Nun sucht die Automatik den Zielmarkenmittelpunkt, löst die millimetergenaue Laserstrahl-Messung der Strecke d zwischen Instrument und Zielmarke aus und bestimmt den Horizontalwinkel α zwischen Wurfkreis-Mittelpunkt und Ziel. Die Software berechnet daraus nach dem Kosinussatz die Distanz l, zieht den Radius r des Wurfkreises ab und rundet auf den Zentimeter.

Wenige Sekunden nach dem Druck der Starttaste erscheint die gültige Weite auf den Bildschirmen der Kampfrichter ohne jeglichen manuellen Zwischenschritt. Ihre Tastendruckbestätigung genügt zur automatischen Übertragung der Weite auf Ranglisten, Stadion-Anzeigetafel und Fernsehbildschirm.

Aufgaben

15 Wurfweiten messen

Erstelle mithilfe einer Tabellenkalkulation ein „Programm", das die oben beschriebene Rechnung nach Eingabe der Messwerte d und α in der Tabelle ausführt und die Wurfweite ausgibt (Radius des Wurfkreises r = 1,25 m, $\overline{MI}$ = 20 m).
Berechne damit die Wurfweiten w für die Messungen.
Für Spezialisten: Erweitere die Tabelle so, dass auch der jeweilige Rang der gemessenen Weite angegeben wird.

Messung d	45,346 m	56,25 m	62,451 m	53,172 m
Messung α	82,32°	76,56°	76,48°	100,91°

7.2 Trigonometrie am beliebigen Dreieck

Projekt

Vermessen und Rechnen im Gelände
Die Trigonometrie stellt Funktionen und Formeln bereit, die Beziehungen zwischen den Seitenlängen und den Winkelgrößen geometrischer Figuren ausdrücken. Sie wird seit Jahrhunderten als unentbehrliches mathematisches Werkzeug in der Landvermessung (Geodäsie), der Astronomie, im Bauwesen und in der Navigation eingesetzt. Die dabei entwickelten Verfahren spielen auch im Zeitalter von GPS und Laser eine wichtige Rolle, z. B. bei der Rekonstruktion archäologischer Ausgrabungen, beim Brücken- und Tunnelbau oder auch bei Weitenmessungen bei großen Wettkämpfen im Sport.

Expertengruppen zur Vorbereitung der Exkursion

Gruppe A: Trigonometrische Messverfahren

A Zusammenstellen und Beschreiben von typischen Messverfahren der Trigonometrie in einer „Messbroschüre".

Quellen: Neue Wege (Lernabschnitte 7.1 und 7.3 dieses Kapitels, die Kapitel zu Pythagoras und den Strahlensätzen in diesem Band oder auch die Anwendung der Kongruenzsätze).
Internet: Stichworte: Trigonometrie, Geodäsie, Triangulation, Nivellement.

„Vorwärtseinschneiden"
Zur Bestimmung einer unzugänglichen Strecke $\overline{PQ}$ werden von zwei Punkten A und B mit dem Abstand x die Winkel α, β, γ und δ gemessen.

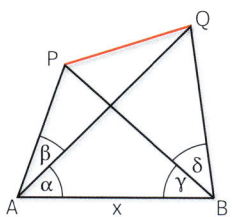

„Rückwärtseinschneiden"
Zur Bestimmung der Entfernung eines Punktes P von den Punkten A, B und C werden die Entfernungen x und y sowie die drei Winkel α, β und γ ermittelt.

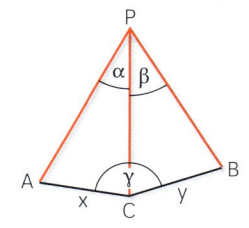

Gruppe B: Messgeräte zur Trigonometrie

B Beschaffen oder Herstellen von Messgeräten zur Längen- und Winkelmessung (Messstäbe, Bandmaß, Laser-Entfernungsmesser, Theodolit, ...), Beschreiben der Handhabung und Bauanleitungen.
Einfache Theodoliten findet man in der Lehrmittelsammlung der Schule, Modelle lassen sich selbst herstellen (Anleitungen u. a. im Internet).

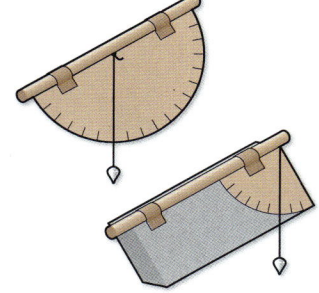

einfache Modelle   Profi-Theodolit   Schul-Theodolit   Modell

7 Trigonometrie

Definitionen am rechtwinkligen Dreieck

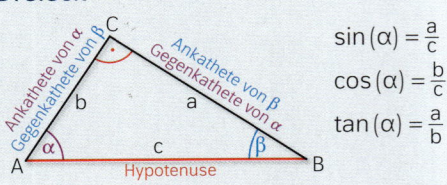

$\sin(\alpha) = \frac{a}{c}$

$\cos(\alpha) = \frac{b}{c}$

$\tan(\alpha) = \frac{a}{b}$

Tangens als Steigungsmaß

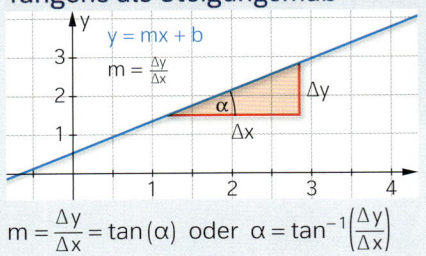

$y = mx + b$

$m = \frac{\Delta y}{\Delta x}$

$m = \frac{\Delta y}{\Delta x} = \tan(\alpha)$ oder $\alpha = \tan^{-1}\left(\frac{\Delta y}{\Delta x}\right)$

Tabelle wichtiger Funktionswerte

	0°	30°	45°	60°	90°
sin	0	$\frac{1}{2}$	$\frac{1}{2}\sqrt{2}$	$\frac{1}{2}\sqrt{3}$	1
cos	1	$\frac{1}{2}\sqrt{3}$	$\frac{1}{2}\sqrt{2}$	$\frac{1}{2}$	0
tan	0	$\frac{1}{3}\sqrt{3}$	1	$\sqrt{3}$	—

Winkelfunktionen am Einheitskreis

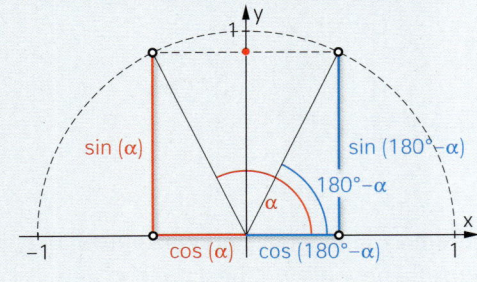

Sätze am beliebigen Dreieck

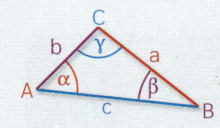

Sinussatz:

$\frac{a}{b} = \frac{\sin(\alpha)}{\sin(\beta)}$

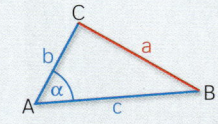

Kosinussatz:

$a^2 = b^2 + c^2 - 2bc \cdot \cos(\alpha)$

Check-up

1 Fehlende Winkel und Seiten berechnen
Von einem rechtwinkligen Dreieck ($\gamma = 90°$) sind zwei Größen gegeben. Berechne jeweils die übrigen Winkel und Seiten.
a) $c = 4\,\text{cm}$; $\alpha = 52,5°$
b) $a = 5,3\,\text{cm}$; $b = 3,8\,\text{cm}$
c) $b = 6\,\text{cm}$; $\beta = 57,2°$
d) $b = 3,5\,\text{cm}$; $c = 9,2\,\text{cm}$

2 Tangens im Einsatz
Zeichne die folgenden Geraden im Koordinatensystem und bestimme jeweils die Steigungswinkel.
$g_1: y = 3x + 1$ $g_2: y = 0,2x - 1$
$g_3: 2x - 3y = 9$ $g_4: 3x - 2y = 4$

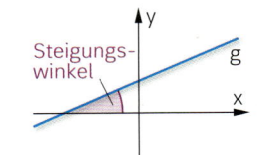

3 Ein Ziegeldach
Ein Ziegeldach sollte einen Neigungswinkel von mindestens 30° haben. (Warum?) Wie lang müssen die Balken eines Satteldachs bei einem 9,5 m breiten Haus mindestens sein?

4 Gleiche Sinuswerte
Welche der Winkel haben den gleichen Sinuswert?

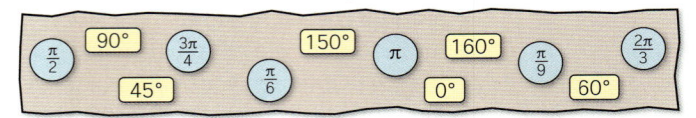

$\frac{\pi}{2}$ 90° $\frac{3\pi}{4}$ 150° π 160° $\frac{\pi}{9}$ $\frac{2\pi}{3}$
45° $\frac{\pi}{6}$ 0°   60°

5 Punkt auf Kreis
C ist ein Punkt auf dem Kreis mit $r = 10$ und Mittelpunkt im Ursprung.
a) Gib zu jedem Winkel α ($0° \leq \alpha \leq 180°$) die Koordinaten von C mithilfe von Sinus und Kosinus an.
b) Berechne die Koordinaten des Punktes C für $\alpha = 30°$ ($\alpha = 120°$).

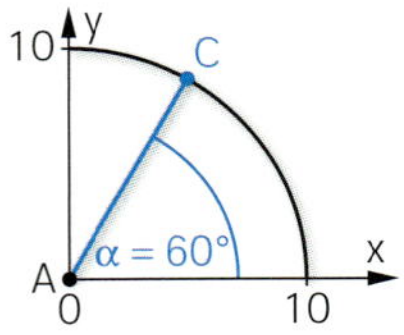

6 Berechnungen am beliebigen Dreieck
Formuliere mit den Bezeichnungen für das Dreieck rechts den Sinussatz und den Kosinussatz. Berechne
a) die Seite r, wenn $p = 3,2\,\text{cm}$, $q = 4,6\,\text{cm}$ und $\varphi_3 = 110°$,
b) den Winkel φ_2, wenn $p = 4\,\text{cm}$, $q = 6,4\,\text{cm}$, $\varphi_1 = 32°$.

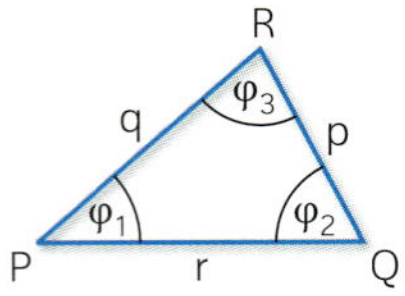

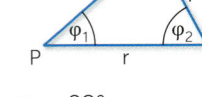

7 Seilspanner
Mit der 12 m langen Knotenschnur kann man einen rechten Winkel abstecken. Gib mindestens fünf andere Winkel an, die man ebenfalls mit dieser Schnur abstecken kann, wenn die Ecken der Hilfsdreiecke stets durch Knoten gebildet werden.

Sichern und Vernetzen – Vermischte Aufgaben zu Kapitel 7

Trainieren

1 Seitenverhältnisse
Notiere für die Winkel α, β, γ und δ jeweils Sinus, Kosinus und Tangens als Seitenverhältnisse.
Beispiel: $\cos(\beta) = \frac{\overline{BD}}{\overline{BC}}$.

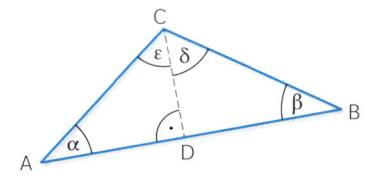

2 Sinus, Kosinus und Tangens
Gib jeweils einen Schätzwert für Sinus, Kosinus und Tangens zu den folgenden Winkelgrößen an: α = 5°, β = 32°, γ = 60°, δ = 85°. Berechne dann mit dem Taschenrechner.

3 Winkel gesucht
Über die Winkel α, β, γ, δ und ε ist bekannt, dass sie alle größer als 0° und kleiner als 90° sind. Zudem gilt:

| $\sin(\alpha) = 0{,}53$ | $\sin(\beta) = 0{,}97$ | $\sin(\gamma) = 0{,}07$ | $\sin(\delta) = 0{,}99$ | $\sin(\varepsilon) = 0{,}5$ |

a) Ordne die fünf Winkel der Größe nach (ohne Verwendung des Taschenrechners).
b) Überprüfe deine Lösung in a) mithilfe des Taschenrechners.

4 Unvollständige Angaben
Bestimme die fehlende Größe.

a) 30°, 20 cm, a = ■
b) 12,8 cm, 10,7 cm, δ = ■
c) 85 m, 35°, Umfang des Rechtecks?
d) 55°, 75°, 280 cm, x = ■

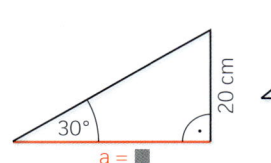

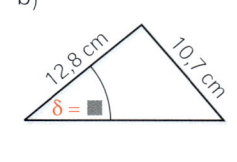

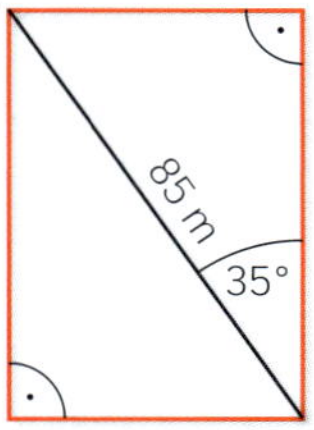

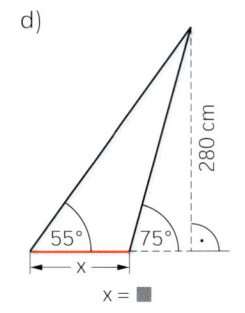

5 Gleichungen mit vielen Lösungen
Bestimme alle möglichen Lösungen für die Größe des Winkels α (0° ≤ α ≤ 360°).

| $\sin(\alpha) = 0$ | $\sin(\alpha) = 0{,}5$ | $\sin(\alpha) = \frac{\sqrt{3}}{2}$ | $\sin(\alpha) = \frac{\sqrt{2}}{2}$ | $\sin(\alpha) = \frac{1}{4}$ |

6 Steigung oder Gefälle
Gib jeweils zwei lineare Funktionen an, deren Steigungswinkel gegenüber der x-Achse
a) 31°   b) –45°   c) 42°   d) –35°   e) 63,5°   f) –76°   beträgt.
Runde sinnvoll. Gib die zugehörige Steigung bzw. das Gefälle in % an.

7 Konstruieren und rechnen
Von dem Dreieck ABC sind jeweils drei Größen gegeben. Berechne die fehlenden Größen. Konstruiere zur Kontrolle der Rechnung.
a) a = 5 cm, b = 6 cm, γ = 110°   b) b = 4 cm, β = 62°, γ = 70°
c) a = 8 cm, c = 6 cm, α = 95°   d) a = 4,2 cm, c = 6 cm, β = 35°

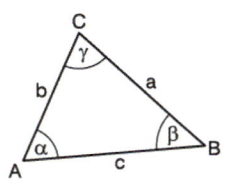

Verstehen

8 Klar ohne Taschenrechner
Kannst du voraussagen, was der Taschenrechner bei den folgenden Eingaben zeigt? Überprüfe und begründe.

$\cos(0°)$ $\sin(43°) - \cos(47°)$ $\sin^{-1}(0{,}5)$ $\sin(45°) + \cos(45°)$

9 Die Steigung und der Steigungswinkel
a) Bestimme die Steigung m (als Bruch, als Dezimalzahl und in %) und den Steigungswinkel α der Geraden g.
b) Übertrage die Zeichnung in dein Heft und zeichne im Punkt P Geraden ein, die eine Steigung von 50 %, 100 %, 200 %, 1000 % haben. Ist das möglich?
c) Was meinst du: Welche Steigung hat eine Parallele zur y-Achse?

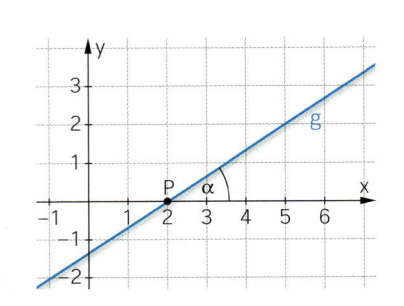

10 Aus einem Aufnahmetest
Wahr oder falsch? Entscheide ohne Verwendung des Taschenrechners und begründe.
a) Wird der Winkel α von 90° auf 0° verkleinert, so wird der sin(α) gleichzeitig auch kleiner und erreicht den Wert Null.
b) Wird der Winkel α von 90° auf 180° vergrößert, so wird der sin(α) auch größer.
c) Der Wert von sin(α) ist bei 270° größer als bei 90°.
d) Der Wert von sin(α) verändert sich je nach dem Winkel α zwischen 1 und −1.
e) Es gibt zwei Winkelgrößen α (0° ≤ α ≤ 360°), für die gilt: sin(α) = cos(α).

11 Wenn der Punkt C wandert – Mathematik ohne Worte

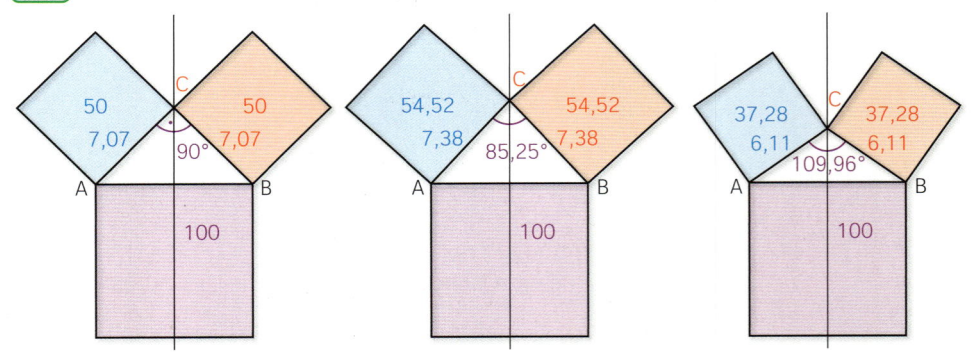

a) Beschreibe die Veränderungen in den Bildern.
b) Wie passt der Kosinussatz zu den Abbildungen? Rechne und erkläre.

12 Sinus und Kosinus
Welche Werte für Sinus und Kosinus sind in einem spitzwinkligen (stumpfwinkligen) Dreieck möglich? Hinweis: Gib jeweils ein Intervall an und begründe.

13 Aus einem Aufnahmetest
Gib zu der Funktion $f(x) = x + 3$ bzw. $f(x) = 0{,}25 \cdot x$ eine Funktion an, welche
a) die doppelte Steigung wie f(x) hat,
b) einen doppelt so großen Steigungswinkel wie f(x) hat.
Nicht alles geht. Findest du eine Erklärung?

Anwenden

14 Fensterglas
a) In den Giebel mit 38° Dachneigung wird das trapezförmige Fenster eingepasst. Wie viel Glas wird für das Fenster benötigt?
b) Um wie viel Prozent wird die Glasfläche kleiner, wenn die Dachneigung nur 28° beträgt?

15 Skipiste
Der nebenstehende Wegweiser an der steilsten Piste in Österreich, der Manfred-Pranger-Piste im Wipptal, ist ungewöhnlich, weil er eine Winkelangabe statt einer Steigung in % enthält. Berechne die Steigung in % und erstelle eine maßstabsgetreue Zeichnung des entsprechenden Steigungsdreiecks (Grundseite: 10 cm).

16 Berggipfel
Wie hoch ist der Gipfel des niedrigeren Berges?

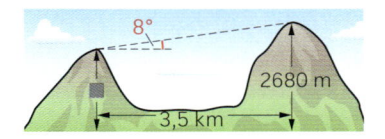

17 Messen im Gelände
Von A nach B soll geradlinig eine Pipeline verlegt werden. Mit den Hilfspunkten P und Q vermisst man die angegebenen Strecken und Winkel. Berechne damit die Länge $\overline{AB}$ und die Winkel α und β.

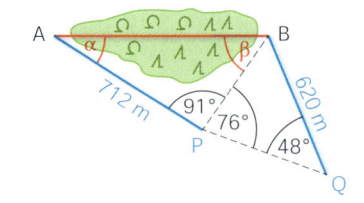

18 Gleitflug: Drachenflieger
a) Ein Drachenflieger gleitet ohne Aufwind in einem Gleitwinkel α von ungefähr 8° zu Tal. Welche Flugweite (horizontale Entfernung) erreicht er, wenn er aus einer Höhe h = 85 m startet?
b) Aus welcher Höhe müsste er starten, wenn er mit einem Gleitwinkel von 7° die gleiche Flugweite erreichen will?
c) Welche Gleitstrecke hat er in beiden Fällen zurückgelegt?

19 Entfernung Erde–Sonne
Wenn bei Sonnenuntergang der Halbmond zu sehen ist, so bilden Erde, Sonne und Mond in etwa ein rechtwinkliges Dreieck. Den Winkel Sonne–Erde–Mond misst man mit 89,86°. Mithilfe der bekannten Entfernung Erde–Mond (384 400 km) kann man die Entfernung Erde–Sonne berechnen. Wie wirkt sich ein Fehler von 0,2° bei der Winkelmessung aus?

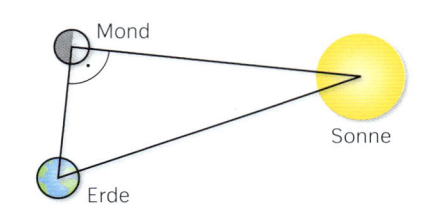

Zum Erinnern und Wiederholen

Schneller Zugriff zum Basiswissen
aus den vorhergehenden Jahrgangsbänden

Arithmetik/Algebra 253

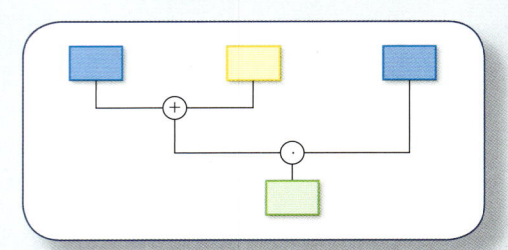

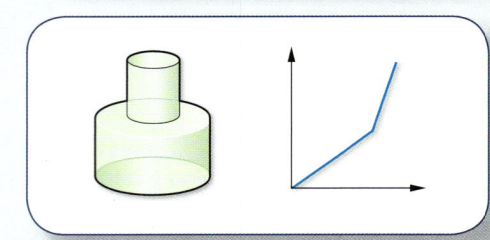

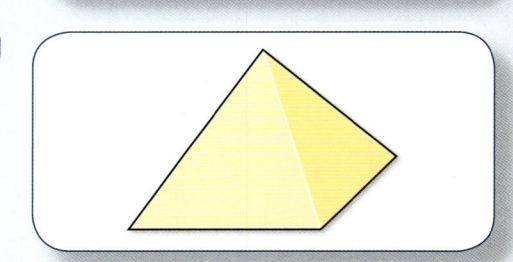

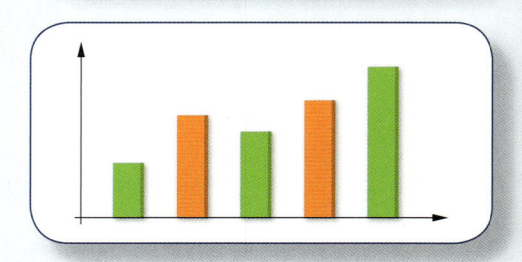

Funktionen 260

Geometrie 265

Daten/Zufall 274

Werkzeuge 278

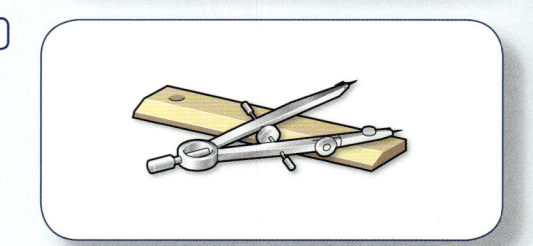

Arithmetik – Regeln und Gesetze

Vorfahrtsregeln beim Rechnen

Beim Berechnen von Rechenausdrücken musst du, wie im Straßenverkehr, Vorfahrtsregeln beachten. Dadurch kannst du manchmal auch Rechenvorteile erlangen und somit geschickt rechnen.

Nur Strichrechnungen — *Nur Strichrechnungen*
Rechne von links nach rechts, dann machst du nichts falsch.

$$37{,}7 - 18{,}2 + 12{,}8$$
$$= 19{,}5 + 12{,}8$$
$$= 32{,}3$$

Nur Punktrechnungen — *Nur Punktrechnungen*
Rechne von links nach rechts, dann machst du nichts falsch.

$$36 : 4 \cdot 2$$
$$= 9 \cdot 2$$
$$= 18$$

Punkt- vor Strichrechnung — *Punktrechnungen vor Strichrechnungen*
Punktrechnungen werden vor Strichrechnungen ausgeführt.

$$13{,}4 + 6 \cdot 9$$
$$= 13{,}4 + 54$$
$$= 67{,}4$$

Klammern zuerst — *Klammern zuerst*
Was in Klammern steht, wird zuerst berechnet.

$$8 \cdot (25{,}75 - 16{,}75)$$
$$= 8 \cdot 9$$
$$= 72$$

Rechengesetze

Kommutativgesetz Vertauschungsgesetz — *Kommutativgesetz (Vertauschungsgesetz)*
Beim Addieren darfst du die Reihenfolge der Summanden vertauschen.
Beim Multiplizieren darfst du die Reihenfolge der Faktoren vertauschen.

$$\frac{1}{6} + \frac{2}{3} = \frac{2}{3} + \frac{1}{6}$$

$$\frac{1}{8} \cdot \frac{2}{3} = \frac{2}{3} \cdot \frac{1}{8}$$

Assoziativgesetz Verbindungsgesetz — *Assoziativgesetz (Verbindungsgesetz)*
Beim Addieren darfst du die Reihenfolge, in der du addierst, selbst festlegen.

$$37 + 16{,}4 + 23{,}6$$
$$= 37 + 40$$
$$= 77$$

Beim Multiplizieren darfst du die Reihenfolge, in der du multiplizierst, selbst festlegen.

$$13{,}1 \cdot 20 \cdot 5$$
$$= 13{,}1 \cdot 100$$
$$= 1310$$

Distributivgesetz Verteilungsgesetz — *Distributivgesetz (Verteilungsgesetz)*
Mit dem Verteilungsgesetz kann man sich Rechenvorteile verschaffen. Du kannst eine Summe mit einer Zahl multiplizieren, indem du jeden Summanden mit der Zahl multiplizierst und die Produkte addierst.

$$(10 + 7) \cdot 6$$
$$= 10 \cdot 6 + 7 \cdot 6$$
$$= 60 + 42$$
$$= 102$$

Es geht auch „umgekehrt".

$$43 \cdot 356 + 57 \cdot 356$$
$$= (43 + 57) \cdot 356$$
$$= 100 \cdot 356$$
$$= 35\,600$$

Arithmetik – Brüche

Gleiche Brüche – verschiedene Namen

Gleiche Brüche können verschiedene Namen haben.

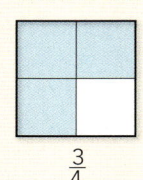

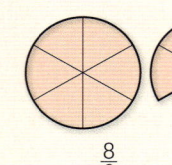

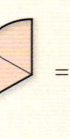

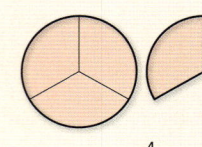

$$\frac{3}{4} = \frac{12}{16} \qquad \frac{8}{6} = \frac{4}{3} = 1\frac{1}{3}$$

Durch Erweitern und Kürzen findest du verschiedene Namen für gleiche Brüche.

Erweitern

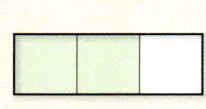

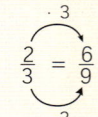

$$\frac{2}{3} = \frac{6}{9} \quad (\cdot 3)$$

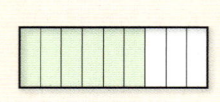

Erweitern heißt: Zähler und Nenner mit der gleichen Zahl multiplizieren.

Kürzen

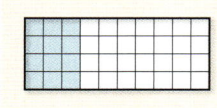

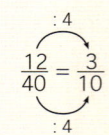

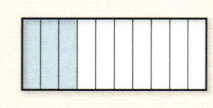

$$\frac{12}{40} = \frac{3}{10} \quad (: 4)$$

Kürzen heißt: Zähler und Nenner durch die gleiche Zahl dividieren.

Brüche ordnen

Brüche gleichnamig machen und nach der Größe der Zähler ordnen.

$$\frac{2}{3} \; \frac{5}{6} \; \frac{1}{2} \; \frac{3}{4} \quad \xrightarrow{\text{erweitern}} \quad \frac{8}{12} \; \frac{10}{12} \; \frac{6}{12} \; \frac{9}{12} \quad \xrightarrow{\text{ordnen}} \quad \frac{6}{12} < \frac{8}{12} < \frac{9}{12} < \frac{10}{12}$$

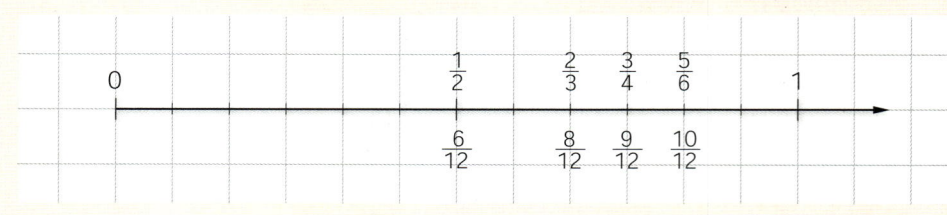

Zahlenstrahl: $0 \quad \frac{1}{2} \quad \frac{2}{3} \quad \frac{3}{4} \quad \frac{5}{6} \quad 1$ bzw. $\frac{6}{12} \quad \frac{8}{12} \quad \frac{9}{12} \quad \frac{10}{12}$

Rechnen mit Brüchen

Addieren / Subtrahieren

Gleichnamig machen, dann Zähler addieren oder subtrahieren und Nenner beibehalten

$$\frac{3}{4} + \frac{2}{5} = \frac{15}{20} + \frac{8}{20} = \frac{23}{20}$$

$$\frac{5}{6} - \frac{2}{3} = \frac{5}{6} - \frac{4}{6} = \frac{1}{6}$$

Multiplizieren

Zähler mal Zähler, Nenner mal Nenner

$$\frac{3}{4} \cdot \frac{2}{5} = \frac{6}{20} = \frac{3}{10}$$

Spezialfall

$$3 \cdot \frac{2}{5} = \frac{3}{1} \cdot \frac{2}{5} = \frac{6}{5}$$

Dividieren

Multiplizieren des ersten Bruches mit dem Kehrbruch des zweiten Bruches

$$\frac{4}{5} : \frac{3}{2} = \frac{4}{5} \cdot \frac{2}{3} = \frac{8}{15}$$

Spezialfall

$$\frac{4}{5} : 3 = \frac{4}{5} : \frac{3}{1} = \frac{4}{5} \cdot \frac{1}{3} = \frac{4}{15}$$

Arithmetik – Rationale Zahlen

Zahlengerade

Rationale Zahlen

Rationale Zahlen lassen sich als Bruch aus ganzen Zahlen darstellen. Die Menge der rationalen Zahlen wird mit $\mathbb{Q}$ bezeichnet. Die Menge der natürlichen Zahlen $\mathbb{N} = \{0, 1, 2, 3, ...\}$ ist eine Teilmenge der ganzen Zahlen $\mathbb{Z} = \{..., -4, -3, -2, -1, 0, 1, 2, 3, 4, ...\}$, diese ist wiederum eine Teilmenge der rationalen Zahlen.

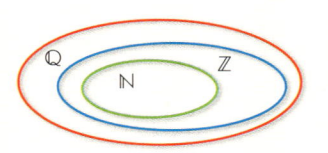

Ordnen

Von zwei rationalen Zahlen ist diejenige kleiner, die auf der Zahlengeraden weiter links steht.

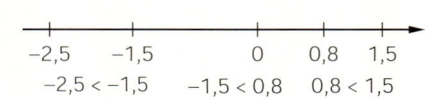

$-2,5 < -1,5 \quad -1,5 < 0,8 \quad 0,8 < 1,5$

Betrag

Der Betrag einer rationalen Zahl gibt an, wie weit sie von der Null entfernt ist.
$|-\frac{3}{2}| = \frac{3}{2}$ Lies: „Der Betrag von $-\frac{3}{2}$ ist $\frac{3}{2}$."

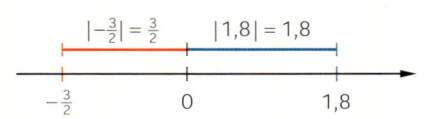

$|-\frac{3}{2}| = \frac{3}{2} \quad |1,8| = 1,8$

Rechnen mit rationalen Zahlen

Addieren
Summand + Summand = Summe

Addierst du eine positive Zahl, so bewegst du dich nach rechts.
$-3,5 + (+9) = -3,5 + 9 = 5,5$

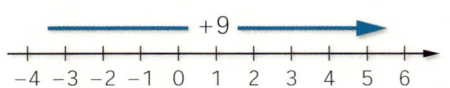

Addierst du eine negative Zahl, so bewegst du dich nach links.
$5,2 + (-7,5) = 5,2 - 7,5 = -2,3$

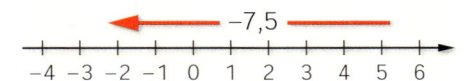

Subtrahieren
Minuend − Subtrahend = Differenz

Subtrahierst du eine positive Zahl, so bewegst du dich nach links.
$7,5 - (+9) = 7,5 - 9 = -1,5$

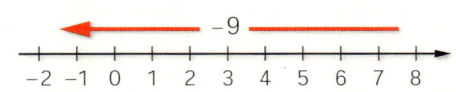

Subtrahierst du eine negative Zahl, so bewegst du dich nach rechts.
$2,3 - (-6,9) = 2,3 + 6,9 = 9,2$

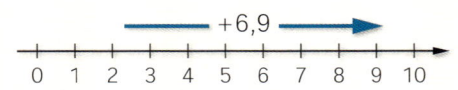

Multiplizieren
Faktor · Faktor = Produkt

Das **Produkt** von zwei rationalen Zahlen ist
- positiv, wenn die beiden Faktoren gleiche Vorzeichen haben.
  Beispiele: $6 \cdot 0,3 = 1,8 \quad (-0,4) \cdot (-7) = 2,8$
- negativ, wenn die beiden Faktoren verschiedene Vorzeichen haben.
  Beispiele: $0,3 \cdot (-11) = -3,3 \quad (-1,8) \cdot 2 = -3,6$
- Null, wenn mindestens einer der Faktoren Null ist.
  Beispiele: $0,7 \cdot 0 = 0 \quad 0 \cdot (-5) = 0$

Dividieren
Dividend : Divisor = Quotient

Der **Quotient** ist
- positiv, wenn Dividend und Divisor gleiche Vorzeichen haben.
  Beispiele: $3,2 : 8 = 0,4 \quad (-6,3) : (-9) = 0,7$
- negativ, wenn Dividend und Divisor unterschiedliche Vorzeichen haben.
  Beispiele: $5,4 : (-3) = -1,8 \quad (-30) : 0,5 = -60$
- Null, wenn der Dividend Null ist. Beispiel: $0 : (-2,6) = 0$
- Vorsicht: Die Division durch 0 ist verboten.

Arithmetik – Prozent- und Zinsrechnung

Anteile

Anteile kann man auf verschiedene Arten angeben.
Wie viel des Kreises ist grün gefärbt?
- als Anteil: 3 von 12
- mit Worten: jeder Vierte
- als Bruchteil: $\frac{1}{4}$
- als Prozent: 25 %

Anteile, die man sich merken sollte:

$\frac{9}{10}=10\%$ $\quad \frac{1}{5}=20\%$
$\frac{1}{4}=25\%$ $\quad \frac{1}{3}=33{,}3\%$
$\frac{1}{2}=50\%$ $\quad \frac{2}{3}=66{,}67\%$
$\frac{3}{4}=75\%$ $\quad 1=100\%$

Umrechnen in Prozent

Erweitern auf den Nenner 100
$\frac{1}{4}=\frac{25}{100}=25\%$

Dezimaldarstellung berechnen
$2:8=0{,}25=25\%$

Die drei Grundaufgaben der Prozentrechnung

Der Prozentsatz p % gibt den Anteil des Prozentwertes W am Grundwert G an.

Berechnen des Prozentsatzes p %

Prozentsatz: $p\%=\blacksquare$. Gegeben: Prozentwert: W = 225, Grundwert: G = 750

$p\%=\frac{225}{750}\cdot 100\%=30\%$

$$p\%=\frac{W}{G}\cdot 100\%$$

Berechnen des Prozentwertes W

Prozentwert: $W=\blacksquare$. Gegeben: Grundwert: G = 300, Prozentsatz: p % = 19 %

100 % ≙ 300
1 % ≙ $\frac{300}{100}$
19 % ≙ $\frac{300}{100}\cdot 19=300\cdot 0{,}19=57$

$$W=G\cdot\frac{p}{100}$$

Berechnen des Grundwertes G

Grundwert: $G=\blacksquare$. Gegeben: Prozentwert: W = 315, Prozentsatz: p % = 35 %

35 % ≙ 315
1 % ≙ $\frac{315}{35}$
100 % ≙ $\frac{315}{35}\cdot 100=900$

$$G=W\cdot\frac{100}{p}$$

Schnellverfahren

Prozentwert
(1) 2500 € **zuzüglich** 19 % MwSt.
Denke: 100 % + 19 % = 119 %
Rechne: 2500 € · 1,19 = 2975 €
(2) 820 € **abzüglich** 5 % Skonto
Denke: 100 % − 5 % = 95 %
Rechne: 820 € · 0,95 = 779 €

Grundwert
Der Verkaufspreis von 396 € liegt 65 % **über** dem Einkaufspreis.
Wie hoch war der Einkaufspreis?
Denke: 100 % + 65 % = 165 %
396 € = 1,65 · Grundwert
Rechne: 396 € : 1,65 = 240 €

Zinsrechnung

Zinssatz p %   Prozentsatz p %
Jahreszinsen Z   Prozentwert W
Kapital K   Grundwert G

Bei der Zinsrechnung wird genauso gerechnet wie bei der Prozentrechnung.

Gegeben: Kapital 1890 €; Zinssatz 1,5 % → Jahreszinsen: 1890 € · 0,015 = 28,35 €
Gegeben: Zinssatz 4 %; Jahreszinsen 430 € → Kapital: 430 € : 0,04 = 10 750 €
Gegeben: Kapital 4500 €, Jahreszinsen: 45 € → Zinssatz: $\frac{45}{4500}\cdot 100\%=1\%$

Größen – Einheiten, Flächen und Rauminhalte

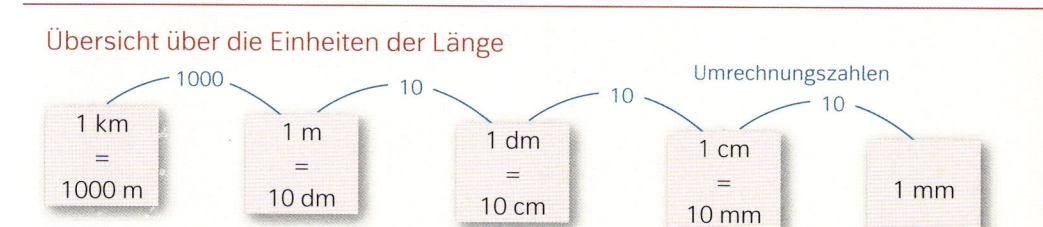

Längen
Umrechnungszahl 10

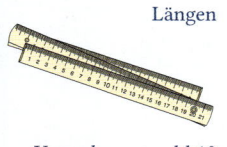

Übersicht über die Einheiten der Länge

Umrechnungszahlen: 1000, 10, 10, 10

1 km = 1000 m | 1 m = 10 dm | 1 dm = 10 cm | 1 cm = 10 mm | 1 mm

Flächeninhalte
Umrechnungszahl 100

Übersicht über die Einheiten von Flächeninhalten

Umrechnungszahlen: 100, 100, 100, 100, 100, 100

$1\,km^2$ = 100 ha | 1 ha = 100 a | 1 a = 100 m^2 | 1 m^2 = 100 dm^2 | 1 dm^2 = 100 cm^2 | 1 cm^2 = 100 mm^2 | 1 mm^2

Rauminhalte Volumina
Umrechnungszahl 1000

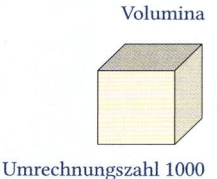

Übersicht über die Einheiten von Rauminhalten

Umrechnungszahlen: 1000, 1000, 1000

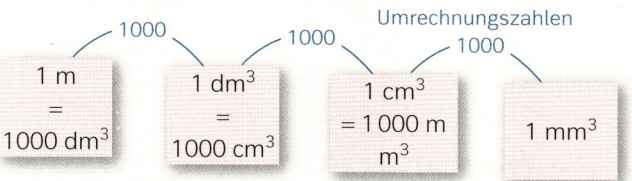

1 m^3 = 1000 dm^3 | 1 dm^3 = 1000 cm^3 | 1 cm^3 = 1000 mm^3 | 1 mm^3

Das Volumen von Flüssigkeiten wird in Litern gemessen.
1 ℓ = 1 dm^3
1 mℓ = 1 cm^3

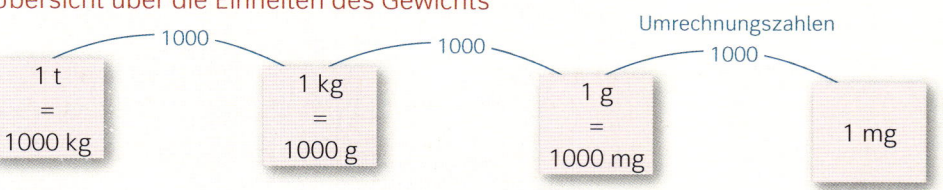

Gewichte
Umrechnungszahl 1000

Übersicht über die Einheiten des Gewichts

Umrechnungszahlen: 1000, 1000, 1000

1 t = 1000 kg | 1 kg = 1000 g | 1 g = 1000 mg | 1 mg

Zeitspannen
Umrechnungszahlen 24 und 60

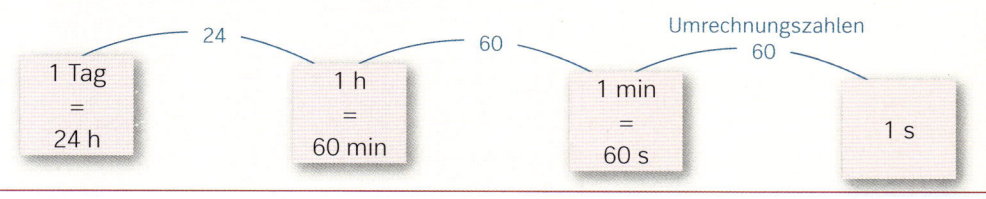

Übersicht über die Einheiten der Zeit

Umrechnungszahlen: 24, 60, 60

1 Tag = 24 h | 1 h = 60 min | 1 min = 60 s | 1 s

Flächeninhalt Rechteck
A = a · b
(„Länge mal Breite")

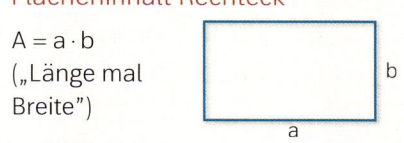

Rauminhalt Quader
V = a · b · c
(„Länge mal Breite mal Höhe")

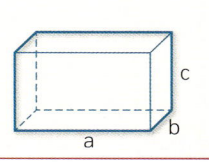

Algebra – Terme 1

Gleichwertige Terme

Der gleiche Flächeninhalt kann durch unterschiedlich aussehende Terme beschrieben werden.

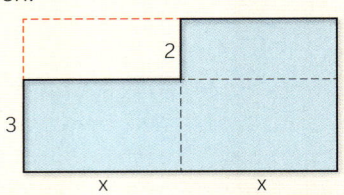

$T_1(x) = x \cdot 3 + x \cdot 5$
$T_2(x) = 2x \cdot 5 - 2 \cdot x$
$T_3(x) = 2x \cdot 3 + x \cdot 2$

Bei jeder Einsetzung für die Variable x erhalten wir mit jedem Term den gleichen Wert.

x	$x \cdot 3 + x \cdot 5$	$2x \cdot 5 - 2 \cdot x$	$2x \cdot 3 + x \cdot 2$
3	24	24	24
4,5	36	36	36
6	48	48	48

Rechnen mit Termen

Mithilfe von Rechenregeln können wir Terme in gleichwertige Terme umformen. Dabei gelten die gleichen Gesetze wie beim Rechnen mit Zahlen.

Kommutativgesetz
bei der Addition
$a + b = b + a$
bei der Multiplikation
$a \cdot b = b \cdot a$

Assoziativgesetz
bei der Addition
$a + (b + c) = (a + b) + c$
$a + (b - c) = (a + b) - c$
bei der Multiplikation
$a \cdot (b \cdot c) = (a \cdot b) \cdot c$
$3 \cdot (2x) = (3 \cdot 2) \cdot x = 6x$

Distributivgesetz
$a \cdot (b + c) = ab + ac$
$a \cdot (b - c) = ab - ac$
$(a + b) : c = a : c + b : c$
$(a - b) : c = a : c - b : c$

Klammerregeln bei Addition und Subtraktion

Auflösen von „Plusklammern"
Klammer einfach weglassen
$a + (b + c) = a + b + c$
$a + (b - c) = a + b - c$

Auflösen von „Minusklammern"
Rechenzeichen in der Klammer umkehren, dann Klammer weglassen
$a - (b + c) = a - b - c$
$a - (b - c) = a - b + c$

Ziele beim Termumformen

- Terme als gleichwertig erkennen
- Terme vereinfachen
- Bestimmte Eigenschaften von Termen erkennen

Beispiele:
$3x + 2x$ und $5x$ sind gleichwertige Terme.
$a + b + a + b$ und $2(a + b)$ sind gleichwertige Terme.

Algebra – Terme 2

Strategien beim Termumformen

Addieren und Subtrahieren von Produkten

$4ab + 7ac - 5ac + 3ab + 6bc$ In dem Term werden Produkte addiert und subtrahiert.

Vereinfachen des Terms:
$4ab + 7ac - 5ac + 3ab + 6bc =$
$4ab + 3ab + 7ac - 5ac + 6bc =$
$\quad 7ab \quad + \quad 2ac \quad + 6bc$

Gleichartige Produkte werden gekennzeichnet und dann zusammengefasst.

Vereinfachen von Produkten

$2 \cdot 7 \cdot 5 \cdot 0{,}1 = (2 \cdot 5) \cdot (0{,}1 \cdot 7)$
$= 10 \cdot 0{,}7 = 7$
$7a \cdot 5b = 35ab$
$2 \cdot x \cdot y \cdot 3 \cdot x = 6 \cdot x \cdot x \cdot y = 6x^2 y$

In Produkten mit mehreren Faktoren kann man beliebig vertauschen und klammern.

Anwenden des Distributivgesetzes: Ausmultiplizieren und Ausklammern

Ausmultiplizieren

Eine Summe wird mit einem Faktor multipliziert.

$x \cdot (y + 2 + x)$

Jeder Summand in der Klammer wird mit dem Faktor multipliziert, die entstehenden Produkte werden dann addiert.

$x \cdot (y + 2 + x) = x \cdot y + 2x + x^2$

Ausklammern

Mehrere Produkte werden addiert.

$a \cdot b + a \cdot c + 3 \cdot a$

In jedem dieser Produkte kommt der gleiche Faktor a vor. Dann kann der Faktor a ausgeklammert werden.

$a \cdot b + a \cdot c + 3 \cdot a = a \cdot (b + c + 3)$

Produkte von Summen – Summe von Produkten

$(a + b) \cdot (c + d) = a \cdot c + a \cdot d + b \cdot c + b \cdot d$

$(3x - 4) \cdot (2 + 0{,}5x) = 1{,}5x^2 + 4x - 8$

	2	0,5x
3x	**6x**	$1{,}5x^2$
4	−8	**−2x**

Binomische Formeln

$(a + b)^2 = a^2 + 2ab + b^2$

$(a - b)^2 = a^2 - 2ab + b^2$

$(a + b) \cdot (a - b) = a^2 - b^2$

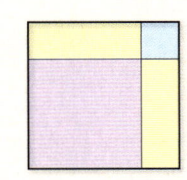

Algebra – Gleichungen

Gleichungen lösen mit Tabellen und Graphen

Zu jeder Seite der Gleichung gehört eine Tabelle und eine Grafik. Lösen heißt:
- mit Grafik: Finde einen Schnittpunkt der zugehörigen Graphen. Die x-Koordinate des Schnittpunkts ist dann die Lösung der Gleichung.
- mit Tabelle: Finde einen x-Wert, bei dem die beiden Terme T_1 und T_2 denselben Wert haben. Der x-Wert ist dann die Lösung.

Statt $2 \cdot x$ schreibt man $2x$.

$$2x - 4 = 5 - x$$

x	$T_1(x) = 2x - 4$	$T_2(x) = 5 - x$
-1	-6	6
0	-4	5
1	-2	4
2	0	3
3	2	2
4	4	1
5	6	0

Die Lösung der Gleichung ist $x = 3$.

Gleichungen lösen mit Äquivalenzumformungen

Nicht alle Gleichungen lassen sich mit einem Waagemodell veranschaulichen. Deshalb führen wir die Umformungen (Rechenoperationen) direkt an der Gleichung aus.

- **Waagemodell:**
  Führe auf beiden Seiten des „=" dieselbe Rechnung durch (die Waage soll immer im Gleichgewicht bleiben), bis auf einer Seite x allein steht und auf der anderen nur Zahlen.

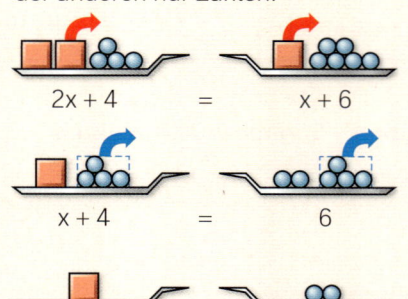

- **Umkehroperationen:**
  Führe Umkehroperation ($+ \leftrightarrow -$; $\cdot \leftrightarrow :$) auf beiden Seiten des „=" so aus, dass auf einer Seite x allein steht und auf der anderen nur Zahlen.

$2x + 4 = x + 6$
$x + 4 = 6$
$x = 2$

(mit $-x$ und -4 auf beiden Seiten)

Die Umformungen nennt man Äquivalenzumformungen.

Man sagt: „$2x + 4 = x + 6$ ist äquivalent zu $x = 2$."
Man schreibt: „$2x + 4 = x + 6 \Leftrightarrow x = 2$"

äquivalent: gleichwertig (lat.)

Äquivalente Gleichungen haben dieselbe Lösung.
Durch Äquivalenzumformungen kann man eine Gleichung schrittweise umformen, bis man eine äquivalente Gleichung erhält, aus der man die Lösung direkt ablesen kann.

Folgende Operationen sind **Äquivalenzumformungen**:
- Addieren oder Subtrahieren gleicher Zahlen und Terme auf beiden Seiten der Gleichung
- Multiplizieren und Dividieren beider Seiten der Gleichung mit der gleichen Zahl ($\neq 0$)

Algebra – Probleme lösen mit Gleichungen

Probleme lösen mit Gleichungen

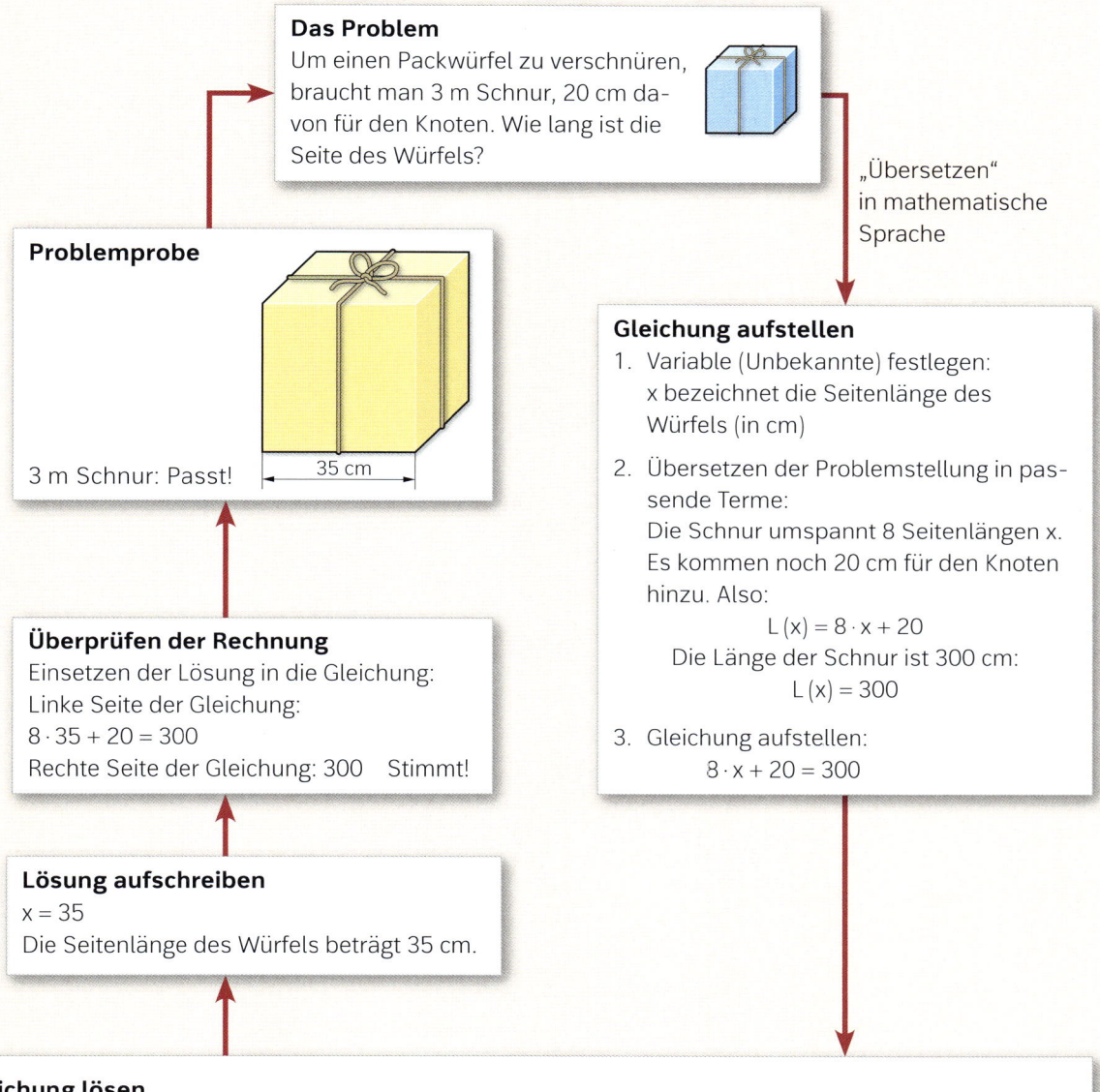

Das Problem
Um einen Packwürfel zu verschnüren, braucht man 3 m Schnur, 20 cm davon für den Knoten. Wie lang ist die Seite des Würfels?

„Übersetzen" in mathematische Sprache

Problemprobe
3 m Schnur: Passt!   35 cm

Gleichung aufstellen
1. Variable (Unbekannte) festlegen: x bezeichnet die Seitenlänge des Würfels (in cm)
2. Übersetzen der Problemstellung in passende Terme:
   Die Schnur umspannt 8 Seitenlängen x. Es kommen noch 20 cm für den Knoten hinzu. Also:
   $$L(x) = 8 \cdot x + 20$$
   Die Länge der Schnur ist 300 cm:
   $$L(x) = 300$$
3. Gleichung aufstellen:
   $$8 \cdot x + 20 = 300$$

Überprüfen der Rechnung
Einsetzen der Lösung in die Gleichung:
Linke Seite der Gleichung:
$8 \cdot 35 + 20 = 300$
Rechte Seite der Gleichung: 300   Stimmt!

Lösung aufschreiben
$x = 35$
Die Seitenlänge des Würfels beträgt 35 cm.

Gleichung lösen

Probieren
$8 \cdot 10 + 20 = 100$ zu klein
$8 \cdot 40 + 20 = 340$ zu groß
$8 \cdot 30 + 20 = 260$ zu klein
$8 \cdot 35 + 20 = 300$ passt!

Tabelle

x	L(x)
5	60
10	100
15	140
20	180
25	220
30	260
35	300
40	340

Graph

$L(x) = 8 \cdot x + 20$

Äquivalenzumformungen

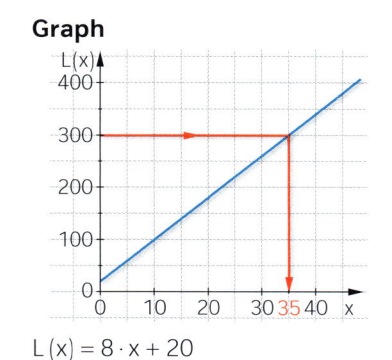

$8 \cdot x + 20 = 300 \quad | -20$
$8 \cdot x \quad\quad = 280 \quad | :8$
$x \quad\quad = 35$

Algebra – Lineare Gleichungssysteme

Lineares Gleichungssystem

Lineares Gleichungssystem

(1) $3x + 4y = 20$
(2) $-4x + 2y = -12$

Gesucht: Wertepaar $(x|y)$, das beide Gleichungen löst.

Lösungsverfahren:

Erster Schritt: Auflösen der Gleichung nach y.

(1) $y = -\frac{3}{4}x + 5$
(2) $y = 2x - 6$

Damit erhalten wir zwei Funktionsgleichungen:

(1) $y_1(x) = -\frac{3}{4}x + 5$
(2) $y_2(x) = 2x - 6$

Lösung mit Tabelle:

x	$y_1(x)$	$y_2(x)$
-1	$5\frac{3}{4}$	-8
0	5	-6
1	$4\frac{1}{4}$	-4
2	$3\frac{1}{2}$	-2
3	$2\frac{3}{4}$	0
4	**2**	**2**
5	$1\frac{1}{4}$	4

Grafische Lösung:

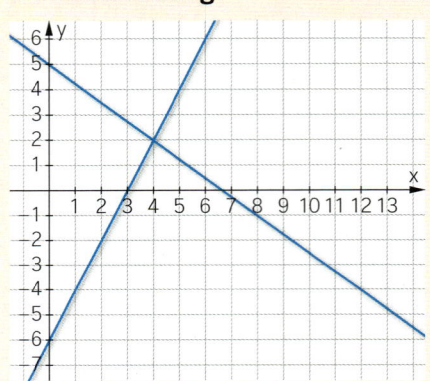

Rechnerische Lösung: Gleichsetzungsverfahren

$$-\tfrac{3}{4}x + 5 = 2x - 6 \quad | -2x - 5$$
$$-\tfrac{11}{4}x = -11 \quad | :(-\tfrac{11}{4})$$
$$x = 4$$

Berechnung von y:
$$y = 2 \cdot 4 - 6 = 2$$
Die Lösung ist $(4|2)$.

Probe:
$3 \cdot 4 + 4 \cdot 2 = 20$ stimmt
$-4 \cdot 4 + 2 \cdot 2 = -12$ stimmt

Lineares Gleichungssystem mit dem GTR lösen

Funktionsgleichungen eingeben:

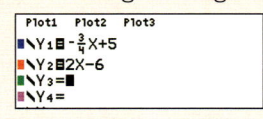

```
Plot1  Plot2  Plot3
\Y1= -3/4 X+5
\Y2= 2X-6
\Y3=
\Y4=
```

Lösung mit Tabelle:

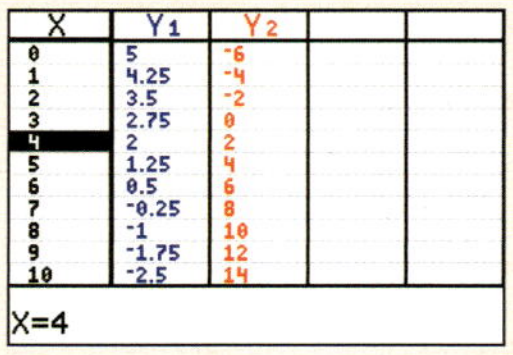

X	Y1	Y2
0	5	-6
1	4.25	-4
2	3.5	-2
3	2.75	0
4	2	2
5	1.25	4
6	0.5	6
7	-0.25	8
8	-1	10
9	-1.75	12
10	-2.5	14

X=4

Grafische Lösung:

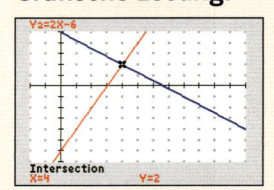

Y2=2X-6
Intersection
X=4   Y=2

… Zum Erinnern und Wiederholen 257

Funktionen – Graphen lesen, zeichnen und beschreiben

Graphen lesen

- Achte zunächst auf die Beschriftung der Achsen. Dann weißt du schon, worum es geht.
- Jeder Punkt auf dem Graphen gibt dir eine Information, die aus zwei Werten besteht.
  Beispiel: Um 10 Uhr morgens beträgt die Temperatur 58 °C.
  Kurzschreibweise für das Wertepaar: (10|58)

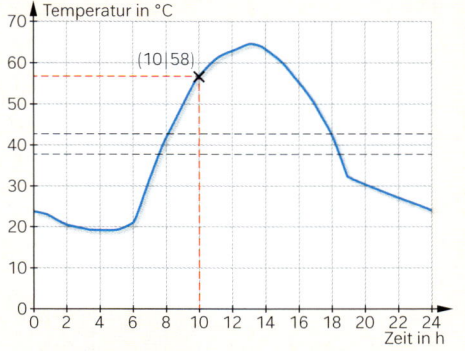

Typischer Temperaturverlauf in der kalifornischen Wüste

Graphen zeichnen

Tabelle eines Radrennfahrers:

Zeit in min	10	20	30	40	50	60	70
Strecke in km	4	10	18	27	38	42	45

1. Lege fest, was dargestellt werden soll. Welche Größe wird auf welcher Achse aufgetragen?
2. Wähle den Bildausschnitt. Welche Bereiche werden auf den Achsen dargestellt?
3. Lege den Maßstab fest. (z. B. 1 cm auf der Achse entspricht …)
4. Trage die Wertepaare aus der Tabelle ein.
5. Verbinde die Punkte durch eine passende Kurve.

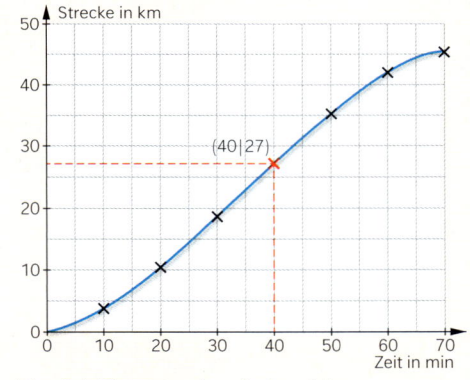

Weg-Zeit-Diagramm eines Radrennfahrers

Wir lesen die Graphen von links nach rechts.

Wichtige Vokabeln zum Beschreiben eines Graphen

Wie kann man über Graphen sprechen? Man benötigt geeignete Begriffe, um einen Graphen treffend zu beschreiben.

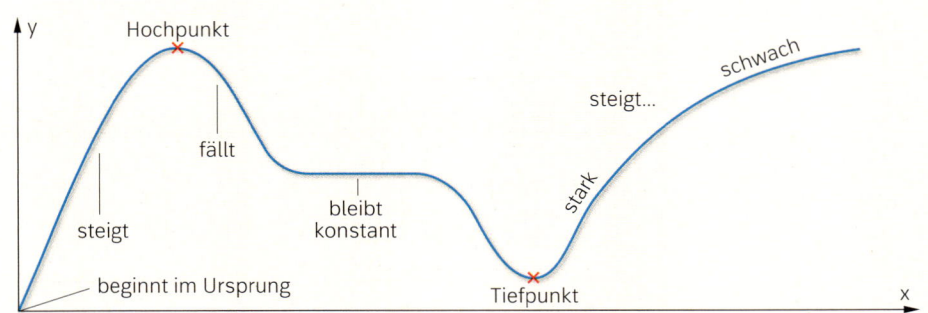

Hochpunkt – fällt – steigt – beginnt im Ursprung – bleibt konstant – stark – steigt… – schwach – Tiefpunkt

Funktionen – Zuordnung, Graph, Tabelle, Rechenvorschrift

Zuordnungen

In vielen Situationen des Alltags besteht zwischen Größen ein Zusammenhang.
- Aktienkurse verändern sich minütlich. Jedem Zeitpunkt an einem Tag an der Börse kann man den jeweiligen DAX zuordnen.
- Das Volumen eines Würfels hängt von dessen Kantenlänge ab. Man kann somit jeder Kantenlänge das Volumen des entsprechenden Würfels zuordnen.
- Der Umfang eines Rechtecks hängt von der Länge und Breite ab. Der jeweiligen Länge und Breite wird der Umfang zugeordnet.

Eine **Zuordnung** kann man auf verschiedene Arten darstellen:
- mit einer Tabelle
- mit einem Graphen
- mit einer Rechenvorschrift
- mit Worten

Zuordnung: Geschwindigkeit → Bremsweg

Text   Faustregel: Den Bremsweg s eines Autos auf trockener Straße errechnet man, indem man die Geschwindigkeit v mit sich selbst multipliziert und das Ergebnis durch 100 dividiert.

Tabelle

Geschwindigkeit v in km/h		Bremsweg s in m
v	v · v	$\frac{v \cdot v}{100}$
10	100	1
30	900	9
50	2500	25
100	10000	100
130	16900	169

Graph

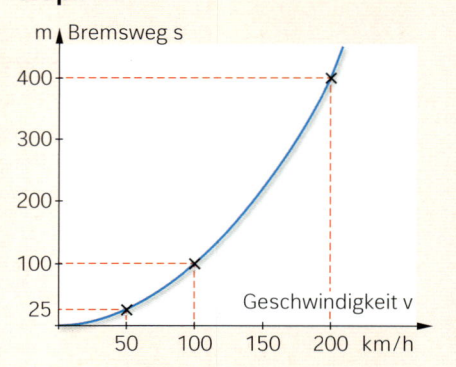

Rechenvorschrift

$s = \frac{v \cdot v}{100} = \frac{v^2}{100}$

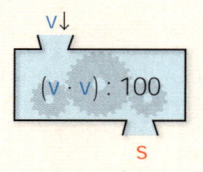

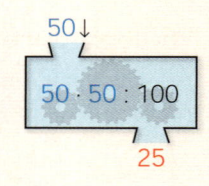

v↓ → (v · v) : 100 → s

50↓ → 50 · 50 : 100 → 25

Sprech- und Schreibweisen in der Mathematik

Situation	mathematische Schreibweise	Sprechweise
Der Bremsweg s ist abhängig von der Geschwindigkeit v.	s(v)	„s von v"
Der Bremsweg s bei einer Geschwindigkeit von 80 km/h beträgt 64 m.	s(80) = 64	„s von 80 ist gleich 64"

Funktionen – proportional und antiproportional

Die proportionale Zuordnung

Zuordnung: x → y Menge in Gramm → Preis in €
Situation: Verdoppelt sich x, dann verdoppelt sich y. 100 g Käse kosten 1,10 €.

Tabelle

Menge in g	Preis in €
100	1,10
200	2,20
300	3,30
50	0,55
1	0,011
x	0,011 · x

:2 ·3 ·3 :2

Graph

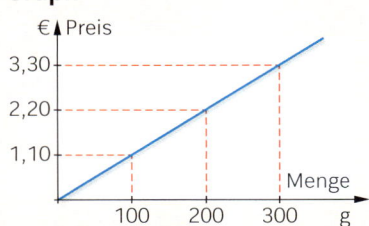

Der Graph ist eine Ursprungsgerade.

Rechenvorschrift: P(x) = 0,011 · x

Die antiproportionale Zuordnung

Zuordnung: x → y

Geschwindigkeit v (durchschnittliche) → Zeit t (für eine bestimmte Strecke)

Situation: Verdoppelt sich x, dann halbiert sich y.

Für 120 km benötigt man 6 Stunden bei durchschnittlich 20 km/h.

Tabelle

Geschwindigkeit v in km/h	Fahrtzeit t für 120 km in h
20	6
40	3
60	2
10	12
5	24
1	120
v	$\frac{120}{v}$

·2 :2
:4 ·4

Graph

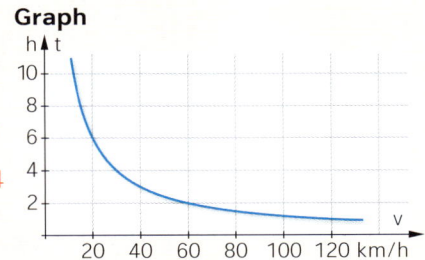

Einen Graphen dieser Form nennt man Hyperbel.

Rechenvorschrift: $t(v) = \frac{120}{v}$

---

	proportionale Zuordnung	**antiproportionale Zuordnungen**
Situation	3 kg Spargel kosten 18 €. Wie viel kosten 11 kg?	Für zwei Ponys reicht ein Futtervorrat 30 Tage. Wie lange reicht er für fünf Ponys?
Dreisatz	**3 kg** Spargel kosten **18 €** **1 kg** Spargel kostet: 18 € : 3 = **6 €** **11 kg** Spargel kosten: 6 € · 11 = **66 €**	2 Ponys verbrauchen das Futter in 30 Tagen. 1 Pony verbraucht den Vorrat in 2 · 30 = 60 Tagen. 5 Ponys verbrauchen den Vorrat in 60 : 5 = 12 Tagen.
Tabelle	3 kg — 18 € 1 kg — 6 € 11 kg — 66 € (:3, ·11)	2 Ponys — 30 Tage 1 Pony — 60 Tage 5 Ponys — 12 Tage (:2, ·5)
Rechenvorschrift	P(x) = 6 · x P(11) = 6 · 11 = 66 P: Preis in € x: Menge in kg Preis pro kg: 6 €	$T(x) = \frac{60}{x}$ $T(5) = \frac{60}{5} = 12$ T: Anzahl der Tage x: Anzahl der Ponys

Funktionen – lineare Funktionen

Die lineare Funktion

Situation: Eine 15 cm große Kerze wird an einem windstillen Ort angezündet und brennt gleichmäßig pro Minute 0,2 cm ab.

Funktion: Brenndauer x in min → Höhe h in cm

lineare Funktion

Funktionsgleichung: $y = -0{,}2x + 15$ $y = mx + b$

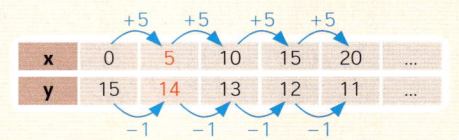

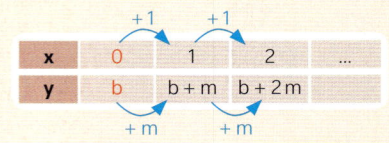

x	0	5	10	15	20	...
y	15	14	13	12	11	...

x	0	1	2	...
y	b	b+m	b+2m	...

Graph: m: Steigung;   b: y-Achsenabschnitt

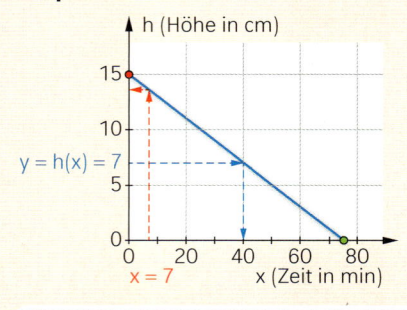

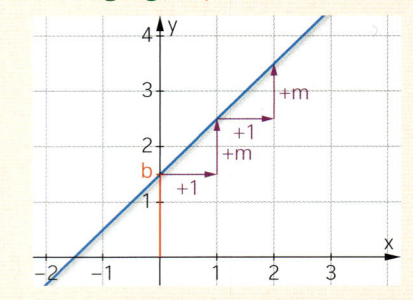

Die eingezeichneten Dreiecke nennt man Steigungsdreiecke.

Die x-Koordinate des Schnittpunktes des Graphen mit der x-Achse heißt Nullstelle.

Frage	Rechnung	Antwort
(1) Wie hoch ist die Kerze nach 7 Minuten?	$h(7) = -0{,}2 \cdot 7 + 15 = 13{,}6$	Die Kerze ist nach 7 min ca. 13,6 cm hoch.
(2) Wann in die Kerze 7 cm hoch?	$-0{,}2x + 15 = 7$ $\quad 0{,}2x = 8$ $\quad x = 40$	Nach 40 Minuten ist die Kerze 7 cm hoch.
(3) Wann ist die Kerze abgebrannt?	$-0{,}2x + 15 = 0$ $\quad 0{,}2x = 15$ $\quad x = 75$	Nach 75 Minuten ist die Kerze abgebrannt.
(4) Wie hoch war die Kerze am Anfang?	$h(0) = -0{,}2 \cdot 0 + 15 = 15$	Die Kerze war ursprünglich 15 cm hoch.

Gerade durch zwei Punkte

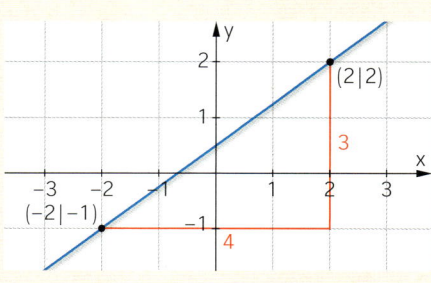

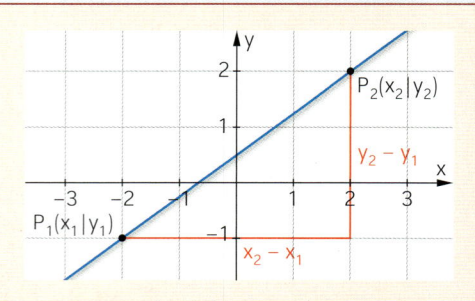

$m = \dfrac{5-(-1)}{6-(-2)} = \dfrac{6}{8} = \dfrac{3}{4}$

$y = \dfrac{3}{4}x + b$

$-1 = \dfrac{3}{4} \cdot (-2) + b$ folgt aus $P_1(-2|-1)$

also $b = \dfrac{1}{2}$

$y = \dfrac{3}{4}x + \dfrac{1}{2}$

1. Steigung m mithilfe der beiden Punkte berechnen
$m = \dfrac{y_2 - y_1}{x_2 - x_1}$
2. Die Koordinaten eines Punktes (z. B. P_1) in die Gleichung $y = mx + b$ einsetzen. Die Gleichung nach b auflösen.
3. Funktionsgleichung aufschreiben.

Geometrie – Körper und ebene Figuren

Grundformen geometrischer Körper

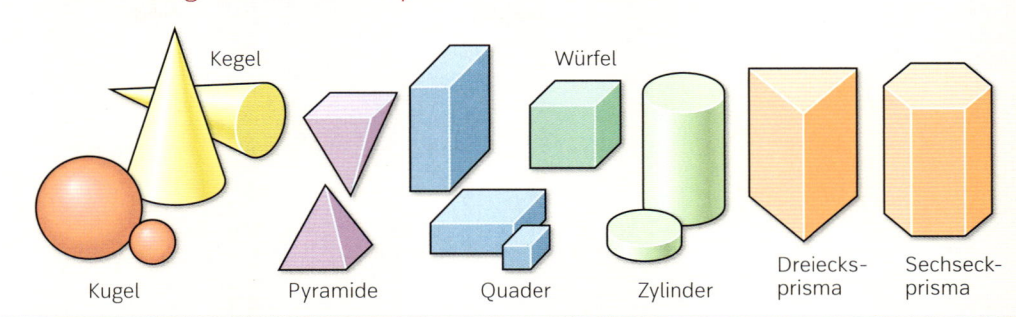

Körper: Kugel, Kegel, Pyramide, Würfel, Quader, Zylinder, Dreiecksprisma, Sechseckprisma

Grundformen ebener geometrischer Figuren (Flächen)

ebene geometrische Figuren (Flächen): Quadrat, Rechteck, Parallelogramm, Raute, Trapez, Drachen, Dreieck, Sechseck, Kreis, Kreisteile

Kennzeichnung von Dreiecken nach Seitenlängen

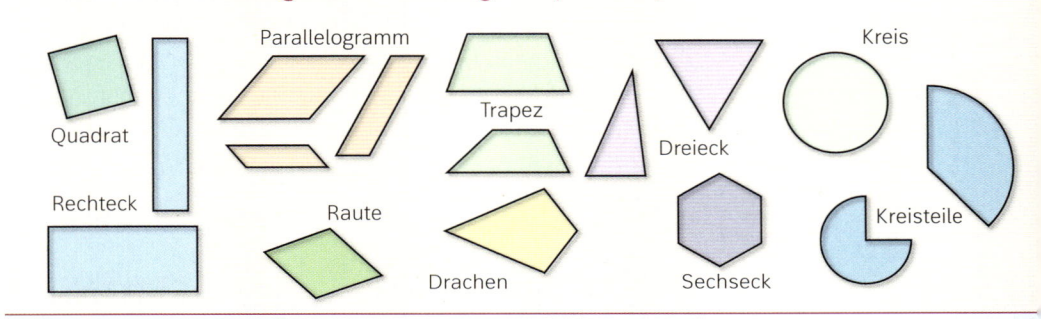

gleichschenklig
gleichseitig

gleichschenkliges Dreieck

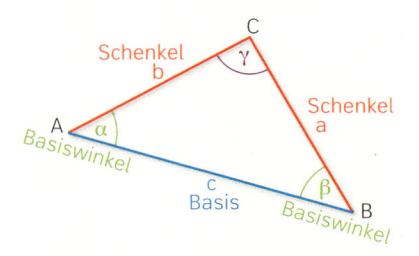

Schenkel b, Schenkel a, Basis c, Basiswinkel α und β

Mindestens zwei Seiten sind gleich lang.

gleichseitiges Dreieck

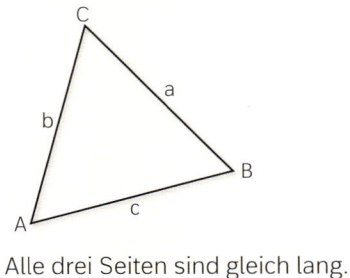

Alle drei Seiten sind gleich lang.

Standardbezeichnungen am Dreieck:

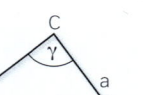

Die Bezeichnungen erfolgen immer gegen den Uhrzeigersinn.

spitzwinklig
rechtwinklig
stumpfwinklig

Kennzeichnung von Dreiecken nach Winkeln

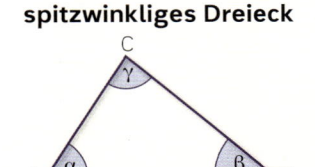

spitzwinkliges Dreieck

Alle Winkel sind spitze Winkel.

rechtwinkliges Dreieck

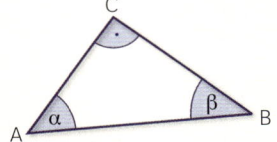

Ein Winkel ist 90° groß.

stumpfwinkliges Dreieck

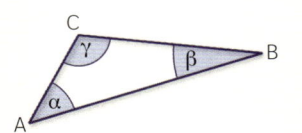

Ein Winkel ist ein stumpfer Winkel.

Geometrie – Vierecke

Bei den Vierecken gibt es viele besondere Formen, die alle einen eigenen Namen haben. Mithilfe der Längen und der Lage von Seiten und Diagonalen lassen sich die verschiedenen Viereckstypen genau beschreiben und kennzeichnen. Man erhält genaue „Steckbriefe" der Vierecke.

Quadrat

Eigenschaften:
- Alle vier Seiten gleich lang
- Gegenüberliegende Seiten parallel
- Aneinanderstoßende Seiten senkrecht (rechtwinklig) zueinander
- Diagonalen gleich lang und senkrecht zueinander
- Diagonalen halbieren sich

Rechteck

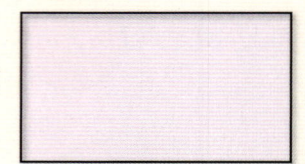

Eigenschaften:
- Gegenüberliegende Seiten gleich lang
- Gegenüberliegende Seiten parallel
- Aneinanderstoßende Seiten senkrecht (rechtwinklig) zueinander
- Diagonalen gleich lang
- Diagonalen halbieren sich

Raute

Eigenschaften:
- Alle vier Seiten gleich lang
- Gegenüberliegende Seiten parallel
- Diagonalen senkrecht zueinander
- Diagonalen halbieren sich

Parallelogramm

Eigenschaften:
- Gegenüberliegende Seiten gleich lang
- Gegenüberliegende Seiten parallel
- Diagonalen halbieren sich

Drachen

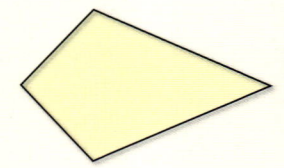

Eigenschaften:
- Zwei Paare gleich langer Seiten (aneinander stoßend)
- Diagonalen senkrecht zueinander
- Eine Diagonale wird halbiert

Achsensymmetrisches Trapez

Eigenschaften:
- Ein Paar gleich langer Seiten (gegenüberliegend)
- Ein Paar paralleler Seiten (gegenüberliegend)
- Diagonalen gleich lang

Geometrie – Winkel und Winkelsätze

Winkel

Winkel

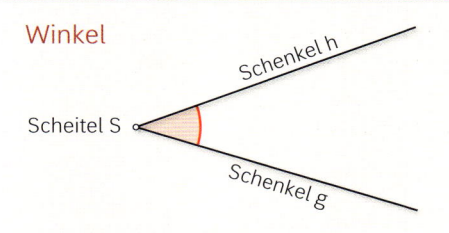

Ein Winkel wird festgelegt durch den **Scheitel S** und die beiden **Schenkel g** und **h**.

Bezeichnungen

Winkel werden mit griechischen Buchstaben bezeichnet: α Alpha, β Beta, γ Gamma, δ Delta, ε Epsilon

Winkel werden in Typen eingeteilt.

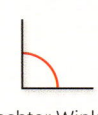

spitz	rechter Winkel	stumpf	gestreckt	überstumpf	Vollwinkel
0° < α < 90°	α = 90°	90° < α < 180°	α = 180°	180° < α < 360°	α = 360°

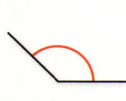

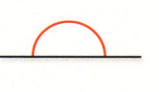

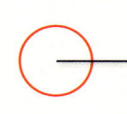

Winkel an Geradenkreuzungen

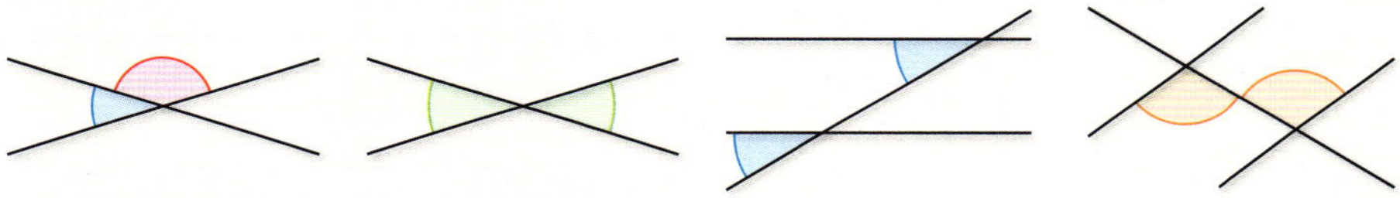

NEBENWINKEL ergänzen sich zu 180°.

SCHEITELWINKEL sind gleich groß.

STUFENWINKEL an parallelen Geraden sind gleich groß.

WECHSELWINKEL an parallelen Geraden sind gleich groß.

Doppelkreuzungen an Parallelen

Sind an einer Doppelkreuzung Stufen- und Wechselwinkel gleich groß, so sind die Geraden parallel. Sind sie es nicht, so sind die Geraden nicht parallel.

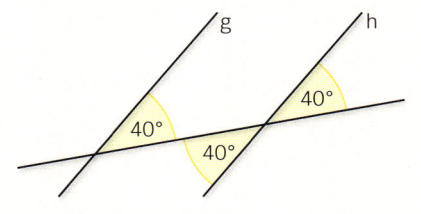

g und h sind parallel.

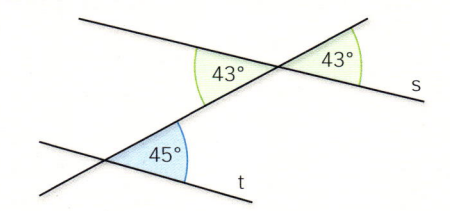

s und t sind nicht parallel.

Winkelsumme am Dreieck

Im Dreieck gilt: Die Summe der Innenwinkel beträgt 180°.
Die Summe der Außenwinkel beträgt 360°.

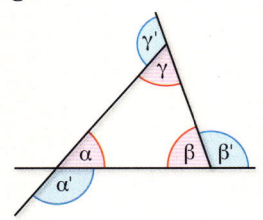

Winkelsumme im n-Eck

Ist n die Anzahl der Ecken des Vielecks, so gilt für die Winkelsumme W:
$W(n) = (n - 2) \cdot 180°$
Die Summe der Innenwinkel im Viereck beträgt 360°,
$α + β + γ + δ = 360°$.

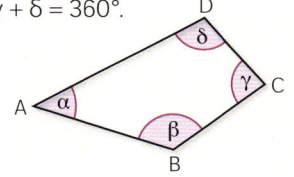

Geometrie – Symmetrie und Abbildungen

Symmetrie

Symmetrische Figuren

Um eine Figur auf Symmetrie zu untersuchen, suche nach möglichen Spiegelachsen, Dreh- oder Symmetriepunkten.
Achsen-, punkt- und drehsymmetrische Figuren kannst du mithilfe einer Achsenspiegelung, Punktspiegelung oder Drehung konstruieren. Du brauchst dazu ein Geodreieck.

Achsensymmetrische Figuren erzeugen

1. Lege das Geodreieck mit seiner Mittellinie auf die Symmetrieachse.
2. Markiere auf der Senkrechten den Punkt A'. Er hat den gleichen Abstand zur Symmetrieachse wie A.
3. Wenn du alle Eckpunkte so gespiegelt hast, musst du nur noch die Bildpunkte passend verbinden.

Jeder Punkt auf der Symmetrieachse stimmt mit seinem Bildpunkt überein.

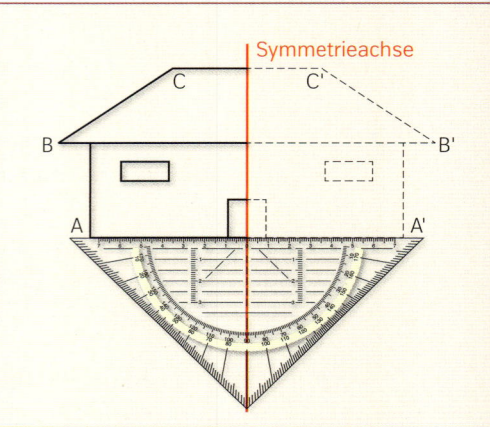

Punktsymmetrische Figuren konstruieren

1. Lege das Geodreieck mit dem Nullpunkt genau auf das Symmetriezentrum Z.
2. Markiere auf der Geraden AZ den Punkt A'. Er hat den gleichen Abstand zum Symmetriezentrum wie A.
3. Wenn du alle Eckpunkte so gespiegelt hast, musst du nur noch die Bildpunkte passend verbinden.

Das Symmetriezentrum ist sein eigener Bildpunkt.

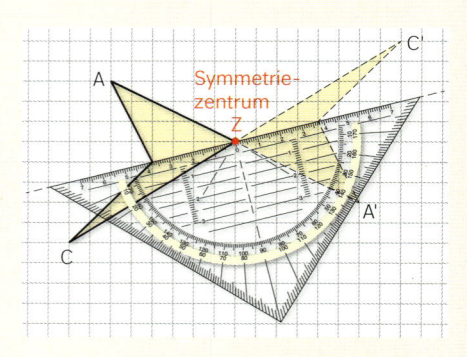

Drehsymmetrische Figuren erzeugen

1. Verbinde P mit dem Drehzentrum Z.
2. Trage an die Verbindungsstrecke den Drehwinkel α an. Markiere auf dem neuen Schenkel des Winkels den Punkt P' im selben Abstand zum Drehzentrum wie P.
3. Verbinde die Bildpunkte entsprechend der Grundfigur.

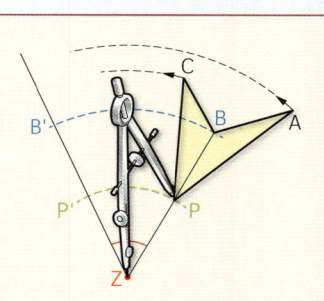

Geometrie – Konstruktionen an Dreiecken

Besondere Linien und Punkte im Dreieck

Umkreis
Inkreis

Mittelsenkrechte zur Strecke $\overline{AB}$: Ortslinie aller Punkte, die von den Punkten A und B gleich weit entfernt sind. Die drei Mittelsenkrechten im Dreieck schneiden sich in einem Punkt, dem Mittelpunkt des **Umkreises**.

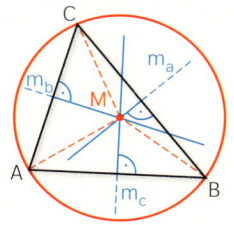

Punkte, die auf der **Winkelhalbierenden** eines Winkels liegen, haben den gleichen Abstand zu den Schenkeln des Winkels. Die drei Winkelhalbierenden der Dreieckswinkel schneiden sich in einem Punkt, dem Mittelpunkt des **Inkreises**.

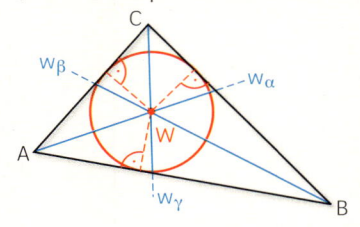

Schwerpunkt
Höhenschnittpunkt

Die drei **Seitenhalbierenden** im Dreieck schneiden sich in einem Punkt, dem **Schwerpunkt** S des Dreiecks.

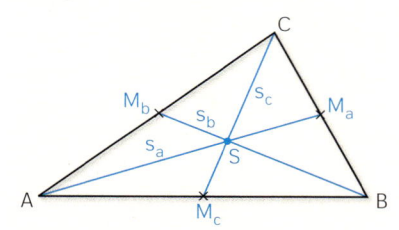

Die drei **Höhen** im Dreieck schneiden sich in einem Punkt, dem **Höhenschnittpunkt** H des Dreiecks.

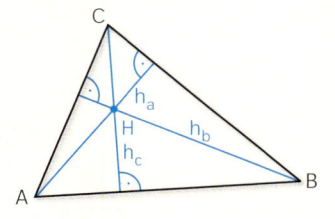

Standardbezeichnungen am Dreieck:

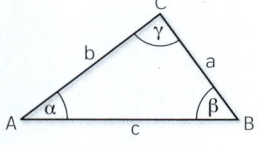

Die Bezeichnungen erfolgen immer gegen den Uhrzeigersinn.

Kongruente Dreiecke – Kongruenzsätze

Figuren, die nach Größe und Form vollständig übereinstimmen, nennt man deckungsgleich oder kongruent. Mithilfe einiger gegebener Größen kann man sie eindeutig konstruieren. Bei Dreiecken genügt hierfür die Angabe von drei geeigneten Größen. Ein Dreieck ist eindeutig konstruierbar, wenn

SSS die drei Seitenlängen gegeben sind.

SWS zwei Seitenlängen und die Größe des eingeschlossenen Winkels gegeben sind.

WSW eine Seitenlängen und die Größe der beiden anliegenden Winkel gegeben sind.

SsW zwei Seitenlängen und der der längeren Seite gegenüberliegende Winkel gegeben sind.

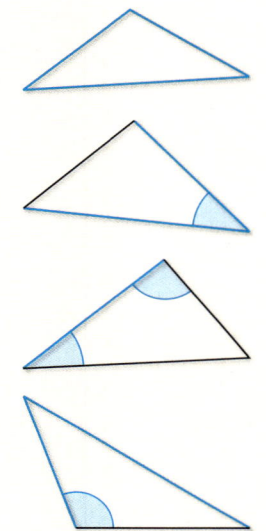

Geometrie – Umfang und Flächeninhalt berechnen

Umfang von Vielecken

Summe aller Seitenlängen
U = a + b + c + d + e + f

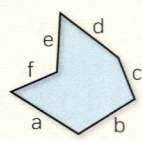

Flächeninhalt vom Dreieck, Parallelogramm und Trapez

Bei Rechtecken kannst den Flächeninhalt leicht mit Formeln berechnen:

Flächeninhalt = Länge mal Breite

$A_\square = a \cdot b$

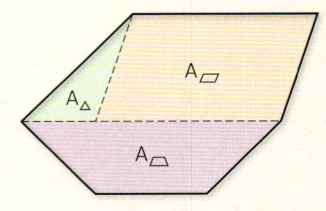

Breite b

Länge a

Dreiecke, Parallelogramme und Trapeze kann man in flächeninhaltsgleiche Rechtecke verwandeln.

Dreieck
Jedes Dreieck kann man zu einem Rechteck mit doppeltem Flächeninhalt ergänzen.

Flächeninhalt = $\frac{1}{2}$ · Grundseite mal Höhe

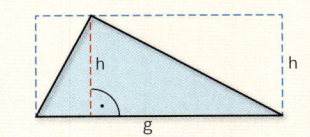

$A_\triangle = \frac{1}{2} \cdot g \cdot h$

Als Grundseite kannst du jede Seitenlänge des Dreiecks nehmen. Die dazugehörige Höhe ist der Abstand von dieser Seite zur gegenüberliegenden Ecke.

Parallelogramm
Jedes Parallelogramm kann man durch Abschneiden und Anfügen eines Dreiecks in ein Rechteck mit gleichem Flächeninhalt verwandeln:

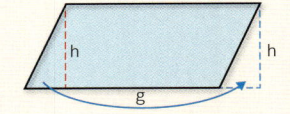

Flächeninhalt = Grundseite mal Höhe

$A_\square = g \cdot h$

Trapez
Jedes Trapez kann man durch Abschneiden und Anfügen von zwei Dreiecken in ein Rechteck mit gleichem Flächeninhalt verwandeln:

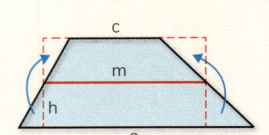

Flächeninhalt = Mittellinie mal Höhe

$A_\square = m \cdot h = \frac{1}{2} \cdot (a + c) \cdot h$

Die Länge der Mittellinie ist der Mittelwert der Längen der beiden parallelen Trapezseiten.

Flächeninhalt von Vielecken

1. Zerlegen in einfache Teilflächen.
2. Berechnen der Inhalte der Teilflächen.
3. Addieren der Teilflächeninhalte.

$A_\square = A_\triangle + A_\square + A_\square$

Geometrie – Tangenten, Winkel am Kreis

Geraden am Kreis

Passante
Sekante
Sehne
Tangente

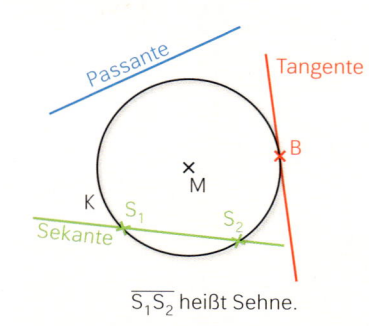

$\overline{S_1S_2}$ heißt Sehne.

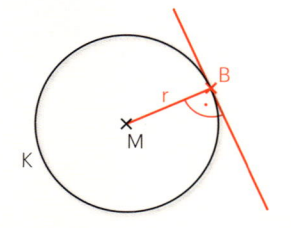

Die Tangente steht im Berührpunkt B senkrecht zum Radius MB.

Satz des Thales

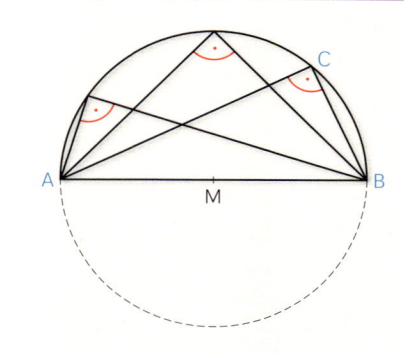

Satz des Thales

Wenn bei einem Dreieck ABC die Ecke C auf dem Kreis mit dem Durchmesser AB liegt, dann hat das Dreieck bei C einen rechten Winkel.

Es gilt auch die **Umkehrung**
Wenn ein Dreieck ABC bei C einen rechten Winkel hat, dann liegt C auf dem Kreis mit dem Durchmesser AB.

Tangentenkonstruktion

Eine Anwendung des Satzes von Thales

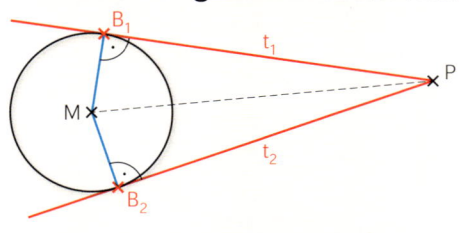

1) Zeichne die Strecke $\overline{MP}$.
2) Konstruiere den Thaleskreis über $\overline{MP}$.
3) Markiere die beiden Schnittpunkte B_1 und B_2 der beiden Kreise.
4) Die Geraden PB_1 und PB_2 sind senkrecht zu den Radien $\overline{MB_1}$ und $\overline{MB_2}$. Sie sind die Tangenten an den Kreis.

Umfangswinkelsatz

Umfangswinkelsatz

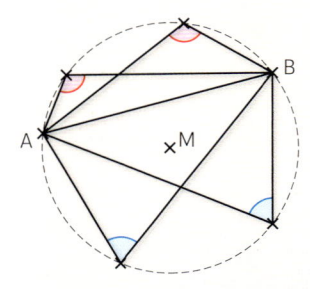

Die zu einer Kreissehne gehörigen Umfangswinkel auf derselben Seite der Sehne sind gleich groß.

Mittelpunktswinkelsatz

Umfangs-Mittelpunktswinkelsatz

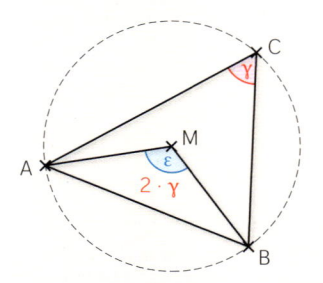

Jeder Umfangswinkel zur Sehne $\overline{AB}$, dessen Scheitel auf derselben Seite von $\overline{AB}$ liegt, ist halb so groß wie der zugehörige Mittelpunktswinkel.

Daten – Anteile, Prozente, Häufigkeiten

Prozentzahlen in Diagrammen

Prozentzahlen lassen sich besonders gut vergleichen. In Diagrammen kann man häufig mit einem Blick erfassen, welcher Anteil am größten ist. In der Klasse 6b wurde gefragt, wie die Schülerinnen und Schüler zur Schule kommen. Die Daten sind in einer Tabelle zusammengefasst und in einem Säulen- und einem Kreisdiagramm dargestellt.

Absolute Häufigkeit

	Anzahl
zu Fuß	12
Fahrrad	4
Auto	3
Bus	6
gesamt	25

Relative Häufigkeit = $\frac{\text{absolute Häufigkeit}}{\text{Gesamtzahl}}$

	Anteil	Prozent
zu Fuß	$\frac{12}{25}$	48 %
Fahrrad	$\frac{4}{25}$	16 %
Auto	$\frac{3}{25}$	12 %
Bus	$\frac{6}{25}$	24 %
gesamt	$\frac{25}{25}$	100 %

Säulendiagramm

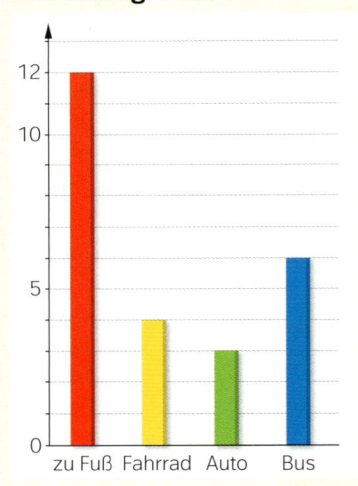

Kreisdiagramm

Für das Kreisdiagramm werden die Winkel berechnet.
1 % entspricht einem Winkel von $\frac{360°}{100} = 3{,}6°$.
Die Winkelmaße werden gerundet.

48 %	173°
16 %	58°
12 %	43°
24 %	86°
100 %	360°

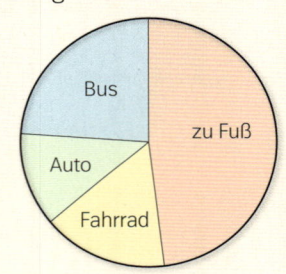

Für „entspricht" schreiben Mathematiker „≙".
Also 1 % ≙ 3,6°

Computerzeit

Sven fragt seine Mitschülerinnen und Mitschüler, wie lange sie in der Woche vor dem Computer sitzen. Die Ergebnisse seiner Befragung fasst er in einer Tabelle zusammen. Er möchte die relativen Häufigkeiten in Prozent ermitteln.

Zeit	Anzahl
0 bis 1 Stunde	6
1 bis 2 Stunden	9
2 bis 4 Stunden	4
4 bis 6 Stunden	2
mehr als 6 Stunden	3

Gesamtzahl: 6 + 9 + 4 + 2 + 3 = 24

Berechnung der Prozentzahlen:
$\frac{1}{4} = \frac{25}{100} = 25\,\%$

$\frac{1}{6} \approx 0{,}167 = 16{,}7\,\%$ (gerundet)

Bei gerundeten Zahlen verwendet man das „≈"-Zeichen und sagt: „ungefähr gleich".

Berechnung der Prozentzahlen: Erweitern des Nenners auf 100 oder schriftlich dividieren.

Zeit	Anteil	Prozente
0 bis 1 Stunde	$\frac{6}{24} = \frac{1}{4}$	25 %
1 bis 2 Stunden	$\frac{9}{24} = \frac{3}{8}$	37,5 %
2 bis 4 Stunden	$\frac{4}{24} = \frac{1}{6}$	16,7 %
4 bis 6 Stunden	$\frac{2}{24} = \frac{1}{12}$	8,3 %
mehr als 6 Stunden	$\frac{3}{24} = \frac{1}{8}$	12,5 %

Daten – Mittelwerte

Mittelwerte

Mittelwerte erfassen eine Datenliste in einem einzigen Wert. Dieser Wert wird oft zum Vergleich verschiedener Gruppen benutzt.
Um Mittelwerte zu berechnen, benötigst du zunächst eine Liste der Ergebnisse.
Wenn du z. B. wissen möchtest, wie lange du für bestimmte Kopfrechenaufgaben benötigst, so misst du die Zeiten einige Male und notierst die Werte.
Ergebnisliste: 15 s   20 s   15 s   10 s   25 s   60 s   25 s   10 s   10 s

Arithmetisches Mittel („Durchschnitt")

Statt arithmetisches Mittel sagt man häufig auch „Durchschnitt".

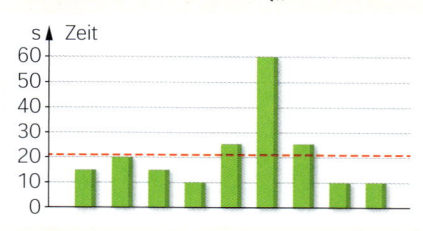

Um das **arithmetische Mittel** der Werte zu berechnen, musst du zunächst die Summe der Werte bilden. Dividiere die Summe dann durch die Anzahl der Werte. Im Diagramm gibt die gestrichelte Linie den „Durchschnitt" an.

$$\frac{15\,s + 20\,s + 15\,s + 10\,s + 25\,s + 60\,s + 25\,s + 10\,s + 10\,s}{9} = \frac{190\,s}{9} = 21{,}1\,s \text{ (gerundet)}$$

Modalwert

Der häufigste Wert in der Ergebnisliste ist der Modalwert.
Die benötigte Zeit von 10 s kam dreimal vor, alle anderen Zeiten höchstens zweimal.
Der Modalwert ist 10 s.

Spannweite

Die Differenz aus dem größten Wert und dem kleinsten Wert ist die Spannweite:
Größte Zeitangabe: 60 s   Kleinste Zeitangabe: 10 s
Spannweite: 60 s – 10 s = 50 s.
Alle benötigten Zeiten „streuen" zwischen 10 s und 60 s.

Kenngrößen – Anwenden

Ergebnisliste vom Ballweitwurf der Klassen 6 a und 6 b
6 a   22, 25, 28, 28, 30, 32, 32, 34, 34, 37, 38, 38, 40, 40, 41, 43, 43, 43, 45, 47, 47, 51, 54, 54, 60
6 b   24, 24, 26, 30, 31, 33, 33, 33, 35, 38, 40, 40, 42, 42, 42, 42, 46, 46, 47, 48, 52, 54, 56, 56

Die Klassen im Vergleich:

	6 a	6 b
größte Weite	60 m	56 m
kleinste Weite	22 m	24 m
Modalwert	43 m	42 m
arithm. Mittel	39,44 m	40 m
Spannweite	38 m	32 m

Berechnung des „Durchschnitts"

6 a: $\dfrac{22\,m + 25\,m + 2 \cdot 28\,m + 30\,m + \ldots + 60\,m}{25} = \dfrac{986\,m}{25} = 39{,}44\,m$

6 b: $\dfrac{2 \cdot 24\,m + 26\,m + 30\,m + \ldots + 2 \cdot 56\,m}{24} = \dfrac{960}{24} = 40\,m$

Die Modalwerte unterscheiden sich deutlich von den arithmetischen Mittelwerten. Die Weiten in der Klasse 6 a streuen mehr, in dieser Klasse gibt es sowohl die höchste als auch die geringste Weite.

Zufall – Zufallsexperimente und Wahrscheinlichkeit

Zufallsexperiment, Ergebnisse, Wahrscheinlichkeit

Zufallsexperiment: Experiment, bei dem verschiedene Ergebnisse eintreten können

Ergebnismenge: Zusammenfassung aller möglichen Ergebnisse

Ereignis: Zusammenfassung einiger Ergebnisse

Wahrscheinlichkeit p: Zahl zwischen 0 und 1, also zwischen 0 % und 100 %. Sie gibt an, wie wahrscheinlich ein Ergebnis oder ein Ereignis ist

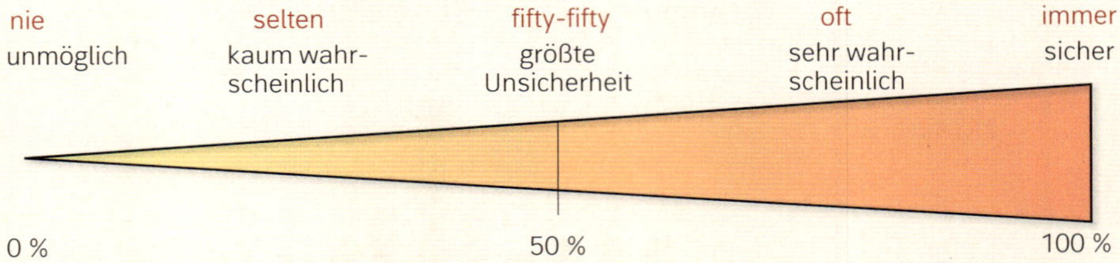

nie	selten	fifty-fifty	oft	immer
unmöglich	kaum wahrscheinlich	größte Unsicherheit	sehr wahrscheinlich	sicher

0 % — 50 % — 100 %

Schätzen von Wahrscheinlichkeiten

Wiederholen wir ein Zufallsexperiment häufig, so können wir die **relative Häufigkeit**, mit der ein Ergebnis eintritt, berechnen.

Die relative Häufigkeit ist ein **Schätzwert für die Wahrscheinlichkeit**, mit der das betreffende Ergebnis eintritt.

Empirisch: aus einem Experiment gewonnen

Statt Schätzwert sagen wir auch: **„empirische Wahrscheinlichkeit"**.

Experiment:
- 30 Würfe mit 2 Würfeln,
- die Differenz 3 tritt 7-mal auf
- die relative Häufigkeit der 3 beträgt $\frac{7}{30}$.

Laplace-Experimente

Münze werfen 	Würfeln 	Glücksrad drehen 	Kugel ziehen 

Ergebnismengen

{Z; W}	{1; 2; 3; 4; 5; 6}	{0; 1; ...; 9}	{1; 2; ...; 49}

Anzahl der Ergebnisse

2	6	10	49

Wahrscheinlichkeit für jedes Ergebnis

$\frac{1}{2}$	$\frac{1}{6}$	$\frac{1}{10}$	$\frac{1}{49}$

Beim Glücksrad sind alle Ergebnisse gleich wahrscheinlich.

Ein Zufallsexperiment, dessen Ergebnisse alle gleich wahrscheinlich sind, nennt man **Laplace-Experiment**. Die Wahrscheinlichkeit p eines Ereignisses kann man dann leicht ermitteln:

$$p = \frac{\text{Anzahl der günstigen Ergebnisse}}{\text{Anzahl der möglichen Ergebnisse}} \qquad P(\text{„grün"}) = \frac{5}{12} \approx 41{,}7\,\%$$

Hat ein **Zufallsexperiment** n verschiedene Ergebnisse, die gleich wahrscheinlich sind, dann ist die Wahrscheinlichkeit für jedes Ergebnis $\frac{1}{n}$.

Zufall – Simulationen und Baumdiagramme

Schätzen von Wahrscheinlichkeiten mit Simulationen

Simulationsplan

Zufallsversuch: Multiple-Choice-Test, zehn Fragen mit je zwei Auswahlantworten. Mit mehr als sechs richtigen Antworten hat man den Test bestanden. Der Prüfling verfügt über keine Kenntnisse, er rät bei jeder Frage.

Frage: Mit welcher Wahrscheinlichkeit besteht man, wenn man nur rät?

Planen der Simulation

1. Modellieren — „Raten": Die Wahrscheinlichkeit, zufällig richtig zu antworten, beträgt 0,5. Die Bearbeitung des Tests wird modelliert durch 10-maliges Raten.

2. Zufallsgerät wählen und Zufallsversuch beschreiben — Münze, „Wappen": „richtige Antwort". Die Münze wird 10-mal geworfen.

3. Interessierendes Ereignis E festlegen — Mindestens 7-mal „Wappen" in einer 10er-Serie

4. Anzahl der Wiederholungen — z. B. 1000 Wiederholungen einer 10er-Serie

Durchführen der Simulation

5. Versuche durchführen und Ergebnisse protokollieren — 1000-mal den Versuch wiederholen

Versuch Nr.	1	2	3	4	5	...
Anzahl „Wappen"	4	3	6	8	3	
Mind. 7-mal „Wappen"	–	–	–	✓	–	...

Mindestens 7-mal „Wappen" tritt 182-mal ein.

6. Auswerten — Relative Häufigkeit ermitteln

$h(E) = \frac{182}{1000} = 0{,}182 = 18{,}2\%$

Mit einer empirischen Wahrscheinlichkeit von p = 18,2 % besteht man den Test durch zufälliges Ankreuzen.

Baumdiagramme und Pfadregeln

mehrstufig: Mehrere Experimente werden nacheinander ausgeführt.

Mit einem **Baumdiagramm** kann man alle möglichen Ergebnisse eines **mehrstufigen** Zufallsexperimentes übersichtlich darstellen.

Eine Münze wird zweimal geworfen. Das Baumdiagramm stellt alle möglichen Ergebnisse dieses **zweistufigen Zufallsexperimentes** dar.

erster Wurf	zweiter Wurf	Ergebnis	Wahrscheinlic...
W (0,5)	W (0,5)	WW	0,5 · 0,5
	Z (0,5)	WZ	0,5 · 0,5
Z (0,5)	W (0,5)	ZW	0,5 · 0,5
	Z (0,5)	ZZ	0,5 · 0,5

Wahrscheinlichkeit des „Zwischenergebnisses"

Ein Pfad stellt jeweils ein bestimmtes Ergebnis dar.

Wahrscheinlichkeit des Ergebnisses

Pfadregeln

- **Produktregel:**
  Die Wahrscheinlichkeit eines Ergebnisses ist das Produkt der Wahrscheinlichkeiten entlang des betreffenden Pfades.

  0,5 · 0,5
  p (ZW) = 0,5 · 0,5 = 0,25

W für Wappen
Z für Zahl

- **Summenregel:**
  Führen mehrere Pfade zu demselben Ereignis, dann ist die Wahrscheinlichkeit des Ereignisses die Summe der Wahrscheinlichkeiten der betreffenden Pfade.

Werkzeuge – Funktionsgraphen erstellen und Gleichungen lösen mit dem GTR

Terme und Tabellen mit dem GTR

Tabellen für Terme kann man sehr schnell mit einem grafikfähigen Taschenrechner (GTR) oder mit einem Programm zur Tabellenkalkulation (TK) auf dem PC erstellen.
Beispiel: $U(x) = 2 \cdot x + 6$

Grafikfähiger Taschenrechner (GTR)

1. Term im y-Editor eingeben
2. Tabelle einstellen: Startwert und Schrittweite
3. Tabelle anzeigen

Gleichungen lösen mit dem GTR mit Grafiken und Tabellen

Mit wenigen Tastendrücken kannst du Gleichungen tabellarisch und grafisch mit einem GTR lösen. Wie musst du vorgehen, wenn du z. B die Gleichung $2x + 2 = 8 - x$ lösen willst?

Terme eingeben

$y_1(x) = 2x + 2$
$y_2(x) = 8 - x$

Grafisches Lösen

Zeichenbereich festlegen
Grafik anzeigen

x-Koordinate des Schnittpunktes mit TRACE finden

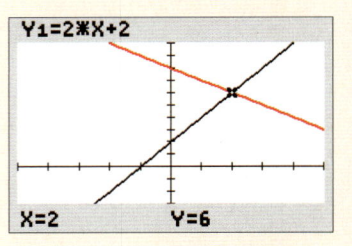

Tabellarisches Lösen

Tabelleneinstellung vornehmen
[Δ Tbl: Schrittweite]
Tabelle anzeigen

x-Wert mit gleichem Eintrag für y_1 und y_2 finden

Zum Erinnern und Wiederholen 273

Werkzeuge – Tabellenkalkulation

Tabelle

Zeilen 1, 2, 3, …
Spalten A, B, C,…
Zellen A1, E3,..

Beim Start der Tabellenkalkulation öffnet sich ein leeres Tabellenblatt, eine Tabelle mit in Zeilen und Spalten angeordneten einzelnen Zellen.
In jede beliebige Zelle ist eine Eingabe möglich. Eingegeben werden können Zahlen, Texte und auch Formeln zur Berechnung von Werten mit den Zahlen anderer Zellen.

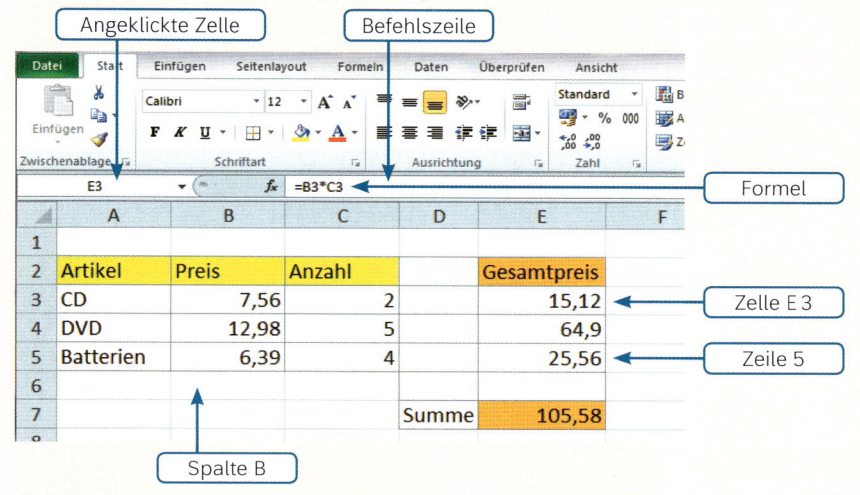

Eingabe von Formeln

=B3*C3

Die Rechenoperation für die Formel kann in die Befehlszeile oder auch direkt in die Zelle eingegeben werden, sie muss zur Kennzeichnung als Formel auf jeden Fall mit dem Gleichheitszeichen beginnen.

In dem Tabellenblatt ist in Zelle E3 die Formel **=B3*C3** geschrieben. Damit wird automatisch der Preis für eine CD mit der Anzahl der gekauften CDs multipliziert, es wird dann der Gesamtpreis für alle gekauften CDs in die Zelle geschrieben.

Die Tabellenkalkulation stellt auch viele Formeln fertig zur Verfügung. In der Zelle E7 ist der Befehl **=SUMME(E3;E4;E5)** eingegeben. Damit werden die in den Zellen E3 bis E5 angegebenen Gesamtpreise für die gekauften Artikel aufsummiert.

Diagramme

Zu geeigneten Tabellen lassen sich mit der Tabellenkalkulation auch übersichtliche Diagramme erstellen. Nach dem Markieren der passenden Spalten (oder Zeilen) wird meist unter Einfügen-Diagramm der gewünschte Diagrammtyp aufgerufen; das Diagramm wird dann automatisch erstellt.

Diagrammtyp:

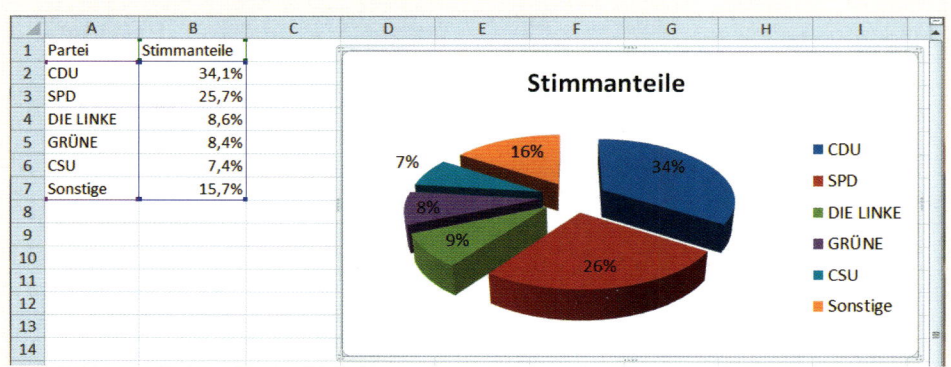

Formatierung

Wie bei der Textverarbeitung kannst du auch in der Tabellenkalkulation einzelne Zellen oder das Tabellenblatt formatieren. Damit ist gemeint, dass du z. B. die Spalten- oder Zeilenbreite, die Größe oder Farbe der Zellen, Schriftart und Schriftgröße der Einträge in den Zellen und vieles andere einstellen bzw. verändern kannst.

Hilfefunktion

Jede Tabellenkalkulation bietet eine Hilfefunktion. Nutze sie.

Werkzeuge – Dynamische Geometriesysteme

DGS

Zugmodus

Experimentieren und Entdecken
„Was passiert, wenn …?"

DGS = „Dynamische Geometriesysteme" sind Werkzeuge, mit denen du am Computer geometrische Konstruktionen ausführen kannst. Die konstruierten Figuren sind mit dem **Zugmodus** nachträglich noch in Lage und Form veränderbar.
Mit der Frage **„Was passiert wenn …"** und dem gezielten Experimentieren beim Ziehen der Figuren lassen sich wichtige geometrische Eigenschaften und Zusammenhänge entdecken.

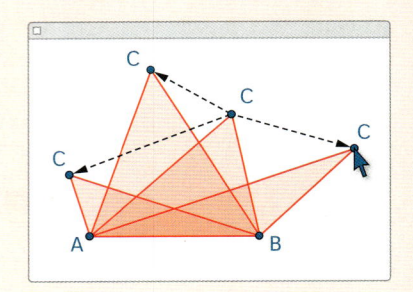

Nach dem Start des DGS erscheint ein leeres Zeichenblatt. Mithilfe verschiedener Werkzeuge aus dem Menü lässt sich auf dem Zeichenblatt konstruieren, abbilden und messen.

Hauptleiste

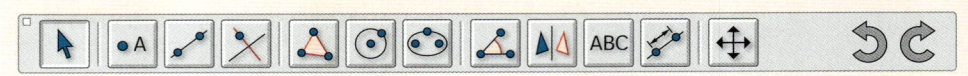

Konstruieren

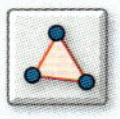

Beispiel: **Dreieck**
"Vieleck" (Polygon) auswählen.
- Auf dem Zeichenblatt drei Punkte anklicken und zum Abschluss wieder den ersten Punkt anklicken.

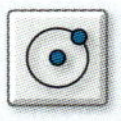

Beispiel: **Schnittpunkte zweier Kreise**
Kreis mit Mittel- und Kreispunkt konstruieren.
- Zwei Punkte anklicken, der erste Punkt ist der Mittelpunkt, der zweite Punkte liegt auf dem Kreis. 
Schnittpunkte erzeugen.
- Beide Kreise nacheinander oder gleichzeitig anklicken.
Schnittpunkte können nicht gezogen werden.

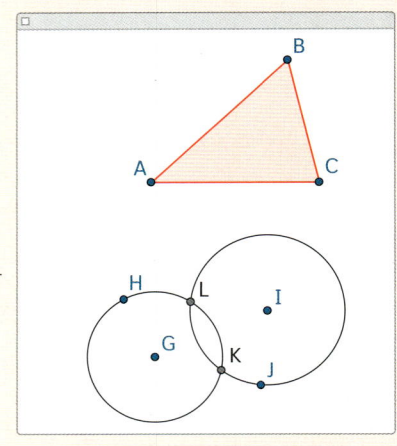

Abbilden

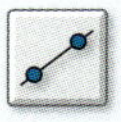

Beispiel: **Dreieck an einer Geraden spiegeln**

Gerade als Spiegelachse konstruieren.
- Zwei Punkte anklicken.

Im Menü „Abbildungen" Icon wählen.
- Das Dreieck, das gespiegelt werden soll, anklicken. Die Gerade, an der gespiegelt werden soll, anklicken.

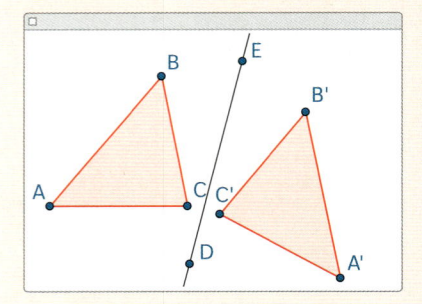

Beispiel: **Streckenlängen messen**

„Abstand oder Länge" Icon wählen.
- Strecke oder Endpunkte der Strecke anklicken.

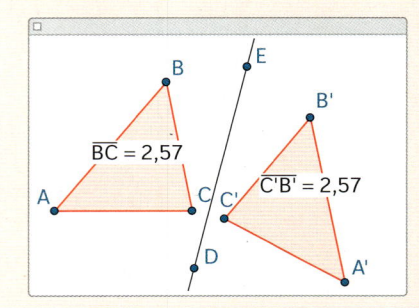

$\overline{BC} = 2{,}57$

$\overline{C'B'} = 2{,}57$

Lösungen zu den Check-ups

Lösungen zu Seite 43

1 Gruppen zueinander ähnlicher Figuren:
(1) A, B, J;   (2) C, D, G, H

2 a) $120 \text{ g} \cdot (25)^3 = 1875 \text{ kg}$
b) $800 \text{ cm} : 25 = 32 \text{ cm}$

3 a) Falsch, Gegenbeispiel: gleichschenklig, jedoch nicht ähnlich!
b) Richtig, dies folgt aus den Eigenschaften der zentrischen Streckung.
c) Falsch, Gegenbeispiel:
d) Falsch, sein Volumen verändert sich mit $k^3 = 3^3 = 27$. Es muss heißen „Das Volumen ver-27-facht sich."
e) Richtig

4 a) $\frac{15}{3+9} = \frac{x}{9} \Rightarrow x = 11{,}25$ b) $\frac{6}{x} = \frac{10+6}{20} \Rightarrow x = 7{,}5$
c) $\frac{x_1}{3} = \frac{4}{21} \Rightarrow x_1 = \frac{4}{7}$; $\frac{x_2}{18} = \frac{4}{21} \Rightarrow x_2 = 3\frac{3}{7}$

5 a) $\frac{x}{180} = \frac{68}{85} \Rightarrow x = 144 \text{ m}$ b) $\frac{x}{250} = \frac{350}{100} \Rightarrow x = 875 \text{ m}$
c) $\frac{1{,}2}{0{,}5} = \frac{x}{4} \Rightarrow x = 9{,}6 \text{ m}$

Lösungen zu Seite 64

1

	natürlich	ganz	rational	irrational
2015	✓	✓	✓	
$\frac{3}{4}$			✓	
$-\sqrt{25}$		✓	✓	
$\sqrt{8}$				✓
$\sqrt{3 \cdot 12}$	✓	✓	✓	
$\sqrt{99}$				✓
0,8333...			✓	

2 Die Seitenlänge beträgt $\sqrt{8}$ und ist daher nicht rational.

3 a) 11   b) 40   c) 1,4   d) 15
e) 0,3   f) 0,5   g) $\frac{2}{9}$ h) $\frac{5}{13}$

4 Zahlenstrahl mit $-\frac{3}{2}$, $-\sqrt{\frac{1}{4}}$, $-\sqrt{1}$, $\sqrt{0{,}09}$, $\frac{4}{3}$, $\sqrt{4}$

5 $3{,}1 < \sqrt{10} < 3{,}45 < \sqrt{12} < 3{,}47 < \frac{7}{2} < 4$

6 a) 9 cm   b) 12 m   c) 4,5 m   d) $\sqrt{30}$ m
e) 10 m   f) 1,1 km   g) $100 \cdot \sqrt{20}$ m   h) $2 \cdot \sqrt{6}$ mm

7 a) $x_1 = \sqrt{60} = 7{,}746$ $x_2 = -\sqrt{60} = -7{,}746$
b) $x_1 = 2$ $x_2 = -2$
c) $x_1 = \sqrt{40} = 6{,}325$ $x_2 = -\sqrt{40} = -6{,}325$
d) $x_1 = \sqrt{15} = 3{,}873$ $x_2 = -\sqrt{15} = -3{,}873$
e) $x = 0$
f) $x^2 = -3$ keine Lösung

Lösungen zu Seite 65

8 a) $\sqrt{9} = 3$ ist eine natürliche und damit rationale Zahl.
b) Für $a = -1$ ist die Gleichung $x^2 = -1$ in den reellen Zahlen nicht lösbar, da beim Auflösen der Gleichung der Radikand -1 negativ ist.

9 a) 10: Die positive Zahl, die dreimal mit sich selbst multipliziert 1000 ergibt.
b) 2: Die positive Zahl, die viermal mit sich selbst multipliziert 16 ergibt.
c) 3,4657: Die positive Zahl, die fünfmal mit sich selbst multipliziert 500 ergibt.
$3^5 = 243 < 500 < 4^5 = 1024$
d) 1: Die positive Zahl, die zehnmal mit sich selbst multipliziert 1 ergibt.

10 Beispiele.
Distributivgesetz:
$5 \cdot \sqrt{121} + 3 \cdot \sqrt{121} = (5+3) \cdot \sqrt{121} = 8 \cdot \sqrt{121} = 88$
Produkte und Wurzeln: $\sqrt{12} \cdot \sqrt{3} = \sqrt{12 \cdot 3} = \sqrt{36} = 6$
Teilweises Wurzelziehen:
Tipp: Im Radikand steckt eine Quadratzahl als Faktor.
$\sqrt{200} = \sqrt{100 \cdot 2} = 10 \cdot \sqrt{2}$
oder $\sqrt{147} = \sqrt{49 \cdot 3} = 7 \cdot \sqrt{3}$
Quotienten und Wurzeln: $\frac{\sqrt{72}}{\sqrt{18}} = \sqrt{\frac{72}{18}} = \sqrt{4} = 2$

11 a) Falsch $3 \cdot \sqrt{8} + 7 \cdot \sqrt{8} = (3+7) \cdot \sqrt{8} = 10 \cdot \sqrt{8}$
b) Falsch $\sqrt{9} + \sqrt{16} = 3 + 4 = 7$, also ungleich $\sqrt{25} = 5$
c) Falsch $\sqrt{7^2} = \sqrt{49} = 7$
d) Richtig $\sqrt{288} = \sqrt{144 \cdot 2} = 12 \cdot \sqrt{2}$
e) Richtig $\sqrt{289} = 17$
f) Falsch $\frac{\sqrt{49}}{\sqrt{4}} = \frac{7}{2} = 3{,}5$

12 a) 31,623   b) 0,31623   c) 6,3246   d) 3162,3

13 a) wahr, denn $n = \frac{n}{1}$
b) falsch: $\sqrt{0{,}01} = 0{,}1 > 0{,}01$
c) falsch: $\sqrt{2}$ ist irrational

14 a) $\sqrt{2 \cdot w}$ $D = \{w \mid w \geq 0\}$
b) $\sqrt{x-5}$ $D = \{x \mid x \geq 5\}$
c) $\sqrt{s^2 + 1}$ $D = R$
d) $\sqrt{9 - x^2}$ $D = \{x \mid -3 \leq x \leq 3\}$
e) $\sqrt{x^2 - 9}$ $D = \{x \mid x \leq -3 \text{ oder } x \geq 3\}$
f) $\sqrt{6 - 3r}$ $D = \{r \mid r \leq 2\}$

15 a) $ab\sqrt{a}$ b) $2\sqrt{y} - 3\sqrt{x}$ c) $(\sqrt{a} + \sqrt{b})^2$ d) $\sqrt{b} - \sqrt{a}$

16 Das Ergebnis gilt nur für $a > 0$.

Lösungen zu Seite 110

1 Die Beschreibung eignet sich für den Drachen, denn jedes Viereck, bei dem die Diagonalen senkrecht aufeinander stehen, ist ein Drachen.

2 a) Wenn es draußen hell ist, scheint die Sonne.
Falsch, bei künstlicher Beleuchtung.
b) Wenn ich mich ins Bett lege, bin ich krank.
Falsch, da man sich in der Regel gesund ins Bett legt.

3 a) Wenn zwei Zahlen negativ sind, ist ihre Summe negativ.
Für $a, b > 0$ sind $-a, -b < 0$. $(-a) + (-b) = -(a+b)$.
Da $a, b > 0$ sind, ist $a + b > 0$, also $-(a+b) < 0$.
b) Wenn die Summe negativ ist, sind beide Summanden negativ. Gegenbeispiel: $-5 = -8 + 3$.

4 a) $x \approx 8{,}5$ cm   b) $x \approx 5{,}8$ cm   c) $x \approx 5{,}3$ cm

5 a) Berechne die Seitenlängen des Vierecks:
$\overline{AB} = \overline{BC} = \sqrt{20}$, $\overline{CD} = \overline{DA} = 2$
Da je zwei benachbarte Seiten gleich lang sind, handelt es sich um ein Drachenviereck.
b) $\overline{AB} = \overline{BC} = \overline{CD} = \overline{DA} = \sqrt{10}$
Diagonalen: $\overline{AC} = \sqrt{20}$, $\overline{BD} = \sqrt{20}$
Da die Diagonalen gleich lang sind, handelt es sich um ein Quadrat.
Oder: Da $\overline{AB}^2 + \overline{BC}^2 = \overline{AC}^2$, liegt bei B ein rechter Winkel vor. $\Rightarrow$ Quadrat

6 Hier musst Du die Länge der Streckenstücke bestimmen und addieren. Die Streckenstücke sind alle Hypotenusen von rechtwinkligen Dreiecken.
$\overline{AC} \approx 583$ m; $\overline{CD} \approx 316$ m; $\overline{DB} \approx 447$ m
Das U-Boot muss ungefähr 1346 m zurücklegen.

Lösungen zu Seite 111

7 a) spitzwinklig, da $4^2 + 4^2 > 5^2$; $a = 3$ cm oder $b = 3$ cm
b) stumpfwinklig, da $10^2 + 15^2 < 13^2$; $p = 12$ cm
c) stumpfwinklig, da $9^2 + 11^2 < 15^2$; $z = 12$ cm

8 a) 1. Satz des Pythagoras
2. Höhensatz
3. Auskammern
4. Definition von p und q
b) Für Schritt 2 ist die Voraussetzung notwendig.

9 a) $d(A, B) = \sqrt{125}$ LE $\approx 11{,}2$ LE
$d(B, C) = \sqrt{100}$ LE $= 10$ LE
$d(A, C) = \sqrt{25}$ LE $= 5$ LE
$(\sqrt{25})^2 + (\sqrt{100})^2 = (\sqrt{125})^2$
Die drei Seitenlängen erfüllen den Satz des Pythagoras; das Dreieck ist rechtwinklig.
b) Zu zeigen ist $\overline{AD} = \overline{BD} = \overline{CD} = r$
Mithilfe der Abstandsformel erhält man für die drei Längen jeweils $\sqrt{31{,}25}$ LE. D ist also Mittelpunkt des Umkreises mit $r \approx 5{,}6$ LE.

10 Planskizze:
Pythagoras: $a^2 = \left(\frac{a}{2}\right)^2 + h^2$
a) $10^2 = \left(\frac{10}{2}\right)^2 + h^2$;
$h = \sqrt{75} \approx 8{,}66$ cm
b) $h^2 = a^2 - \left(\frac{a}{2}\right)^2 = \frac{3}{4}a^2$; $h = \frac{1}{2}a \cdot \sqrt{3}$

11 $h^2 = p \cdot q = 10$; $h = \sqrt{10}$ cm $\approx 3{,}16$ cm
$c = q + p$; $c = 7$ cm
$b^2 = q \cdot c = 14$; $b = \sqrt{14}$ cm $\approx 3{,}74$ cm
$a^2 = p \cdot c = 35$; $a = \sqrt{35}$ cm $\approx 5{,}92$ cm

12 Planskizze:
$x \approx 2579$ m. Die Steigung beträgt $\frac{800}{2579} \approx 31\%$.

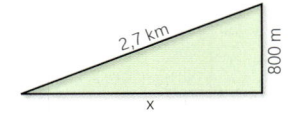

13 Planskizze:
$x = \sqrt{2 \cdot 20^2}$ cm $\approx 28{,}3$ cm.
Die Angabe im Prospekt ist falsch.

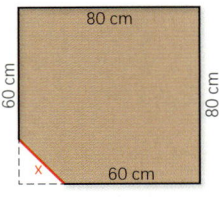

Der Flächeninhalt der Arbeitsplatte beträgt
$(80$ cm $\cdot 80$ cm$) - \frac{1}{2} \cdot (20$ cm $\cdot 20$ cm$) = 6200$ cm$^2 = 0{,}62$ m^2

Lösungen zu Seite 135

1 (C) ist falsch $\left(\frac{4{,}5}{11} = 0{,}41 = 41\%\right)$. Knapp die Hälfte der Wähler von A ist unter 30.
(D) stimmt $\left(\frac{4{,}5}{18} = 0{,}25 = 25\%\right)$.

	A	B	
< 30	4,5 %	13,5 %	18 %
≥ 30	6,5 %	75,5 %	82 %
	11 %	89 %	100 %

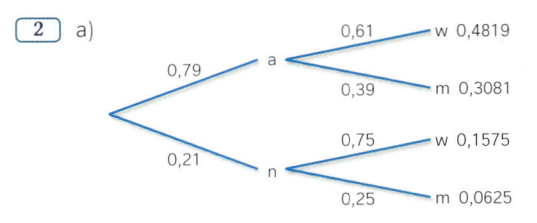

2 a)

	alt (a)	neu (n)	
weiblich (w)	380 701 (0,4819)	124 425 (0,1575)	505 126 (0,639)
männlich (m)	243 399 (0,3081)	41 475 (0,05025)	284 874 (0,3606)
	624 100 (0,79)	165 900 (0,21)	790 000 (1,0000)

b) (1) 21 % der Lehrer kommen aus den neuen Bundesländern, der Männeranteil in den alten Bundesländern beträgt 39 %, in den neuen 25 %.
(2) Nur 36 % aller Lehrer in Deutschland sind männlich. Ca. 48 % aller Lehrer sind Frauen in den alten Bundesländern, der Anteil der männlichen Lehrer in den neuen Bundesländern beträgt 5 % von allen Lehrern.

3 a) $P(+) = 0{,}01 \cdot 0{,}8 + 0{,}99 \cdot 0{,}04 = 0{,}048$

b) Vierfeldertafel

	krank	gesund	
+	8	40	48
–	2	950	952
	10	990	1000

Baumdiagramm

$P(\text{krank}\,|\,+) = \frac{8}{48} = \frac{1}{6} \approx 16{,}67\,\%$

$\frac{0{,}01 \cdot 0{,}8}{0{,}01 \cdot 0{,}8 + 0{,}99 \cdot 0{,}04} \approx 16{,}8\,\%$

Unterschied der Ergebnisse durch Runden in Vierfeldertafel

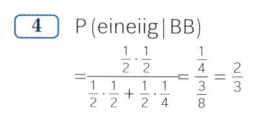

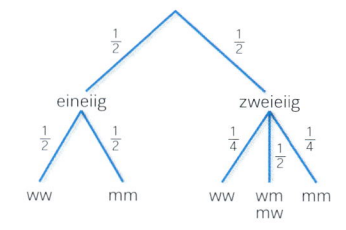

4 $P(\text{eineiig}\,|\,BB)$

$= \dfrac{\frac{1}{2} \cdot \frac{1}{2}}{\frac{1}{2} \cdot \frac{1}{2} + \frac{1}{2} \cdot \frac{1}{4}} = \dfrac{\frac{1}{4}}{\frac{3}{8}} = \dfrac{2}{3}$

Lösungen zu Seite 191

1 a) lineare Funktion: Gerade;
quadratische Funktion: Parabel mit Maximum (Minimum), symmetrisch;
lineare Funktion: konstante Steigung;
quadratische Funktion: Steigung ändert sich gleichmäßig.

b) lineare Funktion: $f(x) = mx + b$;
quadratische Funktion: $f(x) = ax^2 + bx + c$

c) Bei der linearen Funktion ändert sich der Funktionswert um 2, bei der quadratischen Funktion zunächst um –11, dann um –9, –7, –5 usw.

x	–4	–3	–2	–1	0	1	2	3	4
2x – 1	–9	–7	–5	–3	–1	1	3	5	7
$(x-2)^2 - 4$	32	21	12	5	0	–3	–4	–3	0

2 a) Nullstellen $x_1 = 2$, $x_2 = -3$
Parabel nach oben geöffnet „normal"

b) Scheitelpunkt $S(-2\,|-4)$
nach oben geöffnet „normal"

c) Scheitelpunkt $S(0\,|\,3)$
nach oben geöffnet „normal"

d) Schnittpunkt mit y-Achse $(0\,|\,5)$
nach unten geöffnet „normal"

e) Nullstellen $x_1 = 0$, $x_2 = 1$
nach oben geöffnet gestreckt ($a = 3$)

f) Scheitelpunkt = Nullstelle $S(0\,|\,0)$
nach unten geöffnet gestaucht ($a = -0{,}5$)

3 a) $S(0\,|\,5)$ Maximum

b) $S(7\,|\,0)$ Minimum

c) $S(-2\,|-5)$ Minimum

d) $f(x) = x^2 + 4x - 2 = x^2 + 4x + 4 - 4 - 2 = (x+2)^2 - 6$
$S(-2\,|-6)$ Minimum

e) $f(x) = x^2 - 4$
$S(0\,|-4)$ Minimum

f) $f(x) = x^2 - 5x - 6$
$= x^2 - 5x + \left(\frac{5}{2}\right)^2 - \left(\frac{5}{2}\right)^2 - 6 = \left(x - \frac{5}{2}\right)^2 - \frac{49}{4}$
$S\left(\frac{5}{2}\,\Big|\,-\frac{49}{4}\right)$ Minimum

g) Nullstellen $x_1 = -2$, $x_2 = 6$
Scheitelpunkt $(2\,|\,y_S)$; $y_S = (2+2)(2-6) = -16$
$S(2\,|-16)$ Minimum

h) $x_1 = 0$, $x_2 = 10$
Scheitelpunkt $(5\,|\,y_S)$; $y_S = -0{,}2 \cdot 5(5-10) = 5$
$S(5\,|\,5)$ Maximum

i) $S(0\,|\,0)$ Minimum

4 a) $f(x) = -(x-4)^2$ b) $f(x) = (x+5)^2 - 2$ c) $f(x) = -x^2 + 2$

5 a) Mit Faktor 4 gestreckt

b) Mit Faktor 0,2 gestaucht

c) An der x-Achse gespiegelt, gestreckt (Faktor –2)

d) Um 3 nach unten verschoben

e) Gespiegelt an x-Achse, gestreckt (Faktor –3), um 1 nach oben verschoben.

f) Gestaucht $\left(\text{Faktor } \frac{1}{4}\right)$,

6 a), b)

a) Funktion	b) Scheitelpunkt	Nullstellen	y-Achsenschnittpunkt
$f_1(x) = -x^2 + 2$	$(0\,|\,2)$	$x_1 = \sqrt{2}$; $x_2 = -\sqrt{2}$	$(0\,|\,2)$
$f_2(x) = 2(x-1)(x+2)$	$(-0{,}5\,|-4{,}5)$	$x_1 = -2$; $x_2 = 1$	$(0\,|-4)$
$f_3(x) = -0{,}5(x-3)^2 + 4$	$(3\,|\,4)$	$x_1 = -2\sqrt{2} + 3$; $x_2 = 2\sqrt{2} + 3$	$(0\,|-0{,}5)$
$f_4(x) = (x-4)^2$	$(4\,|\,0)$	$x = 4$	$(0\,|\,16)$

Lösungen zu Seite 192

7 a) $x_1 = -\sqrt{5}$; $x_2 = \sqrt{5}$ b) keine Lösung

c) $x_1 = -9$; $x_2 = 1$ d) $x_1 = -6$; $x_2 = 2$

e) $x = 1$ f) $x_1 = -2$; $x_2 = 6$

g) $x_1 = 2 - \sqrt{5}$; $x_2 = 2 + \sqrt{5}$ h) $x = 0$

i) keine Lösung

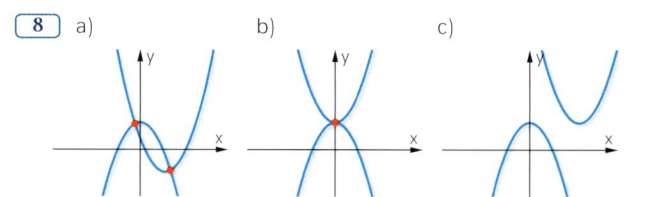

8 a)   b)   c)

9 $f = g$; kein Schnittpunkt
$f = h$; $x_1 = -2$, $x_2 = 2$; $S_1(-2\,|\,104)$, $S_2(2\,|\,104)$
$g = h$; $x = 10$; $S_1(10\,|\,200)$

10 a) Nein, denn $-3^2 + 2 \cdot 3 = -3 \neq -5$

b) $y_1 = f(4) = -8$; $y_2 = f(-3) = -15$

c) $x_1 = -1 \pm \sqrt{3}$; $x_1 \approx -0{,}73$ oder $x_1 \approx 2{,}73$
D liegt für kein x_2 auf der Parabel.

11 a) $f(x) = a(x-5)^2 + 3$; $f(1) = 12$; $f(x) = \frac{9}{16}(x-5)^2 + 3$
b) $f(x) = a(x+2)(x-3)$; $f(0,5) = 8$; $f(x) = 1,28(x+2)(x-3)$
c) $f(x) = ax^2 + cx - b$; $f(x) = 1,5x^2 + 2x - 1$

12 $S(100|5) \Rightarrow f(x) = a(x-100)^2 + 5$
Zudem $f(0) = 40 \Rightarrow 40 = a(0-100)^2 + 5$
$35 = a \cdot 100^2 \Rightarrow a = \frac{35}{10000}$
$f(x) = \frac{35}{10000}(x-100)^2 + 5$

13 (1) $f(x) = x(24-x) = -(x-12)^2 + 144$;
Scheitelpunkt $(12|144)$; wähle $a = b = 12$
(2) $g(x) = x(x-3) = (x-1,5)^2 - 2,25$;
Scheitelpunkt $(1,5|-2,25)$; wähle $x = 1,5$; $y = -1,5$

Lösungen zu Seite 193

14 $f(x) = x(25-x) = -(x-12,5)^2 + 156,25$;
Scheitelpunkt $(12,5|156,25)$; wähle $a = b = 12,5$

15 • $h(0) = -\frac{1}{200}(0-40)^2 + 10 = 2$ Abwurfhöhe?
• $S(40|10)$ Scheitelpunkt? (max. Höhe)
• $h(70) = -\frac{1}{200}(70-40)^2 + 10 = 5,5$ Höhe bei $w = 70$ m?
• $h(w) = 0 = -\frac{1}{200}(w-40)^2 + 10$ Wurfweite?
$-10 = -\frac{1}{200}(w-40)^2$
$2000 = (w-40)^2$
$w_1 = 40 + \sqrt{2000} \approx 84,7$ (Weite)
$(w_2 = 40 - \sqrt{2000} \approx -4,7)$
• $h(w) = 8$ Wo ist der Speer 8 m hoch?
$8 = -\frac{1}{200}(w-40)^2 + 10$
$-2 = -\frac{1}{200}(w-40)^2$
$400 = (w-40)^2$
$w_1 = 40 + \sqrt{400} = 60$; $w_2 = 40 - \sqrt{400} = 20$

16 a) (1) Scheitelpunkt $(4|9)$ und $P_1(1|6)$
$f_{a_1}(x) = a(x-4)^2 + 9$ und $f_{a_1}(1) = 6$
$6 = 9a + 9$; $a = -\frac{1}{3}$ also $f_{a_1}(x) = -\frac{1}{3}(x-4)^2 + 9$
(2) Scheitelpunkt $(4|9)$ und $P_2(5|8,5)$
$f_{a_2}(x) = a(x-4)^2 + 9$ und $f_{a_2}(1) = 6$
$6 = 9a + 9$; $a = -\frac{1}{3}$
also $f_{a_2}(x) = -\frac{1}{3}(x-4)^2 + 9$
b) (1) $P(0|3)$, $Q_1(1|6)$ und $R_1(3|8,5)$;
$f_{b_1}(x) = ax^2 + bx + 3$
$f_{b_1}(1) = 6$: $a + b + 3 = 6$
$f_{b_1}(3) = 8,5$: $9a + 3b + 3 = 8,5$
Das LGS hat die Lösung: $a = -0,58\overline{3}$; $b = 3,58\overline{3}$
$f_{b_1}(x) = -0,58\overline{3}x^2 + 3,58\overline{3}x + 3$
(2) $P(0|3)$, $Q_2(2|7,5)$ und $R_2(5|8,5)$
$f_{b_2}(x) = ax^2 + bx + 3$
$f_{b_2}(2) = 7,5$: $4a + 2b + 3 = 7,5$
$f_{b_2}(5) = 8,5$: $25a + 5b + 3 = 8,5$
Das LGS hat die Lösung: $a = -0,38\overline{3}$; $b = 3,01\overline{6}$
$f_{b_2}(x) = -0,38\overline{3}x^2 + 3,01\overline{6}x + 3$
c) Bei der ersten Methode liegen ein Datenpunkt als Scheitelpunkt und ein bzw. zwei weitere Datenpunkte auf der Parabel. Bei der zweiten Methode ist das erste Modell relativ schlecht, das zweite jedoch sehr gut.

17 a) $(0|15)$, $(1|23)$, $(5|110)$: $f(x) = 2,75x^2 + 5,25x + 15$
$(0|15)$, $(3|52)$, $(5|110)$: $g(x) = 3,\overline{3}x^2 + 2,\overline{3}x + 15$

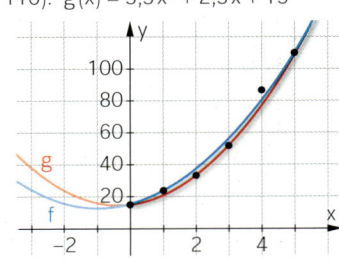

b) $f(10) \approx 342$; $g(10) \approx 371$
$f(15) \approx 712$; $g(15) \approx 800$
Das Modell f liefert kleinere Werte.
b) $f(35) \approx 3567$; $f(35) \approx 4180$
Für einen längeren Zeitraum sind beide Modell ungeeignet, da in einem Reservat nur eine beschränkte Anzahl von Wildkatzen leben kann.

18 a) Konzentrische Kreise um F mit Radius 1 (2; 3; ...) cm: Punkte, die von F die Entfernung 1 (2; 3; ...) cm haben.
Parallelen in Abstand 1 (2; 3; ...) cm von h: Punkte, die von h den Abstand 1 (2; 3; ...) cm haben.
b) Scheitelpunkt $S(0|0) \Rightarrow f(x) = ax^2$.
Weiterer Punkt $P(-4|1) \Rightarrow f(x) = \frac{1}{16}x^2$

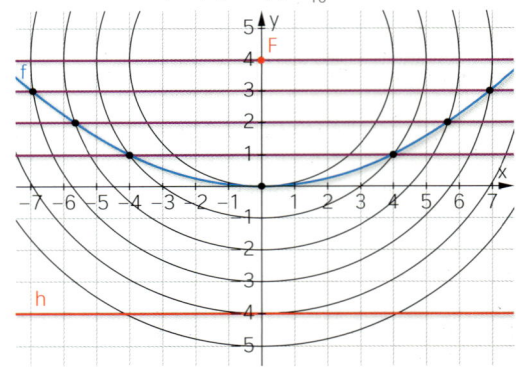

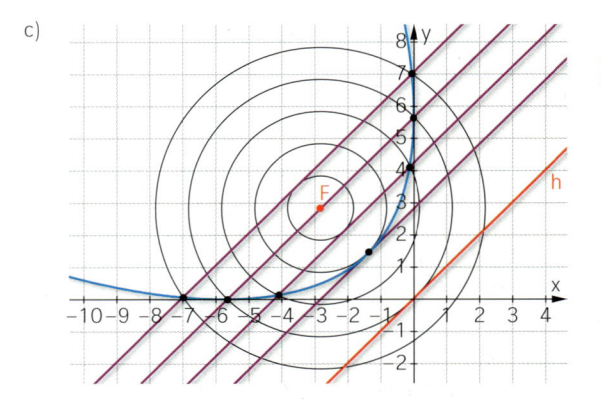

Lösungen zu Seite 219

1

r	3 cm	4,8 cm	1,6 cm	3,2 cm	1,8 cm
U	18,8 cm	30,2 cm	10,1 cm	20 cm	11,3 cm
A	28,3 cm²	72,4 cm²	8 cm²	32,2 cm²	10 cm²